U0264286

缺少艺术性的文字

密斯·凡·德·罗建造艺术论

缺少艺术性的文字
密斯·凡·德·罗建造艺术论

MIES VAN DER ROHE DAS KUNSTLOSE WORT
Gedanken zur Baukunst

[德] 弗里茨·诺伊迈耶　　著

陈旭东　　　　　　　　　译

中国建筑工业出版社

目 录

中文版前言 7

德文版第一版前言 8

德文版第二版前言 10

导言

接受的传统：

现代建筑历史书写中的密斯·凡·德·罗 13

第一章 双线作战：

作家式的建筑师 29

第二章 哲学化身为业主 59

1 探寻本质的目光 60

2 从偶然到秩序：建造之路 68

3 伟大形式和风格意志 84

第三章 概念的模糊性：

是结构还是阐明现实？

是贝尔拉赫还是贝伦斯？是黑格尔还是尼采？ 97

第四章 基元化造型：

突破建筑的边界 131

1 "建筑的彼岸"：永恒之筑 132

2 结构的艺术承诺：毛坯房的建造艺术 147

3 "当今"的建造家 174

第五章 从材料经实用到理念：

通向建造艺术的漫长道路 187

1 告别"时代意志"：作为精神决定的建造艺术 188

2 1926年：启迪、批评和导引 204

3 精神演进的空间 215

第六章　认识中的建筑：
　　　　通向秩序的两条道路　　　　　　　　　　241

附录
密斯·凡·德·罗宣言、文章和演讲稿　　　　287

一、1922—1927年　　　　　　　　　　　　　288

1　（高层建筑）（1922年）　　　　　　　　　289
2　办公楼（1923年）　　　　　　　　　　　289
3　（办公楼）（1923年）　　　　　　　　　290
4　建造（1923年）　　　　　　　　　　　　291
5　完成任务：对我们建筑行业的要求（1923年）　292
6　建造艺术与时代意志！（1924年）　　　　　294
7　工业化建筑（1924年）　　　　　　　　　297
8　演讲稿（1924年）　　　　　　　　　　　298
9　书评：关于特洛普的《房租的发展与完善》（1924年）　301
10　致《形式》杂志的信（1926年）　　　　　301
11　演讲稿（1926年）　　　　　　　　　　301
12　致《形式》杂志的新年寄语 / 关于建筑中的形式（1927年）　308
13　斯图加特制造联盟展览《住宅》的展览前言（1927年）　309
14　《建筑与住宅》前言（德意志制造联盟编撰，
　　斯图加特1927年）/ 关于我的地块　　　　310
15　制造联盟展览《住宅》的首发专辑前言（1927年）　311
16　杜塞尔多夫依姆曼协会的演讲（1927年）　312
17　信札草稿（约1927年）　　　　　　　　312

二、笔记本（1927—1928年）　　　　　　　315
编辑前言　　　　　　　　　　　　　　　316
1　演讲笔记　　　　　　　　　　　　　　319
2　摘录　　　　　　　　　　　　　　　　336

三、1928—1938年　　　　　　　　　　　　355
1　建造艺术创造的前提（1928年）　　　　　356
2　我们处在时代的转折点上（1928年）　　　361
3　有关展览的问题（1928年）　　　　　　　362
4　给亚当商业中心的信函草稿（1928年）　　362
5　美观和实用的建造！（1930年）　　　　　363

6　批评的意义和任务（1930年）　　　364

7　新时代（1930年）　　　366

8　柏林建筑博览会的计划（1930年）　　　368

9　广播讲话（1931年）　　　368

10　在德意志制造联盟庆典上的致辞（1932年）　　　369

11　存在建造艺术性问题的高速公路（1932年）　　　371

12　要是混凝土和钢没有了镜面玻璃会怎样？（1933年）　　　372

13　马格德堡的H住宅（1935年）　　　373

14　在芝加哥阿莫工学院的就职演讲（1938年）　　　373

四、1939—1969年　　　377

1　向弗兰克·劳埃德·赖特致敬（1940年）　　　378

2　一座小城市的博物馆（1943年）　　　379

3　路德维希·希伯赛默，《纽约城》的前言（1944年）　　　379

4　技术和建筑（1950年）　　　380

5　演讲稿，芝加哥（无日期）　　　381

6　札记：演讲笔记（大约1950年前后）　　　383

7　一座礼拜堂（1953年）　　　386

8　瓦尔特·格罗皮乌斯（1953年）　　　387

9　鲁道夫·施瓦兹《教堂的化身》的前言（1958年）　　　388

10　英国皇家建筑师协会金奖颁奖礼演讲手稿（1959年）　　　388

11　我们现在去向何方？（1960年）　　　390

12　75岁生日在"美国之音"电台的答谢词（1961年）　　　391

13　鲁道夫·施瓦兹（1963年）　　　391

14　悼念勒·柯布西耶（1965年）　　　392

15　彼得汉斯的视觉训练课（1965年）　　　392

16　我们时代的建造艺术（1965年）　　　393

17　建造艺术教育的指导思想（1965年）　　　393

18　瓦尔特·格罗皮乌斯（1883—1969年）（1969年）　　　394

访谈　　　397

参考文献　　　403

人名索引对照　　　404

图片来源　　　410

作者简介　　　412

译者简介　　　412

译后记　　　413

中文版前言

任何将一篇文字翻译为另一种语言的行为都是冒险。德语中的
"翻译"一词具有生动直观的含义，意思就是乘船从河的一边横渡
到对岸。而流动的河水意味着，到达对岸时位置的高度与出发时的
从不相同。这幅图景是对翻译工作的真实写照，因为它说明了，文
字从一种语言到另一种语言的转换过程中，无法达到百分之百的
完美。

我特别感谢陈旭东，他愿冒着风险，用一种对我来说完全陌
生的文字和语言，把我1986年在柏林出版的、描述建筑师路德维
希·密斯·凡·德·罗思想世界的书译成中文。我的感激之情也源
自一份特殊的喜悦：1997—2000年间，陈旭东曾在柏林工业大学学
习建筑，并积极地参与了我的建筑理论课程；这激发他萌生把本书
译成中文的想法。

我寄希望于本书的出版，能为这个世界上人口最多的国家理解
二十世纪建筑大师密斯·凡·德·罗的作品做出贡献。✚

弗里茨·诺伊迈耶

2019年10月

　　本书迥异于有关建筑师路德维希·密斯·凡·德·罗作品和履历的大量文献，因为本书的重点在于文字，而非建筑。对于这种看似不同寻常的兴趣转移，只有一个简单的解释，那就是：与建筑作品相比，20世纪这位伟大建造家的文字，尚未成为洞察其思想世界不可或缺的研究素材。

　　在纽约现代艺术博物馆的密斯·凡·德·罗档案部、华盛顿的国会图书馆手稿部和芝加哥档案的密斯遗物中，发现了一些文献资料。这些出自重要时期的资料，不但能够帮助重现密斯·凡·德·罗的思想历程，而且也能让他自己现身说法。

　　试图还原这位现代建筑先驱思想体系的想法，还有赖于那些迄今为止未获足够认识的真实资料，即密斯曾经阅读并留下批注的藏书。它们能让我们从精神层面，深入了解他的建造哲学。如果，没有机会接触至今仍封存在伊利诺伊大学芝加哥分校特别收藏部的大约800本密斯私人藏书，就无法验证建筑与哲学之间存在的紧密联系。密斯·凡·德·罗的文字完全体现出，他在技术时代为建筑寻找哲学根基的努力。即使经过了半个世纪的历史变迁，这些文字仍然没有失去其深刻的意义。

　　本书的完成得益于许多人的帮助，对于他们中的一些人，我的感谢在此难以言表。芝加哥大学图书馆特藏部的格雷琴·拉加**8**〉纳（Gretchen Lagana）和米丽娅·丹伯格（Miriam Danburg）、纽约现代艺术博物馆密斯·凡·德·罗档案部的皮埃尔·阿德勒（Pierre Adler），以他们个人的方式给予我的工作以友好的支持。曾接管了密斯在芝加哥建筑事务所的德克·罗汉（Dirk Lohan），慷慨地

＊　该页码为本书德文版页码，下同。

给我提供了极为珍贵的私人档案材料，并展现出极为独特的开放思想。来自芝加哥森林湖学院（Lake Forest College）的弗朗兹·舒尔策（Franz Schulze）是最近出版的卓越的密斯传记的作者，感谢他与纽约瓦萨学院（Vassar College）的理查德·波默（Richard Pommer）的合作与友好支持。密斯在伊利诺伊工学院（I.I.T.）的继任者乔治·丹佛斯（George Danforth）和乔治·希科雷里特（George Shipporeit），以及参与伊利诺伊工学院百年纪念工程的罗尔夫·阿基里斯（Rolf Achilles），他们与我有着亲密的友谊，我对他们的信任、热情的支持和参与表示衷心的感谢。我把本书谨献给我的这些美国朋友们。

还有许多人也直接或间接地参与了我的工作，特别是来自柏林的瑟吉厄斯·吕根伯格（Sergius Ruegenberg），他从20世纪20年代起就成了密斯·凡·德·罗长期的工作伙伴，波恩大学的提尔曼·布登希克（Tilmann Buddensieg）、维尔纳·达尔海姆（Werner Dahlheim）和柏林工大的汉斯·劳尔特（Hans Reuther），来自基尔的沃尔夫·泰格尔豪夫（Wolf Tegethoff）和来自米兰的提奥·布克（Theo Buck）以及我在柏林热爱密斯的朋友们克罗特·齐利希（Clod Zillich）、雅斯帕尔·哈尔夫曼（Jasper Halfmann）、汉斯·科尔霍夫（Hans Kollhoff）、克里斯托弗·朗霍夫（Christoph Langhof）、本·托农（Ben Thonon）和提奥·布莱纳（Theo Brenner）。

大众汽车基金会（Die Stiftung-Volkswagenwerk）慷慨赞助了我为期两年的研究以及前往纽约、芝加哥和华盛顿的研究旅行，为本书的完成提供了必要的物质条件。出版社及其工作人员对我也充满耐心，尤其是迪塔·艾哈迈迪（Ditta Ahmadi）严格而又友善地指导我完成书稿。出版家沃尔夫·约卜斯特·西德勒（Wolf Jobst Siedler）首次在柏林——那座密斯·凡·德·罗于1905年至1938年间，曾为20世纪建筑的发展做出过决定性贡献的城市——出版了一本有关他的书籍。✚

柏林，1986年

　　一本已经绝版的图书，在出版30年后的今天借助再版的机会重获新生，这当然是值得讨论和研究的。要对自己的作品加以评价，作者本人显然并非合适的人选，因为那样的情形难免会使人尴尬。

　　过去的几十年里，《密斯·凡·德·罗的缺少艺术性的文字》[①]取得了一些成功。1986年，本书经西德勒出版社（Siedler-Verlag）出版面世后，旋即跻身于密斯研究的经典参考书目。随着时间的推移，它已被译为5种语言，最近的版本是2009年的韩语版。而早已绝版的德语首版也身价不菲，进入了古旧书店书籍的排行榜。这一切都使人确信，德文版再版将不会缺少读者。

　　本书的出现，不仅因其书名在建筑学图书中略具特色；尤其在关于密斯·凡·德·罗的出版物中更是如此。建筑师精神世界和专业理论方面的思考，被置于建筑作品的考察之前。从建筑师的文字入手，从所有可能的来源，如手稿、笔记和其阅读的书籍中来追溯其言论，以便重建其精神世界和世界观的视野，并与建筑产生关联，这并非是常规的建筑理论研究方法。

　　这种方式直接证明了，密斯·凡·德·罗在成长为现代派代表和自我发现的历程中，其个性的影响和内心的矛盾挣扎，同时，也说明对建筑师专业视野考察半径的拓展，并非是毫无意义的。另外，本书还辑录了密斯关于建筑的所有文字，包括一些从未发表的文章。仅仅是这些研究建筑和澄清思想的基础性文字，就具有一定的阅读价值，所以本书的再版就显得颇有必要了。

10〉　与第一版相比，第二版的改动并不明显。注释中的印刷错误得

[①] 德文版的书名为《密斯·凡·德·罗的缺少艺术性的文字：关于建造艺术的思考》，中文版书名考虑国内读者的阅读习惯，最终采用《缺少艺术性的文字：密斯·凡·德·罗建造艺术论》。——译者注

到更正，引文的行文方式也加以统一。少数地方的语句变得更为晓畅，文字也根据新的拼写规则作了适度调整。

　　第二版与第一版的显著不同，仅在于插图数量的减少。这是因为出于版权方面的考虑，取消了第一版附录中的插图。在此，我要特别感谢我的出版商菲利普·莫伊泽（Philipp Meuser），本书的再版完全归功于他的热忱。我不想隐瞒的是，大约20年前，菲利普·莫伊泽曾作为一名学生助教，在我柏林工大的建筑理论研究所里工作过。我们之间的密切合作就开始于那个时候。✢

柏林，2015年9月

接受的传统：
现代建筑历史书写中的
密斯·凡·德·罗

"一切物质的价值，只取决于我们用它来做什么。"
密斯·凡·德·罗，1938年

在决定"新建筑"进程的重要历史时刻，密斯·凡·德·罗（Mies Van der Rohe）作为活跃的吹鼓手和批评的推动者，现身于一系列的辩论研讨之中。他参与了现代建筑的奠基，同时也树立起自己前卫派的形象。前卫派们致力于创造一种与现代生活密切相关的新艺术形式，他们是那个"新时代"的先行者。拒绝过去，从延续传统的重压下解放出来，以及不假思索地接受当下需求，这些都表明了一个新时代发端时的社会意识。这种心理状态符合人们对于现代生活的想象，即认同未来的多样性、新的速度和运动观乃至相应的技术与结构。

20世纪20年代早期，当密斯首次阐述自己的立场时，就对进步的必然性表达了肯定的态度。尽管其激情洋溢的宣言显示了对新生事物的无限倾心，但不久，他就被一种因过分认同而渐行渐远的疑问所困扰。这并非是技术经济方面的开拓者对新时代"事物"的认可，而是那种人与现实之间所形成的关系起到了决定性作用。在这个意义上，就像20世纪20年代末期密斯对"建造艺术"的定义，不是为了实现处理材料的某种目的，而是"在把握生命的真实过程中"，"表达了人们对于环境的理解和把握"。[1]

1930年，在德意志制造联盟演讲的结束语中，密斯又一次果断地表达出对机械主义和功能主义教条的拒绝，尽管后来它们恰恰就是现代建筑的观念：

> "新时代已成为一个事实；它的存在与否，与我们对其说'是'或者'不是'无关。但它与其他任何时代相比，既不更好也不更糟。这是一个不争的事实……唯一的决定因素，就是我们如何在这样的境况中发挥作用。
>
> 这样，才开始产生精神层面的问题。
>
> 这并不取决于'为何'，而唯独取决于'如何'。
>
> 我们制造产品以及以何种方式生产，并不意味着任何精神上的东西。
>
> 无论我们建造的是高层建筑，还是多层建筑，用的是钢，还是玻璃，都无关建筑的价值。

1
密斯·凡·德·罗，《我们处在时代的转折点上　建造艺术是对精神决定的表达》（Wir stehen in der Wende der Zeit. Baukunst als Ausdruck geistiger Entscheidung），载于《室内装饰》（Innendekoration），1928年，第39期，262页。

2
密斯·凡·德·罗，《新时代》
（Die neue Zeit），载于《形式》（Die
Form），1930年5月，第15期，406页。

3
密斯·凡·德·罗，《我们处在时代
的转折点上》，出处同上，262页。

4
皮特·布拉克，《三大建筑师：柯布
西耶、密斯和赖特》（Drei Meister-
architekten. Le Corbusier, Mies van der
Rohe, Frank Lloyd Wright），慕尼黑
1962年，166页。

　　无论我们在城市设计中采用集中布局，还是分散布局，都 ＜13
是一个关乎实用，而非价值观的问题。

　　但对于价值的提问，恰恰是至关重要的。

　　我们必须建立新的价值，指出终极目标并制定标准。

　　因此，对包括新时代在内的所有时代，其意义和合理性仅
仅取决于，是否有精神存在的可能。"[2]

　　上述密斯的话语涉及应当采取接近还是远离、呼吁还是警告
以及肯定还是否定的立场。那个时刻，密斯通过巴塞罗那展览馆
（Barcelona Pavilion）和图根哈特住宅（Haus Tugendhat）一跃成为
现代建筑的杰出代表，接受了在那个时代已然成为事实的实用主
义——这完全包含了自身的可能性——但并非建筑本来的主题。他
的理性主义充满怀疑论色彩，认识中流露出大量有关建造艺术，并
包含两种对立的观点。大约1930年前后密斯的立场表明，他拒绝把
建造艺术的发展寄托在技术应用方面；同样，他也不接受另一观
点，即听任建筑陷入任何自作聪明的投机。他优先加以考虑的策
略，既非隐姓埋名的技术操作，亦非挥洒自由的艺术家式的个体行
为。"建造艺术"（Baukunst）——密斯1928年的行文在此使用了斜
体——"始终都是精神决定在空间上的表达"。[3]从原则和基准的角
度，对于"决定"的意义可做如下补充：秩序逻辑根植于精神原则
之中，它在事实和意义、主体和客体之间建立起一种关系，并赋予
生活过程以应有的意义。

　　让秩序占据统治性的地位，这成为所有密斯建筑作品令人印象
最为深刻的显著特质。对于密斯的这种能力，皮特·布拉克（Peter
Blake）曾描绘道"建筑表达上令人赞叹的精确性、简洁感和专注
度，共同传递出重要的意义。"[4]如果绘图等同于书写，那么建筑在
某种意义上就能被理解为公布政策或示威游行。密斯的作品因其前
后的一贯性和完整性，而在20世纪的建筑史上占有一席之地。他作
品中的创造性体现在，将诸如完美的造型、果断的气度和引人入胜
的现实境要素编排在了一起。尽管在过去的时间里，对密斯作品 ＜14
的过度赞美和拼命诋毁都在与日俱增，但这仍是直觉地接纳它们

的真正原因。而且历史还证明，只有少数的先锋作品和现代建筑如此成功地经历住了时间的考验——尤其是在日常状态中，尽管还有以简化和匿名的方式来模拟密斯式的表面简洁。

后来，在密斯带有强迫症逻辑的作品中，完全能够预见到1919至1924年间把他推向先锋派前沿的那些乌托邦式的设计。他的玻璃高层、办公楼、混凝土宅和乡村砖宅（Landhauses in Backstein）设计方案，开启了现代建筑的英雄主义阶段，其设计概念的极端原则性完整地体现在1927至1929年间实现的作品上。随后，凭借着魏森豪夫住宅区（Weißenhof Siedlung）、巴塞罗那展览馆和图根哈特住宅这些杰作，密斯成为欧洲现代建筑史上的一位大师。

密斯建筑的特征，可以被概括理解为极端的明晰和统一、超凡的简洁和大气。这种定论把密斯的作品，逐步演绎为体现建筑永恒本质的柏拉图式的物体。但同时，这些经严格艺术造型标准约束下的物体，从空间和体量方面都表现出一种独特的气质，不但适合驻足静观，而且也引人漫步其中。从这个角度来看，这些建筑——正如密斯在命运多舛的1933年以院宅的空间构成所表达的——反映了现代个体"我们将无法离开"的"一定程度的自由"。[5]

在本体框架和创作自由的矛盾两极所作用的磁场中，密斯进行着建造。应该在"所有开放空间形式的自由性中也考虑了必要的独立性"[6]，甚至是一种适应自身时代和生活方式的"庇护"，而绝非一个"封闭的空间"。[7]把"建造"（Bauen）从哲学意义上定义为"现实的造型"（die Gestaltung von Wirklichkeit）[8]，在这样的空间和建筑的定义之后，密斯提出了触及"人类生存的价值和尊严"的问题：

15> "这世上的一切，人类是否都有权享有？……它是否可以成为值得我们生活的地方？"[9]

如果想把建造艺术提升到足以表达精神决定的高度，那就要先承认建造艺术等同于理念。体现"精神关系的建筑"使建造具备某种必要的独立性，避免附加的要求和片面的理解，无论来自客观性的技术要求或者主观意愿的表达，在这都无关宏旨。这种基于自身的建筑观点与18世纪以来建筑理论著作中的人文历史传统密切相

5
密斯·凡·德·罗，《要是混凝土和钢没有了镜面玻璃会怎样？》（Was wäre Beton, was Stahl ohne Spiegelglas?），德国镜面玻璃生产商协会（Verein Deutscher Spiegelglas-Fabriken）的宣传册，1933年3月13日，未发表，引自Loc档案手稿。

6
密斯·凡·德·罗，《马格德堡的H住宅》（Haus H., Magdeburg），载于《盾牌之友》（Die Schildgenossen），1935年，第14期，第6册，514页。

7
密斯·凡·德·罗，《一座小城市的博物馆》（Museum für eine Kleinstadt），载于《建筑论坛》（Architectural Forum），1943年78号，第5期，84页。

8
无日期的原始手稿，1960年前后，出自LoC档案手稿；参见附录四（1939—1969年），第6篇《札记：演讲笔记》。

9
密斯·凡·德·罗，演讲手稿，第11页，未出版，引自LoC档案手稿。

关，这种传统由马克-安东尼·洛吉耶（Marc-Antonie Laugier）和卡洛·罗德里（Carlo Lodoli）奠基，在戈特弗里德·森佩尔（Gottfried Semper）、尤金-以马内利·维奥莱-勒-迪克（Eugenè-Emmanuel Viollet-le-Duc）、朱利安·加代（Julien Guadet）、奥古斯特·舒瓦西（August Choisy）和亨德里克斯·贝尔拉赫（Hendrik Berlage）的推动下，一直发展并延伸到了20世纪。理念要求先于形式考虑必然存在的真理和逻辑，从理性主义立场来客观地理解建造艺术，密斯的建筑表现出了人类对自我组织和改造世界的启蒙化的诉求。

同样，密斯1938年移民美国后所完成的作品中，依然忠实地保留着1933年曾被剥夺的理性主义。克朗大厅（Crown Hall，1950—1956年）、芝加哥的湖滨公寓（Lake Shore Drive Apartments，1951年）和范斯沃斯住宅（1946—1951年）以及纽约的西格拉姆大厦（Seagram Building，1957年），至今都对建筑的发展持续产生着深层次的推动，所以它们无愧于建筑杰作的声誉。

在他生命的最后阶段直到1969年8月17日去世后，密斯作为世纪建筑大师的地位才被最终认可。这从他去世前的十年里完成作品及其出版的数量大幅增长的事实中可见一斑。当1947年菲利普·约翰逊（Philip Johnson）出版密斯作品集第一版时，他大概是现代前卫派里名气最小的一位。那时，年满61岁的密斯建成的作品还不足20个，同样数量有限的也包括他在各种出版物、甚至偏僻一隅发表的论文和宣言。而与他截然不同的勒·柯布西耶（Le Corbusier）却展现了极为出色的公众宣传能力，恰恰是被密斯视作无用的自我表现和宣传，令柯布西耶、格罗皮乌斯（Walter Gropius）和其他新建 ‹16 筑运动中的早期代表们引起了国际关注，并为他们的思想和作品带来了广泛的公众影响。

对于密斯的关注由约翰逊的著作引发，在20世纪60年代的一系列研究著作中达到顶点，其中约翰逊的观点由于体现出实质性的内容，从而成了关于密斯的代表性评述。保留地讲，在随后至今如马克斯·比尔（Max Bill，1955年）、亚瑟·德莱克斯勒（Arthur Drexler，1960年）、皮特·布拉克（1960年）、维纳·布拉泽（Werner Blaser，1965年、1973年）、詹姆斯·斯派尔（James Speyer，1968年）、路德维希·格莱泽（Ludwig Glaeser，1969年）、马丁·波利（Martin Pawley，1970年）、皮特·卡特（Peter Carter，1974年）、洛伦佐·帕皮（Lorenzo Papi，1974年）和大卫·斯佩特（David Spaeth，1985年）等的一系列关于密斯的专著都没有明显的突破。[10]唯独密斯多年的朋友，包豪斯的前同事路德维希·希伯赛默（Ludwig Hilberseimer）在1956年[11]的著作中独辟蹊径，并没有重点介绍密斯的作品，而是通过将其置于涵盖了从莱昂·巴蒂斯塔·阿尔伯蒂（Leo Battista Alberti）的"精美"①概念到卡西米尔·马列维奇（Kasimir Malewitsch）极简的至上主义的开阔视野，来尝试理论化地探讨密斯的建筑。

密斯在生命的最后十年获得了众多的荣誉和委托，从而演化为一个神话。大量的专著和潮水般的文章推崇密斯在现代建筑中的地位，并对其真正隐士般的生活方式顶礼膜拜。一方面，朋友和学生如众星捧月般围绕着他，另一方面，他在建筑界又被模仿者们完全淹没了。表面的极简化使密斯的结构充满诱惑，但其艰难的发展过程却难以被认识，在建筑实践中，出于商业目的被大量的模仿和简化，以致最后被消耗殆尽。

公众传播的心理预期和建筑遗产的庸俗化到底有什么关系，这或许是一个值得探讨的问题。每本专辑里的那些重绘的图纸，几乎都被迫保持着同样的基本配置，就连绘图日期也原封不动地照搬；原有图纸不清楚的地方，都被重新加以绘制。一个类似的例子，就是维纳·布拉泽重新绘制了传说中的乡村砖宅的平面，它的墙体呈放射状并伸展到自然里，建筑体量也因这些墙体而被消解。1965年布拉泽出版的有密斯参与的专辑中所完成的精确平面，尽管没有著作权方面的相关说明[12]，但却在异地重建时顺理成章地被当作密斯的原设计图，这对理解此项目产生了决定性的影响。直到1981年沃尔夫·泰格霍夫（Wolf Tegethoff）出版的著作[13]，在材料和分析方

---

① 原文为拉丁语concinnitas，意为精美。——译者注

18

10

菲利普·约翰逊，《密斯·凡·德·罗》（Mies van der Rohe），纽约1947年（第3版 修订版，纽约1978年）；马克斯·比尔，《密斯·凡·德·罗》（Mies van der Rohe），米兰1955年；亚瑟·德莱克斯勒，《密斯·凡·德·罗》（Mies van der Rohe），纽约1960年；皮特·布拉克（1960年），《密斯·凡·德·罗和结构神话》（Mies van der Rohe and the mastery of structure），建筑大师系列丛书，纽约1960年；《三大建筑师》（Drei Meisterarchitekten），慕尼黑1962年；维纳·布拉泽，《密斯·凡·德·罗：结构的艺术》（Mies van der Rohe, Die Kunst der Struktur），苏黎世/斯图加特1965年［再版《密斯·凡·德·罗》（Mies van der Rohe），苏黎世1973年］；詹姆斯·斯派尔，《密斯·凡·德·罗》（Mies van der Rohe），芝加哥1968年［芝加哥艺术研究中心（Art Institute of Chicago）展览画册］；《密斯·凡·德·罗》（Mies van der Rohe），柏林艺术院和建筑住宅局在柏林建筑周上举办的展览画册，1968年；马丁·波利，《密斯·凡·德·罗》（Mies van der Rohe），纽约1970年；皮特·卡特，《密斯·凡·德·罗》（Mies van der Rohe），纽约1974年；洛伦佐·帕皮，《密斯·凡·德·罗》（Mies van der Rohe），佛罗伦萨1974年；《密斯·凡·德·罗：我们时代的塑造者》（Mies van der Rohe, Gestalter unserer Zeit），卢塞恩/斯图加特/维也纳1974年；大卫·斯佩特，《密斯·凡·德·罗》（Mies van der Rohe），纽约1985年。

11

路德维希·希伯赛默，《密斯·凡·德·罗》（Mies van der Rohe），芝加哥1965年，20-21页。

12

维纳·布拉泽，《密斯·凡·德·罗：结构的艺术》，苏黎世/斯图加特1965年，20-21页。

13

沃尔夫·泰格霍夫，《密斯·凡·德·罗：别墅和乡村住宅》（Mies van der Rohe, Die Villen und Landhausprojekte），克雷费尔德/埃森1981年，42页。

14
约翰逊，出处同上，49页。

15
罗伯特·文丘里，《复杂性和矛盾
性》，纽约1966年；《建筑的复杂性和
矛盾性》（*Komplexität und Widerspruch
in der Architektur*），亨利希·克洛茨
（Heinrich Klotz）编注，布伦瑞克1978
年，24页。

16
西比尔·莫霍利-纳吉，《"少就是多"
已经变成"少什么也不是"了吗?》，
载于《现代建筑四杰》（*Four Great
Makers of Modern Architecture*），纽约
1963年，118-123页。

17
文丘里，出处同上，27页。

18
文丘里，出处同上，26页。

面达到新的水准之前，那些基于照片所复制的拙劣图纸，带来的误解和偏差使重建的结果在许多方面都是错误的。

密斯学派对其偶像的崇拜，一方面充斥着崇敬的模仿和盲目的追随，另一方面因庸俗的商业化使得概念想法被简化和注水，直到最后在大众中产生了对立不安的情绪，并引发了20世纪六七十年代不只针对密斯，而是整个现代建筑的批评。原本喜欢引用密斯格言来宣扬自己的观点，现在却导致了异教式的态度转变。密斯的教条"少就是多"先是被约翰逊自己奉为圭臬[14]，然后逐渐升级为大众口号，而罗伯特·文丘里（Robert Venturis）1966年在他的《复杂性和矛盾性》（*Complexity and Contradiction*）一书里，又谨慎和虔诚地回应"多不是少"。[15]对西比尔·莫霍利-纳吉（Sibyl Moholy-Nagy）①来说，选择《"少就是多"已经变成"少什么也不是"了吗?》（Has "Less is more" become "Less is nothing"?）[16]作为一篇文章标题，就纯属语言游戏了。

针对功能主义和教条主义立场的转变，标志着在20世纪50年代后期建筑的发展过程中，在定义空间时对提高艺术表现和造型质量的要求。20世纪60年代初期，文丘里关于建筑关联性研究的《谨慎的宣言》（Behutsamen Manifest）里描述了这一潮流，并主张回归建造艺术的多样性。那种被庸俗的"少即是多"[17]所代表的濒死的、无聊的建筑，被文丘里以"少即是乏味"宣告了死刑。

文丘里的复杂性和矛盾性理论即使接受并认同矛盾性，但也同样拒绝致命的混乱，以及超出具象和表现范畴的随意性。对建筑复杂性意义的认同，并非与简单化的要求相对抗。文丘里认识到，密斯虽然对建筑学的发展贡献巨大，但在内容和形式语言的选择性方面，其局限性和优势同时共存。[18]

在那些攻击现代建筑偶像的挑衅性的论调后面，也存在着立场各异的观点。比如伯特兰·戈德堡（Bertrand Goldberg），早期反对密斯，芝加哥现代派的一员，就针锋相对地提出口号"丰富

---

① 西比尔·莫霍利-纳吉：她是曾在包豪斯任教的著名艺术家、设计理论家拉兹洛·莫霍利-纳吉（Laszlo Moholy-Nagy/1895—1946年）的夫人。——译者注

即正确"。1978年，来自上述同一圈子的斯坦利·泰格曼（Stanley Tigerman），以名为《泰坦尼克》（*Titanic*）的照片拼贴完成了建筑参考标准的完美转换。具有讽刺意味的是，20世纪50年代钢和玻璃建筑风格的珍本，同时也被密斯当作自己最好的作品的克朗大厅[19]，却象征性地沉入了密歇根湖。[20]

　　一直和密斯创作紧密相关的，是经常性的论战。1931年加斯特斯·比尔（Justus Bier）首次在观察评论中质疑"图根哈特住宅能住人吗？"，并探讨了那种阅兵式般的居住和过度炫耀的风格。[21]约瑟夫·里克沃特（Joseph Rykwert）在1949年也指责伊利诺伊工学院的校园，是一个"浮夸的、透明的和令人作呕的设计"，类似的批评林林总总[22]，几乎可以构成一部批评编年史。批评的声音始于1930年，经过公众对范斯沃斯住宅[23]的声讨以及麦卡锡时代对现代建筑的整体抵制，一直到密斯最后一个作品，那就是在赞美和轻蔑的矛盾中被尤利乌斯·波泽纳（Julius Posener）冲动地称作"杂货铺"的柏林国家美术新馆。[24]无论赞美也好，诋毁也罢，其实在密斯式的建筑命题中，它们都同出一辙，即拒绝将美学观点从属于任何功能和社会问题。

　　把批评者和仰慕者连在一起的，是对于极端化的共同兴趣。雷纳·班汉姆（Reyner Banham）预见到了这样发展下去将会毫无结果，因而对此诘问"至善，还是极恶？"。一方面，密斯在世界上的仰慕者中，总会有人把他作品中的精确性抬升至绝对高度，并且试图从中发现理想化的笛卡尔式的网格系统；另一方面，正如刘易斯·芒福德（Lewis Mumford）所说，密斯是又一个普洛克拉斯提斯[①]，他让人的天性来屈从其个人的建筑癖好。[25]

　　这样绝对化的立场并非针对建筑本身，而更多地说明了评论方面的种种无奈，所以也期待这样的状况尽早结束。当密斯的结构概念更加成熟和纯净，标志大师的最高阶段到来的时候，20世纪50年代末期，约翰逊却逐渐脱离了密斯粉丝的队伍，所以当1955年

19 ▷

[①] 希腊神话普洛克拉斯提斯（Prokrustes）之床，比喻以自己的模式强求别人的改变，最后不过是削足适履，适得其反。——译者注

19
"我相信，我们创造的最为清晰的建筑，是有关我们哲学的最好表达。"《密斯致皮By·卡特的信》（Mies van der Rohe nach Peter Carter），密斯·凡·德·罗，载于《建筑与居住》（*Bauen und Wohnen*），1961年，第16期，241页。

20
斯坦利·泰格曼，《一位美国建筑师的选择》（*An American Architect's Alternatives*），纽约1982年，27页，以及《致密斯的信（1978年）》（Letter to Mies, 1978），29、30页。

21
加斯特斯·比尔（Justus Bier），《图根哈特住宅能住人吗？》（Kann man im Haus Tugendhat wohnen?），载于《形式》，1931年6月，第10期，392页。

22
约瑟夫·里克沃特（Joseph Ryckwert），《密斯·凡·德·罗》（*Mies van der Rohe*），载于《伯灵顿杂志》（*Burlington Magazine*），1949年，第91期，268页。

23
约瑟夫·巴里（Joseph A. Barry），《关于美国现代住宅优劣的战争报道》（Report on the American battle between good and bad modern houses），载于《美好家居》（*House Beautiful*），1953年，第95期，172、266、270-273页。

24
尤利乌斯·波泽纳（Julius Posener），《绝对建筑》（Absolute Architektur）载于《新评论》（*Neue Rundschau*），1973年，84期，第1册，79-95页；对于密斯的类似评论还有乔凡尼·克劳斯·凯尼格（Giovanni Klaus Koenig）载于《*Casabella*》的文章《格罗皮乌斯，还是密斯？》（Gropius o Mies?），1968年，33期，342号，34-39页。对国家美术馆迥异的阐释，是1982年7月14日刊载于《法兰克福汇报》（*Frankfurter Allgemeine Zeitung*），第159版，19页的提尔曼·布登希克（Tilmann Buddensieg）的文章，《喧嚣城市环境里的秩序法则》（Ordnungsprinzip im Tumult der städtischen Umwelt）。

25
刘易斯·芒福德在英国皇家建筑

师协会金奖的颁奖礼上，引用雷纳·班汉姆的文章《被审判的密斯·凡·德·罗：几乎没有什么是过多的》（Mies van der Rohe on Trial: Almost Nothing is Too Much），载于《建筑评论》（Architecture Review），1962年132期，125页。詹姆斯·马斯顿·费奇（James Marston Fitch）的《密斯·凡·德·罗与柏拉图式变异》（Mies van der Rohe and the Platonic Varieties），引自：《现代建筑四杰》，纽约1963年，163页，在评价密斯时以下述的隐喻回答了将功能和理念相融合的观念："赞扬密斯形式中的纯粹纪念性的同时，还要谴责他在细节的实用性问题，就像赞美大海的蔚蓝同时还要指责它的咸涩，或者羡慕老虎美丽皮毛的同时还要力劝其成为素食者一样。"

26
约翰逊，《现代建筑的七个拐杖》（The Seven Crutches of Modern Architecture），载于《Perspecta》，1955年，第3期，40-44页；《现代建筑的七个拐杖》（Die sieben Krücken der modernen Architektur），斯图加特1982年，70-73页。

27
雷纳·班汉姆，《被审判的密斯·凡·德·罗》，载于《建筑评论》，1962年第132期，125页。

28
理查德·帕多万，《密斯·凡·德·罗：重新演绎》（Mies van der Rohe, Reinterpreted），引自：《密斯·凡·德·罗：住家公寓广场和塔楼类型》（Mies van der Rohe, Mansion House Square and the Tower Type），《国际建协/国际建筑师杂志》（International Union of Architects/International Architect Magazine），1984年，第3期，伦敦，39页。

29
"它们看上去不大像工厂，而是更古典一些；巴塞罗那那展览馆里的大理石，辛克尔-佩尔西乌斯的样子（Schinkel-Persius）已经在我的脑海深处……"1977年，菲利普·约翰逊对密斯的建筑的回顾，参见：菲利普·约翰逊，《密斯·凡·德·罗》，做了增补的第3版，纽约1978年，205页。

泰坦尼克号，1978年
照片拼贴：斯坦利·泰格曼（Stanley Tigerman）

约翰逊发表《现代建筑的七个拐杖》（The Seven Crutches of Modern Architecture）演讲稿[26]，流露出上述迹象就不足以为奇了。"密斯的粉丝俱乐部里到底发生了什么？"出自1962年班汉姆发表的一篇令人不安的论文。在这篇题为《几乎怎么都不过分》（Almost Nothing is Too Much）的文章里[27]，他又一次回忆起密斯的图根哈特住宅。

在20世纪60年代现代建筑整体所面临的尴尬局面中，密斯遭遇的危机并非个案。如果人们同意的话，其实更大程度上是由自身造成的。在研究密斯的专著中，对他过度的介绍和表达方式也应负有连带责任，比如密斯的形象就显得过于一成不变。[28]

约翰逊推崇密斯，是因其在20世纪20年代的极端客观性，并与现代建筑的前卫派保持距离，同时也因他喜欢比柯布西耶或奥特（Oud）[29] "更少一些工业化、多一些古典性的"特质，形成了一种 ‹20 被广泛接受的对密斯的印象。假使那时约翰逊多留意一些的话，密斯作品里的矛盾性就会被及时反映出来。估计是密斯按自己的意愿，对早期的作品做了严格的筛选，看上去似乎20世纪二三十年代的作品都是在为日后美国时期的成熟和完善做准备。他作品集中所传达出来的信息，反映出他对永恒的完美的追求、对细节近乎病态的关注和热衷于昂贵材料等特点。随后，在执着的理查德·帕多万（Richard Padovan）所写的建筑简史中，读到的无非是"从一个仪式转向下一个仪式时，所发表的空想和套话"。这样通过频繁和单调的重复，那个狭隘固执的建筑大师形象——现在更多地被奉为完整体现普适性和完美性的典型——被塑造出来。[30]毫无疑问，如果没有约翰逊和德莱克斯勒的重要贡献，而仅仅只有希伯赛默，是无法形成上述共识的。

实际上，唯一对密斯有着真正不同意见的描述，出自于布鲁诺·赛维（Bruno Zevi）1953年在米兰出版的前卫著作《新建筑造型主义的诗学》(*Poetica dell' architettura neoplastica*)①，与约翰逊的经典论调相比，它在片面性方面的表现是有过之而无不及。赛维没有沿着目的论式的老路，而是固守自己的目标——一种类似密斯式逐渐展开的形式理论——更多地尝试借助两种截然相反的概念：一个是古典主义，另一个是新造型主义。然而，对于赛维而言，这两个概念都清晰地呈现意识形态色彩：古典主义意味着专制统治和思想僵化；新造型主义等同于自由和民主，把形式和秩序从轴线和传统的束缚中解放出来。如果接受这样的两分定义并理解其用意的话，那么密斯的发展轨迹就可以被描绘成这样一根抛物线：在抛物线顶端的是20世纪30年代实现的一系列作品，包括巴塞罗那展览馆、图根哈特住宅和为1931年柏林建筑博览会设计的样板房，它们被誉为由风格派运动创始的新造型主义的代表作。赛维把密斯人生抛物线的上升的那一段，描述为逐步摆脱新古典主义的束缚；而下降的那一段，解释为在巴塞罗那展览馆之后缓慢回归新古典主义的过程。虽然，密斯的功绩在于把新造型主义的体积造型语言转换成了空间概念，但是按照赛维的说法，他又用形式枷锁把自己封闭在一个世界里。因此，理性主义又倒退并回到了古典主义。[31]

事实上，密斯作品中的古典主义和新造型主义的矛盾，远远

30
帕多万，《密斯·凡·德·罗：重新演绎》，同上，39页。

31
布鲁诺·赛维，《新建筑造型主义的诗学》，米兰1953年。

---

① 原文为意大利语。——译者注

32
引自：帕多万，同上，39页。

地要比赛维描述的复杂得多，它不是一条单一的抛物线，而是一个充满着不确定性和相位变化的连续波动。[32]对密斯作品和理念的详细解读，驳斥了赛维的抛物线说法。复古和反传统思潮之间的辩证矛盾，在密斯的作品中经常出现。密斯的做法并不是简单地以新换旧，新古典主义式的乡村住宅和大胆的实验作品的共存，说明在两个极端之间的探讨发展到了一个新的阶段。但是无论如何，抛物线的顶端历史价值不会过时。借助至今都没有公开过的资料，比如1928年密斯的笔记本记载了他当时的阅读情况，清楚地说明，密斯即使在其职业生涯的顶点，也相信延续价值观的承载作用。不是用现代价值替换旧的，而是把他们综合起来，成了抛物线顶端时的理念。阿道夫·路斯（Adolf Loos）认同尼采的座右铭"尽管一切已经决定"，因而将视其为自己的指导原则。所以，如果要回到上述情境并做出假设的话，那么或许正是基于创作必须具有深刻价值导向的要求，才使密斯有可能在20世纪30年代完美地实现了现代建筑。

正如赛维所举的密斯的例子，从1800年前后的启蒙时期到20世纪，现代建筑的整个历史可以近似地看作复古和反传统思潮之间的矛盾和对话。其实，赛维提及的对话并不是指，自由的有机主义和刻板的古典主义之间的纯粹二元论关系。一般来讲，复古思潮的发展总是伴随着重要范型的重现。因为反传统的立场会遮掩复古思潮，并希望最大限度地否定艺术和这些范型之间的关联。1900年前后登场的反学院派和古典主义的造型，并不能说明我们所处的时代发现了现代性，其实多立克柱式中早就蕴藏着现代建筑的门径。归根结底，复古和反传统思潮之间的矛盾，与建筑的历史一样源远流长，不可能单方面地去加以解读。以纯粹的形式去表达这些范型，和完全否定它们同样不易，如果建筑自身不放弃对抗消亡的宿命，那么建筑在所形成的结构化的自然中就必定会存在下去。

在欧洲的建筑历史上，这种对立性以多种形式存在着，例如18世纪的巴洛克和英国风景园林中的浪漫主义之间的对立，立体性的封闭感和辛克尔实用的非对称之间的矛盾，在辛克尔的博物馆建筑和受意大利别墅风格影响的乡村建筑作品中，也出现了"绝对对称"和"希腊式自由"所形成的不同组合。上述现象也预示着，在一系列展现当时材料和新形式的展览馆建筑中，会出现密斯连续式"现代"空间的想法。

20世纪的现代建筑所面临的是，在新的发展层面上彻底地解决上述矛盾，把古典主义的建筑类型，从内部和外部的脱节、内部空间和单个元素的封闭性中解救出来。反抗陈旧概念的目的，往往是为了树立一个与之对抗的新概念。至此，经典的维特鲁威式的建筑定义，就要面对逐渐占据上风的、主张内外分离的新型建筑概念；这个概念主张以离心化代替集中化，通过相对立元素的自由组合所产生的均衡感，来化解过去的和谐观念。

就这点而言，密斯作品体现了上述矛盾，被20世纪20年代的现代建筑当作历史遗产继承下来。赛维著作的重要性在于，打破了对建筑历史的经典解读方式，拓宽了思路并再次调整了观察视角。无论是把古典主义（类型、体块和几何性）简单地认同为权威，还是把"自由平面"（Free Plan）乐观地和民主画等号，都明显地阻碍了对现代建筑——包括密斯在内——做更进一步的解读。这成了百年建筑史上最为讽刺的一幕，因为只有通过古典主义的复兴，才有解读现代建筑复杂性和矛盾性的可能。

当"后现代主义"对历史传达出朦胧的好感、并逐渐成为一个时代显学的时候，这一切促成了对古典主义进行新的价值重估，并使"后现代的古典主义"延伸出的概念和"自由风格的古典主义"（Free Style Classicism）[33]的冒险宣言得以面世。后现代主义的建筑理论，间接地响应了赛维希望通过语义学革命，进行片面阐述和明确意识形态的努力。查尔斯·詹克斯（Charles Jencks）的《没有眼泪的古典主义》（Classicism without tears）希望摆脱那些压抑的泛音，并通过不受功能约束的自由形式，来区别于那些先行者。从后现代的折中主义角度来看[34]，对古典主义"进行革命"的过程恰好蕴藏着重新评估密斯建筑的机会。不仅因为历史总是在场的——从后现代主义的角度来看也是如此——而且因为只有在逐渐厌倦插科

33
《后现代的古典主义》（Post-Modern Classicism），查尔斯·詹克斯（Charles Jencks）编撰，伦敦1980年（建筑设计，概况）；《自由风格的古典主义：广泛的传统》（Free Style Classicism: the Wider Tradition），伦敦1982年（建筑设计，概况39）。

34
引自：詹克斯，《后现代的古典主义》，同上，5页。

23

35
科林·罗尔,《理想别墅中的数学以及其他论文》(*The Mathematics of the Ideal Villa and Other Essays*),剑桥/马萨诸塞1976年。
特别参考论文,《新"古典主义"和现代建筑》(*Neo->Classicism<and Modern Architecture*),在密斯作品中追寻"帕拉第奥式的时空"(*Space Time Palladian*)。

36
阿尔多·罗西(Aldo Rossi)和保罗·波尔托盖西(Paolo Portoghesi),安东尼奥·德·波尼思(Antonio de Bonis)的访谈,载于《建筑设计》(*Architectural Design*),1982年,第52期,第1/2册,14页。

打诨和热嘲冷讽之后,才会唤醒人们对于诗意的清晰、结构的严谨以及生命和形式强度的渴求。这个时代背景给了密斯学说一个无法估量的前景,对于他和他的战友们所提出的命题,我们所欠缺的不仅是出自历史兴趣的关注:它们更代表了我们至今仍需面对的各种诉求。

历史的可能性和必要性的重要意义——现代派曾提出根本质疑的命题,当前需重新加以认识。如果当前现代性的模型需要修正的话,那么也需要对以前的命题加以补充和改善。就这一点而言,对现代建筑的整体批评,一方面集中体现在其反对传统、漠视环境、千篇一律和没有尺度感等,另一方面也应该对其形成教条主义的历史写作负有责任。

对历史论述方式的片面接受,不仅对现代建筑的历史形象,同时也对感知和接受的重要环节产生了影响。因此,评论现代建筑同样也需要对现代建筑相关历史著作的评论,因为通过诸如西格弗里德·吉迪翁(Sigfried Giedion)《时间、空间和建筑》(*Time, Space* ⟨24 *and Architecture*,1941年)那样有影响的教科书的传播,现代建筑被描述成一个没有冲突的历史性结构。维特科夫(Wittkwer)的学生科林·罗尔(Colin Rowe)在20世纪50年代的精彩论述,注意到这种主张线性演进的历史著作经不住个别案例的仔细推敲,而他对历史连续性的关注,为阐述现代派的观念铺平了道路。[35]

密斯的研究工作中采用了一种观点,这种观点不仅舍弃了统一性和普适性的说法,而且还忽略了断裂和转化的关系。现代建筑"历史"的评论,为谨慎的价值重估提供了机会。不仅是对传统的突破推动了现代建筑的产生,而且是复杂和矛盾的历史根源,都成了我们这个时代的研究重点。

"他们最好的作品代表了那个时代"——阿尔多·罗西(Aldo Rossi)把路斯和密斯称作现代建筑的典范。[36]在体验过被功能主义教条所制约的建筑后,那种批评密斯建筑的诘难,便带有了异样的色彩。密斯为了有利于表现纪念性和纯粹诗意,而对功能要求所做的简化处理,在罗西的眼中反倒促成了其建筑中积极因素和特殊品质的形成：正是执着于对艺术化要求的表达，密斯用"建造艺术"的定义来取代了"建筑"，同样，密斯也是屈指可数的能抵御来自市场和生产的无常变化，并创造具有永恒美感事物的人。[37]

"照亮了内部的矛盾"，帕多万回顾密斯的文章文风活泼，行文中他不但没有贬低密斯，而恰恰相反，把密斯描述成为一个更为有趣、敏感和重要的形象，"作为建筑师，他的一生不仅折射了所处时代的斗争和矛盾，而且在其人生的不同时期，他的参与和作用都体现在现代建筑历史的各个阶段。"[38]

对密斯作品的研究虽然数量众多，但直到1979年有732个文献出处[39]的《目录年谱集注》（*Annotated Bibliography and Chronology*）的出版，一定程度上才满足了至今的研究需求。直至1968年，纽约的当代艺术博物馆才建立起密斯档案。在此之前出版的相关著作，几乎无法找到原始资料的出处来对其进行整理和复核。对密斯的藏书和手稿进行基础性的研究是必要的，因为它验证了上述泰格霍夫对密斯1922年[40]以后别墅和乡村住宅的研究，并对个别标注日期和附属资料的可信度提出了质疑。

在密斯相关著作的整理中，至今没有发现对建筑师理论遗产的独立研究。约翰逊在他的著作中选列了密斯最重要的文字，从而引起了大家对密斯这部分内容的关注。密斯早期宣言中的纲领性表述，现在已经成为我们这个世纪建筑和艺术理论中的经典，没有它们就无法构成一部完整的现代建筑历史。[41]

但是令人吃惊的是，对于密斯的文字至今都没有过一个完整的编辑和整理[42]，而且现存于纽约的档案、芝加哥和华盛顿的笔记片段，也没有出现在近期的研究成果中。显然，因为他那些著名文字的数量有限，所以并没有引起大家的特别关注。与和他同时代的大师柯布西耶和赖特的理论性文字数量相比，密斯所公开发表的文字，相对其毕生作品来说显得有些单薄。

所以，洛伦佐·帕皮这样推断，密斯希望"无须为他结构性的作品，提供阐释自己思想和动机的个人'文献'"。[43]他的慎言，部分地源于其世界观所带来的自信，对此他曾暗示道："最重要的事

37
阿尔多·罗西，《科学性的自传》（*A Scientific Autobiography*），马萨诸塞1981年，74页："从另一方面来说，密斯是唯一知晓如何创作超越时代和功能的建筑和家具的人。"

38
帕多万，《密斯·凡·德·罗：重新演绎》，同上，42页。

39
大卫·斯佩特（David Spaeth），《密斯·凡·德·罗：目录年谱集注》（*Ludwig Mies van der Rohe, An Annotated Bibliography and Chronology*），纽约1979年。

40
沃尔夫·泰格霍夫，《密斯·凡·德·罗：别墅和乡村住宅》，克雷费尔德/埃森1981年——克里斯蒂安·沃斯多夫（Christian Wolsdorff）的完整点评，载于《艺术编年史》（*Die Kunstchronik*），1984年，第37期，399页。

41
可以作为一本标准的艺术史的参考。朱利奥·卡罗·阿甘（Giulio Carlo Argan）编撰的20世纪艺术史有关现代建筑想法和宣言的文献部分，收录了三篇密斯的文章：《工业化建筑》（*Industrielles Bauen*）（1924年）、《关于建筑中的形式》（*Über die Form in der Architektur*）（1927年）和《新时代》（1930年）。

42
《密斯·凡·德·罗：文章、对话和演讲》（*Ludwig Mies van der Rohe. Escritos, Diálogos y Discursos*），詹姆斯·马顿·菲奇作序，穆西亚（Murcia）1981年（建筑专辑1）。

43
洛伦佐·帕皮，《密斯·凡·德·罗：我们时代的塑造者》，卢塞恩/斯图加特/维也纳1974年，40页。

44
密斯·凡·德·罗，《我从未画过一
张图画》，载于《建筑世界》，1962
年，第53期，885页。

45
路德维希·维特根斯坦（Ludwig
Wittgenstein），《逻辑哲学论/1918年》
（Tractatus logico-philosophicus/1918），
法兰克福1963年，115页。

46
皮德·布拉克，《三大建筑师》，慕尼
黑1962年，187页。

47
彼德·赛润，《斯宾诺莎、黑格尔和
密斯：柏林新国家美术馆的意义》
（Spinoza, Hegel and Mies: The Meaning
of the New National Gallery in Berlin），
《建筑历史学会学报》（Journal of the
Society of Architectural Historians），
1971年，第30期，240页。

48
密斯·凡·德·罗，《建造艺术与时
代意志！》（Baukunst und Zeitwille），
《横断面》（Der Querschnitt），1924年
4月，第1期，31页。

49
皮特·卡特，《密斯·凡·德·罗》，
载于《建筑与居住》，1974年，第16
期，229页。

50
密斯·凡·德·罗，担任芝加哥阿
莫工学院（AIT）院长的就职演讲，
1938年11月20日，引自：维尔纳·布
拉泽，《密斯·凡·德·罗：教与
学》（Mies van der Rohe. Lehre und
Schule），斯图加特/巴塞尔1977年，
28页。

51
密斯·凡·德·罗，《我们时代的
建造艺术》（Baukunst unserer Zeit），
出自维尔纳·布拉泽，《密
斯·凡·德·罗：结构的艺术》，苏
黎世/斯图加1965年，5页。

情，其实是并不能被讨论的"[44]——这可以看作是对维特根斯坦的
《逻辑哲学论》（Tractatus logico-philosophicus）著名论断"对于不可
言说之物必须保持沉默"的回应。[45]

皮特·布拉克曾把密斯描述成一个"少言寡语的人"。[46]这
种雄辩的静穆方式，是密斯真实性建构的基本要素，无论是从书
写还是对建构的陈述方面都同样能得以证明。密斯文章的行文简
洁，潜藏着他自己的价值水准，它的开放性会诱使人们从哲学层〈26
面去推断他的作品。彼德·赛润（Peter Serenyi）在其同样简短却
显得凌乱的论文《斯宾诺莎、黑格尔和密斯》（Spinoza, Hegel and
Mies）中[47]，竭力引用并重复托马斯·阿奎纳（Thomas von Aquin）
和奥古斯汀（Augustinus）的哲学警句，结果是强化了对密斯形象
的误解。

在密斯眼中，"对建造艺术实质的追问具有决定性的意义"[48]，
这促使他在古典和中世纪哲学的采石场中去发掘真理。从这个提问
出发，去寻找建筑真理[49]的精神化中心，否则就无法澄清那些介于
实质和现象之间、必要性和可能性之间，以及建构和形式之间的相
互关系。对于建造艺术的讨论，无法离开存在的问题。建筑不仅应
当在实用性上，同时也应该在精神层面上服务于生活，并且成为
体现人的完整存在理念的载体。在上述意义的范畴和价值的层面
内，有着建筑师努力要去解决的那些本质的、关键的问题。建筑应
当发自内心地言说建造艺术的语言，并参与有关新的"真实秩序"
的宏大讨论。

时刻准备以基础方式去观察事物，并希望"提出真正的问题，
关于价值和意义的问题"。[50]借此，密斯的文字成为我们这个世纪
建筑理论中的独特见证，因为它触及了时代精神本质的命题。致力
于使人与文明、技术与建筑、历史与当代更加完美地融合，密斯发
现并寄予厚望的"我们这个时代"建造艺术的真正任务是，"一定
有可能把我们文明中的新旧力量和谐地统一起来"。[51]对于当代问
题的诸多讨论也说明，这个目标的设立——不仅对于建筑——一直
都是有意义的。

"今天当再次寻找带有明显风格的形式的时候，首先映入脑海的是，对我们自身的相关思考。"从20世纪20年代以来就与密斯长期共事的瑟吉厄斯·吕根伯格（Sergius Ruegenberg），为1936年3月27日密斯五十岁生日所写的贺词，曾发表在《建筑世界》（*Bauwelt*）的读者来信中。如果用一句话作为1986年密斯诞辰百年纪念的结束语，那没有比这再恰当不过的了："如果什么（风格）也没有找到，那就让我们想想密斯吧。"[52] ✚

52
瑟吉厄斯·吕根伯格，《一位五十岁的人》，载于《建筑世界》，第27卷，1936年，第14册，346页。

第一章

双线作战：
作家式的建筑师

"建筑师必须擅长书面表达，
因为他通过（对其作品的）书面解释，
才能形成自己连续的思想。"
维特鲁威，《建筑十书》，公元前30年

"'造型艺术家，要保持沉默'
一直都是真理。"
贝尔拉赫，《建造艺术风格的思考》(*Gedanken über den Stil in der Baukunst*)，
1905年

"我的主要工作就是设计房子，写的和说的从来就不多。"[1]
对密斯而言，进行建筑写作一直都是一种非同寻常的、充满矛盾的冒险。从他已出版文章的简短篇幅就能证明，他不具备特别的写作天分。同时，引人注意的是，他把想法诉诸笔端时并非没有遇到阻力，而且还是迫于外部压力完成的。对于能打动密斯、促使他公开表述的内在和外部的因素，无法从现在掌握的零星资料进行判断。[2]只有通过对过去的情况加以还原，才能明了这个问题。

1922年的夏天，密斯第一次作为杂志文章的作者出现于公众视野。在此之前，专业媒体圈子对他及其作品几乎一无所知。出现在出版物上的密斯作品[3]，仅有21岁时完成的、位于波茨坦新巴伯斯贝格（Potsdam-Neubabelsberg）的处女作里尔住宅（Haus Riehl）和俾斯麦纪念堂（Bismarck-Denkmal）的竞赛方案。在布鲁诺·陶特（Bruno Taut）编辑出版的《晨曦》（Frühlicht）杂志里，密斯以一篇无标题!（——作者标注）文章的建筑师和作者面目出现，文章包括了两个高层玻璃塔楼的设计图纸和简短的文字说明。

促使密斯进入公众视野的外部机缘，大概是先前弗里德里希大街（Friedrichstraße）的概念竞赛。竞赛于1921年12月发布消息，1922年初公布了结果。密斯的参赛方案是一个20层左右、完全使用玻璃并呈现出两种不同形态的高层建筑。这个设计方案完全不被评委所理解，仅仅被当作异想天开的玩笑而被搁置一旁。[4]

在密斯的作品里，玻璃高层方案似乎是横空出世[5]，置于当时的建筑时代背景下也无出其右。它成了由"办公楼"（Bürohaus）、"乡村混凝土住宅"（Landhaus in Eisenbeton）和"砖宅"构成的一系列设计的开端，新的结构和材料观念通过发现的一种简洁的形式，展现了和历史形式划清界限的全新美学。玻璃高层方案超越了传统式的体积感，过去的那种立面被消解为由亮光和反射所构成的奇幻游戏。这游戏所呈现的玻璃表皮，像透明的面纱一样包裹着

结构骨架。这个大胆的方案以一种颇具代表性的造型，表达了对

1
密斯1963年5月3日写给詹宁斯·伍德（Jennings Wood）的信，引自LoC档案手稿。

2
在纽约和芝加哥，都没有发现与1918年至1922年间的重要项目有关的图纸和文档资料。华盛顿的国会图书馆（Library of Congress in Washington D.C.）手稿部所保存的私人信件，在某些情况下，只能附加性地提供一些残缺不全的资料。刚刚出版的弗朗兹·舒尔策的密斯传记，《密斯·凡·德·罗：一部批判的传记》（Mies van der Rohe. A Critical Biography），芝加哥/伦敦1985年，借助所有的资料尽其所能地详尽描述了密斯的人生阅历，而这一段也是空白状态。

3
关于里尔住宅，参见：安东·约曼（Anton Jaumann），《艺术新生代》（Vom künstlerischen Nachwuchs），载于《室内装饰》，1910年，第21期，266-274页，以及《建筑师路德维希·密斯》（Architekt Ludwig Mies），载于《现代建筑形式》（Moderne Bauformen），1910年，第9期，42-48页；有关俾斯麦纪念堂参见：马克斯·施密特（Max Schmidt），《宾格布吕克里森高地的俾斯麦国家纪念堂：一百个竞赛方案》（Das Bismarck-Nationaldenkmal auf der Elisenhöhe bei Bingerbrück: Hundert Entwürfe aus dem Wettbewerb），杜塞尔多夫1911年；马克斯·德绍尔（Max Dessauer）；赫尔曼·穆台休斯（Hermann Muthesius），《俾斯麦纪念堂竞赛评述》（Das Bismarck-Denkmal. Eine Erörterung des Wettbewerbes），耶拿1912年。

4
"然后一个竞赛信息在柏林公布。我的设计不知被扔到了哪个昏暗的角落，估计是因为它看上去很贵重的样子吧。"《密斯在柏林》（Mies in Berlin），有声唱片，《建筑世界》（Bauwelt）档案1，1966年；另见乌利希·康拉德（Ulrich Conrad）的《"我从未画过一张图画"，结构建筑大师密斯·凡·德·罗》（"Ich mache niemals ein Bild". Ludwig Mies van der Rohe-Baumeister einer strukturellen Architektur），载于《普鲁士文化遗产年鉴》（Jahrbuch Preußischer Kulturbesitz），1968年，第8期，60页；关于竞赛，参见弗里德里希·保尔

森（Friedrich Paulsen），《弗里德里希大街高层建筑概念竞赛》（Ideen-wettbewerb Hochhaus Friedrichstraße），手册2《新旧时代的城市建筑艺术》（Stadtbaukunst alter und neuer Zeit），柏林1922年。

5
1919年至1922年间，在密斯接受委托的作品目录中，只有四座具有战前新古典主义（Vorkriegs-Neoklassizismus）简化风格的独栋住宅：艾希施塔特住宅（Haus Eichstädt）（1920/21年）、坎普纳住宅（Haus Kempner）（1921/22年）、费尔特曼住宅（Haus Feldmann）（1921/22年）、乌尔班住宅改造（Umbau Haus Urban）（1924/25年）以及莫斯勒住宅（Haus Mosler）（1924/26年）。这些住宅在密斯作品的历史研究中，至今未能引起足够的重视。上面提及的沃尔夫·泰格霍夫，在1981年对别墅和乡村建筑的研究中，按照惯例非常遗憾地将其排除在外，因而失去了从整体脉络加以分析的可能性。通过我的检索，获得了至今未为人知的坎普纳住宅和费尔特曼住宅的图纸。除了名字，此外一无所知的费尔特曼住宅，尽管外观变化很大，还幸存于柏林维尔默斯多夫（Wilmersdorf）的埃代内尔大街（Erdener Straße）上。

6
卡尔·戈特弗里德（Carl Gottfried），《高层建筑》（Hochhäuser），载于《品质：见证质量的国际宣言》（Qualität. Internationale Propaganda für Qualitätserzeugnisse），1922年，第3期，终刊号5，1922年8月-1923年3月，63-66页：这个设计捍卫了现代性，远离了今天那些光洁盒子式的高层建筑，它尝试以缝隙打破体量而减弱体积感。类似的还有菲利普·约翰逊1973年认为密斯1921年的高层项目是"令人惊讶的"现代建筑，引自亨利希·克洛兹（Heinrich Klotz）与约翰·W·库克（John W. Cook），《矛盾的建筑：从密斯的美国建筑到安迪·沃霍尔》（Architektur im Widerspruch. Bauen in den USA von Mies van der Rohe bis Andy Warhol），苏黎世1974年，52页，雷姆·库哈斯（Rem Koolhaas）为1980—1981年西柏林住宅博览会举办的弗里德里希南城科赫大街——弗里德里希大街设计竞赛（IBA-Wettbewerb Kochstrasse/Friedrichstadt, südliche Friedrichstadt, Berlin West）所做的提案，可以看作是对密斯设计的致

Ludwig Mies van der Rohe: Hochhaus
122

路德维希·密斯·凡·德·罗，发表于《晨曦》第4期，1922（3页）

未来建筑的期盼。1922年8月，卡尔·戈特弗里德在杂志《品质》（Qualität）中介绍了密斯的玻璃塔楼，褒扬其艺术形式"超越了时代的品位"，"与所有装饰化的个人主义相对立"，并且是"非个人的、永恒的"，也因此成为"最高意义上的艺术，其旷世的纪念性、某种传递出来的尺度感，都展现着一种新的语言：我们时代的语言"。[6]

密斯在表现主义运动的论坛杂志《晨曦》上介绍了玻璃塔楼设计，这绝非巧合，而是事出有因的。因为从外表上来看，高层塔楼晶体几何形式与表现主义对水晶的青睐存在着某种关联。在评论家

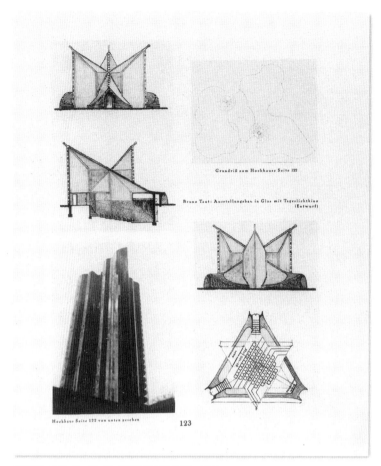

敬。在总平面上，这栋高层被当作错落的城市景观的固定组成部分。插图318，引自：亨利希·克洛兹编辑，《现代主义的修正：后现代主义建筑1960—1980》（*Revision der Moderne. Postmoderne Architektur 1960—1980*），慕尼黑1984年；1923年密斯在他《建筑》手稿的背面写下的注释或许说明了密斯以后商业化大都市所经历的变迁："看上去像摩天楼一样的柜子"。密斯曾经的学生菲利普·约翰逊，以他1979年在纽约的作品，美国电报电话公司（A.T.T.）大厦——一座超大尺度的齐本德尔家具式的、后现代建筑时期的重要作品，预示了对密斯上述话语中概念的采纳。

7

卡尔·戈特弗里德，同上，1922年，63页。

8

布鲁诺·陶特，《严肃主义垮掉了！》（Nieder der Seriosismus！），载于《晨曦》，1920年1月号，第1期，1页。

路德维希·密斯·凡·德·罗，发表于《晨曦》第4期，1922

30> 的眼中，玻璃多面体在力求"体现哥特的力量而高耸入云"[7]，并以水晶般的光洁锋利来比拟表现主义所倡导的美德。从某种意义上讲，一旦把布满画面的、支离破碎的背景从水晶多面体前移开，人们都会认为汉斯·夏隆（Hans Scharoun）作于1920年的水彩建筑想象画，成了密斯高层方案的先导。"提高透明、清晰！提高纯度！增加晶莹！变得更加流动的、有棱角的、发光的、闪电般的和轻盈的，让永恒的建筑升腾！"陶特在1920年首期《晨曦》杂志里[8]，如

31> 此勾勒出未来建筑的意象，它浸淫在表现主义的弦外之音和水晶世

路德维希·密斯·凡·德·罗，发表于《晨曦》第4期，1922年

9

此处可参考很少被关注到的贝伦斯的论文《伦理与艺术问题的转化》（Das Ethos und die Umlagerung der künstlerischen Probleme），被收录进《灯盏：智慧教育年刊》（Der Leuchter, Jahrbuch der Schule der Weisheit），格拉夫·H·凯瑟琳（Graf H. Keyserling）编辑，达姆施塔特1920年，315-340页，其中描绘了一种独特世界观的转变。

界的神秘色彩之中，拉近了与密斯式玻璃高层所传达出的"类表现主义"（Beinahe-Expressionismus）的距离。

　　为了有助于高层设计方案在《晨曦》上的发表，而尽可能地去接近表现主义是很有必要的。与贝伦斯、格罗皮乌斯等出自战前的新古典主义者不同，密斯属于少数几位，义无反顾地脱离了表现主义式的教堂建筑工匠行会（Dombauhütte）所代表的中世纪手工世界。[9]密斯以玻璃所演绎的"未来教堂"显然并不适合中世纪的神秘主义，而是成长为标志着理性和抽象的新时代神话。

汉斯·夏隆，水彩，1920年

对面页：
弗里德里希大街高层，1921年

莫斯勒住宅，波茨坦新巴伯斯贝格，1924—1926年

34> 　　从1921年与高层建筑同时期完成的住宅项目中发现，辛克尔式的古典主义原则仍旧在1918年后的工作中合理地存在着，并体现了"诚实"建造观念的标准。恰巧由于对时代变迁中那些看似落伍的原则的坚持，密斯在喧嚣尘世中保持了独立性，并有可能无须在短时间内被迫放弃自己的立场。

　　对于那些既无法用传统价值来衡量，也不能被新的价值观所取代的事物，密斯保持着审慎的立场。"因突破古老规范和价值所带来的瞬间自由"，失去了"自身存在的价值乃至清晰的定义"[10]，还没有出现适合自身的价值体系。"对于新事物的态度肯定会有不同，这取决于人的内心立场。"这番出现在密斯笔记本上的话语[11]，显示了他持怀疑论的理性主义立场。

　　古典主义风格的别墅项目，似乎表面上和1921年大胆的玻璃幻想存在着矛盾。但实际上，它们在发展脉络上必然存在着某种连续

35> 性。1924年开始，密斯通过一系列带有分析和实验色彩的设计，创造性地提升了新结构和材料在建造艺术方面的潜能，而并非仅以抽象的形式与传统建立直观的联系。1924年开始在波茨坦新巴伯斯贝

10
《密斯格言》（*Aphorismen von Mies*，1955年），引自：维纳·布拉泽，《密斯·凡·德·罗：教与学》，巴塞尔/斯图加特1977年，96页。

11
MoMA手稿1。

12
"一切正如所料，这个设计是完美出众的。艺术家因为彻底解决了困难的挑战——即为下部的建筑和谐地盖上了一个硕大的屋顶。还有色彩的搭配——蓝绿色的板岩屋面和下部被白色窗框打破的砖红色主体——与自然融为一体。……由于沿街立面而并未考虑以任何装饰，房子看上去好似兵营一般。……还有沿湖立面……也从环境中出挑。没有划分，立面上光秃秃的。"波茨坦建设稽查的投诉意见。建筑获得报批时的条件是用不同色彩的石材贴面，而且沿街的基座必须以矮的灌木遮蔽。引自：雷纳特·彼得拉斯（Renate Petras），《密斯·凡·德·罗在波茨坦新巴伯斯贝格的三个作品》（Drei Arbeiten Mies van der Rohes in Potsdam-Babelsberg），载于《民主德国建筑》（Architektur der DDR），1974年，第23期，第2册，120页。

13
密斯，《建造艺术与时代意志！》，载于《横断面》，1924年4月，第1期，31-32页。

14
表现主义影响力的衰退，很早就在《晨曦》体现出来。1920年阿道夫·贝纳（Adolf Behne）为表现主义的非真实性所受的批判进行抗争，《我们为未来而工作。我们必须牺牲眼下！》（Wir leisten Zukunftsarbeit. Die Gegenwart müssen wir preisgeben!）而在1921年，第2期上所刊登的《建筑师》（Architekten）一文中则清楚地表明了对奥特、希伯赛默与柯布西耶的好感，并批评了"对幻想的迷恋"。在1922年第4期刊，登载密斯文章的那一期里，还发表了奥特的演讲《关于未来的建造艺术及其建筑的可能性》（Über die zukünftige Baukunst und ihre architektonischen Möglichkeiten），他与贝纳的文章有着千丝万缕的联系。

15
古斯塔夫·弗里德里希·哈特劳普（G.F. Hartlaub），1929年7月，给艾尔弗雷德·巴尔JR的一封信，引自：肯尼斯·弗兰姆敦（Kenneth Frampton），《现代建筑：一部批判的历史》（Die Architektur der Moderne. Eine kritische Baugeschichte），斯图加特1983年，114页；艺术史家哈特劳普是1925年在曼海姆（Mannheim）的美术馆举办的展览《新客观派：

格建造的莫斯勒住宅（Haus Mosler），是最后一个仍能辨认出贝伦斯式的古典传统的例子。在某种程度上，密斯为了削弱这种关联而过度简化，以至于在建筑审批时遭受质疑，令人担心这座房子因"没有任何装饰……会变得像兵营一般"，它光秃秃的样子会与周遭环境大相径庭。[12]

"让过去建筑的形式和内容古为今用，这是一种毫无希望的努力，哪怕最高明的天才也无济于事。我们总能感觉到卓越大师们的无能为力，因为他们的工作已无法满足时代的需求。尽管他们再有天分终究还是外行，因为在错误方向上的热情是毫无意义的。追根溯源，人不可能往后看却向前走，也不可能活在过去却成为时代精神的代言人……我们时代的进步建立在世俗之上，神秘主义者的努力终会是过眼烟云。即便参透了生命的意义，我们也不会再去建造教堂……我们不需要热情，而要靠理性和真实。"[13]上述这番出自1924年密斯的文章《建造艺术与时代意志！》的话语，不但批评了当时对传统的误读，同时也表达了对"现代主义"中"投机主义美学"的拒绝，其代表就是在1922年已达到顶峰的表现主义。在《晨曦》杂志发表的高层设计方案，也恰巧具有一种象征性，通过对现实意义的渴望传递出表现主义终结的信号。随着1922年夏天《晨曦》第四期的出版，这份杂志终于停刊。[14]

经过战争的洗礼，人们抚慰创伤的同时需要回归正常生活，所以在乌托邦幻想中的消极避世，被"投身真正现实的热情"[15]、渴望真实性的景象所消解和取代。某种被表现主义者的超世俗性所感染的、对和谐的渴望，承载着一个看不见的、不再是形而上的、充满着理性的抽象世界。表现主义者的内心世界充盈着新的信仰，期待着结束与旧世界的关系，而这一切又带来了新的目标。乌托邦的终极目标由想象中的"未来教堂"，转移到了机器状态的物化世界。"时代精神"（Zeitgeist）是为眼前的现实寻找一种新的秩序。

密斯无法同沉迷于"晨曦式"的信仰教义相互和解，他的文字充分体现出对新的客观性做精确定义的愿望。与玻璃构成的大胆高层方案相比，提纲式的、毫无艺术性的文字，呈现出一种枯燥的客

<38

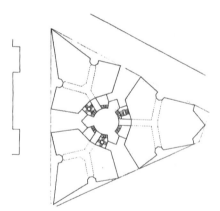

上：弗里德里希大街高层建筑设计，1921年

下：弗里德里希大街高层建筑设计，1921年，平面图

对面页：
路德维希·密斯·凡·德·罗：《办公楼》，发表于《G》第1期，1923年7月

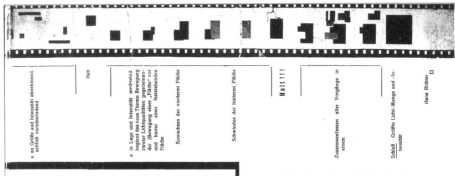

Halt

in Lage und Intensität wechselnd, beginnt das neue Thema: Bewegung zweier Lichtqualitäten gegeneinander (Bewegung einer „Fläche" vor und hinter einer feststehenden Fläche

an Größe und Intensität abnehmend, seitlich verschwindend

Anwachsen der vorderen Fläche

Schwinden der hinteren Fläche

Halt !!!

Zusammenfassen aller Vorgänge in einem

Schluß Größte Licht-Menge und -Intensität:

Hans Richter

gabemöglichkeit mit Hilfe eines kleinen Kondensatormikrophons. Der wissenschaftliche Nachweis, daß sogar weit kleinere Kapazitätsänderungen, als sie der Film erwarten läßt, für die deutliche Wiedergabe ausreichen, wurde 1920 durch einen kleinen Cylinderkondensatorfühler erbracht.

Aber vom sprechenden Film zur Optophonetik ist noch ein großer Schritt. Als erster hat der Erfinder des Antiphons, Plenner, in einer Schrift „Die Zukunft es elektrischen Fernsehers" diese Frage behandelt. Er sagt darin: „Kann der Lichtstrahl gezwungen werden, (mittels einer Selenzelle) Induktionsströme zu erzeugen oder zu verändern, so muß ein in die Leitung geschaltetes Hörtelefon solche induzierten Erscheinungen in Klänge verwandeln. Was also in der Empfangsstation als Bild eintritt, würde im Zwischenapparat als Ton erscheinen und wenn am Ursprung bewegte Vorgänge, sichtbare Vorgänge, aufgenommen werden, so müssen diese als eine Folge von Tönen kundgeben, und umgekehrt. Die Gestalt eines Viereckes muß bei akustischer Verwandlung ein anderes Tonbild hervorrufen, als das von einem Dreieck oder Kreis genommene, ein Würfel muß anders klingen als ein Kegel oder Prisma. Kristalle und Sterne werden zu reden beginnen, in welcher Sprache, in welchem Tongefäll? Das liegt noch gänzlich im Felde der Ahnung, aber aus dem Nichtwissen wird dereinst das Verstehen aufsteigen."

Nun liegt dieser Vorstellung, wie auch dem Tonbildfilm, ein Naturalismus zugrunde, um den es sich für uns heute keineswegs mehr handeln kann. Daß die Musik in ihrer letzten Form (auch die der Futuristen) unserer Weltbewußtheit nicht mehr entspricht, so wie ihr die akinetische Malerei nicht mehr entspricht, ist eine unleugbare Tatsache. Wir müssen also neue, für uns giltige Gesetze, eine neue Funktionalität für beide finden. Wir müssen die Zugehörigkeit der Formfunktionalität zu den Schwingungsintensitäten in einer grundlegenden Weise ermitteln, um über das Zufällige zu einer neuen Formverbindlichkeit zu gelangen.

Berlin   R. Hausmann

Dieser F m hat den Charakter einer gestaltenden Demonstration. In der bestimmte die stärke Filmmöglichkeiten elementar entfaltet werden. Das Auftreten und die Dauer der einzelnen Figuren und Filmgruppen ist methodisch.

Der Film ist ein Spiel von Lichtverhältnissen.

Die Lichtverhältnisse haben qualitativen und quantitativen Charakter: Helligkeitsgrade — Proportionen etc. etc.

Die auftretenden „Formen" sind de facto Begrenzungen von Vorgängen in verschiedenen Dimensionen (oder von Dimensionen in verschiedener Zeitfolge).

Die Linie dient zur Begrenzung bei Flächenvorgängen (als Material der Flächenbegrenzung) — die Fläche als Begrenzung bei Raumvorgängen.

Linie oder die praktische Breite, Fläche ohne Begrenzung ist nicht darstellbar, daher verwende die Linie (längliche Fläche), und Quadrat (als einfachste und ökonomischste Fg = der Begrenzung) — sind Hilfsmittel.

Das eigentliche Konstruktionsmittel ist das Licht, dessen Intensität und Menge. Die Gestaltung der Lichtnatur im Sinne einer zusammenfassenden Anschaulichkeit ist die „Aufgabe für das Ganze.

Dieser F...t ist also prinzipiell nicht starr, der das □ und die □ als Kompositionsmittel gebraucht — etwa orchestriert und entwickelt —, sondern ein richtiger Film — als □ — die „Form" (ob abstrakt oder natürlich — ist zu vermeiden.

Schönheit ...! die auftretenden Formen sind weder Analogien noch Symbole, noch Schönheit...!

Der F q vermittelt in seinem Absolut (Vorführung) ganz eigentlich die Summe — d. Kontrastverhältnisse des Lichts, zwischen hell und dunkel, groß und klein, schnell und langsam, horizontal und vertical etc. etc.

Es ist versucht, den Film so zu organisieren, daß die einzelnen Teile untereinander und zum Ganzen in aktiver Spannung stehen, sodaß das Ganze in sich ständig beweglich bleibt.

Berlin

Jede ästhetische Spekulation,
jede Doktrin,   } lehnen wir ab.
und jeden Formalismus

Baukunst ist raumgefaßter Zeitwille.
Lebendig.   Wechselnd.   Neu.

Nicht das Gestern, nicht das Morgen, nur das Heute ist formbar.
Nur dieses Bauen gestaltet.

Gestaltet die Form aus dem Wesen der Aufgabe mit den Mitteln unserer Zeit.

Das ist unsere Arbeit.

BÜROHAUS

Das Bürohaus ist ein Haus der Arbeit der Organisation der Klarheit der Ökonomie. Helle weite Arbeitsräume, übersichtlich, ungeteilt, nur gegliedert wie der Organismus des Betriebes. Größter Effekt mit geringstem Aufwand an Mitteln.

Die Materialien sind   Beton   Eisen   Glas.

Eisenbetonbauten sind ihrem Wesen nach Skelettbauten. Keine Teigwaren noch Panzertürme. Bei tragender Binderkonstruktion eine nichttragende Wand. Also Haut- und Knochenbauten.

Die zweckmäßigste Einteilung der Arbeitsplätze war für die Raumtiefe maßgebend; diese beträgt 16 m. Ein zweistieliger Rahmen von 8 m Spannweite mit beiderseitiger Konsolauskragung von 4 m Länge wurde als das ökonomischste Konstruktionsprinzip ermittelt. Die Binderentfernung beträgt 5 m. Dieses Bindersystem trägt die Deckenplatte, die am Ende der Kragarme senkrecht hochgewinkelt Außenhaut. wird und als Rückwand der Regale dient, die aus den Rauminnern der Übersichtlichkeit wegen in die Außenwände verlegt wurden. Über den 2 m hohen Regalen liegt ein bis zur Decke reichendes durchlaufendes Fensterband.

Berlin, Mai 1923   Mies v. d. Rohe

G MATERIAL DER NÄCHSTEN NUMMERN: Fiat | Element und Erfindung | Neue Optik | Bauhandwerk u. Bauindustrie | Topographie der Typographie | Lunapark | Photoplastik | Kinderspielzeug | Acrobatie des Schauspielers | i | Das neue Wohnhaus | Die Internationale Verkehrszeichensprache.

观性。密斯以简短的文字描述了玻璃塔楼的独特造型，随后介绍了与其相关的项目基地、结构选型和玻璃表面的光学效果。热衷表现主义风尚的竞赛评委对密斯的不解[16]，恰恰说明了"新造型的理性意义"。[17]

密斯以一种说明书式的枯燥风格，介绍了他的设计和工作方法，其中呈现出理论结构上的清晰性。前后一致的设计说明基于造型过程的条件，导致了理论需求和日常决策间的必要结合。正如杜斯伯格（Doesburg）在他包豪斯丛书的引言中所说的那样，"艺术家对其作品的介绍和解释"是"一个外行对现代艺术普遍误读的自然结果"。对于怀有新观念的艺术家来说，"用语言来为其作品辩护牵涉某种良知……理论是创造性行为的必然结果。艺术家不应评论艺术，而应以艺术来说话。"[18]

40> 杜斯伯格所概括的双重要求，即"不仅给出逻辑化解释，而且要为新艺术造型观念进行辩解"[19]，同时体现在文字和设计中，密斯也以这种方式介绍自己的作品。他随后发表的文章也延续了这种模式：杂志《G》标题中的字母代表了"造型"①，附加标题《基元化造型资料》（Material zur elementaren Gestaltung）蕴含了它纲领性的意义，1923年7月和9月出版的创刊两期发表了划时代的作品：混凝土办公楼的设计展示了没有被柱子分割的水平连续窗，以及"钢筋混凝土乡村住宅"的方案。两个设计都充分展现了，混凝土悬挑形式在结构和美学上的可能性。

---

① Gestaltung，德语中的意思为"造型"。——译者注

表现主义以来的德国艺术》（Neue Sachlichkeit. Deutsche Malerei seit dem Expressionismus）的策划者。"新客观主义"（Neue Sachlichkeit）的概念出自弗兰姆敦，同上，114页。

16
当密斯的设计无人问津的时候，汉斯·夏隆的方案却得以入围。参见弗里德里希·保尔森，《弗里德里希大街高层建筑概念竞赛》，手册2《新旧时代的城市建筑艺术》，柏林1922年。

17
"在所有牵涉新造型的概念中，新造型的理性意义显得最为重要。因为现代人乐于学习的，首先是事物的理性意义。"——皮特·蒙德里安，《绘画中的新造型》（Die Neue Gestaltung in der Malerei），载于《风格》1918年，第2期，1-12号，引自哈根·贝希勒（Hagen Bechler）和赫尔伯特·莱彻（Herbert Letsch）合编的《风格派的理论与宣言：美化改造世界的理论原则》（De Stijl. Schriften und Manifeste zu einem theoretischen Konzept ästhetischer Umweltgestaltung），莱比锡/魏玛1984年，89页。

18
提奥·凡·杜斯伯格（Theo van Doesburg），《新造型艺术的基本概念》（Grundbegriffe der neuen gestaltenden Kunst），法兰克福1925年，1966年在美茵茨重印，5页，前言说明了手稿完成于1917年，并在1921—1922年由马克斯·布尔卡茨（Max Burchartz）加以翻译。参见9页，"现代艺术家无需介绍，他们直接面对公众。如果公众无法理解，那也就是他自己的责任，他放弃解释"。

19
同上述前言，4页。

G □ Sept. 23

II

MATERIAL ZUR ELEMENTAREN GESTALTUNG

HERAUSGEBER: HANS RICHTER. REDAKTION DIES. HEFTES: GRAFF, MIES v. d. ROHE, RICHTER. REDAKTION U. VERTRIEB: BERLIN-FRIEDENAU, Eschenstr. 7.

BAUEN

Wir kennen keine Form-, sondern nur Bauprobleme.
Die Form ist nicht das Ziel, sondern das Resultat unserer Arbeit.
Es gibt keine Form an sich.
Das wirklich Formvolle ist bedingt, mit der Aufgabe verwachsen, ja der elementarste Ausdruck ihrer Lösung.
Form als Ziel ist Formalismus; und den lehnen wir ab. Ebensowenig erstreben wir einen Stil.

Auch der Wille zum Stil ist formalistisch.
Wir haben andere Sorgen.
Es liegt uns gerade daran, die Bauerei von dem ästhetischen Spekulantentum zu befreien und Bauen wieder zu dem zu machen, was es allein sein sollte, nämlich

BAUEN
M. v. d. R.

Der Versuch, den Eisenbeton als Baumaterial für den Wohnhausbau einzuführen, ist schon wiederholt gemacht worden. Meist aber in ungenügender Weise. Die Vorzüge dieses Materials hat man nicht ausgenutzt und seine Nachteile nicht vermieden. Man glaubte dem Material genügend Rechnung zu tragen, wenn man die Ecken des Hauses und die der einzelnen Räume abrundete. Die runden Ecken sind für den Beton gänzlich belanglos und nicht einmal ganz einfach herzustellen. Es genügt natürlich nicht, ein Backsteinhaus in Eisenbeton zu übertragen. — Den Hauptvorzug des Eisenbeton sehe ich in der Möglichkeit großer Materialersparnis. Um diese bei einem Wohnhaus zu ermöglichen, muß man die tragenden und stützenden Kräfte auf wenige Punkte des Gebäudes konzentrieren. Der Nachteil des Eisenbeton ist seine geringe Isolierfähigkeit und seine große Schall-Leitbarkeit. Es ist also notwendig, eine besondere Isolation als Schutz gegen Außentemperaturen vorzusehen. Das einfachste Mittel, den Übelstand der Schallübertragung zu beseitigen, scheint mir darin zu liegen, alles das, was Schall erzeugt, auszuschließen; ich denke hier an Gummiböden. Schiebefenster und -türen und ähnliche Vorkehrungen; dann aber auch an eine Großräumigkeit in der Grundriß-

bildung. — Der Eisenbeton verlangt vor seiner Ausführung genaueste Festlegung der gesamten Installation; hier kann der Architekt vom Schiffsingenieur noch alles lernen. Beim Backsteinbau ist es möglich, wenn auch nicht gerade sinnvoll, sofort nach dem Richten des Daches die Heizungs- und Installations-Monteure auf das Haus loszulassen, die in kurzer Zeit das kaum errichtete Haus in eine Ruine verwandeln. Ein solches Verfahren ist allerdings beim Eisenbeton ausgeschlossen. Hier kann nur disziplinertes Arbeiten zum Ziele führen.

Das oben abgebildete Modell zeigt einen Versuch, dem Problem des Eisenbeton-Wohnhauses näher zu kommen. Der Hauptwohnteil wird von einem vierstirnigen Bindersystem getragen. Dieses Konstruktionssystem wird umschlossen von einer dünnen Eisenbetonhaut. Diese Haut bildet sowohl Wand als Decke. Die Decke ist von den Außenwänden zur Mitte hin leicht geneigt. Die durch die Schrägstellung der beiden Dachwänden gebildete Rinne ermöglicht die denkbar einfachste Entwässerung des Daches. Alle Klempnerarbeiten kommen hierdurch in Fortfall. Aus den Wänden habe ich an den Stellen Öffnungen herausgeschnitten, wo ich sie für die Aussicht und Raumbeleuchtung brauchte.
Mies v. d. Rohe

FIAT

Bau und Plan von den Herren Senator Giovanni Agnelli, Guido Fornaca und Ingenieur Matheo Trucco, Turin.

EINFAHRBAHN ÜBER DER FABRIK FIAT IN LINGOTTO.

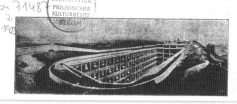

Mit dem Ausbau und der Entwicklung der Automobilindustrie entstand auch die Notwendigkeit, die Fahrzeuge vor der Ablieferung einer besonderen Probefahrt zu unterziehen, um die Sicherheit für ihre absolute Fahrbereitschaft zu gewinnen. Daher der Brauch, die Fahrzeuge auf der Straße auszuprobieren, bevor sie den Kunden ausgehändigt werden. Dieses bei einem beschränkten Fabrikationsumfang sehr einfache Verfahren schafft große Schwierigkeiten, wenn die Produktion über das Normale hinauswächst, denn es ist nicht leicht, einen zuverlässigen Stab von erfahrenen Einfahrern zu vereinigen, die, ohne einer ständigen und direkten Kontrolle unterworfen zu sein, für die volle Betriebssicherheit der Fahrzeuge, die man ihnen anvertraut hat, garantieren können. Außerdem verursacht die größere oder kleinere Entfernung zwischen der Fabrik und dem geeigneten Fahrgelände

路德维希·密斯·凡·德·罗：混凝土乡村住宅，发表于《G》第2期，1923年9月

41

那种双重要求在文字的组织上清晰地分别呈现出来：在对设计做"逻辑化解释"之前，以对结构事实和普遍结果的说明表明了基本的设计概念，同时也以洋溢激情的政治抗议口吻宣告了"新艺术造型"的到来：

　　"一切美学上的投机，

　　一切教条主义

　　和一切形式主义

　　我们都加以拒绝。"

密斯关于"办公楼"的设计宣言以一种毋庸置疑的口吻开场，最终落脚在一直被关注的艺术上。引号内所强调的"投机""教条主义"和"形式主义"，被一句坚定的"我们都加以拒绝"所终结。这种深受强力意志影响的姿态清晰、明确并坚强有力，但无法掩盖下面几行文字所宣告的无可辩驳的永恒真理：

　　"建造艺术是空间所承载的时代意志。

　　充满活力，不断变幻，日新月异。

　　既非昨日，亦非明日，唯有今天是可塑的。

　　唯有这样的建筑能被塑造。

　　从任务的本质而发，以我们时代的方式来塑造形式。

　　这就是我们的工作。"

在《办公楼》的标题下，他图文并茂地介绍了这个设计。建造任务、类型和结构理念的实质，明确要求一种与艺术造型特征相符的逻辑化解释。"工作""组织""明晰"和"经济"是其基本的组成部分。一句仿照卡尔·马克思的名言："艺术不应解释生活，而是应改变生活"，竖向地出现在版面的边缘，强调了上述文字的程式化意象。

"混凝土乡村住宅"刊登在1923年9月出版的《G》杂志第二期的封面上，因为密斯参与编辑工作的原因，所以他的名字也与出版人汉斯·里希特（Hans Richter）一起，出现在编者按里。两边纪念意味的标题"建造"，好似装点门楣的旗帜一样，然后，密斯宣布：

　　"我们不解决形式问题，而是建造问题。

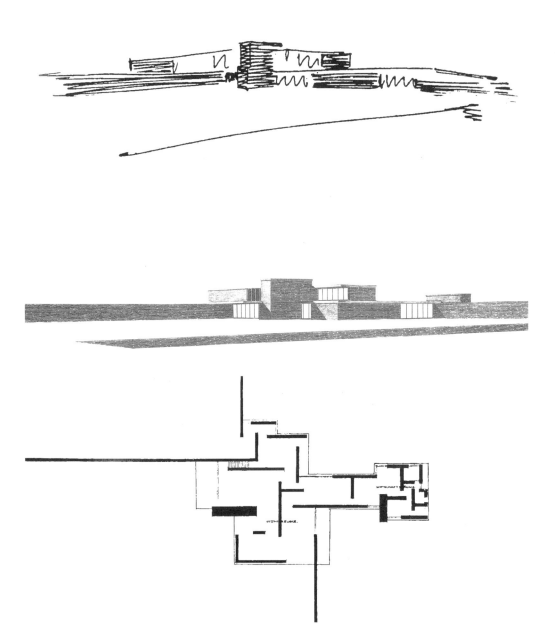

上：砖宅草图，发表于1924年柏林艺术大展专辑

中：砖宅，1924年

下：砖宅，1924年，平面图

形式并非目的，而是我们工作的结果。

形式自身并不存在。

形式的真正完善，取决于任务的同步成长，是解决方案的最基本表达。

把形式作为目的是形式主义；我们对此予以拒绝。同样我们很少追求风格。

风格意志也是形式主义。

我们考虑其他问题。

我们正把营建（Bauerei）从美学投机中解放出来，还其建筑（Bauen）的本来面目，

这就是

建造。"

玻璃高层项目介绍中表现出的谦虚和内省，在极端自信中消失了。先锋杂志《G》中的两篇文章，既不是针对第三者的必要辩护，也不是为了对造型的可能性的分析和介绍。密斯以他大胆前卫的设计，一跃成为积极捍卫新建筑的勇士。1922至1924年间的上升期，他至少写下了7篇文章，从而锤炼了自己的写作宣传技能。他在《G》杂志工作活动的详情，至今并不为人所了解。作为杂志的编辑和作者[20]，密斯还负责了杂志更多其他的工作。1924年，杂志的发行移到了密斯事务所的地址"柏林西35，安-卡尔斯巴德街（Am Karlsbad）24号，电话吕措夫（Lützow）9667"。[21]这证实密斯通过努力，多少有些运气成分地成了杂志的合伙股东，并通过自己对杂志的投资，打下了坚实的经济基础。

密斯询问关于让《法兰克福报》（*Frankfurter Zeitung*）参与《G》杂志编辑的事宜，最终没有取得实质性的进展。于是，他主动请缨为《G》杂志第三期做了一个示范，这篇名为《工业化建筑》（*Industrielles Bauen*）的文章呼吁从本质上改变居住形式。一张阿尔弗雷德·梅塞尔（Alfred Messel）设计的，位于蒂尔加登马太教堂大街（Matthäikirchstraße im Tiergarten）西蒙住宅（Haus Simon，1900年）的照片，成了被钉上耻辱柱的旧有住宅代表。但密斯从《法兰

20
在《G》中，密斯发表了下列文章：《办公楼》，载于《G》，1923年7月，第1期，3页；《建造》，载于《G》，1923年9月，第2期，1页；《工业化建筑》，载于《G》，1924年6月，第3期，8-13页。第3期《G》将玻璃高层的炭笔画放在了封面上——作为第2、3期的编辑，密斯的名字出现在杂志刊头。在建筑工作之外，密斯也必须为《G》工作，在第3期42页上刊登了普林茨霍恩的文章。普林茨霍恩一直在研究"精神病患者的雕刻艺术"，他的文章《造型与健康》（Gestaltung und Gesundheit）这样开头，"亲爱的密斯·凡·德·罗！您期待我告诉您一些关于精神病人的雕塑作品研究方面的新鲜内容，我恐怕无能为力。"

21
1924年6月，第3期的刊头。

45〉

《G》第3期封面，刊载"玻璃高层"的立面

Nr. 3   **G**   Juni 1924

Zeitschrift für elementare Gestaltung

Herausgeber Hans Richter

Redaktion: Gräff, Kiesler, Miës v. d. Rohe, Richter

Inhalt dieses Heftes:

G	Hans Richter
Ausblick	R. Hausmann
Industrielles Bauen	Miës v. d. Rohe
Konstruktion und Form	Ludwig Hilberseimer
Was wissen Sie vom Auto der Zukunft?	Werner Gräff
Die Notwendigkeit einer neuen Technik	Werner Gräff
Elementare Gesichtspunkte	Nathan Altmann
Lunapark	Max Burchartz
Die Photographie von der Kehrseite	Tristan Tzara
Die schlecht trainierte Seele	Hans Richter
George Grosz	George Grosz
Gestaltung und Gesundheit	Dr. H. Prinzhorn
Konsequente Dichtung	Kurt Schwitters
Einzahl, Mehrzahl — Rübezahl	hans arp
Die Theatermuse	Ernst Schön
Die meisten deutschen Autos haben Spitzkühler	Werner Gräff
Mode	R. Hausmann

Berichte, Notizen, Anmerkungen.

53 Abbildungen von Eisenkonstruktionen, Ölbildern, Modeobjekten, Autos, Schönen Frauen, Polargegenden usw.

G erscheint monatl., Preis für 1 Heft **1,50** Gm., Abonnement (6 Hefte) **8,00** Gm.

Redaktion: Berlin - Friedenau, Eschenstraße 7, Fernsprecher Rheingau 9978
Vertrieb: Berlin W 35, Am Karlsbad 24, Fernsprecher Lützow 9667

10 •

《G》第3期出版说明

22
《法兰克福报》致密斯的信函，1925
年7月17日，引自LoC手稿档案。

23
汉斯·里希特，《遇见达达后至今：
通信、档案和回忆》（Begegnungen
von Dada bis heute. Briefe, Dokumente,
Erinnerungen），科隆1973年，54页。
"当我为头两期杂志花掉了额外的花
销时，密斯加入了……他有……一张
大概4米长硕大的绘图板，放在他工
作室的两个结实的支座上。在板上
摞着上百公斤的书和杂志……在图书
馆绘图板和支座间，密斯保管着他
任何时候都可以买下整条安-卡尔斯
巴德（Am Karlsbad）大街的美钞。
要接近这些难以估量的宝藏，'没有
人'，他肯定地说，'可以抬起这块
板子'。他用肩膀撑着把板抬起来，
然后我们拥有了一些美钞，能够支持
昂贵的第3期的出版。"维纳·格雷夫
的《关于所谓的G小组》（Concerning
the so-called G Group）在《艺术期刊》
（The Art Journal），1963年，第23期，
281页对印刷的财务做了说明："所以
在1924年，密斯尽管收入匮乏，但仍
为我们大家，承担了整体印刷的费
用。"密斯是框架式建筑的推动者，
想用等线字体来印刷《G》。在标注
钢梁和其他工业用途中使用这种字
体，在20世纪20年代早期的印刷厂里
还不是很普遍。为了能用等线字体来
印刷第3期杂志，密斯把柏林所有能
找到的印刷铅字都买了下来（见吕根
伯·格瑟吉厄斯口述，1985年）。

24
海尔格·克里曼（Helga Kliemann），
《十一月学社》（Die November-
gruppe），柏林1969年，41页："由
不同的中心形成。围绕1923—1925年
期间担任十一月学社负责人的密
斯·凡·德·罗，形成了一个演讲
和讨论的圈子。"同上，64页，当密
斯担任负责人时，实施了1925年所
制订的修订版的条令。参见：维
利·沃尔夫拉特（Willi Wolfradt），
《艺术报》（Das Kunstblatt），1924年
8月，第7期，221页关于十一月学
社展览的文字："从这里开始，十一
月学社的圈子将向建筑设计过渡，
密斯·凡·德·罗和亚瑟·柯恩（Ar-
thur Korn）起到了决定作用。参见前
文泰格尔豪夫，41页。

25
参见：格雷夫，《关于所谓的G小

克福报》编辑部得到的，却是由亨里希·西蒙（Heinrich Simon）签名的拒绝信，其中不乏辛辣的嘲讽：

"亲爱的密斯·凡·德·罗先生！

我通读了您的杂志，确信我方目前不具备参与贵杂志编辑的条件。适合他的并不适合所有人。①我完全不难理解，为何一本如此极端的杂志会与我们的出版思路大相径庭。一个有趣的巧合是我母亲的房子正好被横加指责，这虽然令我特别高兴，但却显然无法左右我最终的决定。致以最亲切的问候，

您的亨里希·西蒙。" [22]

《G》杂志的出版人汉斯·里希特曾回忆，密斯"作为'核心骨干'，是唯一真正影响过由我勉强支撑到1926年的这本'手工'杂志的人。这种影响来自他的风格、个性和经济上的支持。" [23]

画家、作家兼实验电影导演汉斯·里希特，1906年至1909年间曾学习建筑，1912年开始接触表现主义的《狂飙》（Sturm）杂志，与达达主义运动有着密切联系，还参加过杜斯伯格1917年开始出版的《风格》（De Stijl）杂志的编辑工作，并与密斯一道加入了创立于1918年12月的"十一月学社"（Novembergruppe）。这个艺术家联盟比1921年就解体的"艺术职业委员会"（Arbeitsrat für Kunst）存在得更久一些，密斯于1922年加入这个组织，并于1923—1925年期间担任负责人。[24]

《G》杂志出自"十一月学社"的同仁圈，他们希望与表现主义的个性化想法保持距离，探索并发展一种普适的、超越个性化的基本概念。[25]维纳·格雷夫（Werner Graeff）作为杜斯伯格的亲密朋友，参与了杂志的创建和编辑工作。1920年冬天，杜斯伯格在柏林拜访了汉斯·里希特[26]，当时他应该也是初识密斯。1921年初，杜斯伯格移居魏玛（Weimar），在那居住了两年，并一直反对格罗皮乌斯在包豪斯以手工为基础的教育。《G》创刊号的第三位编辑是俄罗斯建筑师里西斯基（El Lissitzky），他于1914年在

---

① 这句话出自歌德的一首诗《沉思》（Beherzigung）其中的一句"Eines schickt sich nicht für alle!"。——译者注

达姆施塔特完成了建筑教育并返回莫斯科，1920年在杜塞尔多夫（Duesseldorf）尝试发起结构主义运动。根据里西斯基的提议，1922年蒂门（Diemen）画廊举办了影响巨大的"首届俄国艺术展"，也正是在那次展览上，俄国的构成主义者们完成了在德国的首次亮相。

从1923年至1926年，《G》杂志不定期地出版了6期，其"专职"编辑包括密斯、里西斯基、杜斯伯格、希伯赛默、劳尔·豪斯曼（Raoul Hausmann）、汉斯·阿普（Hans Arp）和库尔特·施维特斯（Kurt Schwitter）。此外，还有皮特·蒙德里安（Piet Mondrian）、卡西米尔·马列维奇（Kasimir Malewitsch）、维京·艾格令（Viking Eggeling）、瑙姆·加博（Naum Gabo）、安东尼·佩夫斯纳（Antoine Pevsner）、恩斯特·朔内（Ernst Schoene）、乔治·格罗兹（George Grosz）、约翰·哈特菲尔德（John Heartfield）、特里斯坦·查拉（Tristan Tzara）和曼·雷（Man Ray）。[27]造型同仁与荷兰风格派的蒙德里安、杜斯伯格、奥特和里特维德（Rietveld）之间联系密切，其中密斯同杜斯伯格和奥特走得最近。1923年夏天，杜斯伯格曾邀请密斯以唯一的非荷兰籍建筑师身份，参加了这年秋天在巴黎举行的风格派展览[28]，因而充分证明了这些艺术家们在观念上有着一定程度的认同。

造型同仁与风格派的亲近，表明了与蒙德里安所发展出的基元化"新造型"（Neue Gestaltung）（即新造型主义，Neoplastizismus）理论概念之间的关联性。杜斯伯格为第一期的《G》杂志写过《关于基元化造型》（Zur Elementaren Gestaltung）的文章，他与《G》的关系一直保持到离开魏玛以后。[29]蒙德里安写给密斯的信以短语结尾："我……祝福您和所有正方形的朋友"，这不仅是一句达达风格的玩笑话，而且包含了对解码柏拉图-蒙德里安式的普适性和谐、某种理想化的纯粹和抽象性的暗示。卷首大写字母"G"旁的正方形，既代表了风格派，又被造型小组所认可，正如吉他作为最流行的静态主题象征着立体派一样，它明确地代表着艺术观念并发挥着重要作用。[30]

组》，同上，281页。

26
引自：《传记年表》（Biographische Zeittafel），汉斯尤尔根·布尔科夫斯基（Hansjürgen Bulkowski）编撰；《提奥·凡·杜斯伯格的另一张脸：诗歌、散文、宣言、小说，1913—1928年》（Theo van Doesburg, Das andere Gesicht. Gedichte, Prosa, Manifeste, Roman. 1913 bis 1928），慕尼黑1983年，217页。

27
参见格雷夫，同上，"如果要指出G小组最为活跃的成员的话，按照名字首字母顺序会是汉斯·阿普、提奥·凡·杜斯伯格、维纳·格雷夫、劳尔·豪斯曼、路德维希·希伯赛默、埃尔·里西斯基、密斯·凡·德·罗、汉斯·里希特和库尔特·施维特斯。如果还要再增加一些人的话，也许会有康奈利·范·伊斯特伦（C. van Eesteren）、瑙姆·加博和曼·雷。"

28
引自：泰格尔豪夫，同上，20页。

29
从密斯与斯伯格的通信中可以看到，《G》的发行和印刷由荷兰搬到了巴黎，因为从1923年5月起，杜斯伯格定居在那里。在保存于LoC手稿档案的他1925年8月14日，写给密斯的信里，杜斯伯格说有很多订户，而且一家荷兰的出版社已准备接手《G》的总代理；后来还想卖一笔《G》的印刷费要从巴黎转过去。

30
参见：杜斯伯格，《反艺术同盟宣言》（Antikunstvereinsmanifest），1921年，针对立体主义的"纯粹逻辑和吉他"，以语言游戏调侃道："所有围绕'坐着的人'和'静物'的咔嗒声和奔跑，所有的康德——黑格尔——费希特——叔本华——博兰（Bolland）——斯宾诺莎，都像空洞的自吹自擂一样没有任何意义。"见《杜斯伯格的另一张脸》，同上，102页（注释26）。

Fundamentale
Aenderung
unserer
Wohnform
halten
wir
für
notwendig

Die Bauunternehmer werden sich entscheiden müssen, ob sie wirklich rationell bauen wollen oder ob die in Europa noch immer vorherrschende ästhetische Spekulation in welchem Gewande auch immer) ihre Produktion bestimmen wird.

Die Organisation der Baubetriebe, das Prinzip, in dem sie aufgebaut sind, entscheidet auch letzthin über die Art ihrer Entwicklung. Großzügige Arbeit läßt sich nur da erreichen, wo der Betrieb großzügig ist. Eine Industrialisierung des Bauens selbst ist seiner Natur nach gebunden an einen industriellen Betrieb.

La reorganisation fondamentale de nos habitations est urgente.

The fondamental reorganisation of the housing problem is urgent.

Дома и жилища должны настолько быть заменены новейшими и современными методами касающимися этого вопроса.

In den nächsten Heften werden wir Projekte der Firma Sommerfeld veröffentlichen und besprechen, die auf rationelles und ökonomisches Bauen hinzielen.

《G》第3期对开页

制造联盟"住宅"展览海报，斯图加特，1927年
设计：维利·包迈斯特（Willi Baumeister）、路德维希·密斯·凡·德·罗、维纳·格雷夫

两份杂志遥相呼应：由杜斯伯格编辑的月刊《风格》在介绍《G》的广告中称其为"欧洲结构主义者的网络"[31]，而《G》给其读者推荐《风格》时说，"在文明世界的所有艺术刊物中……以其个性和成果处于引领位置……如果概括来讲，这归功于其他刊物只能提出目标，而《风格》却在为其而战。"[32]后者也出现在《G》鼓动式的态度以及密斯的文章中，其前卫特征不仅出现在上述介绍中，而且根据新目标的要求和宣言，显示出革命般的激情。

通过《G》杂志和"十一月学社"的活动，密斯不但成了欧洲现代派早期的代表，而且他自己发端于绘图笔和鹅毛笔的基本观点也获得了广泛传播。"十一月学社"曾以特展的形式，参加了柏林年度艺术大展（Große Berliner Kunstausstellung）[33]，并借此机会展出了他们极富实验性的作品，同时也拥有了考察其他国内外现代建筑同行的契机。

在密斯一系列基础性的项目中，结构思维上升为艺术造型的基础。1924年，他审视这些作品时宣称，"不知道是否还有其他作品……体现如此基元化的设计，远离旧有的藩篱，并避免重蹈艺术家式的错误。"[34]

1929年，鲁道夫·施瓦兹（Rudolf Schwarz）曾在公开场合表示，"密斯发起了运动"。[35]许多约稿文章，不是还没动笔[36]，就是交稿太晚[37]，此外还比事先约定的要短出许多。当然，密斯也曾致歉："它比您期待的要短，因我的热情只在新建筑上，其他方面也就只能如此了。"[38]所有关于密斯文章最中肯的评价，来自《横断面》（Querschnitt）的出版人赫尔曼·冯·维德科普（Hermannvon Wedderkop），当他1924年收到密斯手稿时曾有说法："……很精彩，但可惜太短了"，这既是对密斯日后建筑作品的评价，又预示

着"少就是多"的口号。"我们本可以出4个，而不是现在的1.5个版面。我一直希望您能把理论到实践的过程进一步细化，比如说如何看待一座新建筑，尤其是住宅，以及阐述在玻璃和钢结构中包含的所有问题。最终您还是无法把这些都写进文章中吗？无论如何，我要尝试着这样去做。"[39]密斯的回复有独特的自我表达方式，

31
引自：《风格》，1924年6月，3/4期合集，57页以及1924年6月，6/7期合集，72页之前。更多信息见《G》，1924年6月，第8期，114页以及1926年7月，第75/76期，47页。最有价值的是《风格》，1928年8月，第85/86期，123-126页，首次将密斯·凡·德·罗的作品介绍给了"风格派"的读者；只用了很少几幅图片介绍了1927年，位于斯图加特的制造联盟魏森豪夫住宅区。

32
载于《G》，1924年6月第3期第58页。《G》，1923年7月，第3期，第4页，1923年9月，第2期，第4页，都提及了《风格》。

33
有关十一月学社的展览参见海尔格·克里曼，同上，第22页。杜斯伯格、威尔莫斯·胡札（Vilmos Huszar）、格瑞特·托马斯·里特维德（Gerrit Thomas Rietfeld）、康奈利·范·伊斯特伦、奥特和马特·史丹等"不止一次地参加了十一月学社的展览"。（第24页）1926年亨德里克斯·贝尔拉赫也出现在十一月学社的展览上，在柏林艺术大展上，马列维奇作品也同样纳入了十一月学社。

34
密斯致赫尔曼·冯·维德科普（Hermann von Wedderkop）（《横断面》杂志编辑）的信，科隆，1924年1月18日，引自：LoC手稿档案。《横断面》由艺术品商人阿尔弗雷德·弗勒希特海姆（Alfred Flechtheim）创办，1924年，在维德科普任主编后成为20世纪20年代最为重要的艺术专业刊物。

35
摘自鲁道夫·施瓦兹1929年5月1日给维尔纳·贝克（Werner Becker）的信，引自：《罗马尔诺·瓜尔蒂尼：生平和著作（1885—1968年）》（Romano Guardini，1885—1968，Leben und Werk），汉娜-芭芭拉·盖尔（Hanna-Barbara Gerl），美因茨1985年，第195页。

36
弗里德里希·保尔森，《建筑世界：建筑全学科刊物》（Die Bauwelt, Zeitschrift für das gesamte Bauwesen），乌尔斯坦（Ullstein）出版社，柏林，1925年11月27日，关于密斯的报道，引自：LoC手稿档案：关于还未寄达

《G》杂志的宣传广告，刊于《风格》，1924年6月，第6/7期

《风格》杂志的宣传广告，刊于《G》，1923年7月，第1期

的文章，"萨弗兰斯基（Sazfranski）先生生气的原因是因为文章只有部分、而非全文被寄到。"

37
文章《办公楼》未能在《德意志汇报》（Deutschen Allgemeinen Zeitung）上发表，是因为寄到的时间太晚了。参见LoC手稿档案，与《德意志汇报》的信，1923年7月18日、8月8日的书信往来。

38
密斯1933年3月13日写给德国镜面玻璃工业协会（Verein deutscher Spiegelglasfabriken）的信，引自：LoC手稿档案。除密斯外，还计划收录格罗皮乌斯、门德尔松和施耐克（Schneck）文章的《窗户》（Das Fenster）专辑，最终并未出版。

39
赫尔曼·冯·维德科普给密斯的信，科隆，1924年2月19日，引自：LoC手稿档案。

40
密斯写给赫尔曼·冯·维德科普的信，科隆，1924年2月22日，引自：LoC手稿档案：亲爱的维德科普先

并充满启发性："因为我不是作家，所以在写作方面倍感困难；如果有同样的时间，我已经能做完一个新的设计了。"[40]

1925年9月，格罗皮乌斯曾鼓励密斯参与包豪斯丛书的出版，因为"如果在系列里也能出版一本您的建筑想法，那将会是很重要、很棒的事情"[41]，即便是广告里已做了出版预告，但最后仍未实现。同样没能出版的，还有应包括在法兰克福的神经科医生汉斯·普林茨霍恩（Hans Prinzhorn）于1925年策划的《世界观：生活知识丛书》（Das Weltbild. Bücherei lebendigen Wissens）的册子。普林茨霍恩原计划用大约100本的规模，以"大批量、低廉的价格"和百科全书式的雄心，对"当今的世界观做一次系统和全景式的呈现"。普林茨霍恩一面多次写信催促密斯，一面保证："无论如何我一直都这么想，你的《建造艺术》（Baukunst）属于首批出版的三本之一，因为这样能彰显出整套丛书的品质。"[42]

尽管密斯得到机会可以公开传播自己的观点，但从他的做法来看，显得似乎不大长于此道。密斯卷入了因其思想前卫的设计所带来的漩涡，并且被要求公开自身的立场。发表演讲和在专业

50

刊物出版的邀请，也随着对密斯的关注程度逐渐增加，他应该表达对时代问题的看法。为了积极地阐释"新建造艺术的精神"，密斯于1925年11月27日在不来梅工艺美校（Kunstgewerbeschule in Bremen）举办的系列讲座上发表了以此为题的演讲，另外尼古拉·哈特曼（Nicolai Hartmann）①以《关于道德价值观的革命》（Von der Revolution im sittlichen Wertbewußtsein）、罗马尔诺·瓜尔蒂尼（Romano Guardini）以《教育意志的危机和活力教育的本质》（Die Krisis des Bildungswillens und das Wesen lebendiger Bildung）也应邀发表过演讲。毕竟，密斯意识到对他的好感和关注，因为某种预期已逐渐变成一种责任和义务，比如他在信中如此评价他在不来梅的演讲：

> "我在不来梅的演讲当然不够精彩，我的印象是，似乎我的圈子总是期待极其特殊的事物，而我肯定会让他们自然而然地失望，因为我关于建筑的观点很简单，而且我面对听众时，总是希望拒绝把自己隐藏在奇幻的理论后面。"43

自20世纪20年代早期开始，密斯就曾与很多知识名流合作并建立联络，这为他可能带来了不同寻常的促进和影响，同时也使他的方向和立场得以明确。他从1922年起成为"十一月学社"的活跃成员，从1924年加入德意志制造联盟（Deutscher Werkbund），并于1925年成为建筑师协会"环社"（Der Ring）的成员。最终，通过与《G》杂志——这个欧洲范围内、在表现主义之后、当时最重要的思想喉舌——的合作，使他能接触到新造型思潮中最重要的艺术家。

密斯不想从理论的角度对其作品做过多阐述，因为理论依赖于作品思想的创造力。由此观点出发，正如他1928年的演讲《建造艺术创造的前提》（Die Voraussetzungen baukünstlerischen Schaffens）的文风那样，他力图以精确的陈述来解释易变的普适性，但因其书面表达和口头演讲的过于一致而引发了批评。1928年的批评家们既赞

生，我收到了您1924年2月18日寄出的卡片，想附上您期待的、有关新建筑的另一半文章。因此我想把承诺过的四个横排面的页面完成。因为我不是作家，所以在书写方面倍感困难；如果有同样的时间，我已经能做完一个新的设计了。"——密斯的文章《建造艺术与时代意志！》未经增补，发表于1921年4月的第1期《横断面》，第31-32页。两张密斯设计的照片印在第33-34页上，它们来自柏林1923年出版的维尔纳·林德纳（Werner Lindner）的《工程建筑的优美造型》（Die Ingenieurbauten in ihrer guten Gestaltung）一书中的《混凝土、钢和玻璃的办公建筑》（Bürohaus aus Beton, Eisen und Glas）。

41
瓦尔特·格罗皮乌斯，德绍，1925年9月29日写给密斯的信，引自：LoC手稿档案。

42
1925年5月6日汉斯·普林茨霍恩写给密斯的信，引自：LoC手稿档案。

43
密斯1926年3月1日写给汉斯·海塞（Hans Heyse）的信，引自：LoC手稿档案。在这封信中他继续写道："一种灾难的情况特别是我不能用幻灯片，只能去抽象地表述。在某种情况下，建筑师是没办法一下就能理解的。"——不来梅工艺学校的学生1925年12月11日对密斯演讲致谢的信中提到："我们完全能够领会，您从实用角度来创造形式价值、对有机建造所做的逻辑化的展现，我们觉得有义务对此表达谢意。"密斯1925年12月14日的回信写道："对您和您的朋友们向我传达的友好话语，我表示感谢。我特别高兴是，恰巧知道能够对青年人有所助益。"——关于系列讲座的安排，参见与不来梅萨兰德博士的书信往来，引自：LoC手稿档案。

---

① 尼古拉·哈特曼（Nicola Hartmann，1882—1950年）德国哲学家，生于俄国。主要著作有《伦理学》，其哲学观点受马堡新康德主义学派、胡塞尔和舍勒的影响，是现代价值学说的代表，现象学伦理学的奠基人之一。——译者注

Die Reihe wird in schneller Folge fortgesetzt.

IN VORBEREITUNG:

BAUHAUSBÜCHER

W. Kandinsky:	Punkt, Linie, Fläche
	Violett (Bühnenstück)
Kurt Schwitters:	Merz-Buch
Heinrich Jacoby:	Schöpferische Musikerziehung
J. J. P. Oud (Holland):	Die holländische Architektur
George Antheil (Amerika):	Musico-mechanico
Albert Gleizes (Frankreich)	Kubismus
F. T. Marinetti und	
Prampolini (Italien):	Futurismus
Fritz Wichert:	Expressionismus
Tristan Tzara:	Dadaismus
L. Kassák und E. Kállai	
(Ungarn):	Die MA-Gruppe
T. v. Doesburg (Holland):	Die Stijlgruppe
Carel Telge (Prag):	Tschechische Kunst
Louis Lozowick (Amerika):	Amerikanische Architektur
Walter Gropius:	Neue Architekturdarstellung ● Das flache Dach ● Montierbare Typenbauten ● Die Bauhausneubauten in Dessau
Mies van der Rohe:	Über Architektur
Le Corbusier-Saugnier (Frankreich):	Über Architektur
Knud Lönberg-Holm (Dänemark):	Über Architektur
Friedrich Kiesler (Österreich):	Neue Formen der Demonstration Die Raumstadt
Jane Heap (Amerika):	Die neue Welt
G. Muche und R. Paulick:	Das Metalltypenhaus
Mart Stam	Das „ABC" vom Bauen
Adolf Behne:	Kunst, Handwerk und Industrie
Max Burchartz:	Plastik der Gestaltungen
Martin Schäfer:	Konstruktive Biologie
Reklame und Typographie des Bauhauses	
L. Moholy-Nagy:	Aufbau der Gestaltungen
Paul Klee:	Bildnerische Mechanik
Oskar Schlemmer:	Bühnenelemente
Joost Schmidt:	Bildermagazin der Zeit I
Die neuen künstlichen Materialien	

BAUHAUSBÜCHER

Die BAUHAUSBÜCHER sind zu beziehen einzeln oder in Serien durch jede Buchhandlung oder direkt vom

VERLAG

ALBERT LANGEN

MÜNCHEN Hubertusstr. 27

Bestellkarte liegt diesem Prospekt bei.

BAUHAUSDRUCK MOHOLY DIN C5

阿尔伯特·郎恩（Albert Langen）出版社关于包豪斯丛书的新书预告

叹"思维的清晰和精准的轮廓"，但又遗憾缺少了"令人信服地对细节的展现"，对他的基本评价是，"创作艺术家凡·德·罗比演讲的凡·德·罗更有想法。这对当代建造艺术来说是可喜的，可演讲的听众却不太满意。"[44]但这些评论不会让密斯感到困惑，"批评就这么简单吗？真正的批评不是像艺术一样稀少吗？"带着这样的质疑，密斯在1930年做了题为《批评的意义和任务》（Über Sinn und Aufgabe der Kritik）的演讲，为了把注意力"引向批评的前提"，"因为我相信，如果没有足够的清晰性，真正的批评是无法实现的。"[45]

澄清是思想的首要任务，为了首先"照亮并厘清我们的精神和实际的状况，理顺条理并付诸实施"[46]，然后，作为衔接实践的秩序模型被设计出来，由此产生出激发创造力的条件。基于这种辩证思维，在1930年的制造联盟大会的结束发言《新时代》里，密斯不但探讨了那个时代的意义和权利，而且还论及新的时代，以及在哪种程度上，时代可以为"精神提供存在的前提和条件"。[47]现实世界只有通过理念才能找到其意义，而建筑的重要任务就是，找寻昭示着哲学意义的秩序。因此，没有任何一次像密斯1938年就任芝加哥阿莫工学院（Armour Institute of Technology in Chicago）建筑系主任时所发表的演讲那样，完整地呈现了他的"建造艺术哲学"的思想体系：

> "我们想知道，它可能是什么，它必须是什么，以及不该是什么。
>
> ……
>
> 我们想创造一种秩序，它使所有的事物各就其位。我们想要每个事物都回归本质。
>
> 我们期待着完美的实现，使我们所创造的世界由内而外地绽放。
>
> 我们别无他求，更多的，我们也无能为力。"[48]

建造艺术理论不该是"投机取巧的对象"[49]，而应当顺应由真实概念所构成的整体世界观。真理问题比起其他问题更为重要。20世纪20年代初，密斯式"艺术理论"——如果这个定义在此成立的

44
《建造艺术创造的前提》，《柏林证券报》（Berliner Börsen-Zeitung），1928年3月2日。完整文字参见附录。

45
密斯·凡·德·罗，《批评的意义和任务》（Über Sinn und Aufgabe der Kritik），载于《艺术报》（Das Kunstblatt），1930年14，第6期，178页。

46
密斯·凡·德·罗，《关于建筑中的形式》，载于《形式》，1927年2月，第2期，59页。

47
密斯·凡·德·罗，《新时代》，载于《形式》，1930年5月，第15期，406页。

48
摘自维尔纳·布莱泽，《密斯·凡·德·罗：教与学》，斯图加特/巴塞尔1977年，28-30页。

49
密斯·凡·德·罗，《我们处在时代的转折点上。建造艺术是对精神决定的表达》，载于《室内装饰》，1928年39，第6期，262页。

50
密斯·凡·德·罗，《完成任务：一个对我们建筑行业的要求》（Gelöste Aufgaben. Eine Forderung an unser Bauwesen），载于《建筑世界》，1923年14，第52期，719页。

51
密斯·凡·德·罗，《我们处在时代的转折点上》，同上。

52
密斯·凡·德·罗，《建造》，载于《G》，1923年7月，第2期，第1页。

53
密斯·凡·德·罗，演讲稿，没有日期（估计为1950年前后），手稿第19页，引自：LoC手稿档案："必要的证明只有在作品上才有意义，最终取决于成果。（在原始手稿上附加）歌德说过一句话，就是这个意思：造型艺术家，要保持沉默"（Bilde Künstler, rede nicht）。

话——的定律是这样描述的："务必要有真实性，要抛弃一切形式的欺骗"。[50]如果一个说法能让表现主义之后的现代派兑现承诺，那么这句直指艺术运动核心的话就是：由不确定的要求出发，借由新的真实造型，来超越过去那种充满幻想的艺术。

运动所倡导的是艺术并非社会的被动反映，而应扮演社会建构者角色，尽管不同的理论有所差别，但其共同之处都在于否定表象、渴望真实。新艺术不满足于只是针对混乱状况描绘一个秩序意象，它更想去寻找普适原则，期待能够以此建立真实的物化世界。这里存在一个关于基元化造型的"结构性"意义，它既不想"表现"，也不想"再现"，而是希望通过给出"精确的关系"（蒙德里安）来加以改变或创新。因此，"认识时代及其使命和手段，是建造艺术创造的必要前提"。对于建造艺术，密斯再次强调，"实际上只能被理解为生命的过程"。[51]基于这个立场，他号召人们"把营建从美学投机中"解放出来，最后的结尾以某种看似平庸的方式反复疾呼，"还其建筑的本来面目，这就是建造。"[52]

上述超越表象世界并把生命体验升华为艺术的观念，无论如何并非人们所想象的那样是新潮理论，而恰恰相反的是它有历史渊源。它契合了柏拉图审美地揭示真理（ästhetische Offenbarung der Wahrheit）的理论，并落实到了自证的主体性上。其理论认为美并不是个体主观创造的结果，而是——作为真理之光——本体化的现实。"美是真理之光"出自古典时期晚期的那位新柏拉图主义者奥古斯汀①，密斯于1928年首次在他的笔记本中写下这句话，而在后来的一系列表态和访谈中曾反复多次引用，可见其对密斯的影响早已超出了20世纪20年代的范畴。

从柏拉图的观点来讲，真理是自明的，因此"造型艺术家，要保持沉默！"被密斯当成了座右铭。正如密斯在一次演讲中所强调 <54 的，证明并代表艺术家的必定"在于成果"。[53]柏拉图曾谴责过雄

---

① 圣·奥古斯汀（Aurelius Augustinus，354-430年）著名的神学家、哲学家。在罗马天主教系统，他被封为圣人和圣师。他生于北非，在罗马受教育，在米兰接受洗礼，其著作《忏悔录》被称为西方历史上第一部自传。他的主要贡献是关于基督教的哲学论证：借用了新柏拉图主义的思想服务于神学教义，赋予上帝的权威以绝对的基础。——译者注

《建造》一文手稿背面的笔记（1923年）：
"这更多地取决于，将营建从美学投机中解放出来。
恢复建筑的本来面目。
建造。
野蛮人绝少对事物的纯粹性进行思考。
柜子，看起来好似摩天楼的模型。"

辩家的华丽辞藻，蒙德里安在1917年也曾说过类似的话，真正的艺术"无论如何不用文字来解释"。[54]蒙德里安曾受到宇宙进化论和神智学（Theosophie）的深刻影响，并将新造型的柏拉图式的真理植入了哲学宇宙论中，他对密斯的简短文章所体现出的与真理这个词的矛盾关系，也给出了相应的解释。

　　尽管根据柏拉图真理自明的理论，解释性文字在发展过程中是多余的，故艺术家去解释自己作品也就显得画蛇添足了，但艺术家究竟是不是应该保持沉默，用蒙德里安的话来说，就是"当今的艺术家要双线作战"。[55]他不应只通过作品，而且"也应当通过文

54
皮特·蒙德里安，《绘画中的新造型主义（1917/18年）》，贝希勒和莱彻，《风格派的理论与宣言：美化改造世界的理论原则》，同上，87页。

55
同上，88页。

56
同上，88页附录。

57
当时只有很少的机会能接触到蒙德里安，其中之一就是1923年夏天，他为包豪斯展览周提供的作品。路德维希·希伯赛默，《20世纪20年代的柏林建筑》(*Berliner Architektur der 20er Jahre*)，柏林1967年，24页上提到，蒙德里安本人未到过柏林，而是由于杜斯伯格的介绍，他的作品才为"艺术圈人士"所知晓。

58
参见泰格霍夫，同上，1981年，50页附录。

59
汉斯·M·温格勒编辑，《皮特·蒙德里安：新造型、新造型主义、新结构》(*Piet Mondrian, Neue Gestaltung, Neoplastizismus, Nieuwe Beelding*)，埃施韦格(Eschwege)1925年（包豪斯丛书第5册），美因茨1974年重印，69页。

字"，以"不带艺术气息的文字"更精确地去证明真理。在能够"让艺术表达的理性意义更为形象"的逻辑化解释中，只有唯一的一种可能，使"当今的艺术家以文字来把握自己的艺术"："恰巧现在，新造型才刚刚开始，并未普及，所以艺术家自己去做就显得尤为必要了，等到以后，哲学家、科学家和神学家等都可以进行优化和补充。当前只有在创作中的人们，才能把握这种工作方式……真理是自明的，斯宾诺莎虽这么说，但通过文字能使真理的本质得以迅速和深入地揭示……当前的艺术家并不解释他的作品，而是努力让他的作品风格变得清晰起来。"[56]

密斯和蒙德里安之间，没有像与杜斯伯格一样，有着工作上的联系。[57]如果从其建筑结构与蒙德里安的构图原则间存在明显的内在关联，就说密斯一直受到后者的直接影响[58]，这种结论未免有些武断。两人都尝试对柏拉图的真理概念做诗意的表达，两人也同样清晰明澈、一以贯之。他们的理论工作在这一点上保持一致，即关于沉默的艺术的理论，应当用不含比喻的客观真实化语言，以"不带艺术气息的文字"来进行表达。

密斯的遗著、出版物以及迄今未出版过的手稿、笔记和思想札记都充分说明，为形成一个更为宏大、更为基础的理论概念体系所经历过的思路历程。在这里，建造艺术的理想是为了追求精神和形式上的完整性。1925年，当包豪斯丛书中的《蒙德里安》一书再版时，汉斯·温格勒（Hans M. Wingler）在后记中有段话——涉及密斯——因其中肯和精辟而广为传播：他"和其他抽象艺术的重要人物相比，不是特别喜欢写作；在自己的论述中，他曾多次提及他喜欢简洁。几乎不可能再有第二个像他那样的人，为达到凝练的目的而如此坚持不懈。"[59]

第二章

哲学化身为业主

1
《密斯·凡·德·罗：我们时代的建
造艺术》，引自：维尔纳·布拉泽，
《密斯·凡·德·罗：结构的艺术》，
苏黎世/斯图加特1973年，5页。

"我们必须去探索真理的核心，只有触及事物本质的问题才有意义，而获得这个问题的答案，就是一代人对于建筑的贡献。"

——密斯·凡·德·罗，1961年

关于事物本质的问题，构成了密斯改变世界的精神核心。他在思想世界里寻找着阿基米德的支点，而这个世界的坐标原点正隐藏着开启生活奥秘或许也是通向真理大门的钥匙。首次对建造艺术的本质发问之际，就是密斯"有自我意识的职业道路"开启之时。这一切发生在1910年前后，他后来曾将其描绘成"一个迷茫的时代"，"没有人有能力并且愿意追问建造艺术本质的问题。也许那个时代还不足以回答这个问题。毕竟，我抛出了这个问题，并决心找到答案。"[1]

密斯在其建筑作品和书面表达中，对问题的回答反映出他着眼于整体思路。"追问建造艺术的本质"与"追问事物的本质"具有无法分割的联系，从而构成了他建筑哲学的理论基础。在他眼中建筑并非孤立的现象，而是可以理解为世界观的表现和组成部分。密斯世界观的基础早在20世纪20年代就已形成并从未动摇过，他根植于此基础之上的建造思想体系，在长达几十年的建筑设计实践中，在他发表的宣言和阐述立场的文字中，得到了充分的表达。

1910年左右，那个时代所关心的话题，比如密斯对"建造艺术本质的追问"，绝不会如他所描绘的那样是个孤立的问题。在1918年旧的秩序完全颠覆之前，世纪之交的先锋派就已经追问过艺术的本质问题。他们抵制传统观念和价值体系，并希望凭借新的理念进行变革。在对旧体系的否定中，对新事物本质的研究暂处于萌芽状态。世界大战摧毁了所有道德层面的人文价值，同时留下"意外的自由"（密斯语）来挑战充满希望和幻想的"价值真空"。于是，

探寻所处时代的特征，就显得迫在眉睫了。战前的先锋派们尽管

2
奥特，《关于未来的建造艺术及其
建筑的可能性》（Über die zukünftige
Baukunst und ihre architektonischen
Möglichkeiten），1921年，引自：奥
特，《荷兰建筑》（Holländische Ar-
chitektur），埃施韦格1926年（包豪斯
丛书第10集），65页。

3
密斯·凡·德·罗，就职演讲，芝加
哥1938年，同上，29页。

4
密斯·凡·德·罗，《我们现在去向
何方？》（Wohin gehen wir nun?），载于
《建造与居住》（Bauen und Wohnen），
1960年，第15期，391页。

5
密斯·凡·德·罗，《建造艺术与时
代意志!》，载于《横断面》，1924年
4月，第1期，31页。

6
莱昂·巴蒂斯塔·阿尔伯蒂，
《建筑十书》（Zehn Bücher über die
Baukunst），马克斯·陶雅（Max
Theuer）编辑，莱比锡1912年，参
见其他有关阿尔伯蒂的著作：伊莱
那·本恩（Irene Behn），《作为艺术
哲学家的莱昂·巴蒂斯塔·阿尔伯
蒂》（Leon Battista Alberti als Kunst-
philosoph），斯特拉斯堡1911年；维
利·弗莱明（Willi Flemming），《莱
昂·巴蒂斯塔·阿尔伯蒂所建立的现
代美学和艺术科学》（Die Begründung
der modernen Ästhetik und Kunstwissen-
schaft durch Leon Battista Alberti），柏
林/莱比锡1916年。

能够通过破除传统艺术观念来获得成就感，但1918年之后的状况却是，亟待克服思想贫乏的问题。19世纪末艺术和哲学所关注的自我存在问题，也需要得到解决。

"艺术的基本原则是生活感受，而非形式传统"——1921年荷兰建筑师奥特[2]再次提出现代建筑运动的基本观念，为了对承载和推动它的力量加以认识、组织和塑造，就必须使现代建筑理论被那个时代所接受。对于所处时代本质的质疑，体现在对于现象的接受上。"真正的问题"[3]应该这样被提出："触及时代内在本质"的"关系"问题，只有从认识论的角度，并依照密斯式现实主义的信念才能完全加以理解。[4]"新时代的客观属性"仅仅满足"自然的普遍问题"，并表现为"伟大的匿名者"[5]的技术成就。

探索建造艺术更重要和更深层次的原理，也是探索时代如何自我完善的价值体系的一部分。在20世纪早期重要的建筑和艺术理论的工作中，清晰地呈现了价值观的发展过程：比如奥古斯特·施马索（A. Schmarsow）的《建筑创造的本质》（Wesen der architektonischen Schöpfung）（莱比锡，1894年）、奥托·瓦格纳（Otto Wagner）的《现代建筑》（Moderne Architektur）（维也纳，1896年）、贝尔拉赫的《关于建造艺术风格的思考》（Gedanken über den Stil in der Baukunst）（莱比锡，1905年）和《建筑的基础与发展》（Grundlagen und Entwicklung der Architektur）（柏林，1908年），以及约瑟夫·奥古斯特·卢克斯（J.A. Lux）的《工程师美学》（Ingenieur-Ästhetik）（慕尼黑，1910年），都是关于新建造艺术的重要著作。不再是作为形式创造者的建筑师，而是基于时代要求和生成本质化构造形式的规律性，在上述著作中扮演了重要角色。

1910年前后的"混乱时期"，反倒对理论本身所具有的正本清源的作用表现出了特殊的兴趣。所以，作为"古典主义"建筑理论中最为重要的著作，即阿尔伯蒂的《建筑十书》（Zehn Bücher über die Baukunst）德文版就在1912年首次得以出版。[6]在这里，能够发 ‹60 现不少引证现代建筑实用性和简洁性原则的证据。同样，这部著作也传达出，对一种抽象和实质性的建造艺术观点的清晰诉求，也就

是不通过拷贝历史范本，而是通过艺术家式的观念同化来获得成功。后来，亨利希·沃尔夫林（Heinrich Wölfflin）的基础著作也得以出版，它从"时代精神"的现代观念角度出发，研究了如何发展风格的问题。

密斯在自己的藏书中，拥有一册沃尔夫林1917年版的《艺术史的基本概念》（*Kunstgeschichtlichen Grundbegriffen*）（1915年首次出版），同时还有阿罗西·里格尔（Alois Riegl）和威廉·沃林格（Wilhelm Worringer）的著作。[7]与其他哲学书相比，密斯在这些书中鲜有圈阅，这似乎印证了某种假设，即在艺术和建筑理论研究方面他并无特别的投入，这些理论的重要性也很难加以评估。20世纪20年代早期，密斯对艺术史家不感兴趣的判断，也可以从另外一派的立场得以说明。

"对建造艺术实质的探索"并没有把密斯引向艺术理论，"而是引向了古典和中世纪哲学的采石场"，在那里他想知道"真理到底是什么"。[8]密斯踏上了通向事物本质之路，一条与他的立场和机缘相契合的道路。学术训练的缺乏，使其在面对艺术理论体系时总觉得有些无所适从。密斯所接受教育的源头，不是科学式的，而是世界观、宗教性和实用的自然。在亚琛天主教大教堂学校所接受的教育，使他不仅一生都对中世纪和它的简洁和严谨[9]抱有好感，而且也同样与新柏拉图主义的世界观有着清晰的联系。经过两年建筑工艺学校的学习后，他进入了父亲的石匠工场并开始了学徒生涯。

在这里，密斯第一次所接触的建筑尽管"很小"，但却像阿道夫·路斯曾说过的，非常重要、甚至是决定性的建筑"类型"。同样作为石匠儿子的路斯，在他著名的论文《建筑》（*Architektur*）（1909年）中写道："建筑中只有很小的一部分属于艺术：墓碑和纪念碑。其他服务于某种目的的一切，都应排除在艺术的范畴之外。艺术会被定义用来满足某种目的，只有当这个严重的误解被排除的时候……之后，我们才将拥有属于我们时代的建筑。"[10]

7
基于密斯藏书以及芝加哥伊利诺斯大学特别藏品部的"密斯·凡·德·罗收藏"所保有的有：亨利希·沃尔夫林（Heinrich Wölfflin），《古典艺术》（*Die klassische Kunst*），慕尼黑1908年、《艺术史概念》（*Kunstgeschichtliche Grundbegriffe*），慕尼黑1917年以及《文艺复兴和巴洛克》（*Renaissance und Barock*），慕尼黑1908年；威廉·沃林格（Wilhelm Worringer），《哥特形式论》（*Formprobleme der Gotik*），慕尼黑1920年；阿罗西·里格尔，《罗马巴洛克艺术的形成》（*Die Entstehung der Barockkunst in Rom*），维也纳1908年、《风格问题》（*Stilfragen*），柏林1893年。购书年份无法逐一确定，比如哪些书是1938年前就有的，哪些是移民时带去的，还有哪些是没带去而是后来买的二手书。

8
《密斯·凡·德·罗与彼得·卡特的谈话》，载于《建筑与居住》，1961年，第16期，230页。

9
"我记得当我还是小孩的时候，在故乡看过许多老建筑。只有很少的一些是有价值的，它们一般非常简洁清晰。我对这些严谨建筑的印象深刻，因为它们并不隶属于某个特定的年代，它们虽已历经千年仍栩栩如生、生气勃勃。所有的风格流派如过眼烟云，但它们依然伫立如初、完好如故。这些没有特征的中世纪建筑，是真正的'建造之物'。"《密斯·凡·德·罗与彼得·卡特的谈话》，同上229页。在此值得一提的是库尔特·福斯特（Kurt Forster）的文章《密斯·凡·德·罗的西格拉姆大厦》（*Mies van der Rohes Seagram Building*），引自：提尔曼·布登希克和亨宁·罗格（Henning Rogge）编辑的《实用艺术：工业革命以来的造型技术和形式艺术》（*Die Nützlichen Künste. Gestaltende Technik und Bildende Kunst seit der Industriellen Revolution*）一书，柏林1979年，359-369页。福斯特在他对西格拉姆大厦的分析中，尝试与哥特晚期的砌筑建筑（*spätgotischen Wandarchitektur*）进行类比，密斯在亚琛教会学校学习时见到的胡贝图斯礼拜堂（Hubertuskapelle）加洛林王族式样（karolingisch）的铜门上的装饰，与西格拉姆大厦立面网格有着某种关联。

61>

10
阿道夫·路斯，《建筑/1909年》，引自：阿道夫·路斯，《尽管如此》（Trotzdem），因斯布鲁克1931年，101页。

11
在1932年10月德意志制造联盟庆典上的演讲稿草稿，引自：MoMA手稿文件夹5，第1、10页。

12
"有一天，在施耐德事务所，我被分配了一张绘图桌。在清理的时候，发现了一本由马克西米利安·哈登编辑的杂志《未来》，还有一篇关于拉普拉斯理论的文章。我读完后，那些想法迅速充斥着我的大脑，并忍不住产生了兴趣。因此每周我都设法弄到这本杂志并认真阅读。我开始关注精神方面的事物，哲学，以及文化。"节选自纪录片《密斯·凡·德·罗，1979》，引自：弗朗兹·舒尔策的密斯传记《密斯·凡·德·罗：一部批判的传记》，芝加哥/伦敦1985年，17页。

13
引自：多里斯·施密特（Doris Schmidt），《纪念密斯：为眺望世界而生的玻璃幕墙》（Gläserne Wände für den Blick auf die Welt-Zum Tode Mies van der Rohes），载于《南德意志报》（Süddeutsche Zeitung），1969年8月19日，第198期，11页，引自：沃尔夫冈·福里格（Wolfgang Frieg），《密斯·凡·德·罗的欧洲作品1907—1937年》（Ludwig Mies van der Rohe. Das europäische Werk 1907—1937），波恩1976年，60页。

14
卡尔·维尔纳（C.A. Werner），《关于德国未来》（Um Deutschlands Zukunft），《柏林日报》（Berliner Zeitung）（1946年）。参见：尤根·克劳泽（Jürgen Krause）的"殉道者"和"预言家"概念，《世纪之交造型艺术中的尼采崇拜研究》（»Märtyrer«und»Prophet«. Studien zum Nietzsche-Kult in der bildenden Kunst der Jahrhundertwende），柏林/纽约1984年，9页。

对于密斯和路斯来说，他们从儿时起就懂得，建筑中的小小构件是石匠们的主要生活来源。他们通过接触并认识到建造工艺中实用性的一面，敏锐地感受到建筑所表现出的象征性：墓碑和纪念碑代表了一种超出常规的、抽象和理想化的建筑，传达肃穆沉静和令人敬畏的意念。形而上是现实性的核心，象征性是其自身的目的，它们通过可见的物理真实，清晰地预示了那令人向往的未知世界。

密斯以其自身的方式，把这种对建筑的敬畏感转移到了现代建造艺术中，而且这种从他学徒时就萌生的"敬畏物和材料"[11]，近乎疯狂地存在于所有与材料质量相关的联系中。从中传递出一种宗教般的态度，即承认哪些事物是有价值的、而哪些有价值的事物承担义务。这个材料哲学表达出密斯对名贵的石材，如石灰华、大理石和缟玛瑙的偏爱，尽管只作为少数几个现代派建筑师之一自觉地使用的材料，但在对材料的处理中，纯手工加工的程度可以达到最精微的细节。

学徒时的一次偶遇，以一种特殊的方式影响了他的观念。在亚琛的阿尔贝特·施耐德（Albert Schneider）建筑师事务所短期工作的期间，他有次整理绘图桌的抽屉，发现一本由马克西米利安·哈登（Maximilian Harden）编辑的《未来》（Die Zukunft）杂志，还有一篇介绍18世纪研究行星运动、关于法国天文学家和数学家拉普拉斯（Laplace）理论的重要论文。密斯对这两本出版物产生了浓厚的兴趣，正如他所描述的文章的内容，虽然超出了他的理解范畴[12]，但却唤醒了他的好奇和对精神世界的向往。从那一刻起，密斯开始关注哲学和文化问题，并大量地阅读和独立思考。[13]

从偶遇柏林出版的周刊《未来》到成为它的铁杆读者，这使他有生以来第一次接触陌生的精神世界。当时，这个反抗威廉二世的喉舌曾被誉为，"读者最多、最鼓舞人心，也最遭人忌恨的德国周刊"[14]，它在世纪交替之际的作者包括著名的文化批评家卡尔·舍夫勒（Karl Scheffler）、尤利乌斯·迈耶-格拉斐（Julius

X. Jahrg.   Berlin, den 27. September 1902.   Nr. 52.

Die Zukunft

Herausgeber:
Maximilian Harden.

Inhalt:

	Seite
Moritz und Rina	497
Von Heraklit zu Spinoza. Von Alois Riehl	508
Turin. Von Julius Meier-Graefe	522
Dreimal. Von Laura Marholm	530
Selbstanzeigen. Von Wiedemann, Hoffmann, Pudor, Trost, Zweig	537
Bankiers und Juristen. Von Plutus	58

Nachdruck verboten

Erscheint jeden Sonnabend.
Preis vierteljährlich 5 Mark, die einzelne Nummer 50 Pf.

Berlin.
Verlag der Zukunft
Friedrichstraße 10.
1902

《未来》杂志封面，1902年9月27日，第52期

15

亨利·凡·德·威尔德在1903年为
魏玛尼采档案馆的改扩建做了设计；
1911年魏玛的尼采纪念堂和体育场设
计方案。引自：尤根·克劳泽，同上。

16

都灵在1900年前后尼采式的文艺青年
心中独具意义，因为尼采直到1889年
精神失常之前都生活在这座城市，
"第一个属于我的地方"。在由卡
尔·施勒希塔（Karl Schlechta）为慕
尼黑1966年编辑的尼采三卷本著作的
第3卷1282—1352页中，他在都灵通
信中描画了由拱廊和广场所构成的意
大利城市景象。在19世纪晚期大城市
背景下，他的都灵图像具有某种类似
奥古斯特·恩代尔（August Endell）
的《大城市之美》（Die Schönheit der
Grossen Stadt）（斯图加特1908年）所
表达的城市的新感受。1908年出版的
这部著作，汇集了《未来》的精华。
恩代尔在完成了哲学学业之后转向
了工艺美术和建筑，并经表兄库尔
特·布莱西希的引荐，进入了魏玛的
尼采爱好者的圈子。引自：尤根·克
劳泽，同上166、177页。恩代尔著作
对密斯的影响参见第3章。

17

尤利乌斯·迈耶-格拉斐（Julius Mei-
er-Graefe），《彼得·贝伦斯-杜塞尔多
夫》（Peter Behrens-Düsseldorf），《装
饰艺术》（Dekorative Kunst），1910年
8月，381页，介绍与贝伦斯的相遇：
"那时他的兴趣是埃及。当我们在都
灵再次相遇的时候，他刚在那里完成
了封闭的入口大厅，以及喷泉旁许多
体量结实的雕塑。他谈及拉美西斯二
世（Ramses II.）的口吻，就像谈论令
人崇敬的前辈同行一样。"

18

菲利普·约翰逊，对柏林时光的
影射，依理亨利希·克洛兹和约
翰·W·库克，《矛盾的建筑》，慕
黎世1973年，57页："密斯！他尽管
从未承认，其实他是一位激进的反
智主义者（Anti-Intellektueller）。他
说：'我刚刚还在阅读'，但我看他的
阅读完全不是那么回事——他仅
有三本书。那年没有从书架上拿下
来过一本书。"汉斯·里希特持完全
相反的意见，《遇见达达后至今：通
信、档案和回忆》，科隆1973年，54
页："密斯……他有……一张硕大的
绘图板……在板上摞着上百公斤的书
和杂志……"——根据多里斯·施

Meier-Graefes）、阿尔弗雷德·利希特瓦克（Alfred Lichtwark）、丹麦的文学评论家乔治·布兰德斯（Georg Brandes）和柏林的历史学家库尔特·布莱西希（Kurt Breysig）。最后两位不但是举足轻重的尼采研究专家，同时也经由伊丽莎白·福斯特-尼采（Elisabeth Foerster-Nietsche）的推荐，成为《未来》周刊的"当家人"以及魏玛的尼采档案的监管人。后来加入这个行列的，还有作家式的艺术家亨利·凡·德·威尔德（Henry van de Velde）和奥古斯特·恩代尔（August Endell），他们同样都是有名的尼采主义者[15]，以及一系列作家如理查德·德梅尔（Richard Dehmel）、斯特芬·茨威格（Stefan Zweig）、亨利希·曼（Heinrich Mann）和奥古斯特·斯特林堡（August Stirnberg），经济史学家维纳·索姆巴特（Werner Sombart）、哲学家格奥尔格·齐美尔（Georg Simmel）和阿罗西·里尔也都算是那个时期的作者。

对《未来》的憧憬其实恰恰具有某种象征意义，并成为对密斯未来的预言。1902年9月27日出版的第52期能够读到的内容，包括柏林哲学家阿罗西·里尔的论文《从赫拉克利特到斯宾诺莎》（Von Heraklit zu Spinoza）以及迈耶-格拉斐对都灵艺术博览会的报道[16]，他对其中贝伦斯在大堂设计中所呈现的埃及式的深邃肃穆推崇不已。[17]5年后，密斯将会在柏林与阿罗西·里尔和贝伦斯见面，那次相遇对他日后精神和艺术的发展都具有举足轻重的影响。

从第一次接触哲学开始，密斯的阅读就是残缺不全的。他学徒时所碰到的那些理论，异常混乱而且缺乏一定的系统性。当密斯谈论1938年移民时他自己所拥有的3000册图书时，与他曾保持了20年紧密联系的菲利浦·约翰逊却对此予以否认："他其实只有三本书。"[18]通过对密斯1928年大量充满摘录的笔记本的研究结果说明，他不但阅读，而且还对某些著作进行了扎实的研究。这些著作关乎技术和信仰的哲学，也折射出他当时所持的观点和立场。

密斯的教育背景，使他具备一种抽象和形而上的气质，以及 〈64与其相符的世界观。1928年，他在笔记本的某页上写道："哲学上

的理解首先揭示了我们劳作的合理秩序，以及我们存在的价值和尊严。"[19]相对于其他所有的认识方式，哲学表达有着深刻和简洁的优点，因为它提供一种区分主次的方法。在"有限性"中存在着通向知识的"唯一道路"，只有它能够"成就代表时代的建筑杰作"。[20]

哲学之于建筑师的重要性，维特鲁威在《建筑十书》的前言中业已强调过。只有哲学"能为成熟的建筑师提供更高级的思想"，维特鲁威为读者指出，"此外，哲学还对事物本质做出解释。"[21]类似地，密斯作为"寻找真理的孤独者"——格罗皮乌斯[22]充满敬意地称呼——应该已经肯定了哲学的价值。"如果人们想理解他们所处的时代"，密斯如是说，"必须理解其实质而非眼中所见。但是，"他又补充道，"所谓实质性的……并不容易找到，因为伟大形式（Großer Form）的成熟和绽放，是一个缓慢的过程。"[23]

从古典时期开始，建造艺术就已被纳入了哲学的思想和概念体系，这个体系的结构应与普遍存在规律和客观终极原则协调一致，而建造艺术的"永恒法则"也在其领导之下。但从19世纪开始，这个思想历史的连续性就被打破了，因为时代不再需要把新的实用技术条件与传统价值和意识形态结合成一个合乎逻辑的体系，并在世界观层面上进行表达。密斯和他那一代人对于"时代本质"的执着追问，表明了某种关系的缺失，即真实世界和意义世界之间的明确关联已经不存在了。

这种同一性的丧失，在19世纪末建造艺术中表现为，学院派传统风格的形式主义和结构功能的新类型学之间的剧烈矛盾。对于"艺术形式"（Kunstform）与"核心形式"（Kernform）的分离，19世纪中叶卡尔·伯蒂歇尔（Carl Boetticher）曾尝试发展一种折中主义[24]，为防止功能形式和表面形式的彼此脱离，并消解位于结构和形式之间、工程师和建筑师之间仍在扩大的分裂趋势。这种差距只有通过基本的价值重估，才能得以弥合。要么，如1919年德意志制造联盟所宣传的那样，从新美学的角度把功能化的形式合法地看作艺术形式，让艺术和生活彼此和谐共处，要么或者像卡尔·克劳斯

密特（参见注释13）的记载，哲学家阿罗西·里尔在拜访密斯的时候，对他哲学藏书的丰富和有序大为惊讶，密斯说他是根据标准的哲学脚注把著作加以排列的。——密斯多次提及，在德国他拥有3000册藏书，其中将700本到美国，而其中270本他想再寄回去。要是他没有读过其他3000册图书的话，那留下的30本书根本就不会被发现。六位学生与密斯一席谈（1952年2月13日的访谈），载于《建筑大师》（Master Builder），设计学院的学生刊物，北卡罗来纳州立大学，1952年2月，第3期，21页。维纳·布拉泽，《密斯·凡·德·罗：教与学》，巴塞尔/斯图加特1977年，283页，包括密斯藏书目的摘录。根据作者统计，遗产中的藏书保存在"芝加哥伊利诺斯大学"（大约620本）、芝加哥德克·罗汉私人收藏（大约100本）以及纽约的乔治娅·密斯·凡·德·罗（Georgia Mies van der Rohe）处（大约60本），总共约800本。

19
引自：MoMA，手稿文件夹1（密斯笔记）。

20
引自：《密斯与皮特·卡特的谈话》，同上，229页注释。

21
马库斯·维特鲁威·波利奥，《建筑十书》，达姆斯塔特1981年，29页。

22
瓦尔特·格罗皮乌斯，《民主的阿波罗》（Apollo in der Demokratie），美茵1967年，128页。大约1918年，格罗皮乌斯摘自维特鲁威的一段哲学论述。引自：卡琳·威廉（Karin Wilhelm），《瓦尔特·格罗皮乌斯：工业建筑师》（Walter Gropius, Industriearchitekt），威斯巴登（Wiesbaden）1983年，129页。

23
密斯·凡·德·罗，《我从未画过一幅图画》，载于：《世界建筑》，1962年，第62期，884页。

24
卡尔·伯蒂歇尔，《希腊的建构》（Die Tektonik der Hellenen），第1册，波茨坦1852年。伯蒂歇尔的论文涉及人类需求的核心形式；应当体现材料

理想特性的艺术形式，具有一种清晰的功能特征并使实用性的存在显得更为高级。对伯蒂歇尔而言，艺术形式并不直接与结构有关，而是被理解为核心的附庸，通过装饰得以体现并使折中主义显得合理。在《风格》(Der Stil) 第1册（美因茨河畔的法兰克福1860年）、第2册（慕尼黑1863年）中，戈特弗里德·森佩尔尝试建立一种全新的"实用主义美学"，其中核心形式与艺术形式互为辩证关系。

25
阿道夫·路斯以《多余》(Die Über-flüssigen) 作为题目，写了一篇关于德意志制造联盟的文章；引自：阿道夫·路斯，《尽管如此》，维也纳1931年，72页注释。对路斯而言，因为我们感谢19世纪"艺术与手艺明确分离"的"重要成就"，因而"成为献给人类历史的一笔重要资产"。——要完在在这层意义上，来理解对卡尔·克劳斯 (Karl Kraus) 的文字摘录："我要求我所生活的城市有：柏油路、道路冲洗装置、房门钥匙、暖风和水暖。自己要感到舒适。"摘自《作品选集》(Auswahl aus dem Werk)，慕尼黑1978年，48页。

26
《密斯格言》(1955年)，引自：维纳·布拉泽，《密斯·凡·德·罗：教与学》，巴塞尔/斯图加特1977年，96页。

（Karl Kraus）和路斯那样矢志不渝地，让生活功能化的形式彻底放弃艺术化的要求。[25]

20世纪建造艺术所肩负的任务，就是重新定义功能和价值、构造和形式之间的关系，以及确定本质和现象之间新的联系。在密斯的眼中，某种建造艺术的实现，只能由独立创造"新秩序"的建筑师来担任。它存在于某种"苦行生活"之中，并表现为一种英雄主义状态，密斯将其视作"分享存在起源（Urquelle des Seins）的渴望"。[26]

"只要艺术品战胜时间并自我认同，

那它们就永远存在。

没有赤裸裸的技术进步能摧毁它。

艺术品如所有真实的历史一样，是一种存在的方式，

在历史中充满价值并持续显现；

它们和每个新的时代建立新的联系，从而持续产生影响。

某些艺术作品和那些大思想家的生活观念相吻合。"

——阿罗西·里尔，《当代哲学》（*Philosophie der Gegenwart*），1908年

"建造家要完成一个当下的创作，

他要从起码的、有限的需求出发，在精神上进行创造，

作品的造型和运动在空间中获得了解放，

然后他在苍穹之下安置了墙，就完成了创造。

在某种关系中，他如同一位优秀的学者，

世界被纳入他思考着的灵魂之中，

因此，在他的思想里，

它比包含空间的宇宙还要伟大，

他的灵魂环绕着它久久徘徊。"

——鲁道夫·施瓦兹，《致密斯·凡·德·罗》，1961年

从亚琛的绘图桌抽屉偶然开启的哲学之路，一直延伸到1907年的柏林：密斯作为建筑师得到的第一个委托，并独立负责从设计到建造实施的是一位哲学家的住宅。这位政府的枢密顾问阿罗西·里尔（Alois Riehl），柏林弗里德里希威廉大学（Friedrich Wilhelm Universität Berlin）的哲学教授是密斯的第一位业主。他1844年生于博岑（Bozen），曾在格拉茨、弗赖堡、基尔和哈勒学习，1905年也同样是密斯来到柏林的那一年，他得到了柏林的教席，并直至1919年退休。[1]

1
参见《大布洛克之家，威斯巴登1956年；人名索引》（*Der Grosse Brockhaus, Wiesbaden 1956; Wer ist wer?*），柏林1914年，1372、1922、1286、1928和1270页。里尔是由于他的著作《乐观科学主义的哲学批判及其意义》（*Der philosophische Kriticismus und seine Bedeutung für die positive Wissenschaft*），3卷本，1867-87年，以及他去世（1924年）后1925年对柏拉图、康德、乔尔丹诺·布鲁诺（Giordano Bruno）和尼采的研究的再版而闻名。引自：阿罗西·里尔，《十四世纪以来的哲学研究》（*Philosophische Studien aus vier Jahrzehnten*），莱比锡1925年——阿罗西·里尔的朋友和学生对他七十寿辰的贺信，哈勒1914年。

2
"有一天里尔夫人——我后来的业主来找我，想请一位年轻人帮她设计盛水的浅喷泉（Vogelbrunnen）……而后她想造一座理想的房子。不应当由有经验的建筑师，而是一位年轻人来做。……我与这位枢密夫人谈过一次，她问我，'您造过什么房子吗？'我说，'没有！'她应道，'这不行，我们不想当小白鼠。''可以的，'我说，'我能造房子。我只是从来没有独立做过。我当然已经造过，您想一想，如果我六十岁了，还有人想问我，您造过房子吗？'然后她笑了，想让我认识她的先生。

正好当天晚上她有一个聚会，我被邀请参加她家的晚餐。我永远不会忘记。先是中午时助理奥利希说，我必须穿小礼服，但我根本对此一无所知。他说，'您赶紧买一套吧。应该到处都能找到，不行借一下也行。'我在布鲁诺·保罗（Bruno Paul）办公室上上下下借钱，直到有足够的钱去买礼服。之后我当然也不清楚要带什么样的领带，亮黄色的还是有些疯狂的。傍晚我去他们家，和一些人一起进了电梯。所有的人都衣着考究，不是燕尾服就是佩戴勋章。我在想我第一次进入的地方，应该不会有错吧。门开了，让人几乎眩晕过去。我看到男人如何带着女人，在木地板上像溜冰一样刷刷地疾速而过，我心生恐惧，感到喉咙窒息。男主人在客人之间来回穿梭并致以问候。这看上去非常奇怪。

饭后枢密请我参观他的藏书，我们进去后，我各式各样、无法回答的问题。然后他说，'我们不能让其他客人等得太久，'于是我们回到客

厅。然后他对他夫人说，'他来给我们造房子。' 现在我想纠正一下。里尔夫人倒是有些吃惊，他允不准她的先生、枢密大人，她请我或许第二天再见一面。……我前面已和她说过，'我为布鲁诺·保罗工作，他让我设计网球馆和俱乐部。您为何不同问他对我的看法？' 布鲁诺·保罗后来告诉我，她曾说 '您知道吗，密斯是个天才，但太年轻，需要实践'。布鲁诺·保罗提议我可以与他事务所一起来做这个项目。我拒绝了。他问我，从哪里来的说不的勇气。他不清楚其实我想自己干。我得到了这个项目。当房子竣工的时候，布鲁诺·保罗问我是否能把里尔住宅的照片转给一个他早期和现在学生作品展。在一次参观的时候，他对某人说，'您看，这座房子唯一的错误就是：我没有来做设计。'（罗汉：里尔夫妇对您非常满意吗？）哦，当然。他们对造价偏高有些吃惊。因为造价总是会贵的。" 密斯与德克·罗汉的谈话，引自未出版的手稿，MoMA。

3
同上："里尔夫人也付给我们了钱，约瑟夫·波普（Popp）是奥利希的助手并为里尔夫人设计鸟形喷泉。波普为布鲁诺·保罗编辑了第一本作品集，并于1916年在慕尼黑出版。）和我用这笔钱去意大利旅行了6周。……我们去了慕尼黑，因为我不清楚里默施密德（Riemerschmidt）把哪座房子的内部刷成了彩色，我们要去看，因为里尔夫人很喜欢。那是一次非常有趣的旅行。我觉得波普为了看画去了太多的博物馆。我可以理解，但时不时地待在外面参观城市。那里太精彩了。"

到底是出于何种前提和善意，使一位刚刚21岁，既无文凭，又无法提供任何独立开业经验的"建筑师"，能够为一位德高望重的、63岁的哲学权威和他的夫人建造住所，这是一个无法解释的谜。青年密斯的专业素养和艺术家气质不会是决定性的因素，他必 <67 须向既"理想"又开放，却不想成为"实验小白鼠"的未来业主们来证实自己[2]，首先是通过他的为人，其次才是他的建筑。对于业主来说，帮助这位年轻的建筑师显然极为重要，这通过他们赞助他为期6周的意大利旅行费用而得以证实，与其同行的是布鲁诺·保罗（Bruno Paul）的助手约瑟夫·波普（Josef Popp）。[3]密斯因这所住宅建立起来的与里尔一家的友谊，估计一直保持到1924年11月21日阿罗西·里尔去世为止，去世前里尔一直住在这座由密斯设计的位于波茨坦新巴伯斯贝格的房子里。[4]或许他在遗嘱里，也表达了应由密斯来设计自己墓碑的愿望。[5]

在密斯的内心世界里，他的第一位业主究竟有多重要？这可以通过他一个不为人注意的铅笔字迹来说明：当阿罗西·里尔1924年4月27日的八十岁寿辰时，给"仅限于个人圈子的100位朋友和学生"发出过一个印刷的请柬，"通过4月27日这一天向这位老者致贺词和赠送礼物，来传达他们衷心的问候"。密斯也在被邀请的范围内，因为在他的遗物和档案中发现了邀请函。即使在经济困难时期，"按照德国的惯例"送上"除了让他开心的作品以外，还有桌上的陈年好酒和雪茄"。

Victor Henry, Berlin / Paul Hensel, Erlangen / Andreas Heusler, Arlesheim-Basel Gerard Heymans, Groningen / Hans Heyse, Berlin / Richard Hönigswald, Breslau Paul Hofmann, Nicolajee / Edmund Husserl, Freiburg / Werner Jaeger, Berlin G. R. Jaensch, Marburg / Else Reffen-Conrad, Dahlheim-Röbgen / Johannes v. Kries, Freiburg / Alfred Kröner, Leipzig / Friedrich Kuntze, Nordhausen / Kurt Lewin, Berlin / Hans Lindau, Berlin / Heinrich Maier, Berlin / Rudolf Martin, München / Fritz Medicus, Zürich / Alma Moodie, Berlin / Carl Müller-Braun-schweig, Berlin / Adolf Pichler, Greifswald / Ludwig Pohle, Leipzig / Adolf Propp, Berlin / Quelle und Meyer, Leipzig / Helene Raydt, Stuttgart / Rehmann, Berlin Heinrich Rickert, Heidelberg / Johann Baptist Rieffert, Berlin / Gustav Roethe, Berlin / Paul Guthnick, Neubabelsberg / Ilse Rosenthal-Schneider, Berlin / Heinrich Scholz, Kiel / Duzzi Schrader, Berlin / Max Sering, Berlin / Hugo Spitzer, Graz Eduard Spranger, Berlin / Julius Stenzel, Breslau / Karl Stumpf, Berlin / Julia v. Tschoppe, Berlin / Max Wertheimer, Berlin / Emilie Zetlin-Tumarkin, Paris

1923年阿罗西·里尔八十岁寿辰纪念册，贺寿人员名单（局部）

阿罗西·里尔，1914年

4
爱德华·斯普朗格（Eduard Sprang-er），《阿罗西·里尔（讣告）》，见《日报》（*Der Tag*），1924年11月23日，282号，2页。

5
1927年笔记本，MoMA，手稿文件夹1，记录"里尔墓碑"。阿罗西·里尔的墓碑并不出名，在密斯的遗物中未发现墓碑的设计。

6
印刷版的阿罗西·里尔的荣誉手册，引自：LoC档案，下面的名字出现在荣誉手册上：伊丽莎白·福斯特-尼采（Elisabeth Förster-Nietzsche）、维尔纳·耶格、爱德华·斯普朗格和沃尔夫·格拉夫·冯·鲍迪辛（Wolf Graf von Baudissin）。

7
密斯的业主还包括：德国罗马学院院长赫伯特·格里克（Herbert Ger-icke）教授（住宅设计/1932年）、画家埃米尔·诺尔迪（Emil Nolde）和瓦尔特·德雷塞尔（Walter Dexel）（1929、1925年项目）、丝绸厂主赫尔曼·郎恩（Hermann Lange）和约瑟夫·埃斯特斯博士（位于克雷菲尔德（Krefeld）的住宅/1928年）、企业家埃里希·沃尔夫（Erich Wolf）[古本（Guben）住宅/1925年]、银行家恩斯特·埃利亚特（Ernst Eliat）（1925年项目）。这业主的项目参见沃尔夫·泰格尔豪夫，同上，1981年。

8
引自：密斯与德克·罗汉的谈话，手抄本，MoMA。特别是《古典：古代的文化和艺术》（*Die Antike, Zeitschrift für Kunst und Kultur des klassischen Altertums*）发表的维尔纳·耶格的柏拉图研究，在1928年引发了密斯的关注。

9
引自：弗朗兹·舒尔策，《密斯·凡·德·罗：一部批判的传记》，芝加哥/伦敦1985年，71页。一本亨利希·沃尔夫林的《古典艺术》样本（慕尼黑1905年）上面有手写的"1909年11月H.W."，估计是埃达（Ada）结婚时的嫁妆，也存放在密斯的藏书里。此外，密斯还拥有沃尔夫林的《文艺复兴和巴洛克》，慕尼黑1908年，第3版，以及《艺术史概念》（*Kunstgeschichtliche Grundbegriffe*），慕尼黑1917年。

　　不知道出于什么原因，密斯的名字没有出现在前来贺寿的朋友和学生的印刷名单里，是偶然的疏忽，还是他错过了寄出的请柬，我们不得而知。但重要的是，密斯进入了这个朋友圈：在属于他的名册里，根据他名字的首字母排序的位置，后来用手写体缩写的方式把"Ludwig Mies v. d. Röhr, Berlin"添加在了名单的一侧。[6]

　　通过里尔住宅，密斯在1907年踏进了那个从《未来》杂志首次接触到的新世界。这所房子为其打开了通向某一个社会圈子的大门，在那里汇集了他未来的业主们，特别是知识分子、艺术家和工商界人士。[7]通过里尔夫妇，密斯接触到了柏林的思想界，在这里他遇到了瓦尔特·拉特瑙（Walter Rathenau）①、古文学家维尔纳·耶格（Werner Jaeger）[8]、艺术史家亨利希·沃尔夫林以及1913年成为密斯妻子的艾达·布隆恩（Ada Bruhn）[9]，估计还有20世纪20年代

---

① 沃尔瑟·拉特瑙（Walter Rathenau，1867—1922年），作家、哲学家、犹太企业家、民主人士，曾担任魏玛共和国外交部长，1922年6月24日遇刺，是为了民主而殉难的著名人士。——译者注

密斯在里尔住宅前，1912年

10
保罗·梅贝斯（Paul Mebes），《1800年以来一个世纪的建筑和手工艺发展》（ Um 1800. Architektur und Handwerk im letzten Jahrhundert ihrer Entwicklung），慕尼黑1908年。

末期，曾深深影响了密斯思想的神学家罗马尔诺·瓜尔蒂尼。

里尔住宅第一眼看上去的外观有些"19世纪"的样子，为了按 〈69 照19世纪的纯净古典主义的标准给威廉时期历史主义风格的建筑 推荐一种毕德麦耶尔式[1]（Biedermeier）的简洁而实用的范本，1907 年，保罗·梅贝斯（Paul Mebes）出版了一部在当时颇具影响力的 著作。[10]在人口拥挤的城市波茨坦边缘新巴伯斯贝格别墅区内，在 这块和密斯有关的、由主人自己选择的场地上，出现一幢村舍应该 是可以想象的。同周边别墅透露出的世纪之交的特征相比，里尔住 宅呈现出一种低调的轻松气息。

1907年，专业出版界对密斯的处女作做出了回应，发表了一篇 配有两张照片的文章。《现代建筑形式》（ Moderne Bauformen ）杂志特

---

① 毕德麦耶尔式（Biedermeier），一种介于新古典主义和浪漫主义之间过渡时期的风格，曾为德国、奥地 利、意大利北部和斯堪的那维亚各国的中产阶级所推崇，是保守、稳健的市民风格的贬义代名词。——译者注

"里尔墓碑。"密斯笔记本上的记录

别指出的是，建筑选址的重要性及其清晰和简洁的古典主义气质[11]，而安东·乔曼（Anton Jaumann）在《室内装饰》杂志上指出，它与世纪之交的艺术有着关联，并不吝溢美之词："令人吃惊的是，这位年轻人严谨节制并矫正了老师的影响，在合理性和示范性方面超越了他们……这座个性化的作品是如此完美，以致从未想到这是一位年轻建筑师独立完成的第一个作品……当然"，乔曼的预言尽管让人如此印象深刻，但并不动人，"在下一个十年，我们将会看到'新生代'大量更加完美、朴实和洗练的作品，但如此耐人寻味、令人动容的作品在过去几十年还从未出现过。"[12]

11
《建筑师密斯·凡·德·罗：位于波茨坦新巴伯斯贝格的枢密顾问里尔教授先生的别墅》（Architekt Ludwig Mies. Villa des Herrn Geheimer Regierungsrat Prof. Dr. Riehl in Neu-Babelsberg），《现代建筑形式》（Moderne Bauforme），1910年9月，20-24页。安东·乔曼，《艺术新生代》（Vom künstlerischen Nachwuchs），载于《室内装饰》，1910年，第21期，265-274页。

12
安东·乔曼，同上。

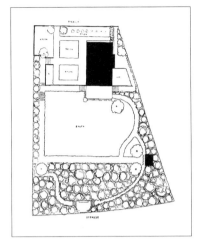

位于波茨坦新巴伯斯贝格的里尔乡村住宅，总平面图　　里尔住宅，平面图

阿罗西·里尔的书房

里尔住宅，起居厅

里尔住宅，小憩壁龛

在乔曼如此褒扬的、模范生般的里尔住宅所体现的诚恳态度后面，其实隐藏着涉及建筑表面、某种独特和中性化观点的意图。

72> 在几何化的形式和简洁平滑的墙面建构的体量层次中，通过"壁柱——屋架——结构"的精确紧凑的模型，暗示了其建筑构成语法是一种内部秩序在表面地被动呈现。这是一种框架式的建筑，墙体的屏蔽和承重的功能是分开的，在结构柱网中，贯通的凉廊真正消

里尔住宅，上部花园外观

里尔住宅，1985年外观

解了较窄一面的体积感，也就是说，出现了建造和空间的因素。

　　对抽象化的追求表现为精确的几何形式，在干净的建筑体量的提炼过程中，清晰地表现为一种线性力场，并作为整体空间的协调体系支撑起建筑。一片通长帅气的墙体以有力的线条演奏出基本和弦，从而清晰地确定了花园部分的空间调性。这片墙体以一种纪念性建筑的宽度横贯基地，向两侧延伸并和建筑体量形成直角，上部 ◁74

花园在空间上继续扩展，发展成为房子前面延伸的平台。

　　在地形上较低的另一侧，裸露兀立的挡土墙保证了坡地上的房子有一个视觉上的屏障。墙体只有在体量开敞的部位断开，并以其大胆直接地把土层推了进去，确保了房子在自然环境轻度改造的地基上，占据一个恰当的位置。在较矮的地方，自然被允许象征性地触及建筑，攀爬植被也逐步地跨过了硬质边界。在开阔的基地上，这个基座散发出某种凝固的、庄严的、永恒存在般的静穆。一个"古典式"的门廊虽然在基座上升起并戏剧化地偏移中心，但被处理成一个无法窥视全貌的序列高潮，这个门廊由柱子和高高升起的三角形山花构成。

　　这堵带有建筑尊贵符号的侧墙，因为显示出一种向心化和等级性的秩序，居然变成了房子的正立面。在块状实体基座的长轴方向柱廊抬高，通过非对称的空间张力，使错落体量和路线安排

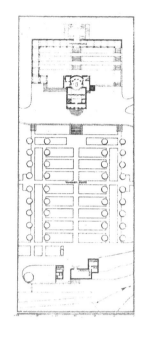

75> 的布局得以加强。密斯在雕塑效果和空间深度上相互强化而形成的基本秩序，取代了学院派的正面性和对称性的原则。在这引人注目的风景地，这座乡村住宅犹如一座观景的亭子，呼应着空间的进深。超越了常规和理想，作为建筑和雕塑的标志性纪念碑，

彼得·贝伦斯，哈根火葬场，1907年，平面图（上图）和外观（下图）

里尔住宅，坡地花园外观

建筑整体最终与环境连接起来。建筑体量和空间也彼此互补和提升，从而融为一体。

观景的亭子是里尔住宅"隐秘的"主题，在建筑体量的一侧，从凉廊引出了设计主题。壁柱系统和两边好似挑梁的檐口线脚，表达了对结构理解的不同方式。顺着房子的长方向的平滑线脚，强化了位于基座上的一种向外的水平运动，在刚刚转过山墙的位置，通过干净的横向切割有力地断开。没有飞檐或类似的强化处理，建筑 <76 的有限性就不可能得到最终表达，看起来整个建筑被无限延伸的轴线所穿透，在过梁上好似桁车一样，沿着想象中的轨道滑动着。自信感来自支撑凉廊屋顶的柱子，它悬空撑起并避免了失重的效果，同时，柱子序列也相应减轻了挡土墙的力学荷载。

如果，人们有意地想寻找这座建筑的先兆和某些特征的出

处，如建筑体量在视觉上摆脱重力、在浮动的平衡中安置被连贯的线条解放的形体，就应准许我们把考察的范围再扩大一些。但要肯定的是，在密斯处女作中有两个概念是重叠的，即把实体的类型和开敞亭子的类型相提并论。虽然两个概念彼此矛盾，又相互渗透，但是又未能形成独立统一的、并包含房子整体有机性的形态，因此，里尔住宅在形态上是双重性的，它具有两副表情：从主立面上，体现的是水平向对称的市民住宅，它的条状体量横陈于平台花园之前；在侧面，实体感被宽阔的基座上非对称的亭子所消解，至少在建筑柱网的重要位置是完全通透的。

观景的亭子是密斯在柏林关注的第一个建筑主题。在时间上可以和里尔住宅建筑概念平行比较的，是布鲁诺·保罗接到柏林郎恩（Lawn）网球俱乐部的委托在策伦多夫（Zehlendorf）所设计的会所，而其设计和施工都是由他的助手密斯负责的。在各种功能和空间要求下，不同的材料和形式被加以运用，在这个作品中其喜爱的前柱作法的影子又一次出现，但山墙主题的重要作用却被轻盈的四坡顶取而代之了。[13]建筑形体在长轴方向也被对称地三等分，三维体量的一侧挖出一个由独立支柱和壁柱序列所限定的凉廊。

1913年密斯完成的维尔纳住宅（Haus Werner），也坚持使用了同一原型，并与曾经出现在里尔住宅中的对称立面类型有着关

左：布鲁诺·保罗，柏林草地网球俱乐部，约1908年

右：彼得·贝伦斯，通用电气公司（AEG）的艾丽特拉（Elektra）帆船之家，柏林奥博勋韦德（Oberschöneweide），1911年

对面页
上左：维尔纳住宅，柏林策伦多夫，1913年

上右：维尔纳住宅，布置密斯家具的室内

中左：维尔纳住宅，平面图

中右：彼得·贝伦斯，韦根住宅，柏林达勒姆，1912年，平面图

下左：维尔纳住宅，卧室草图

下右：彼得·贝伦斯，圣彼得堡德国大使馆的王冠大厅，1912年

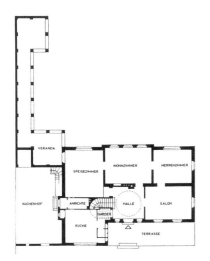

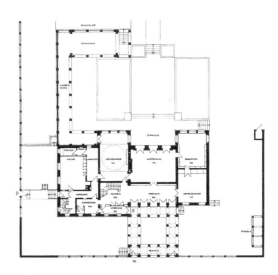

联，其形式语言显示了对多样化和主人偏好的适应，以及一种平易近人的开放式居家风格。侧面的凉廊，以非对称的方式消解了建筑体量，成为一个独立的部分，并发展成一个延伸进花园的柱廊，抵达房前的平台——完全参考了辛克尔的范本夏洛特庭院（Charlottenhof），对此，贝伦斯曾在1912年的韦根住宅（Haus Wiegand）中重新做过阐释，大概密斯也一道参与过此项目。[14]

里尔住宅透露出的那种双重气质，如介乎于实体和亭子之间、对称的概念和非对称的布局之间的矛盾清晰可见，这成为20世纪别墅和乡村住宅的项目中压倒性的造型主题。1929年在巴塞罗那展览馆中，密斯把这个双重性以新的方式提高到一个抽象的新高度。[15]它达到了这样一个目标，即根据建筑的可能性，把钢和玻璃，现代材料和结构作为"新的建造艺术的真实建筑元素和构件"（密斯语）来使用。而1907年的里尔住宅所关注和尝试，并仅能实现的是，在建筑作品中把古典和现代价值以独特的美学方式互相融合。

1930年前后，密斯发觉实现他想法的条件成熟了。新的材料、构造和它们"颠覆空间的威力"，为这个想法提供了理想手段，也为丰富新的建造艺术带来"真正的建筑元素"，它们确保"使空间设计得到一定程度的自由，我们将无法离开那种自由。现在，我们才能够自由地划分空间、打开空间并使之与风景相连。构造的简洁、建构方式的清晰以及材料的纯粹是新美学的光辉。"[16]

通过里尔住宅能够认识到，怎样让传统方式转变成架构清晰的空间系统中的元素。首先，为了使关联轴线上的区域纳入建筑秩序的话语范畴，房子被当作客体植入了结构性的秩序。为了使其与开放景观空间体系融为一体，通过空间关联的力量，房子封闭的微观世界与它精确填充的内部空间，与同样清晰划分的花园区域相互关联。这些承上启下的想法，使1907年低调的里尔住宅显示出某种大气，并成为密斯建筑空间语言难以模拟的重要特征。

密斯式造型概念的目的是，把事物从孤立的状态中解放出来，转化成有序结构中的元素，并赋予那些部分以更高级的意

13
参见：注释5对里尔住宅委托情况的描述："当我和她谈起的时候，我说，'我为布鲁诺·保罗工作，他让我设计网球馆和俱乐部……'"俱乐部建筑（已毁）的详细数据已无处可寻。首次在《德国艺术和装饰》（Deutschen Kunst und Dekoration）1909年，第25期，214页发表过；索尼亚·君特（Sonja Günther）在布鲁诺·保罗的作品目录里列出了这座建筑（其地址不详），见《城市：住宅和城建月报》（Stadt, Monatshefte für Wohnungs-und Städtebau），1982年，第29期，第10集，56页，"大约是1908-1909年"。是否网球馆项目比里尔住宅的设计要早，还是两者同时进行，没有资料能予以佐证。

14
关于韦根住宅与维尔纳住宅的关系参见我的研究：沃尔夫拉姆·霍普夫纳（Wolfram Hoepfner）、弗利兹·诺迈耶，《彼得·贝伦斯位于柏林-达勒姆的韦根住宅》（Das Haus Wiegand von Peter Behrens in Berlin-Dahlem），美因茨1979年，52页注释。

15
参见：泰格尔豪夫对巴塞罗那展览馆的创造性分析，同上，1981年，85页注释。

16
密斯·凡·德·罗，《要是混凝土和钢没有了镜面玻璃会怎样？德国镜面玻璃工业协会的宣传册》，1933年3月13日，第1版，来自MoMA，根据泰格尔豪夫的摘抄，同上，66页。

范斯沃斯住宅，伊利诺伊州普莱诺（PLano），1946—1951年

义。在建造的秩序中，建筑应超越精神关联的层面。在这个建造艺术的理论中，一堵简单的墙体演变成有机的框架，使房子、花园和环境产生相互关联。墙体简洁明确，界定了位置和空间。它使建筑有别于强调雕塑般的体积感和割裂关联环境的做法，并呼应了湖对岸的树林。为了让建筑元素在更大的范围里相互作用，密斯通过充满张力的空间节奏，使其在有限的条件中得到提升。

渴望统一和包容，渴望和谐成为艺术的核心，艺术要求部分服从整体，它的任务是赋予伟大和抽象以形象的比喻。这是一个来自亚琛石匠的儿子被大都会柏林接纳时，所必须接受的教育。在里尔住宅和随后一系列别墅和乡村住宅项目中，密斯为了营造别样的现实，一直遵循把自然和人的意识合二为一的原则。里尔住宅标志着这个过程的发端，而1946—1951年之间的范斯沃斯住宅则是这个系列的终点。作为一个思辨主题以及与亭子相关的建筑学问题，结构和开放性之间的对话，凝聚成了20世纪的一座钢铁"神殿"，它不再是栖居之地，而成为静观自然和对话宇宙的场所。承重结构的意义，不但体现在里尔住宅带有壁柱的墙体中，同样也体现在减至极端。四面包裹玻璃的柏拉图式的框架，喷砂处理过的、严丝合缝的杆件，好像天外来物一般以很少几个点象征性地接触地面。

由于男主人的关系，基于宗教美学的想法，里尔住宅因而被喻为"小修道院"（Klösterli）或许并非偶然——同样的铭文也出现在住宅外墙的石板上。[17]从嵌入风景的房子和内部空间的氛围传达出对于内心的专注，表现了一种对待事物的立场，即建筑师和业主对于世界的理解，付诸探寻更深层次的哲理。

当密斯接受里尔住宅委托的时候，他还是布鲁诺·保罗事务所的雇员。作为慕尼黑的讽刺周刊《简约》（*Simplicissimus*）的插画师和领先的家具设计师，保罗早就闻名德国。他时尚的普鲁士贵族风格与他的文化品位如出一辙，注定使其自1907年开始就受雇为远洋轮船承担内饰设计。[18]但密斯在这里显然格格不入，并饱受打击。他在保罗事务所的上司保罗·蒂尔施（Paul

17
参见乔曼（注释11）、雷纳特·彼得·拉斯（Renate Petras），《密斯·凡·德·罗在波茨坦新巴伯斯贝格的三个作品》，《东德建筑》，1974年，第23期，第2册，121页，记载不久前还可以看到，"小修道院"这几个字刻在环绕基地的抹灰石墙上。

18
当密斯建造里尔住宅的时候，布鲁诺·保罗在为下列蒸汽船设计室内："塞西莉亚公主号"（*Kronprinzessin Cecilie*/1908年）、"王国邮船德夫林格尔号"（*Derfflinger*/1907年）、"弗里德里希·威廉王子号"（*Prinz Friedrich Wilhelm*/1908年）和"乔治·华盛顿号"（*George Washington*/1908年）——关于布鲁诺·保罗的作品参见《城市：住宅和城建月报》，1982年，第29期，第10集。

19
引自：鲁道夫·法纳（Rudolf
Fahrner）编辑，《保罗·蒂尔施的生
平与作品》（*Paul Thiersch, Leben und
Werk*），柏林1970年，27页。1906年
保罗·蒂尔施离开柏林的亨利希·施
维策（Heinrich Schweitzer）的事务
所，在杜塞尔多夫为彼得·贝伦斯
工作室工作了半年，而后于1907年返
回布鲁诺·保罗的事务所担任办公室
主管。"当我完成那栋住宅的时候，
蒂尔施来了，我们刚刚听到有关他
的消息。蒂尔施以前在贝伦斯那里工
作过，现在担任布鲁诺·保罗的办公
室主管，他说贝伦斯曾跟他说，'如
果发现了好的人手，要转告并推荐给
他。'他说，'你要去那里，他是位
顶尖人物'。因此我就去了贝伦斯那
儿。"引自：《密斯与德克·罗汉的谈
话》，MoMA。

Thiersch），对他的评价是："您是贝伦斯的人。"[19]1907年，当贝
伦斯的事务所在柏林开业并开始招兵买马的时候，他大概不会
没有注意到密斯，因为在隔着里尔住宅几条马路的地方，就矗
立着彼得·贝伦斯在新巴伯斯贝格的建筑事务所。

1
彼得·贝伦斯，《生命和艺术的庆典：剧场作为最高文化象征的思考》（Feste des Lebens und der Kunst. Eine Betrachtung des Theaters als höchsten Kultursymbols）（莱比锡1900年），引自：弗利兹·霍伯，《彼得·贝伦斯》，慕尼黑1913年，223页。

2
奥古斯特·施马索，《建筑创造的本质》（Das Wesen der architektonischen Schöpfung）（莱比锡1894年）、《巴洛克和洛可可》（Barock und Rokoko）（莱比锡1897年）、《艺术科学的基础概念》（Grundbegriffe der Kunstwissenschaft）（柏林1905年）；阿罗西·里格尔，《风格问题》（柏林1893年）、《罗马晚期的艺术产业》（Die spätrömische Kunstindustrie）（莱比锡1902年）；沃尔夫林，《文艺复兴和巴洛克》（慕尼黑1888年）、《古典艺术》（慕尼黑1899年），以及在此基础上进一步发展的著作《艺术史的基本概念：新时代的风格发展问题》（Kunstgeschichtliche Grundbegriffe. Das Problem der Stilentwicklung in der neueren Zeit）（慕尼黑1915年）。

3
彼得·贝伦斯，《德国艺术文献：1901年达姆斯塔特艺术区展览》（Ein Dokument Deutscher Kunst. Die Ausstellung der Künstlerkolonie in Darmstadt 1901），慕尼黑1901年，引自：弗利兹·霍伯，同上，224页。

4
引自：提尔曼·布登希克、里格尔、贝伦斯和拉特瑞，《艺术编年》（Die Kunstchronik），1970年，第23期，282页。

"我要加入到创造者中去，加入到
那些收获者和欢庆丰收的人们中去：
我想指给他们
彩虹和超人的阶梯。"
——尼采，《查拉图斯特拉如是说》（Also sprach Zarathustra），
序言

"未来的风格首先是一种关于救赎
和生命的静穆风格……
一种英雄般的纪念主义风格。
相对于所有过去的风格，我想
称其为完人的风格。"
——杜斯伯格，《风格意志》（Der Wille zum Stil），1922年

自从1901年达姆施塔特的马蒂尔德高地（Darmstädte Mathildenhöhe）展览之后，画家兼工艺师贝伦斯就冉冉升起，成为新艺术观念的代表性人物。在当时同行们的眼中，无人能像贝伦斯那样，体现当时的高贵风格而又严肃地去践行时代的期许。在科学发展的历史转折关头，贝伦斯相应地提出了，艺术"代表了一个时代的生活观念和整体感受"的观点[1]，并和艺术史学家施马索、里格尔和沃尔夫林的有关著作一起[2]，为确立新风格的基本特征奠定了基础。

与试图从文化思想的历史脉络中推导出"客观"原理再进行理想式抽象化的理论相反，艺术家贝伦斯宣扬自我客观化的行动，为了使"整个生活……升华为伟大的、同等价值的艺术"，同时"把这一切和谐地进行整合、筛选和塑造，并纳入一个大的循环……"[3]通过阅读里格尔的著作，贝伦斯借助"艺术意志"（Kunstwollen）的概念类比地阐述了自己对于艺术的理解。[4]他们二人都致力于从形式上去探索，"使艺术作品的所有特征和内在

本质得到统一"，以及揭示某种"服务于"艺术和生活的"内在规律"。[5]

1908年，贝伦斯在题为《什么是纪念性艺术?》（Was ist monumentale Kunst?）一文中，肯定了在一个大的普遍规则下，艺术时代文化特征的体现。沃林格在1907年发表的影响深远的论文标题提出一组概念即"抽象和移情"（Abstraktion und Einfühlung）[6]，到了1908年，在贝伦斯那里又被再次提出：对于新风格中的宏伟而言，"某种现存的或必需的材料"并非是决定性的因素，而是那种产生同样感受的强度。按照贝伦斯的说法，纪念性"无论如何都体现在空间的宏伟上，在这里实际的尺寸是无关紧要的……这种宏伟感的产生并非借助物质，而是与我们的感受相关……我们感同身受并为其魔力折服，相信它的无与伦比。"[7]

密斯在保罗事务所工作期间，就已经接触到了贝伦斯的作品并时常加以研习。贝伦斯和保罗在慕尼黑时就相互认识，并作为新工艺方面的代表，一起参加过慕尼黑的艺术手工艺联合会（vereinigte Werkstätten für Kunst im Handwerk）的展览。[8]在世纪之交，两人的设计都同样由青年风格（Jugendstil）的律动线条转向了直线风格，两人的方向也同样由工艺美术转向了建筑。不但如此，事实上还有联系的是，1907年保罗雇用了贝伦斯的员工作为他的设计业务主管。

如果，从里尔住宅回溯1907年以前贝伦斯的建筑作品，就会注意到1906—1907年间完成的哈根（Hagen）火葬场。这应当是在普鲁士落成的第一座凝聚艺术气质的火葬场。在贝伦斯的作品专辑中，弗利兹·霍伯（Fritz Hoeber）这样盛赞这座建筑："如此出众……毫无疑问属于创作者最成功的作品。每当谈论贝伦斯的时候，这个现代版的圣米尼亚托教堂（Basilica di San Miniato al Monte）①总被人提及。"[9]在1906年它竣工之前，柏林的瓦斯穆特（Wasmuth）出版社就出版过一个包含设计图、总平面、透视图和

---

① 圣米尼亚托教堂（Basilica di San Miniato al Monte），始建于11世纪，位于佛罗伦萨圣米尼亚托高地上，被誉为意大利最美丽的罗马风式的教堂。——译者注

5 彼得·贝伦斯，《什么是纪念性艺术?》，演讲稿，《工艺美术报》（Kunstgewerbeblatt），1908年，第20期、第3期，46、48页。

6 威廉·沃林格，《抽象与移情：风格心理学研究》（Abstraktion und Einfühlung. Ein Beitrag zur Stilpsychologie），博士论文打印本，诺伊维德（Neuwied）1907年，书籍出版，慕尼黑1908年。

7 彼得·贝伦斯，《什么是纪念性艺术?》（Was ist monumentale Kunst?），演讲稿，《工艺美术报》（Kunstgewerbeblatt），1908年第20期、第3期，46、48页。

8 引自：霍伯，同上，2页。

9 同上，62页：哈根的火葬场因其几何型的立面大理石饰面——由于构造问题没多久就必须加以拆除，令人联想起12世纪佛罗伦萨的圣米尼亚托教堂（San Miniato al Monte），它展示了罗马时期对墙体的理解，因此作为更新古典特征的范例，尤其是对早期文艺复兴的教堂建筑（比如阿尔伯蒂）产生了持续影响。就这点而言，贝伦斯的类比完全是有意识选择的结果。

<83

彼得·贝伦斯，德国北方艺术展厅，奥尔登堡（Oldenburg），1905年

模型照片的作品专辑[10]，这很有可能就成了密斯设计里尔住宅的灵感源泉。人们可以从中推断的是，保罗·蒂尔施（Paul Thiersch）作为贝伦斯的助手，一定自豪地参加了哈根项目[11]，这同样也引起了密斯的关注。

在哈根火葬场和里尔住宅之间，明显地存在一系列相同点：两座建筑都位于平缓的坡地上，它的三段相互平行的平台，暗示了自然的地形；彼此一致的是，基座的墙体成了空间组织的要素，强化了建筑作品的雕塑体量。密斯以比喻的方式所表达的，在贝伦斯那里被直接并自信地说出："拥有宏伟山墙"的"柱廊神殿"通过坡地挡土墙的抬升（霍伯语），成为严格依照中轴对称的建筑整体的高潮。

从评论的角度来看，对这个设计中的褒奖也同样适用于密斯的里尔住宅。马科斯·克洛伊兹（Max Creutz）在1908年谈到贝伦斯"创造出一种连续的空间感受"，深刻地理解了无限性，因而摆脱了封闭的空间并化作宏伟无限的一部分。[12]

第一眼看上去，希腊柱廊式神殿与空间相结合的想法，就和火葬场、里尔住宅有着紧密的关系。但更加细致的观察就显示出，两个设计还是有着很大的差别。密斯和贝伦斯尽管同样都寻找一种划分清晰、紧凑的空间关系，但他们在空间和形式方面还

10
《彼得·贝伦斯设计的威斯特法伦哈根的Tonhaus和火葬场》（*Das Tonhaus und das Krematorium in Hagen in Westfalen von Peter Behrens*），恩斯特·瓦斯穆特（Ernst Wasmuth）股份公司印刷和出版，柏林1906年。

11
鲁道夫·法纳，《保罗·蒂尔施的生平与作品》，柏林1970年，27页。

12
马科斯·克洛伊兹，《彼得·贝伦斯设计的威斯特法伦哈根的火葬场》，《工艺美术报》，1980年，第20期、第3集，41页。引自：威廉·尼迈耶（Wilhelm Niemeyer），《彼得·贝伦斯和他的艺术空间美学》（Peter Behrens und die Raumaesthetik seiner Kunst），载于《装饰艺术》（*Dekorative Kunst*），1907年10月，137-148页。

84>

彼得·贝伦斯，弗里德里希·尼采《查拉图斯特拉》的装帧设计，1902年

13
霍伯，同上，64页："从车道一直到高台上的骨灰堂，形成了宏伟建筑的华彩乐段，完全发自庄严悲伤的氛围，并且带来最深层的宗教心理感受……"

14
注释13中霍伯的话还有另一种行文的表达："……一种艺术家在自己为达姆斯塔特住宅所设计的作品集时已经在寻找的感觉，他为此写道：'上升的有节奏的运动带给我们那种内心的崇高感受'。"

是有着本质的不同。密斯的几何性并不彻底，而在贝伦斯那儿，建筑和环境都在严格的中轴对称路网和布局关系的控制之下。这种区别并非源自委托项目的不同，事实上，类似圣灵建筑的火葬场在形式上蕴含着某种悲怆气质。贝伦斯的博览建筑中，即使是因普通的、临时的缘起所做的设计，也体现出对体量和空间的类似的控制。贝伦斯为在奥尔登堡（Oldenburg）举办的德国西北地区艺术博览会设计的展览馆，体现出的庄严肃穆也同样适用于火葬场。反之，火葬场开放、友好的入口敞廊放在展厅那里，也同样是有可能的。

贝伦斯把在展览项目获得的经验，运用在了建筑空间上，使火葬场看起来更像是一座亭子，成为戏剧化的制高点而引人注目。这个体量不仅引导视线，而且试图控制视线，塑造出层层抬高、中轴对称的基地。其立面的几何化装饰蕴含了内敛的整体空间，水晶般的形体标志了结尾的高潮。

这个空间和建筑的舞台化场景，演绎着"升腾中"[13]的戏剧情绪，符合贝伦斯从世纪之交就一直为之着迷的，出自尼采"伟大风格"概念的艺术意志理论。[14]1901年，贝伦斯为他的马蒂尔德高地住宅项目的展览宣传册写道："有节奏的抬升运动，给予我们某种崇高的内心感受。"——正如霍伯所做的那样，这句话也可以用来描述火葬场的特征。[15]

86 > 按照尼采的说法，贝伦斯式的"查拉图斯特拉风格"[16]描绘了"用柱子和踏步的整个生命"来建造的"超人阶梯"："想眺望远方和极乐世界的美好，为此需要高度！因为需要高度，所以需要台阶，以及台阶和升高的矛盾！生命需要抬升，并跨越高度！"[17]

贝伦斯的话也传达出同样的意思："我们期待崇高，但不愿被蒙蔽。"[18]对最严肃的、更高意愿的要求，使那些"庄严的、忠诚的、遥远的、永恒的"[19]事物升华为新艺术神话的源泉，从而把密斯从小就已接触到的纪念性经典要素变为现实。作为知识阶层的代言人，沃尔夫林着迷于尼采的预言家和殉道者的形象，并将其"新观念"和"新美学"纳入世纪之交的艺术理论之中。在1899年的《古典艺术》一书中，沃尔夫林将其等同于"重要的、庄严的和伟大的感觉"，由此产生了"高贵""伟岸的姿态"和"古典的宁静"[20]，它的美通过"节制""平衡""简化""概括""清晰"和"规律"表达出来。[21]

高贵的纪念性抽象空间风格的目标是，最深入地捕捉和表达感觉，在这一点上贝伦斯和尼采是完全一致的。礼仪建筑构建了一个场所，在这里"诞生权力，或者产生狂热的崇拜。"[22]在第一个和最后一个范畴里，有着关于每个现象以及某些现象的无法推导的存在缘由[23]，并照亮了狄奥尼索斯式神话，它并不期待会讨人欢喜并使其迷惑的艺术。贝伦斯曾这样谈论激励过他的尼采，"在这个神话面前，人们倒地、恐惧，精神上慑服于它的伟大。"[24]正如一位批评家在1901年提到那样，这种宗教般使人敬畏的艺术既严肃又庄重："它既不表现自己，也不迎合我们。我们得去寻觅并讨好它；尽管有些不情愿，但我们必须如此。"[25]

贝伦斯艺术家式的、戏剧化的能量集中于对风格的追求上，受到了里格尔艺术意志观念的影响。它充盈着整个空间，整合了几何学意义上的抽象数学空间的空立方体[26]，并象征性地呈献一座用几

87 > 何化大理石立面装饰、阿波罗式的面纱所包裹着的神庙。犹如水

15
霍伯，同上，64页。

16
基于贝伦斯在达姆斯塔特马蒂尔德高地的住宅，阿勒斯-海斯特曼·弗里德里希（Friedrich Ahlers-Hestermann）在《风格的转变：1900年代青年的觉醒》（Stilwende,Aufbruch der Jugend um 1900）（柏林1941年，81页）提出这个概念。关于这栋住宅以及贝伦斯与尼采的关联，请参考提尔曼·布登希克的《作为宗教建筑的住宅：贝伦斯的达姆斯塔特住宅》（Das Wohnhaus als Kultbau. Zum Darmstädter Haus von Behrens），引自：《贝伦斯和纽伦堡：德国口味的转变》（Peter Behrens und Nürnberg. Geschmackswandel in Deutschland），《历史主义，青年风格派和工业革命的发端》（Historismus, Jugendstil und die Anfänge der Industrie-ereform），慕尼黑1980年，37-48页。我在此感谢布登希克研究的示范性作用，它揭示了现代派中至今一直被低估的传统因素的作用。其他的参考文献还包括：保罗·费希特（Paul Fechter），《尼采的图像世界和青年风格》（Nietzsches Bildwelt und der Jugendstil）（1935年），约斯特·赫曼德（Jost Hermand）编辑，《青年风格》（Jugendstil），达姆斯塔特1971年，349-357页。

17
弗里德里希·尼采，《查拉图斯特拉如是说》，引自：《弗里德里希·尼采》，著作3卷本，卡尔·施勒希塔编辑，第2卷，慕尼黑1981年，290、359页。

18
贝伦斯，《关于舞台艺术》（Über die Kunst auf der Bühne），根据霍伯，同上，226页。

19
贝伦斯，《什么是纪念性艺术?》，同上，48页。

20
一次世界大战之后，沃尔夫林同托马斯·曼（Thomas Mann）和雨果·冯·霍夫曼斯塔尔（Hugo von Hoffmannsthal）一起主持慕尼黑的尼采研究会（Münchener Nietzsche-Gesellschaft）。尼采在1900年前后对艺术界影响，可参见尤根·克劳泽，《"殉道者"和"预言家"：世纪之交造型

艺术中的尼采崇拜研究》，柏林/纽约
1984年。

21
沃尔夫林，《古典艺术》，慕尼黑1899
年；沃尔夫林，《艺术史的基本概
念》(1915年)，书的编辑和后记由
胡伯特·法恩森完成，德累斯顿1983
年，403页。

22
贝伦斯，《什么是纪念性艺术?》，同
上，46页。

23
参见尼采，《悲剧的诞生》(Die Geb-
urt der Tragödie)，同上，著作第1
卷，37页。

24
贝伦斯，《什么是纪念性艺术?》，同
上，48页。贝伦斯的文字充满着对
尼采的喜爱。尼采认为一个年轻人
所拥有的"必然如此"般的桀骜不
驯，不会埋葬一个时代，而是会建
立一个新时代。引自:《历史的运用
和谬误》(Vom Nutzen und Nachteil der
Historie)，作品第1卷，265页。贝
伦斯在《生命和艺术的庆典:剧场作为
最高文化象征的思考》(莱比锡1900
年)中写道:"我们严肃以待，我们
认为生命很重要，工作对我们具有很
高价值。……我们践行生命时感受
到，抵达了未从到过、永不会失去的
地方，这一切令人如此喜悦。……这
是发自肺腑的大笑。……我们认识了我
们的时代、我们新的力量和我们的需
求。……我们有能力担当一切，并将
拥有更大更高的追求，使力与美得以
满足。为此我们将拥有一种新的风
格，一种我们自身所创造的风格。"

25
《1901年达姆斯塔特艺术区展览》，
《北德意志汇报》(Norddeutsche Allge-
meine Zeitung)，1901年6月22日，引
自霍伯，232页。

26
卡尔·舍夫勒，《彼得·贝伦斯》，载
于《未来》，1907年16，第8期，240-
276页。

27
弗里德里希·尼采，《悲剧的诞生
或希腊和悲观主义》(Die Geburt der
Tragödie oder Griechentum und Pessimis-
mus)，第25章，作品第一卷，134页。

晶一般，这座为最高权力和荣誉献祭的神庙在超人阶梯上冉冉升起，在那里——正如尼采，这位新古典思潮的先行者所期待的那样——超人能够在柱廊里漫步，"抬眼看见被纯粹和高贵的线条所分割的地平线，近旁闪光的大理石反射出他变形的身影，周围的人们步履端庄、姿态优雅，伴随着悦耳的声调和有节奏的手势。"[27]

贝伦斯式的空间有着数学般的结构，其精确的几何表达印证了"有距离的激情"(尼采语)，从中体现了超越自然并从属于更高目标的、来自个体精神世界的要求。在贝伦斯那里，有关空间和形体的艺术语言观念所体现的某种抽象特质，应当在十年后成为现代建筑造型中的统治性观念。对于数学精确表达方式的要求，是为了根据抽象造型的普遍原则使艺术统一于普适基础之上，并将艺术从图像描摹的特征中解放出来。现代人在几何中，把自然和自我对立起来。通过抽象的、具有更高精神价值的形式，对有机功能的提升、转化和超越，形成了文化的成就。尼采的格言"上帝死了!我们杀死了他!"刻画了现代人的精神状况，即以理性、科学和进步的信念取代了旧式信仰。"精神超越自然，机械替代畜力，哲学取代信仰"——奥特不抱任何幻想，在1921年写下了上述事实，从此，那无法逃脱的生命结局就有了"铁一般的必然性"。[28]

结束在查拉图斯特拉式晶体世界的漫游而回到里尔住宅的时候，就清晰可辨密斯式观景亭子所处的浪漫主义世界，还在呼吸着什么样的空气。不只是缘于格里博尼茨湖(Griebnitzsee)的地理位置，也是里尔住宅的亭子有着正好面对格里尼克公园(Glienick Park)的视线，这座公园是1830年之前，辛克尔和他的同道景观设计师彼得·约瑟夫·雷纳(Peter Josef Lenné)，把建筑和自然以一种诗意的方式融合而成的梦幻之地。在整体的关系、对空间可塑性和连续性的强调方面，密斯和贝伦斯不期而遇，但是在以何种方式体现建筑价值的方面，他们却表现出截然不同的世界观和艺术表达方式。在里尔住宅中，自然的和人造的两个世界见证了各自价值的存在。密斯的造型原则并非出自冷漠的超然秩序，这种秩序主张针对自然，从空间节奏到外立面装饰表面的几何关系都形成显著的和 ‹88

谐关系，从而与刻板傲慢形成鲜明对照。

贝伦斯的空间节奏化概念，根植于抽象化的立体思维；而密斯所推崇的自然造型法则，是由无形之手写下的、没有提前预设并通过设计进行解释和视觉再现。正如杜斯伯格1922年在《风格意志》[29]的演讲中所提及的那样，贝伦斯在现代意义上，力求通过精确造型把一个"逻辑结构"变成"纯艺术化的纪念性的合成体"，而密斯则通过其他方式来加以实现。

密斯并没有把建筑和自然从属于一个普适的、通过分析和实践所限定的范畴里，而是让精神和自然这两个不同概念，在一个彼此平等和独立的领域里持续存在。他试图尝试，让内外彼此和谐共融：建筑与自然彼此联系，其中独立存在的建筑通过其可塑性来自我表达，但同时也是一个大统一体的一部分，与自然乃至多元的整体相联系。

辛克尔曾提及的绝对秩序和相对秩序的统一[30]，是由整体的、不太抽象的而且并非是由有机语境所决定的。仅仅通过几何数学的精确性，还是无法理解这层关系的。贝伦斯把秩序当作自觉意识行为的体现，相反的是，密斯在他的处女作中坚定地追随，一种独自彰显其伟大，并帮助艺术家发展完善的形而上真理的统一秩序。这个真理可以被改变，但无法被超越。1922年，杜斯伯格为了区分新旧的风格意志，采用了对立概念的表达方式，比如贝伦斯把空间变成"逻辑的构造"，相对而言，密斯是逆潮流的"诗意的星座"；根据杜斯伯格对未来新风格的描述，从"英雄主义的纪念性"中应发展出"宗教般的力量"，而非"信仰和宗教权威"。[31]

1907年的密斯并没有像贝伦斯那样，笃信常被喻为"解放意志！"（Wollen befreit!）[32]的尼采自我救赎理论。后来，密斯形而上的唯物主义立场，同曾经深刻影响过他的理性主义唯心观，也始终保持着距离。追求"实质"和客观性的密斯，却保留了作为主观范畴的"意志"是使人费解的。1922年，密斯在他的首个宣言中否定了杜斯伯格为响应尼采而提出的"风格意志"："风格意志也是形式主义。我们考虑其他问题。"[33]

28
奥特，《关于未来的建造艺术和建筑的可能性（1921年）》，引自：奥特，《荷兰建筑》，同上，66页。

29
杜斯伯格，《风格意志》（耶拿和魏玛1922年演讲），载于《风格》，1922年，第2、3期，23-41页，柏希黑勒/莱驰，《风格派：著作与宣言》，1984年，178页。

30
戈特·佩什肯（Goerd Peschken），《卡尔·弗里德里希·辛克尔：建筑学讲义》（Karl Friedrich Schinkel, Das Architektonische Lehrbuch），慕尼黑/柏林1979年。有关辛克尔建筑与自然关系的研究参见：伊娃·博世-苏潘（Eva Börsch-Supan），《建筑和风景》（Architektur und Landschaft），《展览画册：卡尔·弗里德里希·辛克尔的作品及其影响》，柏林1981年，48-64页。

31
杜斯伯格，《风格意志》，同上，173页。

32
弗里德里希·尼采，《查拉图斯特拉如是说》，著作第2卷，同上，394页。

33
密斯·凡·德·罗，《建造》，载于《G》，1923年9月，第2期，1页。

34
爱德华·斯普朗格,《阿罗西·里尔
(讣告)》,同上。斯普朗格这样记载
了他去新巴贝斯贝格的里尔住宅吊唁
时景象:"尽管别处的农田菜地枝繁
叶茂,而室外花园根据时代变迁的伟
大法则有些恹恹欲睡,站在平台的
高处眺望,勃兰登堡的肃穆风景藏在
十一月的雾气之中。"

35
与密斯交往密切的鲁道夫·施瓦
兹,在1961年的生日贺信《致密
斯·凡·德·罗》中,表达了对密斯
建筑哲学的深刻理解,并指出在这种
意义上理解密斯是某种"自由服务"
的使者:"他的建筑存在一种古老的
认识,只有当注入呵护脆弱、严谨客
观的形式法则伟大法则,生命才会变得更
好,只有在大尺度的开放状态中,才
能获得最人性化的生命。不是以随机
的态度,在预想的生活的地方,为自
发性设计那种脆弱的罩子,而是最终
在苍穹之下,唤醒终极认识和最勇敢
的行为,尝试最温情脉脉的游戏;他
的真正自由被唤醒——并非那种躲避
和对抗义务,纵容对个性和偶然性的
追求,而是另一种更古老的、无法言
说的高贵,意味着一种更高特权、并
与更大范畴相关联。……您所做到
的——为此我们感谢您——为我们艺
术的狭小领域带来了幸福喜悦的讯
息,并救它从那种可怕的危险中拯救
出来,正如人们希望听命于我们最低
需求的行为一样,因为据说对今天的
人们而言,支配机械的各种行为拥有
个人自由更加重要,但是危险来自于那
些未知的、膨胀的、没有结果的和聚
拢而来的。……您给我们带来了照亮
时代的作品,您永远知道,它们比我
们和有义务获得自由的人们,更具有
人性。"鲁道夫·施瓦兹,《技术及其
相关著作对新建筑的引导(1926—1931
年)》(Wegweisung der Technik und andere
Schriften zum Neuen Bauen 1926—1961),
布伦瑞克/威斯巴登1979年,191页。

36
引自:MoMA,手稿文件夹1(笔记本)。

37
演讲手稿,《批判的意义和任务》[发
表于《艺术报》(Das Kunstblat),1930
年,第14期,178页],引自:MoMA,
手稿文件夹4。

38
马克斯·舍勒(Max Scheler),《价值

密斯不知道或根本就没有意识到,他以建筑的方式,在里尔住宅中隐喻地实现了某种必然和自由之间的均衡关系,而哲学家爱德华·斯普朗格1924年在里尔的讣告中将此归于他的个性:"……他内心世界所需要的是某种伟大的气息、自由的呼吸,自由服务于他生命的内涵……他是辩证的斯宾诺莎主义者……他了解宇宙中伟大思想的神圣之处,上帝也为之倾注了他所有的威严。他也意识到了建立轻盈的拱顶的必然性;那的确是神圣的、理性的必然性。"[34]里尔的精神肖像似乎也影响了密斯的个性。

"自由服务"(Freien Dienen)的概念作为生命的基本观点,意味着"更高的特权"并"与更大的范畴相关联"[35],它乐见密斯和哲学家里尔心有戚戚。看似矛盾的自由意志说,按尼采的意思既不与道德、也不与伦理有关,而是对导致自然秩序崇拜负有责任。"存在于业主和创作者之间、唯物主义者和唯心主义者之间的误解",或者换个说法,存在于服务理性和约束理性之间,要求一种类似密斯1928年在笔记本上表述过的立场:"不仅有自我启迪,(而且还有)服务。"[36]

在"对象的等级秩序"的唯物主义形而上哲学和"认识立场的等级秩序"的唯心的理性主义之间,密斯根据"服务于价值"[37]的 <90 理念来寻找一种均衡的建构。20世纪20年代,弗里德里希·德绍尔(Friedrich Dessauer)①、马克斯·舍勒(Max Scheler)、利奥波德·齐格勒(Leopold Ziegler)和瓜尔蒂尼的著作研究了尼采曾预言过的"价值的颠覆(Umsturz der Werte)"(舍勒语),但同时在"顺从"(Demut)的信仰理论和"甘愿服务于所有事物"[38]的意义上,要求一种新的伦理和价值关联,这形成了支撑密斯思想发展的最重要的信仰基础。

1908年,密斯接触到了贝伦斯式唯心主义所传递的伟大,它并没有得到上天神圣的启发,而是源自意志力的强大。艺术家作为理想主观性的代表,为平庸和卑微打上思想的烙印,从而使现实世界

① 弗里德里希·德绍尔(Friedrich Dessauer/1881—1963年),德国物理学家、哲学家,第二次世界大战时曾流亡土耳其。——译者注

得以升华。贝伦斯像尼采一样，不再相信神秘主义力量的承诺，而是相信创造性意志的实践，作为"偶然的拯救者"（Erlöser des Zufalls）（尼采语），把人类从被动的观众角色中解放出来，变成人类历史舞台上的积极参与者。在"我们期待受到鼓舞，而不是被欺骗"的说法后面，存在着贝伦斯的某种意识，使他和查拉图斯特拉一样，成为"创造的、收获的和欢庆的人们"中的一员。[39]

　　密斯到底在贝伦斯那里学到了什么，对于这个问题他曾经追忆道："如果用一句话来概括，也许我会说，在那里我掌握了伟大形式。"[40]这个在世纪之交成为核心话题的"伟大形式"，代表了某种新的文化理论和试图把"艺术意志"统一体现在所有生活表象中的艺术观念，而在分析主义盛行的19世纪多元化艺术风格的进程中，上述观念却失败了。

　　"生命和艺术的庆典"是贝伦斯关于总体文化的格言，它来自自然和精神、日常和节庆以及作为"总体感知象征"的生活和艺术的和谐融合。[41]在"伟大形式"的总体艺术品中，反映出预言家尼采力图从美学上拯救世纪之交精神生活的理论。不仅是贝伦斯，还有其他新建筑的重要代表，如凡·德·威尔德、布鲁诺·陶特、奥古斯特·恩代尔和柯布西耶，以及艺术家如菲利普·托马索·马里内蒂（Filippo Tommaso Marinetti）、乔治·德·契里柯（Giorgio De Chirico）、亨利·马蒂斯（Henri Matisse）、马科斯·贝克曼（Max Beckmann）、瓦西里·康定斯基（Wassili Kandinsky）、莱昂内尔·费宁格（Lyonel Feininger）和奥斯卡·施莱默尔（Oskar Schlemmer）等，在这十年期间都受到了尼采的影响。[42]

91▷　　和尼采同样出生于1844年的里尔，在文化哲学家尼采思想阵营中并未占据重要位置。里尔是致力于研究这位先验诗意哲学家并出版其专著的第一人，1897年他的著作《作为艺术家和思想家的尼采》（*Friedrich Nietzsche als Künstler und Denker*）出版[43]，这是有史以来出版的第一部有关尼采的研究专著。里尔的这本著作不但被列入《哲学经典》（*Klassiker der Philosophie*）系列，而且截止1905年已经五次再版，在世纪之交权威地阐释了尼采的形象。

的颠覆》（*Vom Umsturz der Werte*），莱比锡1923年，第1卷，23页。

39
弗里德里希·尼采，《查拉图斯特拉如是说》前言，作品同上，第2卷，290页。

40
《密斯在柏林》，唱片，《建筑世界档案1》（*Bauwelt Archiv* 1），1966年。

41
彼得·贝伦斯，《生命和艺术的庆典：剧场作为最高文化象征的思考》，莱比锡1900年，引自：弗利兹·霍伯，同上，223页。

42
尤根·克劳泽，同上——参见提尔曼·布登希克，《作为图腾式建筑的住宅》（*Das Wohnhaus als Kultbau*）（注释16）；有关尼采——勒·柯布西耶脉络关系，参见弗利兹·诺迈耶，《机械树林的阴影下：大都市实验计划》（*Im Schatten des mechanischen Haines. Versuchsanordnungen zur Metropole*），卡尔·施瓦兹（Karl Schwarz）编辑，《大都市的未来：巴黎、伦敦、纽约、柏林》（*Die Zukunft der Metropolen: Paris, London, New York, Berlin*），第1卷，柏林1984年，273-282页。

43
爱德华·斯普朗格，《阿罗西·里尔（讣告）》，指出里尔出版了第一部关于尼采的传记研究。1888年在哥本哈根大学课堂上讲解尼采的丹麦文学研究者乔治·布兰德斯，其实是尼采的"发现者"，见：《其人与作品》（*Mensch und Werke*），法兰克福1895年（第2版）。尼采为杂志《新评论》（*Die neue Rundschau*）1890年，第1期，第2册，52-59页贡献了一篇文章题为《高贵的极端主义》（*Aristokratischer Radicalismus*）。关于里尔的成就评价，参见：阿尔弗雷多·古佐尼（Alfredo Guzzoni）编辑的《九十年来对尼采哲学的理解》（*90 Jahre philosophische Nietzsche-Rezeption*），柯尼希斯坦（Königstein）1979年，8页。

44
阿罗西·里尔,《叔本华和尼采:关于悲观主义》(Schopenhauer und Ni-etzsche-Zur Frage des Pessimismus),载于《当代哲学导读》(Zur Einführung in die Philosophie der Gegenwart)(莱比锡1903年,第3版,1908年,234-250页),再版于阿尔弗雷多·古佐尼,同上16-24页。《来自阿罗西·里尔当代哲学的关于苏格拉底的篇章》(Ein Kapitel über Sokrates aus Alois Riehls Philosophie der Gegenwart),载于《未来》1902年9月,第5期,198页,附注做了预告:"题为《当代哲学导读》的精彩演讲内容将在十一月出版。"

45
尤根·哈贝马斯,《现代哲学的十二堂讨论课》(Der philosophische Diskurs der Moderne, Zwölf Vorlesungen),法拉克福1985年,研究了现代性和后现代的辩证关系、神话和启蒙之间的纠缠,同时还赋予尼采以"转门"(Drehscheibe)的角色,并开启了"后现代的大幕"(第4章,同上,104页附录)。相关内容参见:卡尔·海因茨·波尔(编辑),《神话和现代性》(Mythos und Moderne),法兰克福1983年。

46
密斯在芝加哥的外孙德克·罗汉,拥有一本阿罗西·里尔的《当代哲学》(Philosophie der Gegenwart)(莱比锡1908年,第3版),署名"阿达·密斯(Ada Mies)"。从笔迹上看毫无疑问是密斯的亲笔,但无法判断是否密斯自己也有这本书。在密斯留下的藏书中,没有发现有其他里尔的著作。

47
阿罗西·里尔,《作为艺术家和思想家的尼采》(Nietzsche als Künstler und Denker)(1893年),斯图加特1909年,107页。密斯对尼采的阅读情况参见第四章第一节,注释31。

1903年在他的《当代哲学导论》(Einführung in die Philosophie der Gegenwart)中,里尔再次阐述了尼采哲学的美学思想体系,称赞他是讴歌生命的哲学家,他贵族式的极端主义"使人自强独立"并自愿"高扬善行"。在尼采的世界观中,生命不但得到肯定,而且应被提升和超越,他"在镜中"看到了"现代的灵魂",他们"憧憬生命未来",形成了对世界的自我理解并发展出自身的文化:"尼采'总结了现代性',同时他也完善和超越了它。"[44]——一个现象能够加以佐证,那就是在当今的学术讨论中,尼采的重要性与日俱增。[45]

由密斯保存的《当代哲学导论》以及上面大量的批注可以证明,他不仅了解而且还曾认真研究过里尔的著作。[46]密斯对尼采的认识,来自两方面——里尔和贝伦斯——的深刻影响,正如里尔对于尼采的态度一样,带有迷恋和拒绝的双重色彩。另外,密斯和他老师贝伦斯之间的关系,也因袭了上述的矛盾特色。

相对于尼采而言,里尔持新康德主义立场,推崇独立意志——这是经由苏格拉底至康德所建立起来的哲学道德的基本价值——但却拒绝非道德主义者尼采所标榜的道德独立。密斯的思维方式里充满宗教色彩,希望在服务和顺从中寻找自我实现的钥匙,这与自我标榜和自我辩解的最终要求之间,存在着深刻的矛盾。然而,另一方面的要求:"生命需得到肯定!"——<92里尔所谓的"尼采道德的最高指示"[47],应当重现于密斯及其同时代艺术家的宣言之中——本身就是一种新的世界宗教观念的萌芽。

"宗教既是反抗,又是顺从;既有依赖,也有超越。"斯普朗格1914年里尔纪念文集中如此写道,他同样引出了希望以现实主义的方式来替代"渴望救赎"的反宗教者尼采,并提问道,"是否他的反宗教性同样来源于宗教基础"。在尼采那儿,"所有宗教的目标都在于:对世界的提升,即创造性地升华一种新的源自内心的感受,归根结底,就是和旧宗教的诞生一样具有相同的推动力。谁能感受到满足生命的原初渴望,谁就能感受到旧宗教活力所带来的鼓舞。如果所有继承的宗教都不能满足他的时候，这种推动的真实性就只是一个符号。"[48]

如果，将上述有关"信仰"的引述与建造艺术产生关联，密斯20世纪20年代早期的形象就清晰可辨了。通过否认所有传统的建筑理论或建筑"道德"后脱颖而出，呼唤蕴含新建筑观念的"建造"和"生活"的神话。尽管，在密斯的表述中不能发现他和尼采的直接关联，但还是能感觉处在他的阴影之下。在这一点上，他和神学家瓜尔蒂尼的观念有所交汇。自1923年瓜尔蒂尼在柏林任教开始，就敏锐地开始对反基督者尼采的研究，并尝试把尼采对生命的赞颂当作一个全新世界信仰的"立场"——这一概念从1928年开始，成为密斯思想的重要观点——的基础。要求把"对生命毫不掩饰的赞美"[49]当作时代意识的密斯，通过1928年完整引用下面尼采的话来证实了，对包含"人对幻觉的需求"（尼采语）和狄奥尼索斯式的生命神话的信仰渴望：

> "必须有可能增强意识，并摆脱纯粹的知识分子的立场。必须有可能放弃幻想，清晰地看到我们的存在，并获得一种新的无限性，一种来自灵魂的无限性。……只有当我们重新相信创造力的时候，只有当我们相信生命力量的时候，这一切才会得以实现。"[50]

尼采对于文化的定义是"大众对生活表达的统一艺术风格"[51]，几乎一成不变地重新出现在贝伦斯基于艺术生命发生论所形成的文化理论的表述中。1872年，尼采的首部著作《诞生自音乐精神的悲剧》（*Die Geburt der Tragödie aus dem Geist der Musik*）① 中有着著名的话语："只有作为一种审美现象，存在和世界才会永恒合理"[52]，预见了世纪之交的总体艺术（Gesamtkunstwerk）② 所传达的唯美主义。唯有在艺术范畴里，人们才能重新赢得失去的整体性。正是在审美的首要前提之下，人们才去尝试在艺术中构建全新

48
爱德华·斯普朗格，《生命形式》（*Lebensformen*），《罗西·里尔的朋友和学生对他七十寿辰的贺信》（哈勒1914年），第492页。密斯拥有斯普朗格出版物《生命形式》第三版（哈勒1922年），在这本书上有大量的批注。

49
密斯·凡·德·罗，1924年3月14日的演讲笔记，未出版，引自：LoC档案。

50
密斯·凡·德·罗，《建造艺术创造的前提》（1928年），演讲手稿，引自：LoC档案。

51
里尔，《作为艺术家和思想家的尼采》，同上，54页。

52
尼采，《悲剧的诞生》，引自：著作，同上，第1卷，131页。

---

① 尼采首部著作的完整标题为《诞生自音乐精神的悲剧》（*Die Geburt der Tragödie aus dem Geist der Musik*），现在通常简称为《悲剧的诞生》。——译者注
② 总体艺术（Gesamtkunstwerk），瓦格纳在歌剧中提倡的，将剧本、音乐和舞美合为一体的艺术形式。——译者注

FRIEDRICH NIETZSCHE

DER KÜNSTLER UND DER DENKER.

EIN ESSAY

VON

ALOIS RIEHL.

STUTTGART
FR. FROMMANNS VERLAG (E. HAUFF)
1897.

世界首部关于尼采的研究专著，阿罗西·里尔著，1897年于斯图加特出版

INHALTSÜBERSICHT.

Seite

ERSTER VORTRAG.
Wesen und Entwicklung der Philosophie. — Die Philosophie
im Altertume 1

ZWEITER VORTRAG.
Die Philosophie in der neueren Zeit. — Ihr Verhältnis zu den
exakten Wissenschaften 27

DRITTER VORTRAG.
Die kritische Philosophie. 56

VIERTER VORTRAG.
Die Grundlagen der Erkenntnis 92

FÜNFTER VORTRAG.
Der naturwissenschaftliche und der philosophische Monismus . 137

SECHSTER VORTRAG.
Probleme der Lebensanschauung 180

SIEBENTER VORTRAG.
Schopenhauer und Nietzsche. — Zur Frage des Pessimismus . 213

ACHTER VORTRAG.
Gegenwart und Zukunft der Philosophie 251

阿罗西·里尔所著《当代哲学导论》的目录，第3版，莱比锡1908

的生命实践。[53]

　　总体艺术与尼采的艺术和生命理论极为相似，它得到了20世纪的艺术美学理论的高度认可。现代前卫派接受了颠覆价值观的尼采，把理论和艺术从它们与神话的联系，从道德、宗教和自然的脉络中解放出来，借助生命实践的艺术来兑现放弃美学形式的承诺，这种艺术"并非现象的反映"（nicht Abbild der Erscheinung），而是"自身意志的反映"（Abbild des Willens selbst）[54]，或者如密斯1924年所说的，应当成为"时代意志的载体"。[55]

　　艺术和生命的结合，注定让贝伦斯承担起现代主义时期的使命。1907年，自贝伦斯受聘为德国通用电气公司（AEG）的艺术顾问开始，就成了现代"工业设计"最重要的代表。艺术和工业的相互作用，促进了新型现代总体艺术作品的产生：来自公司信笺的抬头、全部产品，乃至工厂生产区和工人生活区的转变，使过去的生产环境和工业场景升华成为"文化"的一部分。在这里，"生命和艺术的庆典"拉开了大幕。

53
盖特·索特迈斯特（Gert Sautermeister），《尼采美学主义的奠基：<悲剧的诞生>中的辩证、形而上和政治》（Zur Grundlegung des Ästhetizismus bei Nietzsche . Dialektik, Metaphysik und Politik in der>Geburt der Tragödie< ），克丽斯塔·比格尔（Christa Bürger）、彼得·比格尔（Peter Bürger）、约亨舒尔特-萨瑟（Jochen Schulte-Sasse）编辑，《自然主义和美学主义》（Naturalismus/Ästhetizismus），法兰克福1979年，224-243页。

54
尼采，《悲剧的诞生》，引自：著作，同上，第1卷，90页。

55
密斯·凡·德·罗，《建造艺术与时代意志！》，载于《横断面》，1924年4月，第1期，31页。

第三章

概念的模糊性:
是结构还是阐明现实?
是贝尔拉赫还是贝伦斯?
是黑格尔还是尼采?

"总是当学生的人,
是对老师最糟糕的回报。
你们为什么不想,扯下我的桂冠?
你们自己还未开始寻找,就发现了我。
现在让你们离开我去寻找自己;
只有你们否定了我的一切,
我才会回到你们中来。"
尼采,《瞧,那个人!》(*Ecce Homo, Wie man wird, was man ist.*)

1910年左右，贝伦斯的事务所是欧洲最重要的建筑事务所，后来的现代建筑大师们年轻时都曾聚集在这里。格罗皮乌斯、阿道夫·迈耶（Adolf Meyer）、让·克雷默（Jean Krämer）、彼得·格罗斯曼（Peter Grossman），还有短期工作过的柯布西耶和密斯都曾作为优秀员工在那里工作过。至于密斯从贝伦斯那里到底接受了多少教诲，以及在发展和澄清自己对建造艺术的理解中，有多大程度受到老师"把握形式的出色感觉"[1]的影响，无法从密斯自己的表述中一窥端倪。

如果回溯密斯开启"充满自我意识的职业道路"的关键时期，发现他其实对那段时间有着强烈的自我保留。在参加1946年举行的关于赖特的活动时，密斯回忆了"贝伦斯在电力工业方面的重要作品"，并且证明了"建筑是产生在客观领域的基础上"的说法的正确性："只有在认识到客观条件的限制、并从主观加以表达的地方"，"那个时代唯一使人信服的解决方案"才能被真正找到。"这就是工业化建筑领域的情况"，密斯如此描述1910年前后的新运动，"但是在其他建筑创作领域，建筑师都面临着屈从历史魔咒的危险。"[2]

在工业建筑中表达古典主义，是贝伦斯最有代表性的特征，密斯在表达了一种尊重和认可之后又转向了批评："对某些人而言，古典形式的复兴似乎不仅合理，而且还适用于纪念性建筑的范畴。当然，不是所有20世纪早期的建筑师都赞成这个观点，尤其是凡·德·威尔德和贝尔拉赫。他们忠于自己的理想……另一方面，是我们青年建筑师正在经受的内心迷茫。我们热衷于绝对价值，我们准备着，为真正的理念而献身。然而，那时的建筑理念已经丧失了令人信服的生命力。这就是1910年前后的状况。"[3]后来，密斯再次将其描述为混乱不堪。[4]

显然，贝伦斯并不热衷于去实现密斯所提及的"真理"。在1956年4月30日为纪念克朗大厅的落成典礼上，密斯这样说道，"真理是建立于理性之上的关于真实性的理念"。[5]从客观唯心主义的意义上来讲，服务于真理的建造艺术的任务不可能是密斯对贝伦斯的

1
"彼得·贝伦斯对形式的感觉很好。这是他主要的兴趣所在，我从他那儿学会了认识和理解形式感。"《密斯·凡·德·罗与彼得卡特的谈话》，载于《建造与居住》，1961年，第16期，231页。

2
密斯·凡·德·罗，《向弗兰克·劳埃德·赖特致敬》（Frank Lloyd Wright zu Ehren），《学院艺术报道》（The College Art Journal），1946年6月，第1期，41-42页。（本文由英文翻译——作者原注）引自：手写编年记录，LoC手稿档案（见附录《札记——演讲笔记》），"真正的建筑产生于工业和交通性的建筑物中，在那里，实用目的才是真正的设计师，而技术提供了建造手段。在这里，而不是玛蒂尔德高地，一种新的语言诞生了。"

3
同上。引自：密斯·凡·德·罗，《我们现在去向何方？》，载于《建造与居住》，1960年，第15期，391页："有时伟人也会陷入迷茫——就像1900前后那样。而赖特、贝尔拉赫、奥布里希、路斯和凡·德·威尔德的作品，走的是另外一条路。"

4
密斯·凡·德·罗，《我们时代的建造艺术（我的职业道路）》，维尔纳·布拉泽，《密斯·凡·德·罗：结构的艺术》，苏黎世/斯图加特1965年，5-6页："标志性的建筑或多或少都受到帕拉第奥和辛克尔的影响。但是，那个时代的重要成就可以在工业建筑和纯技术工程建筑中找到。其实，这是一个迷茫的时代，没有人有能力并且愿意追问建造艺术本质的问题。"

5
《密斯·凡·德·罗与彼得·卡特的谈话》，载于《建造与居住》，1961年，第16期，242页。

彼得·贝伦斯的炭笔肖像画,马克斯·利伯曼(Max Liebermann),1911年

亨德里克·彼得勒斯·贝尔拉赫,1910年

彼得·贝伦斯位于新巴伯斯贝格的事务所,约1910年。其中右三为密斯,左一为瓦尔特·格罗皮乌斯,左二为阿道夫·梅耶(Adolf Meyer)

评价"发明形式"（Formen zu erfinden）。

"风格意志"就是希望通过艺术并沿着美学线索，从上至下对生活进行变革和嫁接，就像贝伦斯和德意志制造联盟所努力追求的工业和文化的组合，对此密斯明确地将其纳入到形式主义的范畴之内。建筑学本身的问题，应当针对那些本质的、客观的条件和关系，来寻找其意义并加以表达，而非自说自话。"我所理解的建筑任务，不是去发明形式。我试图去理解，建筑的任务到底应该是什么。我问过贝伦斯，他也不能够给我答案。他从来没有提过这样的问题。"[6]

上述对自己先前导师并不讨好的评价，从根本上传达了一种对建造艺术的不同理解。后来，密斯公开称道的并不是"艺术家式的建筑师"彼得·贝伦斯，而是"建造家"赖特和贝尔拉赫。贝尔拉赫对于理想近乎宗教般的信仰和执着的个性，赢得了密斯"最高的敬意和赞美"。赖特的作品第一次在柏林展出的时候是1910年，20世纪20年代又被贝尔拉赫重新出版过，按密斯的说法，他其实是一个解放者的角色："这里，最终诞生了一位建筑大师，他来自建筑的真正源头，他的作品指明了真正的原创性。这里，有机建筑终于真正地蓬勃发展。我们越是深入研究这些作品，就越是服膺于他无与伦比的才华、执着的理念和独立的思想行为。这些作品所散发出来的光芒，启迪了整整一代人。即使没有立即呈现出来，他的影响也是空前绝后的。"[7]

荷兰建造家贝尔拉赫的作品对密斯的未来有着重要的意义，1912年当密斯为贝伦斯在荷兰的最后一个项目——女艺术收藏家海伦娜·克勒勒（Helena Kröller）位于海牙的住宅工作时，曾经接触过它们。其作品"细腻的结构"呈现出"一种真正深入骨髓的""完全不同的精神气质"。对其优点，密斯评价道，"完全和古典主义无关……丝毫没有历史主义色彩。"[8]因此，贝尔拉赫在1898—1903年间完成的阿姆斯特丹的股票交易所，被密斯称赞为"真正的现代建筑"，而这同贝伦斯的评价"所有贝尔拉赫作品都过时了"完全相反。[9]

6
《密斯·凡·德·罗与彼得·卡特的谈话》，载于《建造与居住》，1961年，第16期，231页。

7
密斯·凡·德·罗，《向弗兰克·劳埃德·赖特致敬》，同上，42页。

8
《密斯在柏林》，《建筑世界档案1》（《建筑世界》出版的唱片），1966年。

9
同上，"股票交易所看上去很棒，而贝伦斯认为贝尔拉赫做的东西很过时，我对他说，'好吧，只要您不看走眼了！'然后他盯着我，很生气的样子（大笑）……他最想做的就是揍我一顿吧。"——完全与之相反的是：彼得·贝伦斯，《客观性和法则》（Sachlichkeit und Gesetz），载于《金字塔：新版住宅艺术》（Die Pyramide/ NF der Wohnungskunst），1928年，第14期，92-95页，在文中还赞誉贝尔拉赫的股票交易所"至今仍很现代，并给未来时代指明了方向"。

贝尔拉赫在阿姆斯特丹证券交易大厅（摄于1925年前后）

10
亨德里克·彼得勒斯·贝尔拉赫,
《建造艺术风格的思考》,莱比锡1905
年,8页。关于贝尔拉赫的重要性,
引自：皮特·辛格仑伯格（Pieter
Singelenberg）,《亨德里克·彼得
勒斯·贝尔拉赫的理念和风格：现
代建筑的探索》(H.P. Berlage, Idea
and Style, The Quest for Modern Archi-
tecture),乌得勒支1972年;曼弗雷
德·博克（Manfred Bock）,《新建筑
的开始：贝尔拉赫关于19世纪末荷
兰建筑文化的演讲》(Anfänge einer
neuen Architektur. Berlages Beitrag zur
architektonischen Kultur der Niederlande
im ausgehenden 19. Jahrhundert),威斯
巴登1983年。

11
戈特弗里德·森佩尔,《技术和建
构艺术中的风格》(Der Stil in den
technischen und tektonischen Künste),
第1卷,法兰克福1860年,前言,
VIII页,转引自：贝尔拉赫,同上,
26页。

贝伦斯把古典主义的形式概念和工业技术加工的方式进行嫁接，这种在美学上的模拟生成，相对密斯来说是一种"赋予形式"（Form-Gebung）的主观主义方式，由此而成为建造原理的基础是不 ◁99够的。贝尔拉赫对于"本质的外表"（Schein für Wesen）[10]口号的批评，强化了对客观造型真理的无条件主张，这真理就是不应当被理解为"发明形式"（Form-Erfindung），而是去"探究形式"（Form-Findung）。贝尔拉赫呼唤戈特弗里德·森佩尔式的唯物主义理论，反对在艺术上的"随意性"，期待艺术就像自然一样"由环境和关系来决定一切"[11]，他宣告道：

"所以，你们这些艺术家，不仅要少一些新的动机，而且甚至连新的也不要发明。就像自然改进它的原型（Urtypen）一样，你们只能改进原本的艺术形式，你们无法创造出全新的，如果你们要尝试，那么就会发现新的作品没有持久的意义，因为你们会变得不自然、不真实。"[12]

出于相反的前提立场，贝尔拉赫进行了这样一番对于信仰的告白，表达了"永恒轮回"（Wiederkehr des ewig Gleichen，尼采语）的真理；无论如何，贝尔拉赫的后继者们都与之有着天壤之别。

贝尔拉赫所关心的核心议题催生了他的基本原则，这也是20世纪20年代早期密斯提倡的对"建造"的回归。1905年贝尔拉赫出版的《建造艺术风格的思考》，于1908年以新的书名《建筑的基础与发展》（Grundlagen und Entwicklung der Architektur）得到再版，有可能引起过1912年在荷兰停留的密斯的关注。通过这两部著作的阅读，对他产生了持久的影响。

贝尔拉赫试图引证"风格的基本原则"[13]来自秩序，在维奥莱-勒-迪克的启发下宣扬中世纪教堂是"理性建构"的范例，并称赞它是"新艺术的源泉"，并应当被"时代精神翻译者"的艺术家们奉为圭臬。[14]

密斯在他的论述中，部分或全部地继承了贝尔拉赫的观点。[15]在1922—1923年的文章中，他回应了在19世纪的艺术和建筑的大背景下，那些被誉为"丑陋的世纪"的相关表述。贝尔拉赫对"豪华建筑"的"厌恶"、对"充满争奇斗艳的立面的林荫大道"和"别墅区和别墅公园"[16]的批评，类似的言辞也出现在1923年密斯对"裤裆大街"（Kurfürstendamm）和"达勒姆"的"全部由石头构筑的疯狂"的谴责中，与陶特或者柯布西耶对于19世纪建筑的艺术"虚伪、愚蠢和病态"的尖锐批判如出一辙。[17]

密斯把"务必真正地抛弃一切形式的欺骗"上升到基本造型的绝对道德高度的时候[18]，密斯是贝尔拉赫的忠实追随者，后者为了追求真理曾庄严宣布："谎言的规律就是，让真相成为例外。在精神性生活中如此，在艺术中也是如此……这是伪艺术（Scheinkunst），我们需要抵抗谎言，重新拥有真相而非表象。我们也期待拥有建筑的实质，也就是说出真相，再说一遍真相，然后在艺术中让谎言的规律变成真相的例外。我们建筑师必须再次努力去接近真相，也就是说，重新把握建筑的本质。"[19]

贝尔拉赫对于终极真理极致追求，赢得了密斯的完全认同。贝

12
贝尔拉赫，《建造艺术风格的思考》，同上，27页附注。

13
同上，33页。

14
同上，47、48、51页。

15
贝尔拉赫，《建造艺术风格的思考》，同上，48页："……最终，谁会去问中世纪大教堂的首席建造家的名字，又有谁去问金字塔建筑师的名字……"密斯·凡·德·罗，《建造艺术与时代精神!》，载于《横断 面》，1924年4月，第1期，31页："……中世纪天主教堂所体现的，那种非个性化的而是整个时代的创造性。有谁会去询问与这些建筑有关的人名，那些建造者的个人意愿究竟有何意义？"

16
贝尔拉赫，《建造艺术风格的思考》，同上，5、6页。

17
密斯·凡·德·罗，《完成任务：对我们建筑行业的要求》，载于《建筑世界》1923年14，第52期，719页。可参见布鲁诺·陶特，《严肃主义垮掉了!》，1920年，《晨曦》的序言："讨厌的装腔作势! 破烂肮脏墓室前的墓碑和坟墓立面! 推翻多立克式、爱奥尼式和科林斯式的壳灰岩石柱，摆脱布柱娃娃般的智商!"转引自：乌利希·康拉兹，《20世纪建筑的主义和宣言》，柏林1964年，54页；"我们的房子令人作呕"，似的的勒·柯布西耶的《走向新建筑》，引自《建筑展望》（Ausblick auf eine Architektur），1922年，同上，31页。

18
同上。

19
贝尔拉赫，《建造艺术风格的思考》，同上，11、23页。

20
贝尔拉赫，《建造艺术风格的思考》，
同上，13页。

21
贝尔拉赫，《建筑的基础与发展》，柏
林1908年，108页。

22
弗里德里希·尼采，《查拉图斯特拉
如是说》，同上，第2卷，428页。

23
乔治·弗里德里希·威廉·黑格尔，
《美学》，第1卷，法兰克福，108页。

24
同上。

25
引自：皮特·辛格仑伯格，《亨德里
克·彼得勒斯·贝尔拉赫的理念和
风格：现代建筑的探索》，乌得勒支
1972年，第XIII章，《来自黑格尔和叔
本华的影响》(The influence of Hegel
and Schopenhauer)，169页附录。

26
贝尔拉赫，《建筑发展的基础》，同
上，117页。

27
贝尔拉赫，《建筑发展的基础》，同
上，113页注释、117页。

28
同上，14，39页。

29
同上，9页。

尔拉赫认为信仰的力量是所有文化基础，针对"虔诚信仰缺失"[20]
的现状，提出把"爱作为理想主义"[21]的要求。当作为"查拉图斯
特拉（胜利之佛）式的建筑师"的贝伦斯，根据尼采的格言"没有
爱的地方，人类也应当消失！"[22]呼吁现代性主体的根本任务是重 <101
估价值的时候，贝尔拉赫却根据黑格尔提到的艺术与宗教和哲学的
关系，指出"真正的理性主义神学"应当被理解为"一种以持续崇
拜上帝的方式来崇拜真理"[23]的哲学。然后，根据黑格尔的观点，
艺术是通过"把真理当作意识的绝对对象……来处理精神的绝对范
畴"，"因此，宗教在更具体的意义上同哲学一样，它们的内容有
着同一基础。"[24]

受到研究柏拉图、黑格尔以及叔本华著作的影响[25]，贝尔拉赫
反对"伪艺术"，只要它没有跟随客观理念，就作为"谎言"断
然加以拒绝。对应当成为新艺术基础的建造艺术来说，"客观的、
理性的以及由此而产生的建构"[26]，体现了某种独特的黑格尔式
的"真理领域"。当现代运动寻求理性建构的时候，它也"同样
伴随着信仰的发展、对信仰的渴望，直到最后梦想的实现以及新
的世界理念的诞生……一种世界大同的感觉，并非通过一种彼岸
的理想，即并非从宗教意义上，而是基于大地理想的实现。如果
基督教的理想无法实现，那么所有宗教的终极目标最后都无法靠
近吗？"[27]

另外，"两位伟大的实用主义美学家"森佩尔和维奥莱-勒-迪
克，使客观主义立场为人所接受。符合原则的建构被神圣化，成为
每一种艺术的基础，并且化身为"真正艺术"[28]的最高原则，它掌
控形式并且成为决定每一种永恒形式美的先决条件。艺术特别是建
筑，如果从这种牢固的自然法则的原理中解脱出来，去寻求"那种
纯粹率性之路"，按照贝尔拉赫的救赎理论便是"自寻死路"。[29]

五十年后，密斯的看法同上述理论如出一辙："一百多年以来
人们就在尝试，通过思考和实践去接近建造艺术的实质。历史清楚
地告诉我们，所有通过形式来更新建构艺术的尝试，最后都以失败
告终。所有重要的因素中，首先是建构的，而非形式的。"这大概

就是证明，建造艺术的基础是建造的原因。"建造就是，用一种手
102> 写编年史的方式把握同一个地点，与"单一的行为""单一的工作
过程以及清晰的建筑结构"建立密切联系：

> "谁想拥有建造艺术，就必须做出选择。他必须服从时代伟
> 大的客观要求，寻找并赋予它们以建筑造型。建筑向来就与简单
> 的行为相关联，但这个行为必然会触及事物的核心。只有在这个
> 意义上，才意味着贝尔拉赫的话语'建造即服务'（BAUEN IST
> DIENEN）……让我们不要被欺骗。许多现代建筑将不会被时代
> 所保留。因此，除了满足建筑的基本要求之外，我们的建造艺术还
> 要与时代的普遍要求相符，而终极要求则是战胜自身的命运。"[30]

在柏拉图——黑格尔式的关于客观唯心的论述中，没有对外
界事物秩序的认识就没有自我认知。本质是确保永恒真理的唯一
合理模型，从它的核心揭示事物本身的秩序。和其他所有的艺术
一样，建筑本身的目的存在于脱离主观和暂时的价值中，并作为
"客观要求"（密斯语），以理想化和完整的纯粹方式体现了整体和
普适价值。在真实性的建筑中，客观秩序和精神秩序趋于一致。
最终，密斯立足于某种"物与知相一致"（adaequatio intellectus et
rei）所带来的统一，他引用托马斯·阿奎纳的"思想和物的平等"
（Gleichheit von Gedanke und Sache）来肯定一种"真理关系"。[31]这
种主观和客体的统一性使理念和物质、信仰和理性变得和谐，并引
导出一种超越了永恒法则和客观立场的美学观点。密斯总是回忆起
奥古斯汀将美作为"真理的闪光"的话，提到形式的统一并以自己
的方式将"秩序"（ordo）和"等同"（adaequatio）这样的学术词汇
进行分类。

密斯通过对基本概念的引用，即限定在全能真理法则的范畴
中，追随他的精神导师贝尔拉赫回到具有榜样力量的中世纪。有
原则的建筑不应当被理解为历史主义的，而是被重新阐述为针对
宇宙法则的元史学（metahistorisch）范畴，并进一步用来解释中世
纪建筑所体现的宇宙建筑法则。勒-迪克以客观、理性和清晰的结
构，给新的艺术基础做出了示范。"任何没有结构秩序的形式，都

30
没有注明日期的原始笔记，估计
为1960年前后，引自：LoC手稿档
案。——参见：本书附录四，1939—
1969年，6。

31
密斯·凡·德·罗，《我们现在去向
何方?》，载于《建造与居住》，1960
年15，11期，391页："只有触及时代
最内在本质的关联是真实的。我称这
种关系为一种真理关系。真理用托马
斯·阿奎纳的理解来讲就是：知与物
相一致（adaequatio rei et intellectus）。"

32
没有注明日期的原始笔记，同上。

33
贝尔拉赫，《建筑发展的基础》，同
上，86页。

34
同上，91页附注。

35
同上，89页。

36
同上。

37
没有注明日期的原始笔记，同上。

38
同上，93页。

39
同上，93页。

40
同上，77页。

应被予以拒绝"（Toute forme, qui n'est pas ordonnee par la structure, do it eyre repoussee）。密斯用大写字母作了笔记，并引用了维奥莱-勒-迪克的话，以此来表达对建造艺术的"真实态度"。[32]

在这个基础上，与贝尔拉赫有着类似想法的是朱利安·加 <103
代（Julien Guadet），他在1899年出版的《建筑的历史》（Histoire de l'Architecture）中提到，结构的状态应当成为理解真实建筑的前提，并以此来区分"真实的"和"虚伪的"建筑。借助基本结构的规范性来衡量的话，那么文艺复兴建筑"在某种意义上……就显得有些可疑"，会被当成原有罗马艺术的"苍白肖像"[33]，"因为它们徒具希腊的形式，却未能反映其精神。"[34]

19世纪的新风格越发使人感觉像掺过水的样子。在贝尔拉赫的眼中，那些风格化了的建筑充其量只是"爱情谎言"[35]，一种善意的同情姿态。在对新文艺复兴和新哥特价值的评判中，教条主义出了问题。如果说把前者比作主观主义风格，是人在绝望中还要掺水的格罗格酒①，而对贝尔拉赫来说，后者就是客观主义风格，是一位善解人意、温和的法官。19世纪两个主要的风格方向中，"只有新哥特主义具有促进作用，因为它再次把目光投向了孕育未来萌芽的中世纪艺术"。[36]密斯也渴望一种"传承哥特的建造艺术。它是我们最大的希望。"[37]

贝尔拉赫决定加入哥特阵营。在那里他发现了一种"与古典主义截然不同的艺术的胜利"[38]，并且找到了"新时代艺术的根基"。[39]从历史的僵化教条中，应当为哥特精神开启一扇大门，去引导建筑师们走上一条通向未来真正建造艺术的道路。

反过来虽然那些对进入陌生世界的警告封锁了通向古典主义的道路，但最终引发的却是对建立历史关联的怀疑。"因为，我们还无法拥有那种能表达希腊人的爱的结构精神；如果，我们应当拥有爱和相应的结构概念，那必然会与他们的完全不同，因此他们的表达也必然大相径庭。"[40]

---

① 格罗格酒是掺热水的朗姆酒。——译者注

贝尔拉赫，伦敦办公楼，1914年

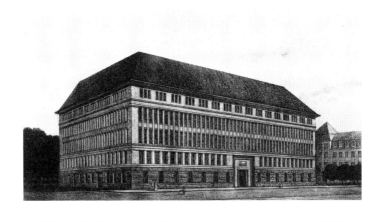

上：彼得·贝伦斯，曼纳斯曼公司（Mannesmann）办公楼，杜塞尔多夫，1911年

中：彼得·贝伦斯，大陆工程公司（Continental-Werke）办公楼，杜塞尔多夫，1912年

下：彼得·贝伦斯，圣彼得堡德国大使馆，1912年

办公楼，1923年

对于古典主义和哥特风格，黑格尔在他的著作《美学》中以一种类似的方式提醒人们，不要与过去的风格艺术进行某种善意的联系："我们仍然期待如希腊圣像般的出众，期待所看到的上帝、耶稣和玛丽亚，还能被表现得那样庄严和完美：但这无济于事，因为我们毕竟不再屈膝礼拜。"[41]

106 贝尔拉赫为密斯提供了关于建造艺术清晰的理论基础，它被密斯借来成为评价贝伦斯建筑的重要观点。下面的文字说明了，到底密斯多大程度受到了上述观点的影响：贝尔拉赫在他的著作中对森佩尔的指责，现在又见之于密斯对贝伦斯的评论中。对森佩尔的"意大利晚期文艺复兴风格的糟糕品味"[42]的批评，很容易让人联想到密斯对贝伦斯建筑中体现的高贵文艺复兴趣味的恐惧。密斯对他的老师贝伦斯的态度既认可又有批评，与贝尔拉赫和森佩尔的关系相比显得非常类似。一方面，森佩尔的卓越之处在于，从理论上肯定了实用目的和结构的地位，但另一方面，他又被指责为"没有在建筑上体现一致性"。[43]

在密斯对贝伦斯的评价中也有同样的情形，贝伦斯突破了19世

41
黑格尔，《美学》，第1卷，法兰克福，110页。

42
贝尔拉赫，《建筑发展的基础》，同上，88页。

43
同上，89页，贝尔拉赫对森佩尔的尖锐批评，估计源自森佩尔认为哥特风格在美学上不够明确而予以拒绝的态度。

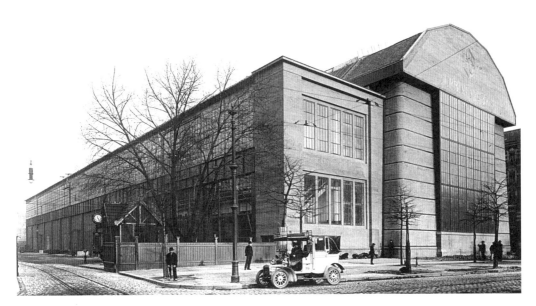

彼得·贝伦斯，通用电气公司透平机车间，1909年

密斯1928年笔记："把工厂当作神庙来建造的人，就是欺骗，就是在破坏景观"

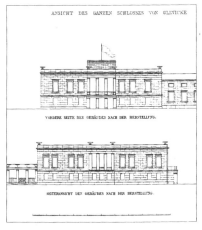

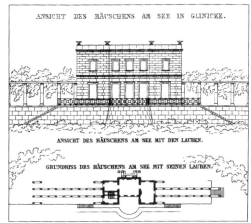

上：卡尔·弗里德里希·辛克尔，波茨坦夏洛特庭院（Charlottenhof），1826年

下左：卡尔·弗里德里希·辛克尔，波茨坦格利尼克（Glienicke）庄园，1824年

下右：格利尼克庄园内的博彩厅

海牙的克勒勒-米勒（Kröller-Müller）住宅设计方案，1912年

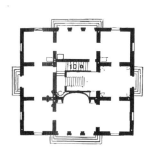

卡尔·弗里德里希·辛克尔，夏洛特堡宫内的观景阁，1824年

皮尔斯（Perls）住宅，柏林策伦多夫，1910—1911年

纪艺术围绕工业建筑所设置的禁区，把实用性建筑提升到现代艺术的高度，这在密斯眼中有着划时代的意义；但贝伦斯没有坚持使用新的手段，在这一点上存在着他的局限性。"但他不是很严谨地把这种方式应用到其他的建筑中"——密斯对贝伦斯的透平机车间（Turbinenhalle）做了如此的评价——"很有趣。人们花了很长时间才明白他们在做什么。"[44]

110＞　　密斯不只从字面角度来理解贝尔拉赫式的绝对性，从这个角度来看，贝伦斯尽管使用了现代的钢和玻璃结构，但并没有充分地加以利用，因此只能说解决了一半问题。但结构真理的缺席，比缺乏一致性的问题更严重。通过山花（Tympanon）主题和角柱来暗示透平机车间，这种理想化的夸大必定会被质疑为主观风格，就像贝尔拉赫所说的，是牺牲了现实性的"结构谎言"（Konstruktionslüge）。[45]

透平机车间的转角构成清楚地表明，贝伦斯把形式的说服力量置于结构性原则的逻辑之上。在这里，他的建构方式从视觉上对承重体量提出要求，并且要忍受与结构验算之间的矛盾，因为这个位置在力学上并不承重。"技术的本质在其实践中得以确定……把工厂当作神庙来建造的人，就是在欺骗，就是在破坏景观。"这段文字听起来就像贝尔拉赫口授的，对于透平机车间的抨击出自密斯1928年的笔记本。[46]在他充满自豪地记录这一切的时候，同时也在院子的窗前为这个建筑项目工作着。[47]

回顾密斯所有关于贝伦斯的评述，总是存在着一个片面和压抑的印象，似乎是要否认老师对自己所产生过的重要影响。如果要对这些评述做一个概括的话，那么大致就是，紧随贝尔拉赫的脚步并采用其对森佩尔的评判，并用一句简洁的"损害了建造艺术"[48]就把贝伦斯搁置一边。

实际中的情况却恰恰相反，书面和口头地公开表达否认偶像的同时，密斯还是证明了他是贝伦斯的学生：由此可以推断他试图超越老师。事实上很多情况都表明，即使是战前的理想破灭后，他个人依然对贝伦斯怀有敬意。1924年6月，密斯在《G》杂志的第三

44
弗朗兹·舒尔策，"我真的总是想了解真理"，见《芝加哥每日新闻》（*Chicago Daily News*），1968年4月7日。

45
贝尔拉赫，《建筑发展的基础》，同上，68页。

46
引自：MoMA，手稿文件夹1。

47
吕根伯·格瑟吉厄斯，1925—1926年曾在密斯的事务所工作过，他回忆密斯曾自豪地提及，他设计过透平机大厅较矮附楼的西侧窗户（口头记录）。

48
贝尔拉赫，《建筑发展的基础》，同上，88页。

49
见《1924年5月5日贝伦斯致密斯的信》，引自：LoC手稿档案。

50
《密斯在柏林》，《建筑世界档案1》，《建筑世界》唱片，1966年。

51
"年轻时，我初到柏林便四处参观。我对辛克尔挺有兴趣，因为他是柏林最重要的建筑师。当然也有其他人，但辛克尔是最重要的一位。据我所知，他的建筑是古典主义的优秀典范。我无疑对其很感兴趣。我仔细地加以研究并受到他的影响。这可能发生在每个人身上。我认为辛克尔有着精彩的结构、完美的比例以及优秀的细部。"引自：皮特·布拉克，《与密斯的谈话》（A Conversation with Mies），《现代建筑的四位大师》（Four Great Makers of Modern Architecture），纽约1963年，94页；《与德克·罗汉的谈话》，出自：MoMA，密斯指明，他是通过贝伦斯接触到了辛克尔。之前他对阿尔弗雷德·梅塞尔（Alfred Messel）更感兴趣。"城中心就是大百货商店韦尔特海姆（Wertheim）。它有个正立面很不错。梅塞尔就象帕拉第奥，很不错。他能模仿哥特，也相当优秀。要想看辛克尔，就可以去旧博物馆。"

52
"1910年左右辛克尔在柏林仍然是最有代表性的。他柏林的'旧博物馆'是一座优美的建筑——你能从中学到建筑的所有知识——我尝试这样去做。"引自：《"清晰和敏感的"建筑师》（Architect of>The Clear and Reasonable<），格雷姆·尚克兰（Graeme Shankland）对密斯·凡·德·罗访谈时所提到的《倾听者》（The Listener），1959年10月15日，662页。

53
没有注明日期的原始笔记，同上。

期发表他的论文《工业化的建筑》，提出"抛开旧的观念和体验"，需要彻底地重组建筑产业，并把建筑业的工业化作为解决"社会、经济、技术和艺术的相关问题"的"核心问题"，"新型大跨结构"的始作俑者并不是"结构主义者"贝尔拉赫，而是"艺术家式的建 <111 筑师"贝伦斯。另外的一个贝伦斯式大跨结构的例子也出现在这期由密斯负责编辑的杂志中，最后还有希伯赛默的文章《结构与形式》（Konstruktion und Form）。贝伦斯可能是20世纪20年代中期达到现代建筑最高结构设计水平的少数几个人之一。同样，1924年密斯邀请他曾经的导师参加了十一月小组的展览。[49]此外，贝伦斯还接受密斯的邀请，参加了在斯图加特魏森豪夫示范住宅区的建设项目，它是由密斯领导的、欧洲先锋派们自由表达"新建筑"思想的契机。透过这一系列的现象，人们才可以正确理解他对于老师的成就的特殊评价。

正如密斯所言，对以贝伦斯为代表的战前古典主义联盟的超越并非只是个人的事情，它同样也牵涉到时间范畴的特殊过程。密斯承认他遇到了贝尔拉赫之后，内心极度挣扎并试图从辛克尔的古典主义中走出来。[50]通过对老师贝伦斯从1910年起就开始倡导的辛克尔式风格的"伟大消解"（尼采语），对"我所认识的古典主义范例中最优秀的代表"辛克尔的作品，密斯也丧失了兴趣。[51]当密斯在公开场合把辛克尔的旧博物馆描述为一个可以从中学到关于建筑的一切的作品的同时[52]，又在他的笔记本里写了如下评语："辛克尔作为古典主义最伟大的建造家，代表着一个旧时代的终结和一个新时代的发端。他在一个衰退的时代建造了旧博物馆。他无聊的哥特教堂作品，使他成为一个无法形容的媚俗世纪的先驱，但随着建筑学院（Bauakademie）的建成，他迎来了一个新的时代。"[53]

对新古典主义和精神导师贝伦斯的消解，最终以1929年完成的巴塞罗那展览馆画上了句号。但在自我救赎的高潮时刻，在对偶像的超越中他获得了更高层次的认同。1914年以前，贝伦斯作为辛克尔继承人荣膺的赞美和评价，现在都汇集到了密斯那里。保罗·维斯特海姆（Paul Westheim）在1927年第一次把密斯和辛克

尔联系起来，而后通过菲利浦·约翰逊等其他人得到了进一步的推动：[54]

　　"密斯在研究辛克尔后，起初和其他人一样认为他是某种形式语言的传播者，后来发现在古典主义者辛克尔背后，还存在着其他形式的辛克尔，他在技术和手工艺方面是那个时代极为客观的建造家。他的古典主义理想从未妨碍过他，由内在本质出发，逻辑清晰和充满意义地去建造……密斯——当今建筑新生力量中最重的代表——特地把建筑往前推至辛克尔；辛克尔和时代相关的、古典主义的外部形式语言并不是最重要的。我的意思是，没有继承任何所谓辛克尔风格的密斯是最有天分的，因为他是最地道的辛克尔的学生。"[55]

　　事实上，在世纪之交后的几十年里，密斯实现了接续贝伦斯建筑的愿望。贝伦斯的建筑清晰地体现了一种普鲁士古典主义传统的影响，而1910年前后被誉为现代建筑先驱的辛克尔正是这种传统的代表。[56]那个时代所寻求的东西，恰好可以在辛克尔那里得到回应。从1910年的实用形式的角度来看，辛克尔的作品"已经为当今的实用建造艺术家提供了重要的现代元素……并为大城市的实用性建筑提出了温和的参考方案。"[57]

　　工业化技术的影响，使新古典主义成为现代建筑运动的真正源头。当时没有建筑师能像贝伦斯一样，以综合的实用能力致力于时代使命的完成，这对年轻一代充满了吸引力。他对古典主义的阐述，基于古典和现代的同构性观点。在新兴的工业建筑和早期希腊建筑[58]之间存在着"选择性亲和力"（Wahlverwandtschaft），最终将开启"那扇通向崭新天空、通向渴望自我的大门……"[59]的预言一样，散发着时代气息。

　　贝伦斯对古典世界的关注并非流于形式，而是——类似贝尔拉赫出于使命感求之于哥特建筑一样——想激发一种时代生活的"精神"，以便用这种方式来确立自身时代的"精神"。现代工业古典主义被认为能与19世纪业已消失的、超历史价值观的潮流重新建立起"文化上的联系"（贝伦斯语）。要对承诺和延续伟大的形式构

54
菲利普·约翰逊，《20世纪的卡尔·弗里德里希·辛克尔（1961年）》（Karl Friedrich Schinkel im zwanzigsten Jahrhundert/1961），引自：《庆典致辞》（Festreden）、《纪念辛克尔（1846—1980年）》（Schinkel zu Ehren 1846—1980），尤利乌斯·波泽纳编选，柏林1981年，318-324页。更多内容参见：亨利·罗素·希区柯克（Henry Russell Hitchcock），《柏林建筑编年史》（Architecture chronicle-Berlin），载于《猎犬与触角》（Hound and Horn），1931年5月，第1期，94-97页；安哥多门尼科·皮卡（Angoldo-menico Pica），《柏林人密斯》（Mies a Berlino），引自：《Domus》，1969年，第478期，1-7页；雅克布斯·保罗（Jacques Paul），《德国的新古典主义和现代建筑运动》（German Neo-Classicism and the modern movement），载于《建筑评论》，1972年，第152期，907号，176-180页。也参见雨果·韩林，《关于新建筑（1952年）》（vom neuen bauen/1952），引自：尤根·约迪克（Jürgen Joedicke）编辑，《另类建筑》（das andere bauen），斯图加特1982年，89页："密斯·凡·德·罗最终延续了优雅的希腊主题，直到他的生命终点。希腊人开始以天籁之音般的和谐来创造他们的作品，并以同样和谐的几何来表达图像。由此他们赋予欧洲人一个宏大主题。密斯·凡·德·罗自己知道，他的这条道路也已经通向了建筑王国。"

55
保罗·维斯特海姆（Paul Westheim），《密斯·凡·德·罗：一位建筑师的成长》（Mies van der Rohe: Entwicklung eines Architekten），载于《艺术报》，1927年11月，第2期，55-62页。文字新版于保罗·维斯特海姆，《英雄及其历险》（Helden und Abenteuer），柏林1931年，引自：《密斯·凡·德·罗：充满个性的建筑》（Mies van der Rohe, Charaktervoll bauen），188-191页。

56
在威甘德住宅（1911-1912年）能特别清楚地感受到辛克尔的影响。沃尔夫拉姆·霍普夫纳、弗利兹·诺迈耶，《彼得·贝伦斯在柏林-达勒姆的威甘德住宅》，美因茨1979年。

57
卡尔·舍夫勒，1912年，转引自我的

论文《古典主义的问题》（Klassizismus als Problem），引自:《柏林和古典主义》（Berlin und die Antike），柏林1979年，396页，我从中做了一段节选。

58
弗朗兹·曼海姆（Franz Mannheimer），《彼得·贝伦斯教授设计的1910年布鲁塞尔世博会德国工业馆》（Die deutschen Industriehallen von Professor Peter Behrens auf der Brüsseler Weltausstellung von 1910），载于《工业建筑》（Der Industriebau），1910年1月，第9期，203页附注，就像埃德蒙特·许勒（Edmund Schüler）（参见下一条注释），给出了关键词"选择性亲和力"的美化解释，它通过现代工业建筑和早期希腊建筑之间的类比，来提高对当前形式问题的认识。

59
"我们去了喷泉大街（Brunnenstrasse），朝圣通用电气公司（AEG）的庞大建筑——透平机车间。当有人在歌颂新工业建筑与古希腊建筑的选择性亲和力的时候，那扇通向崭新天空、通向自我渴望的大门便向我敞开了。"埃德蒙特·许勒，《悼念彼得·贝伦斯》（Peter Behrens/Nachruf），引自:《德意志帝国的艺术》（Die Kunst im deutschen Reich），B版，1940年4月，第4卷，65页。

60
罗伯特·布劳耶，《艺术小讯息》（Kleine Kunstnachrichten），载于:《德国艺术和装饰》（Deutsche Kunst und Dekoration），1910年11月27日，492页。关于贝伦斯式的工业古典主义对于现代建筑发展的意义，可参阅提尔曼·布登希克、亨宁·罗格（Henning Rogge），《"工业文化"：彼得·贝伦斯与通用电气公司1907—1914年》（>Industriekultur<. Peter Behrens und die AEG 1907—1914），柏林1979年。作者感谢提尔曼·布登希克对所涉及问题的关键评价。

61
尤利乌斯·迈耶-格拉斐，《彼得·贝伦斯——杜塞尔多夫》，引自:《装饰艺术》，1905年8月，389页。

62
同上。

63
瑟吉厄斯·吕根伯格，《一位五十岁

想提供当代性和说服力，就必须先对造型的力量进行价值重估。贝 <113
伦斯把过去和现在以某种方式——类似批评家对工业建筑和技术设备方面的评论——交织起来，尽管"在向古典主义手抄本"鞠躬致意，但还是让人感到了那种"钢铁般的存在"："人们渴望并寻找机器。"[60]

凭借清晰的古典主义修辞和对纪念性的把握，以及有意识地重新吸收古老的形式遗产，从而对客观性的合法地位提出了要求。正如黑格尔试图把握历史法则而非历史过程那样，现代主义以抽象的方式接受了古典主义并彻底改变了历史；并非是基于黑格尔式的理论基础来萃取一个普适的真理结构，而是把体现时代精神的形式愿望作为一个概念投射到历史当中。这个类比意味着为了联系两岸，桥梁的任务就是要理解过去和当代的现实。

由于杜塞尔多夫的作品所表现出的希腊影响，1905年迈耶-格拉斐就提醒贝伦斯，应尝试捅破那层类比式的古典主义窗户纸，进而去表达时代美学。迈耶-格拉斐对现代建筑提出要表达时代呼声的问题——这个针对贝伦斯式类比方法的问题，在20年后由密斯做出了回答："难道不可以这样建造：不追随形式，只是让值得崇拜的希腊精神得以复活？"[61]古典和现代之间的原则性类比已引出了上述问题，并开启了一种脱离历史轨道自由发展的观点："我们这里存在着通向古典的道路。它不应在希腊终结，而是要以我们的方式，承载希腊的明晰，希腊的理性，或者更确切地说是美。"[62]

学生圆满地完成了导师的命题，由此而实现了对老师的超越。密斯强调了在象征性图像中预先存在的可能性，所以他给出的答案是，不再需要图像的象征和某种外部历史形式语言作为中介。他扯下了古典主义帷幕，暴露出尚在后面沉睡的原型的秘密，在这个过程中他兑现了某种承诺，这个承诺曾唤醒过贝伦斯对辛克尔的期待。关于密斯，20世纪20年代的同事吕根伯·格瑟吉厄 <114
斯（Sergius Ruegenberg）于1936年曾这样写道，"古典主义的形式、特征和遗产都……没有了，重要的是以自身的方式实现了对其形式的表达"[63]——鉴于施倍尔式古典主义（Speerschen-Klassizismus）

左上：乌尔比克（Urbig）住宅，波茨坦新巴伯斯贝格，1915—1917年

左下：乌尔比克住宅，平面图

右上：乌尔比克住宅，沿街立面

右下：乌尔比克住宅，1985年外观

的人》（Ein Fünfzigjähriger），载于《建筑世界》，1936年，27期，14期，346页。密斯对他过去的员工表示感谢：

"亲爱的吕根伯格先生：

我发现了您在《建筑世界》上对我的祝福。为此我想对您表示感谢。我很高兴地看到，我的工作是那些人还有意义。这或许也是那些日子的意义吧。我最心爱的员工对我仍然如此忠诚，我感到特别荣幸。

您的密斯

此外，您也是这幅漂亮的画的赠予者［作为礼物，密斯收到了一幅马克斯·贝克曼（Max Beckmann）的画《裸背》（Rückenakt），——作者原注］我觉得这太珍贵了，但我很开心。不只是因为拥有它，而且还有可能通过我们思考过的空间，来检验类似的绘画。

又及，您的密斯"

64
提奥多·豪伊斯（Theodor Heuß），《布鲁塞尔III》，载于《帮助》（Die Hilfe），1910年，15期，第25号，副刊399页，转引自弗利兹·霍伯，《彼得·贝伦斯》，慕尼黑，1913年，239页。豪伊斯所关注的与布鲁塞尔贝伦斯的工业建筑有关，我感到贝伦斯式的工业建筑普遍都很精准，尤其是体现在透平机大厅上。

对古典形式语汇的照单全收，这个声明显得很有分量。

一种"隐藏的存在"（尼采语），即想通过绕道借用历史形式作为表达时代感受的"语言"，已不再能满足密斯的"本质化造型"。"假象建筑"（Architektur des Scheins）被一种不只是新时代语言，而且更是"言说"的"存在建筑"（Architektur des Seins）所消解。密斯摆脱时代的束缚直击事物的"本质"，抵达了某种感觉上既原始又现代的"特殊化建筑"（维斯特海姆语）的范畴，可以赋予时代造型一个关于客观和实质的新寓言。

可以独立于风格问题来思考光线和节奏的因素——贝伦斯以透平机大厅这样的建筑作品唤醒了现代人的这种需求，并赋予这个世纪以"使人难忘的立面"（提奥多·豪斯，Theodor Heuss[1]语）。[64]

115〉 而密斯以"使人难忘的空间"对时代感知进行了一次完整的表达，对此贝伦斯曾在1929年预言，巴塞罗那馆将成为20世纪最美丽的建

---

① 提奥多·豪斯（Theodor Heuss，1884–1963年），德国自由主义政治家，1949–1959年间担任联邦德国第一任总统。——译者注

乌尔比克住宅，沿街立面细部

彼得·贝伦斯，韦根住宅，柏林达勒姆，1911—1912年，花园立面

65
引自菲利普·约翰逊，《20世纪的辛克尔》，同上，324页。

66
密斯·凡·德·罗，《要是混凝土和钢缺少了镜面玻璃会怎样?》，德国镜面玻璃工业协会的宣传册，1933年3月13日，转载于：沃尔夫·泰格尔豪夫，《密斯·凡·德·罗》，同上，66、67页。

67
奥特，《关于未来的建造艺术和建筑的可能性》，同上，209页。

筑。[65]为了复原这件作品而进行的重建，更加证明了它作为现代建筑神话的地位。在这里，取代了平面化象征主义的时代空间感知和美学趣味，其结构和构图、形式和材料、运动和静止、现代和古典，都以独特的方式融为一体。

迈耶-格拉斐所描绘的通往古典之路汇集到了一点，在那里过去和未来、原始和乌托邦同时共存。对"希腊全盛时期"的回顾激发出对现代的美好憧憬，它旨在拯救所有风格精华中的那种"直接的美"，并通过"结构的简洁性、建构手段的清晰性和材料的纯粹性"来呈现原始美和新美学。[66]这种超越了历史古典主义的建造艺术，按照奥特1921年的说法，就是"摆脱了印象派式的情绪宣泄，在充足光线中发展出关系的纯粹性、无色的空白和有机的形式逻辑，古典主义的纯粹性通过排除某种次要因素而得到升华。"[67] ＜116

1905年迈耶-格拉斐就敏锐地意识到了处在萌芽的发展状态，这证明了不仅仅在唯心主义的形式感方面，他所具有的远见卓识；同时，他也在现代建筑运动唯物主义的一面，以理性的结构逻辑巧

费尔特曼（Feldmann）住宅，柏林格吕内瓦尔德（Gruenewald），1921—1922年

妙地回应了对合理形式的渴望，并受到加代、贝尔拉赫和瓦格纳的理论的影响。为这种由实用目的、结构和材料合理性所主导的建筑，迈耶-格拉斐由自身的角度描绘出一幅充满希望的前景。

判断新建筑的充分依据，既不是根据理性法则生成的结构，也不是因为其没有装饰的形式。因此，重要的成果就是通过强调结构从装饰风格中获得解放，就会——参考迈耶-格拉斐对古典主义的叙述逻辑——发现在时代必然性的"范围"里存在着"结构之路"，它不是终结于技术当中，而是要达到更高的目标。1905年他就公开宣称，需警惕过度强调理性所导致的危险，预示着我们这个世纪的建筑将无法避免被技术主义和功能主义所控制的命运：

119>
　　　　"正是因为这个原因，在喜悦中获得理性主义观念之后，我们将面临的巨大风险是我们只拥有一种充满理性化的艺术，它会满足所有物质条件和实用目的，但却不知道如何去防范我们内心日渐升起的空虚和无聊。而且连最有效的对策都不明白，如何去建造一栋充满画意、具有雕塑感的房子。这大概就是为什么我们备受称赞的现代风格与众不同的原因。它现在也许会变得更符合逻辑一些，但这种逻辑看上去似乎就是一个漏风的栅栏。"[68]

1905年的贝伦斯无疑是伟大的，也许更是唯一的例外。他虽

68
迈耶-格拉斐，《彼得·贝伦斯——杜塞尔多夫》，同上，385页。

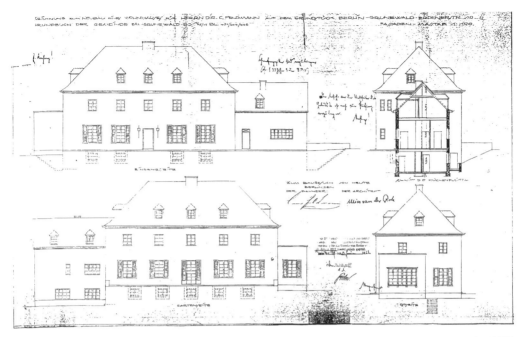

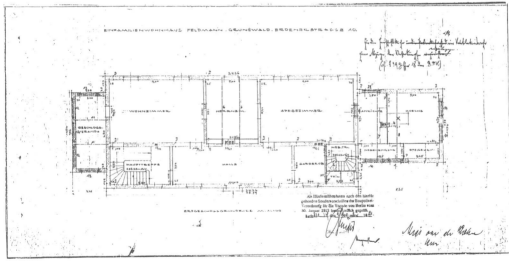

费尔特曼住宅，建设档案，立面图和平面图

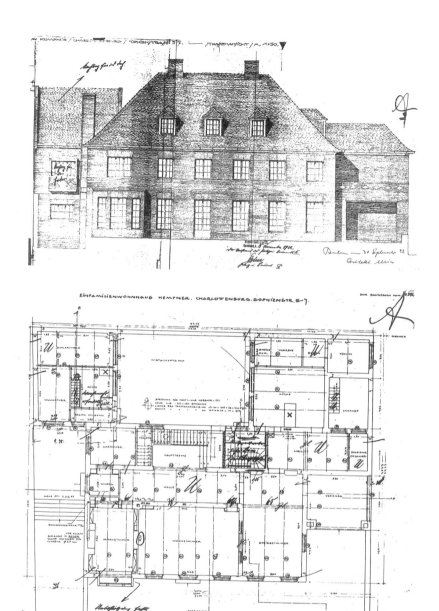

坎普纳（Kempner）住宅，柏林夏洛特堡，建设档案，1921—1922年

艾希施塔特（Eichstädt）住宅，柏林策伦多夫，1920—1921年

69
"当时去贝伦斯那儿是冒险。整个德国建筑界盛行反对业余建筑师、大胆颠覆者贝伦斯的风潮，他与少数几个志同道合者，尝试撼动一个世纪以来的腐朽风尚。当时去贝伦斯那儿的人都知道，如果他所从事的冒险失败了，他就会站在所有人和公共舆论的对立面，成为所有人挖苦嘲讽的对象。"卡尔·恩斯特·奥斯特豪斯（K.E. Osthaus）在纽伊斯（Neus）天主教工友之家（Gesellenheim）庆典上的讲话，转引自：汉斯-约阿西姆·卡达茨（Hans-Joachim Kadatz），《彼得·贝伦斯》，柏林1977年，129页。

70
迈耶-格拉斐，同上，386页。

71
引自：《密斯·凡·德·罗》，前言，《建造与住宅》，斯图加特1927年，7页。

72
参见戈特弗里德·森佩尔，《技术和建构艺术中的风格》，第1卷，法兰克福1860年，第2版，慕尼黑1878年，474页，森佩尔对哥特风格的描述："哥特建筑风格只是从外部以斜撑和飞扶拱支撑的墙体，简陋和平庸地解

然被攻击为业余人士和颠覆者，但从这位艺术局外人创造性的天赋中[69]，迈耶-格拉斐看到了一个潜在的、起调节作用的因素，它确保事情不至于走极端，并有控制的手段。在主体与客体、旧与新、自由和规则的对立平衡中存在着决定性的标准，"所有的艺术奥秘"，"并不是沿着纯逻辑的道路"[70]，——或者正如密斯在20世纪20年代晚期所说的那样——不能用"计算的手段"[71]来实现。

密斯给出了为什么贝伦斯认为贝尔拉赫过时了的原因。贝尔拉赫在对森佩尔大量的引用中，有意识地对读者隐瞒了森佩尔对哥特建筑结构逻辑的评价，而这正是被贝伦斯当作任务，而被密斯在新的基础上解决了的问题。森佩尔的论证强调，不只存在着结构权力，而且也存在着眼睛感知的权力，这种权力遵循自身的审美标准，要求通过形式对力学结构事实做出合理的感性表达。对于森佩尔来说，哥特建筑风格并没有和谐地解决整体关系并使两个领域都能得到妥善处理，因此只有属于机械论的那一半问题得到了解决。[72] ＜122

"正如有物理定律，就有艺术法则一样"，贝伦斯1910年在他的演讲《艺术和工业》（Kunst und Industrie）中如此解释，他的这个

彼得·贝伦斯，韦根住宅，柏林达勒姆，1912年，门厅

巴塞罗那展览馆，1929年

演讲曾在很多地方出版过，而且可以肯定也是密斯的教科书。贝伦斯意图用"虚假美学"（Pseudoästhetik）的概念间接反击"结构谎言"的做法，引出显得荒谬的"我们现代美学的某种学派的方向"："试图以实用目的和技术来引导艺术形式……就像开头所提到的那样，从结构或者材料中是无法产生风格的。过去不曾有且未来也不会有唯物主义风格。一个时代包罗万象的统一，来自能够代表上述两个因素的更大、更复杂的条件。技术本身并不总能成为目的，只有当它作为最主要的文化手段时，它才会获得价值和意义。一种成熟的文化总是通过艺术的语言来进行表达的。"[73]

基元式建造艺术应该汲取时代内涵，其表达的范畴也在新的条件下得以拓展，想要恢复它就要把处于对立两极的贝尔拉赫和贝伦斯结合起来。如果密斯能继承两家学说并加以综合提炼，那就是他在建筑创造方面所承担的使命。两位大师的基本立场虽然不同，但在操作路径上却有着一致性：即恢复几何作为建筑构成的首要基础，严格地拒绝复制具有典型风格的形式，并"遵循客观条件"[74]来发展建筑形式，这不但对贝尔拉赫而言是最重要的造型原则，同样也为贝伦斯完全接受。贝尔拉赫垂青富有韵律感和几何构成的建筑，而在杜塞尔多夫的贝伦斯[75]那里也不少见，比如1908年出版的《基础》（Grundlagen）杂志，就刊登了两位来自贝伦斯所执教的杜塞尔多夫工艺美校建筑班的学生作品，从中可以发现贝尔拉赫式的几何设计方法。[76]

贝尔拉赫的"几何学基础"提供了一个接触不同概念的平台。他献身于埃及三角测量学和教堂尺度规范的数字神秘学说，而贝伦斯除了向"方圆的永恒法则"[77]表达敬意外，还主张具有人文主义的象征性设计。贝尔拉赫从动植物界寻找"生动的几何形"作为范本，感知"那种……使我们心存敬畏的法则"[78]，在抽象的几何中寻找精神力量的规律，从而有可能把生活统一并完善成"一个大圆"，由此创造出一种"面对它时使人拜倒、使我们战栗并以其强大的精神征服我们"[79]的英雄主义般的艺术。

贝伦斯不愿同自然进行类比，也不想"因为偏爱自然，就费

决了一半即机械部分的问题。相对美学那一半的解决就显得有些遗憾；在能感受拱肋的侧向推力的地方，眼睛不但不觉得舒服，而且从拱券内部空间也无法看到外部的支撑，通过这种视觉的缺席，就是拱券通过斜撑单方面的向外，但其强度却从内部无法看到，因此变得很弱并令人担忧；外部突兀的纯技术性斜撑和飞扶拱，也破坏了整体的美感，它们产生作用的对象从表面却无法看到，因此变得像不存在似的。借助从前后所看到的，使赋予美感的眼睛产生了轻盈的空间印象，但是通过尚未被发现体量的相对作用，来强化整体的力学感受是行不通的。简单地说，就是半个力学系统不能代表整体，而实际上也是无法成立的……"

73
彼得·贝伦斯，《艺术和技术（1910年）》（Kunst und Technik，1910），载于：布登布克/罗姆，《工业文化》（Industriekultur，柏林1979年，278-285页）。也参见：彼得·贝伦斯，《关于"艺术和技术"问题的论文（1910—1929年）》，274页附录。

74
贝尔拉赫，《建筑发展的基础》，同上，100页，另见113页。

75
1904年贝伦斯给贝尔拉赫写了许多信表示赞赏，并向他索要他作品的介绍资料和照片。引自：皮特·辛格仑伯格，《亨德里克·彼得勒斯·贝尔拉赫的理念和风格》，乌得勒支1972年，158页。

76
引自：贝尔拉赫，《建筑发展的基础》，同上，56、57页插图：《杜塞尔多夫工艺学校一位学生的设计》。其中的一件作品是由后来曾在柏林贝伦斯处工作过的阿道夫·梅耶设计的，由于1910年法古斯工厂（Faguswerk）的委托与格罗皮乌斯一起离开了贝伦斯事务所。就像梅耶-格拉夫（同上，389页）所说的，贝伦斯聘请荷兰人劳沃瑞克斯（Lauwericks）加入建筑部，和他一起做一个关于艺术比例规律的研究。

77
默勒·凡·德·布鲁克（Moeller van den Bruck），《普鲁士风格》（Der Preußische Stil，布雷斯劳（Breslau）

1931年，193页。

78
贝尔拉赫，《建筑发展的基础》，同上，4页。

79
彼得·贝伦斯，《什么是纪念性艺术》，同上，48页（参见第二、三章，注释24）。关于圆形与方形在贝伦斯设计系统中的意义，参见：沃尔夫拉姆·霍普夫纳、弗利兹·诺迈耶，《彼得·贝伦斯设计的位于柏林-达勒姆的韦根住宅》，美因茨1979年，13-24页。

80
迈耶-格拉斐，《彼得·贝伦斯在杜塞尔多夫》，同上，381页。

81
伊曼努埃·康德，《纯粹理性批判（1781年）》，第1卷，柏林/维也纳1924年，70页，卡尔·波普尔（Karl Popper），《寻找更美好的世界》（Auf der Suche nach einer besseren Welt），慕尼黑1984年，144页。

82
马克-安东尼·洛吉耶，《论建筑》（Essai sur l'architecture），巴黎1753年，引自：乔治《建筑理论历史导论》（Einführung in die Geschichte der Architekturtheorie），达姆斯塔特1980年，200页。

83
尼采，《悲剧的诞生》，同上，130页。

力地去表达还无法认清的规律"。[80]他的设计并没有像贝尔拉赫那样，依据"自然真理"提出结构原理的客观法则，而是通过提炼和风格化使艺术作品具有清晰的形式。为了把物质根据体量和比例的精神原则统一地加以安排，"形式真理"会根据创造意志的艺术法则来组织材料。艺术并没有从自然窃取其法则，而是自信地将法则作为现代个体的标志，它阐释了规则制定者们的相关理念。

代表贝尔拉赫与贝伦斯精神世界的两极产生了碰撞，他们之间的分歧体现了18世纪以来现代个体观念中包含的意识危机。康德在1780年左右，以一种充满勇气的语言表达了对理性把控的需求："理智（Verstand）创造了其自身的法则……并不是源于自然，而是为自然制定法则。"[81]一种被康德自豪地称为"哥白尼式的转变"，也在18世纪的建筑理论中相应地表现为理性主义的回归，即反对延续下来的有关自然和传统教条的启蒙精神。在洛吉耶长老的著作《论建筑》（Essai sur l'architecture）一书中，他指出"法则关心的不应'是什么'，而是'应当是什么'"[82]，以此在旧的和现代世界，以及相应的"真实性的建筑"之间画出分界线。在"关照形而上整体"的信仰传统与"要求自身存在意义、理性化的个性独立观念"之间的对立，在工业时代来临之际变得更加明显。

在建筑理论层面上，贝尔拉赫与贝伦斯对立的思想体系，更反映出他们精神秩序的差异，而这些在19世纪认识论和哲学建构中都有着思想的历史根源。想要寻找构成真实世界的真理本质和逻辑规律的贝尔拉赫，代表着形而上本质哲学（Metaphysische Wesensphilosophie）的立场，置身黑格尔和叔本华的阴影下并笃信他们的学说；贝伦斯并不要求万能的真理而是寻求阐释，他受到19世纪后30年中，最为重要的尼采所代表的现代存在主义哲学的影响。经由"造型力"（Plastische Kraft）来重估文化价值，借此塑造人类。因此，真理并不能够"自我赋予"，艺术不能被理解成对自然真实性的模仿，而是作为超越自然时的精神支撑。[83]

贝尔拉赫的方法是从自然和整体的逻辑观念脱离出来，由此而获得了一种基本关系。在事物表象背后和作为"简明的规律性"（贝

‹124

尔拉赫语）先验存在的真实性中，发现了本质的概念。摈弃由先验秩序（Apriori-Ordnung）的超现实所掩盖的，每个具体真实层面的抽象化过程，必然会使那个"理想化基本理念"（Ideale Grundidee）呈现出来，借此实现至纯至真的永恒建造法则。

哲学方法转移到建筑上，会迫使一种去物质化结果的出现：为了剖析隐藏在事物中的本质形式，抽象的过程消除了作为形式的物体。这类似于蒙德里安对柏拉图式新造型主义创作过程的解释，"准确地塑造这种在自然界中只通过微光、减弱并消失的，以及以具体形象所出现的（事物）"。[84]几何象征着某种具有唯物主义特征的"理想化基本理念"的最终范围，其中不仅有体现相同自然真理的"逻辑结构"，而且也包含最高级的精神形式。在真理的绝对性中，能发现所有存在事物的动因。类似地，比如相信历史中存在一个成为黑格尔"世界精神"（Weltgeist）哲学先决条件的进步发展规则，它确保了进步的历史规律和由此形成的建造艺术的革新。

实用性和结构合理性最终引发了对维特鲁威式建筑的批评。钢结构所带来的透明世界，抽离了源自纪念性、空间封闭性和带有体积感的建造概念，还有以此为标准的形式法则。现代建筑时代呼唤一种从表面特征上，有别于传统并体现新特征的建造艺术：它们会——贝尔拉赫对新造型的面相进行了如下的精准刻画——水平向外延展，有着结构上的造型分布，或多或少地以墙体构成来重新定义建筑空间。[85]

新柏拉图主义（Neoplatonismus）经由贝尔拉赫，在风格派的概念中获得了新的生命，它谈论着密斯"皮与骨式建筑"的"去物质化"，寻找那种不被主观美学方式所影响的、而仅以宇宙式数学抽象表达方式所构成的本质图像。所以，正如贝尔拉赫所说的那样，希望美学这个词"从建筑世界非常安静的消失"。[86]而20世纪20年代早期的密斯，也是上述立场义无反顾的支持者，他要求"把营建从美学投机中解放出来"[87]，同时也掺杂一种希冀破坏圣像、动员十字军东征般的呐喊助威声，以期最终把建造艺术从千年的苦

84
蒙德里安，《绘画中的新造型主义》（Die Neue Gestaltung in der Malerei, 1917/18），引自：伯希勒尔/莱奇，《风格派：著作和宣言》，同上，77页。

85
贝尔拉赫，《建筑发展的基础》，同上，115页。

86
同上，79页。

87
密斯·凡·德·罗，《建造》，载于《G》，1923年9月，第2期1页。

88
尼采,《哲学中的"理性"》(Die>Ver-
nunft<in der Philosophie),引自:《尼
采全集》,同上,第2卷,961页。

89
尼采,《反基督》(Der Antichrist),
引自:《尼采全集》,同上,第2卷,
123页。

90
尼采,引自:《尼采全集》,同上,
第3卷(出自19世纪80年代的遗著),
526页。

91
贝尔拉赫,《建筑发展的基础》,同
上,113页。

92
尼采,《理查德·瓦格纳在拜罗伊
特》(Richard Wagner in Bayreuth),引
用自:阿罗西·里尔,《艺术家和思
想家弗里德里希·尼采》(Friedrich
Nietzsche der Künstler und Denker),斯
图加特1896年(第5版),55页。

93
里尔,《当代哲学》,同上,240页。

难中解救出来。

与贝尔拉赫基于形式理论所建立起来的造型概念正好相反,贝伦斯的设计原则主要基于美学。他试图通过感官来认识事物,也就是说,通过现象来理解事物的存在意志,建立一条通向真实性、并在论证层面符合其造型方法的道路。艺术宣誓这里是自己的领土,它以符合现象界节奏、和谐及比例的语言做出诗化比喻 ＜126 的模拟,用尼采的话来说就是,"对现实再一次进行选择、强化和修正"。[88]正是艺术作品使感官图像(Sinn-Bild)中的现实成为人自己创立的真实,并最终成为经验中"意志的形象"(Abbild des Willens)。

这个理论所涉及的形式,并非是隐藏在物质世界背后本质秩序(Wesensordnung)的表达,而是与被人类对世界的想象(Vorstellungswelt)所改变的事物表象斗争的结果。存在主义哲学否认了"存在"于背后的、被看作表象和现象的存在条件的现实确定性;不是在事物的本质上,而是在人们将世界解释为表象的感知中,构建起了精神的存在。启蒙运动和机器时代借助现代科学的实证主义使古代神话失去光芒,并为现实带来了无神论。现代人被迫以"开放的现实观念"[89]来"自说自话"(里尔语),用新的理念自我完善,并"让这个世界得以转变,从而使我们的存在成为可能。"[90]

当贝尔拉赫陷入柏拉图——黑格尔式的悲剧,等待"直到另一个世界理念重新诞生"[91]的时候,为了重燃激情、重估当下,并开始"对可以改变的世界加以优化",贝伦斯扛起了尼采"认可现实"的旗帜。[92]上述"憧憬未来生活可能性"[93]的理想化立场,不仅允许把建筑纳入时代范畴,而且要求引入现代技术的因素,从而使艺术和工业来一场化合反应。诸如谷仓、医院等实用性建筑,使1910年左右建筑师们的精神为之一振,没有上述精神现象作为认识的基础,就同样无法理解蒸汽机、汽车和飞机在20世纪20年代的建筑界中所引发的共鸣。

用图像来言说价值重估的意志,并将美学类比用于转变观念的

手段，对此密斯深表怀疑。这与柏拉图的观点相矛盾，即视觉形式而非形式理论中重要的存在形式，应当成为现实的关键。1915年沃尔夫林用他的"基本概念"，为艺术史配上了一副合适的眼镜。沃尔夫林的"观看历史"（Sehgeschichte）的理论尝试揭示造型应用的历史图像。他的原则"人大概总是会看到他想看到的东西"[94]，鼓励了一种普适主义的想法，最终使查拉图斯特拉奔向"每个寓言而到达所有真理"。

127>

密斯拒绝采用类比的方法，用概念上的可能性来取代真理。谁如果像贝伦斯一样把工厂造成神庙那样，或者如柯布西耶一样让拱券愈发抽象和大胆，以至在精神层面把现代跑车和帕提农神庙置于等同地位，谁就必然遭受批判。尽管密斯——在成为先锋派之前——会毫不犹豫地选择"以柯布西耶替代舒尔策-瑙姆伯格"（Schulze-Naumburg）①的建造艺术，但仍会说，"柯布西耶与纯古典主义混在一起的立场是……错误的。"[95]

是结构和形式之间的矛盾导致了，贝尔拉赫寻找结构形式与贝伦斯解释性地赋予形式的差异，这个矛盾在新建筑时代又重新显现。贝尔拉赫与贝伦斯所面临的问题，同密斯与柯布西耶所面临的完全一致，即建筑应当做什么，而不是建筑应当是什么。柯布西耶对建筑的定义是"汇聚在光线下的建筑体量，充满艺术性的、合理而伟大的游戏"[96]，并依赖于感性认识，他的建筑以变化的形体交互式地展现了事物存在的丰富性。而密斯"皮与骨式建筑"的非物质性，试图把现实削减至其内核的状态，从而清晰呈现内部结构秩序的所有特点。

在建筑体型生成过程中，对于几何的应用方式也决定了两位建筑师在创造建造艺术时的不同价值取向。密斯式的极少主义把虚空中具有基本节奏秩序的几何网格，放入梁柱构成的受力框架中；相对应的是，用光线表现体量的柯布西耶式的纯粹主义，在几何学中发现了"建筑语言"，为了让眼睛通过体量的立体纯粹

---

① 舒尔策-瑙穆博格（Paul Schultze-Naumburg，1869–1949年），德国建筑师、画家、现代建筑评论家，是德国纳粹建筑的拥护者。——译者注

94
亨利希·沃尔夫林，《艺术史的基本概念》，慕尼黑1915年，德累斯顿1983年，295页。

95
密斯·凡·德·罗，笔记本1928年，引自：MoMA，手稿文件夹1。来自保守阵营的建筑师保罗舒尔策-瑙姆伯格作为所谓"乡土风格（Heimatstil）"的代表，是最极端的新建筑批评者。那幅把魏森豪夫住宅区变成阿拉伯村落的照片拼贴就出自他手。他不但是1928年纳粹的德国文化战斗同盟（Kampfbundes für Deutsche Kultur/KfdK）的发起人之一，也是鼓吹"文化种族论"的旗手。但巧合的是，1934年8月18日出版的纳粹党机关报《民众观察家》（Völkischen Beobachter）所发表的《文化创造者们的呼吁》（Aufruf der Kulturschaffenden）文章后面，密斯的签名与舒尔策-瑙姆伯格签名赫然同列。参见：彼得·哈恩（Peter Hahn）等，《柏林时期的包豪斯：从1932年在德绍解体到1933年在柏林关闭。包豪斯人与第三帝国》（Bauhaus Berlin：Auflösung Dessau 1932. Schliessung Berlin 1933. Bauhäusler und Drittes Reich），万加登/柏林1985年，147页附注。

96
柯布西耶，《走向新建筑》，引自：《建筑展望》（1922年），柏林/法兰克福/维也纳1963年，38页。

97
参见：注释30。

98
柯布西耶，同上，38页。

99
柯布西耶，同上，38页。

100
柯布西耶，同上，18页。

101
尼采，《不合时宜的观察》(Streifzüge eines Unzeitgemässen)，引自：《尼采全集》，同上，第2卷，997页。尼采关于建筑的概念出自叔本华，《作为意志和表象的世界》(Die Welt als Wille und Vorstellung)，1819年，参见第3卷，"关于建筑美学"(Zur Ästhetik der Architektur)；在重量和刚度的对抗中，叔本华发现了建造艺术中真正的美学主题。(原文为"因为建筑艺术在审美方面的唯一题材就是重力和固体性之间的斗争，以各种方式使这一斗争完善地、明晰地显露出来就是建筑艺术的课题"，见：叔本华，《作为意志和表象的世界》，石冲白译，商务印书馆1982年，28页。——译者注)参见：赫尔曼·索格尔(Herman Sörgel)，《建造艺术理论：建筑美学》(Theorie der Baukunst. Architektur-Ästhetik)，慕尼黑1921年，68页。

性来分享"几何所带来的愉悦"，几何的应用使雕塑体量产生了对感官的吸引。

密斯从贝尔拉赫的建造艺术理论中，抽取了他的信条并将其浓缩为警句"建造即服务"。[97]柯布西耶认为服务原则是一种功能主 <128 义，因此更喜欢将建筑师与诗人进行类比的他，严肃地拒绝了非艺术家式的方法。只有在以实用为目的领域而不是艺术范畴里，这种方法才有存在的理由，因为艺术不应仅限于对物质表示尊重："对那些……提倡'建造即服务'的人们，我们的回答是：'建筑即获取'。而且"——当密斯利用批评贝伦斯的机会，大概也对柯布西耶的艺术做出了有所保留的评价，从而导致了柯布西耶的不满——"我们被称为'诗人'后，就被轻蔑地解雇了。"[98]

柯布西耶与贝伦斯一样，都对建筑物的强度和承载做出诗性的比喻。他狄奥尼索斯式的建造艺术定义，受到了尼采悲剧理论的启发，是"承重石块"迸发的"激情"所成就的"……一部戏剧"。[99]现在阳光灿烂，在没有任何历史形式的背景中，上演着①形体的永恒戏剧。正如阿尔伯蒂五百年前所希望的，建造艺术应当和戏剧艺术一样，仅仅通过形式和布置的纯粹性来挖掘其潜能：居住的机器，应当是这样一座"宫殿"，"房子的每一个器官，通过内部整体的安排，都会如此有力地影响我们，以至于背叛了想法的高贵和伟大"。[100]

这个充满愿望的意志，不是针对内部——密斯所关注的对结构框架的表现——而是针对生动表象的建筑表现方式。以必须被转译为"诉诸感官体验的情感方式"(Sinnenerlebnis gefühlsmäßiger Art)来"对抗重力"，柯布西耶发展了建造艺术的寓言特征，并盛赞精神对物质的胜利。根据尼采的理论，在这出戏剧中存在着真正的建筑艺术感受："在建筑作品中彰显②自豪，对抗重力的胜利以及权力意志；建筑在形式上是一种话语权……"[101]

密斯把贝尔拉赫誉为伟大的建造艺术教育家，赠予他尼采式

---

① Aufzuführen在德语中，有"上演"之意，也可做"建造"解。在这里有双关之意。——译者注
② Versichbaren，在此译作"彰显"，推测是尼采自创的词汇。——译者注

"超人"的称号，称赞其为启迪了时代同侪的"孤独的巨人"。[102]尽管密斯还无法走出概念上的矛盾心态，但或多或少还是表达了对贝尔拉赫人品和理论的一贯性的支持。出于对结构性的绝对认同，密斯很可能忽视并无法回答形式的含义问题。密斯在建筑师生涯的初期所发现的，存在于想象中的两个精神世界的对话还在延续：虽然在20世纪20年代早期，密斯试图凭借一种绝对化的立场，远离学院派和投机者以形式为目的各种理论，但是矛盾心态却一直存在于他的思考和表述之中。它已经体现出面对那些措辞强烈的反驳，坚持实现具有完美形式造型和外观的意识——从而使艺术的权利得以维护。

这种精神世界的矛盾性，是推动密斯跨越职业道路的不同阶段并坚持不断前行的真正动力。即使在这样的冲突状态下，也要求将事物还原至极简状态，同时还要自我发展。对真理和条理的无条件接受，源自一种深刻的矛盾和分裂意识。现代人面对造成时代危机的"混乱"（密斯语），必须应对"中心的消失"所带来的问题，并通过新的价值观来进行自我重建。对旧的先验秩序的信仰和新时代的主体自我需求之间的矛盾打动了密斯，他——正如尼采意义上的现代人一般——同时坐在"两把椅子之间"，"一口气既说是又说不是"。对于密斯自身的道路，除了尼采——本来就是现代人类的代表——的一句格言之外，没有更贴切的话来描绘其"命运走向"的了，那就是"是的，不是，直线，目标。"[103]

102
密斯·凡·德·罗，《书信草稿》，无日期（估计为1927年前后），引自：MoMA，手稿文件夹2（收录于本书附录）。

103
尼采，《格言与箭》（Sprüche und Pfeile），引自：《尼采全集》，第2卷，949页。

第四章

基元化造型：
突破建筑的边界

> 1 "建筑的彼岸"：永恒之筑

"我们正把营建从美学投机中解放出来，
还其建筑的本来面目，这就是
建造。"
——密斯，1923年

"我们的任务随时出现，
我们在生命中刻画永恒的形象。"
——尼采，出自阿罗西·里尔的引用，1908年

"生命的重要任务就是：
每天重新开始生活，
仿佛这天是第一次——而且容纳整个过去的，
所有结果和被遗忘的本质
以及先决条件。"
——格奥尔格·齐美尔，《札记遗珠》(*Fragmente und
Aufsätze aus dem Nachlaß*)，慕尼黑，1923年（来自密斯的藏书）

　　通过一系列由建筑师自己设定任务书的项目[1]，成就了密斯令人信服的建筑形象：1921年到1924年之间，密斯设计了玻璃高层、办公楼、混凝土住宅和砖宅，无论是概念的原创性还是形式的完善度在那个时代都相当罕见。其气质定位的典型性，精致诗意的想象力，现实和乌托邦的交相辉映，体现出的成熟老到、深思熟虑，使其开始成为一段时间内的参考标杆。

　　在表达的原则性方面，公开发表的文字丝毫不缺乏极端性，项目的定位要求化作了宣言：从另一个角度来看，它们描绘了新建筑的曙光，揭示出使这些项目升华成现代建筑原型的精神概念。在表达的明确性和清晰度方面，早期的宣言都无法超越这些开创性的设计。坚持抛弃隐喻的手法而"直奔主题"的风格，使

[1]
除了1921年12月弗里德里希大街高层建筑公开设计竞赛之外，其他的方案或多或少都是自己设定的任务书。根据泰格霍夫在前面著作第17页附录所写的推测，密斯1922年夏天开始的混凝土乡村住宅设计，是为自己做的。除了弗里德里希大街的高层概念设计外，所有项目都没有非常过分的限制条件，而且办公楼方案连一个具体的基地都没有。

2
密斯·凡·德·罗,《工作主题》
（Arbeitsthesen），载于《G》，1923年7
月，第1期，第3页。

3
密斯·凡·德·罗,《建造》，载于
《G》，1923年9月，第2期，第1页。

4
密斯·凡·德·罗,《办公楼》,《德
意志汇报》(Deutsche Allgemeine Zei-
tung)，1923年8月2日，未发表，引自：
MoMA，手稿文件夹3。

这两种表达方式互为参照。作品和理念，信念和言论，都服从于 <133
共同的意志。

就像一位在旧教堂大门上发表意见的16世纪的宗教改革家，密
斯也表达了自己的想法，认为需从根本入手，提出革新建造艺术的
口号。诸如《工作主题》（1923年）、《建造》（1923年）和《建造艺
术与时代意志！》（1924年），这样的标题使人注意到，这些新时代
的建筑师们所寻求的是一种质朴的绝对性。追求建筑形式的客观
化，就需要抛弃严格的教条。类似真理意志寻求确立事实的标准并
揭示事物的客观性，建筑师们必须做的就是放弃艺术家式的自由。

要从根本上革新建造艺术，就要从回归建筑的基本"道德"开
始，而密斯以其信徒的身份出现了。这种原教旨主义的做法，就是
直接否定第一次世界大战"史诗般的终结"（出自弗里德里希·德
绍尔）的浩劫历史。在破碎的历史中，对建造艺术的梳理和清算始
于抛弃所有美学和象征的立场观念。密斯似乎紧握着拳头，以富有
节奏感的口吻宣读判决，"一切美学上的投机，一切教条主义和一
切形式主义，我们都加以拒绝。"[2]

这种拒绝的结果，就是不只对关注表象的艺术传统说不，还对
所有形式理论和意识形态说不，换句话说，就是否定建造艺术的
"信仰"。无论是陶特的表现主义，还是杜斯伯格的新造型主义，
都被密斯于1923年冠以"形式"或是对"风格"的尝试而加以批判，
因为它们毫无疑问都是"形式主义"。他确信形式自身并不具备存
在的理由，他言简意赅地提到"我们考虑其他问题"，形式的问
题已过期很久，已从建筑师的工作清单上划掉了："我们不理解形
式，而只知道建造问题"，借助这样相应的转化，过期的概念从新
意识中被消除。"形式并非目的，而是我们工作的结果。形式自身
并不存在……把形式作为目的是形式主义；我们对此予以拒绝。"[3]

由此可以理解，密斯为何"不想与过去几个世纪的美学传统发 <134
生任何联系"，并从建筑中剔除"所有理论"。[4]这种持反对态度的
宣言，只是对目标做了大致的概述。一段可能会陷入平庸的同义反
复，带来的是神化而非阐释，是神秘的仪式感而非客观的准确表

述，它这样解释道："我们关心，把建筑从美学投机中解放出来，还其建筑应有的面目，即建造。"

手稿最后的这句话阐释和体现了密斯的历史观："还其建筑一直曾有的面目，即建造。"[5]应有的和曾有的、未来的和永恒的——正如这个替换所暗示的那样——这里所提到的观点互相融合。与密斯在其他场合类似的替换，如新美学和原初美[6]，逻辑是一致的。

抽象的哲学方法为绝对和永恒的救赎提供了前提。为了使唯一和普遍存在的秩序得以解放，必须消除具体现实对事物本质的暂时遮蔽。现实不应只是被描画，而是要形成自我——这个说法将20世纪初的现代性与所有矛盾结合起来。与把建筑视为模仿，而非创造艺术的柏拉图不同，新艺术的代表们寻求一种符合宇宙法则的造型。密斯指出，新建筑认同的是"从美学到有机，从形式到结构"[7]的发展道路。"建造"这个充满魔力的词语，肯定了一种"形成的"（bildend）意义：这关系到自然秩序、物质的合理构成及其运动，它描述的那种手工制品，产生于客观法则和对秩序的自由决定之中。至少在这个概念上，基元化造型特征——客观和主观秩序的统一已得到实现。

在密斯的表述中，对"建造"一词只给出了一般的概括定义，似乎任何进一步的解释都显得多余。"建造"对于密斯而言，意味着"从任务的本质出发"[8]，以特定时间段所提供的手段来操作的一种造型；它代表了一个简单明晰的真理，其有效性并不需要理论和学说来加以证明。在这里，生命的真理更多的是自我表达，"存在之家"（Haus des Seins）（尼采语）在想象中的地方，根据秘密计划自我永恒地得以建造。

密斯怀着重建世界的时代渴望。表现主义运动首先召唤的，是代表了救赎神话的"建造"一词。1919年4月，格罗皮乌斯在传单中呼吁艺术家们，"为了重建一切"要拆除"畸形学校教育强加在'艺术'之间"的隔墙。"我们过于功利化时代"的原罪似乎预示了，建造艺术包罗万象、积极向上的本质已不再能被理解。失去建造意义的结果，就是惩罚人类待在"丑陋的荒漠"上："让我们清

5
密斯·凡·德·罗，《建造》，同上。

6
参见密斯·凡·德·罗，《要是混凝土和钢没有了镜面玻璃会怎样？》，德国镜面玻璃工业协会的宣传册，1933年3月13日，未发表，出自LoC档案手稿："构造的简洁、建构方式的清晰和材料的纯粹性，都闪耀着原始美的光芒。"（文字版）"构造的简洁、建构方式的清晰和材料的纯粹性，都闪耀着新美学的光辉。"（第1版）

7
密斯·凡·德·罗，《办公楼》，同上，见注释4。

8
同上。

9

参见：沃尔特·格罗皮乌斯，《什么
是建造艺术？》，由艺术职业委员会
举办的《为了无名的建筑师们》（Für
unbekannte Architekten）展览传单，
1919年4月，引自：《艺术职业委员
会，柏林，1918—1921年》（Arbeitsrat
für Kunst, Berlin 1918—1921），展览画
册，柏林，1980年，第90页。

10

密斯·凡·德·罗，《办公楼》，
同上。

醒一些：我们生活和工作中的这些灰色、空洞和没有灵魂的人造假象，将成为我们这一代人留给后世精神堕落的可耻证据，即忘却了唯一伟大的艺术：**建造**。"[9]

因1919年意识形态所带来的应激反应，使传统的教育和文化都面对着价值真空。只有重新赢得信仰，未来全新的"建造思想"（格罗皮乌斯语）才能出现。当表现主义者将其精神方向的中心转移到内心的幻想世界，发誓放弃技术并回归手工之路的时候，密斯却坚定地走上了一条相反的道路。他大胆的现实主义反对强调主观体验和感觉至上的"建造呼吁"，而将自己置于现实和时代革新的可能性中。

"建造"这个词的概念在密斯那儿，被描绘成未被"美学投机"所玷污而呈现纯净原初的理想状态。新建筑应当屹立于坚实法则的基础之上，这些法则是由主权（Souveränität）的存在所发展出的真理和证明。这里的零点等同于"本质"，意味着"存在的本原"，并哺育了"真正的建造思想"。在抽象的古典化过程中，密斯把建造过程还原为一种虚构的原始状态，在这种状态中同时也产生了形式："建造"抓住了一种已经失去的，但又将重新获得的史前纯真状态。在这个建造神话中，信仰体现内在秩序的蓝图，并见证生活和自身的作用力。由于形而上学充满了生活的创造力，所以"建造"一词受到现代建造艺术的青睐，并呼应了建筑师们所服膺的伟大生命法则："他们的创造应当服务于生活。生活应当成为他们的导师。"[10]

此外，"生活"一词属于浪漫主义范畴并具有整体特征，和它一样神秘莫测、游移不定的是"建造"这个词，它们之间有着不解之缘。无需隐瞒的是，绝对意志（Unbedingte Wille）是密斯早期宣言的要旨，其后转向了原始本体神话，这本身——如果既非"美学意义上的"，亦非"理论上的"——就应该算投机了。密斯对于存在的解释，更多地是来自宗教神学观念、表现主义式的世界观，而非某种以新现实主义为目标的批判分析行为，这使密斯早期作品同时拥有理性成分和幻想色彩。

⟨136

深入接触生活，连通自然永恒真理，抑或另外一个词："本真性"（Echtheit），密斯从更高的层面来要求新建造艺术。"建造"也对建筑的独立性提出了要求：这种建筑由"内在必然性"（密斯语）发展起来，有其自身的基本语法，并不受外来需求和理论所决定。密斯以其不尚理论空谈而是实践生命法则的建筑思想，以及拒绝形式化，又具有伟大完整形式的作品，开创了一个事实上还未被人类触及、通往纯粹存在和极其抽象的领域。越过主客观秩序的矛盾平衡点，密斯找到了适合自身的道路，并从战前那种思想分裂的矛盾状态中摆脱出来。一种新建造艺术"道德"已经就位。

11
密斯·凡·德·罗，《完成任务：对我们建筑行业的要求》，载于《建筑世界》1923年14，第52期，第719页。

12
引自：沃尔特·格罗皮乌斯，《什么是建造艺术》，第90页。

137> 为了重新赢得失去的神话和原初性，从密斯阐明立场时的果断有力来看，似乎不可避免地——至少是在修辞上——需要一块"白板"（tabula rasa）。出于这样的动机，1923年12月12日，密斯在柏林举行的德国建筑师协会的开幕大会上这样开始了他的演讲：

> "在乡下显然存在着一种习惯，耕种杂草丛生的荒地时，会忽略一些正在茁壮生长的植株。除了寻求一种全新的建造精神之外，我们别无选择……我们要求……我们今日的建筑：务必要有真实性，要抛弃一切形式的欺骗。"[11]

随着对真实性的呼唤，暗示一种同样质朴和粗糙的，恰恰是达尔文主义的生活法则和对"自然"乡土生活方式的复制，密斯感受到的是，存在秩序中的形式和生活的有机统一消失了。与其相适应的是一个精神秩序，那里的世界被理解为符合神圣意图的伟大和谐。自然和信仰是秩序认同（Ordnungsvertrauen）的两个源泉，也是贝尔拉赫引导建筑师回归中世纪建造艺术时的期望，密斯走上了这条道路并开始建造。最终成为艺术终极目标的不是光芒四射的"未来神殿"[12]，而是密斯和贝尔拉赫所倡导的朴素建筑观念，就是这种将严谨的客观性、服务于本质和无私奉献的中世纪思想，作为时代建造艺术的先决条件。

对世界忧虑和希望并存的中世纪，与几个世纪以后1918年左右的动荡年代，有着某种亲缘关系。艺术上的表现主义、在哲学和科学中广泛传播的新柏拉图主义，都是彻头彻尾的哥特式想法。此

13
在一本威廉·沃林格的著作《哥特形式论》(慕尼黑，1920年)的封面上，有着"Ludwig Mies"的笔迹。1922年密斯把他姓氏加入到名字中"Mies van der Rohe"。

14
与此相关值得一提的还有：德特莱夫·罗斯格(Hans Detlev Rösiger)，《哥特式与古典主义》(Gotik oder Antike)，载于《新建筑》(Der Neubau)，1924年6月，第22期，第273页，以及威廉·沃林格，《希腊式与哥特式》(Griechentum und Gotik)，慕尼黑，1928年。

15
彼得·卡特，《密斯·凡·德·罗》，载于《建造与居住》，1961年，第16期，第229页。

16
两本朗兹伯格的书：《中世纪世界和我们》是1925年的第3版(第1版，1922年)。不清楚密斯是否在更早的时候，接触过这本书。也就是，如果从与早期宣言思想上关联的紧密性来看的话，种种的迹象表明密斯自1925年起才开始频繁地阅读这本书。相形之下，朗兹伯格的另一本书《柏拉图学派的实质和意义》(Wesen und Bedeutung der platonischen Akademie)(波恩，1923年)就不太出名，显然密斯也没有这本书。不排除密斯与朗兹伯格之间存在着私谊，因为就像汉娜·芭芭拉·盖尔在《罗马尔诺·瓜尔蒂尼：1885—1968年》(美因茨，1985年)第130页中所描述的那样，朗兹伯格为罗马尔诺·瓜尔蒂尼的听众，于1923年也来到了柏林。

17
密斯·凡·德·罗，《完成任务》，同上，第719页。

18
保罗·路德维希·朗兹伯格，《中世纪世界和我们》，波恩，1925年，第7、12页。

外，艺术和科学对时代的认知，也是从认识这条道路开始的。威廉·沃林格在1912年就已经出版了《哥特形式论》，密斯曾拥有一本1920年的版本[13]；1917年卡尔·舍夫勒出版了《哥特精神》(*Der Geist der Gotik*)，1922年马克斯·舍勒的学生保罗·路德维希·朗兹伯格(Paul Ludwig Landsberg)出版了这个领域大概最重要的著作《中世纪的世界和我们》(*Die Welt des Mittelalters und wir*)，其副标题为《关于时代意义的历史哲学研究》(*Ein geschichtsphilosophischer Versuch über den Sinn eines Zeitalters*)。汉斯·穆赫(Hans Much)的 ◁138 著作《哥特的意义》(*Vom Sinn der Gotik*)出版于1923年，使数量众多的中世纪系列研究臻于完善，其中的一部分在20世纪上半叶曾多次再版。[14]

朗兹伯格20多岁完成的研究成果，成为20世纪20年代密斯经常研习的最为重要的著作之一。它概述新柏拉图主义哲学，可以推断也指导密斯，"在古典和中世纪的哲学宝藏里"[15]去探索"什么是真正的真理"。密斯的藏书中有两本朗兹伯格的著作，书中大量的铅笔批注强化了上述假设。[16]朗兹伯格在中世纪里所寻求的，恰恰正是密斯所渴望的东西。1924年密斯的注释，"神秘主义者的努力终会是过眼烟云"，不满于表现主义者对中世纪的否定态度[17]，朗兹伯格也同样写下了"没有进一步……由于无望而痛苦地建议'回归'中世纪"(密斯圈注)。卷首引文是诺瓦利斯的文字，"世界的精神已不在，我们停滞于表面，已忘却了现象的出现"——重申了朗兹伯格传递给密斯的价值观。"中世纪的柔情蜜语"不仅仅适用于某个特定阶段，而更多地应该是"对中世纪新的热爱……如发自我们肺腑的猛烈风暴"，从"历史本质论"角度来看，中世纪最终是"作为人类基础和本质的可能性"而出现的，并带来"与当代精神状态的感官联系"。[18]

朗兹伯格有意识地脱离"现代"历史思考模式，其历史研究态度是推崇视中世纪为唯一正确的世界观。这种态度"不追问外部存在的偶然性"，不想知道历史"究竟是什么"[兰克(Ranke)语]，而是试图认识"过去"以及"如何成为永恒"。中世纪的统一和团结意味着"秩序"（Ordo）理念，它造就了一个文化的时代，并在此基础上建立起世界观的范本。朗兹伯格说过，这代表的"不是某个'封闭的世界观'，而是那个'封闭的'世界观"。[19]（密斯圈注）

"中世纪的人们拥有连接永恒的闪光纽带，这使我们如此羡慕和渴望"[20]，代表着那种曾深深感动过密斯的，对绝对性的无限憧憬。密斯在书中用双线划出了下面的句子："人们渴望永恒，自我实现……仅凭'回到中世纪'是无法帮助我们的，新的神秘主义和经院哲学也无法帮助我们，在世界中，也包括历史世界和中世纪的世界中，重新发现永恒。只有永恒的才是最终范本。"[21]

从形而上的观念来看，历史按朗兹伯格的理解，仅代表当时"对超时间的、先验的、神的终极意志的实现"。[22]从黑格尔的"时代精神"所描述的现代历史哲学中，朗兹伯格形成了他的历史先验观点[23]，即通过单一的时代追寻整体意义，这得到"泛神论（Pantheistisch）回音"的响应。贝尔拉赫希望把艺术品不看作个人的，"而是一个时代精神"的表达，并把杰出艺术视作时代精神的"转译者"，他同时也提及了黑格尔。[24]

如此看来，密斯希望继续缩小黑格尔所定义的个体活动的空间：1924年他谈论的已不是"时代精神"，而是他自己的"时代意志"（Zeitwillen）概念，他指出暗藏的历史线索神话般地预示着时代的道路。"建造艺术是空间所承载的时代意志，除此别无其他。"[25]这句话的目的指向一个承载生命力的意志时代的神话。叔本华的"意志的形而上学"（阿罗西·里尔语）也指出，作为本体的主观意识的推动力与意志相结合，对他来说意味着那种关乎个体的特征。贝尔拉赫沉迷于叔本华的著作，而密斯对其也并不陌生。密斯在亚琛学徒期间，就通过一个叔本华的崇拜者——建筑师杜娄（Duelow），对其哲学产生了兴趣。正是由于杜娄的邀请，青年密斯参加了叔本华诞辰的庆祝晚宴，并在他的推荐下去了柏林。[26]

我们不清楚，密斯是否参加了有关意志的哲学讨论并形成了自觉的立场。里尔的论文《叔本华和尼采：关于悲观主义》研究了上述议题并提供了大量资料，而书中没有看到批注，似乎也说明密斯

19
朗兹伯格，同上，105页。

20
朗兹伯格，同上，28页。

21
朗兹伯格，同上，99页。

22
朗兹伯格，同上，15页。

23
参见：达戈贝尔特·弗雷（Dagobert Frey），《艺术科学的基础：艺术哲学的泛神论》（Kunstwissenschaftliche Grundfragen. Prolegomena zu einer Kunstphilosophie），达姆施塔特，1984年，第53页附注。

24
贝尔拉赫，《建造艺术风格的思考》，莱比锡，1905年，第48页。

25
密斯·凡·德·罗，《建造艺术与时代意志！》，载于《横断面》，1924年4月，第1期，第31页。

26
弗朗兹·舒尔策，《密斯·凡·德·罗》，同上，1985年，第17页。

139>

27
下面是密斯所拥有的乌尔·亨利希·弗朗斯的著作书目:
《植物的感觉生活》(*Das Sinnenleben der Pflanzen*)(斯图加特，1905年)、《科学的价值》(*Der Wert der Wissenschaft*)(苏黎世，1908年)、《森林的生命图像》(*Bilder aus dem Leben des Waldes*)(斯图加特，1909年)、《自然的纪念碑》(*Denkmäler der Natur*)(莱比锡，1910年)、《植物的技术成就》(*Die technischen Leistungen der Pflanzen*)(莱比锡，1919年)、《生命法则》(*Das Gesetz des Lebens*)(莱比锡，1920年)、《慕尼黑：一座城市的生命法则》(*München. Die Lebensgesetze einer Stadt*)(慕尼黑，1920年)、《作为发明家的植物》(*Die Pflanze als Erfinder*)(斯图加特，1920年)、《生态：世界的法则》(*Bios. Die Gesetze der Welt*)(慕尼黑，1920年)、《农业土壤上的生命》(*Das Leben im Ackerboden*)(斯图加特，1923年)、《生命的天平》(*Die Waage des Lebens*)[普里恩（Prien），1923年]、《体验世界》(*Die Welt als Erleben*)(德累斯顿，1923年)、《原生质》(*Plasmatik*)(斯图加特，1923年)、《文化之路》(*Der Weg zur Kultur*)(斯图加特，1924年)、《真正的生命》(*Richtiges Leben*)(莱比锡，1924年)、《植物的灵魂》(*Die Seele der Pflanze*)(柏林，1924年)、《比较生物学概论》(*Grundriss der vergleichenden Biologie*)(莱比锡，1924年)、《植物爱的生活》(*Das Liebesleben der Pflanzen*)(斯图加特，1926年)、《自然中的和谐》(*Harmonie in der Natur*)(斯图加特，1926年)、《世界、地球和人类》(*Welt, Erde und Menschheit*)(慕尼黑，1928年)、《故乡的自然法则》(*Naturgesetze der Heimat*)(莱比锡/柏林，1928年)、《你要如此生活》(*So musst du leben*)(德累斯顿，1930年)、《褐煤森林的生命：穿越当今的原始世界》(*Lebender Braunkohlenwald. Eine Reise durch die heutige Urwelt*)(斯图加特，1932年)和《从工作迈向成功》(*Von der Arbeit zum Erfolg*)(德累斯顿，1934年)。
在密斯藏书中，类似的还有下述自然哲学、生物学方面作者的研究著作：
汉斯尔·安德烈（Hans Andre），《植物、动物和人的本质区别》(*Der Wesensunterschied von Pflanze, Tier und Mensch*)(哈伯施威德特/Habelschwerdt，1924年)；利奥波德·鲍柯（Leopold Bauke），《动物

对此并不是很感兴趣。密斯式意志概念的哲学色彩，和建造概念一样是相对含混的。这个概念的大致内容基于一种态度，这种态度基本上是倾向于严格的现象学，而对主观性加以拒绝。这里，主体并非真理之源，而是谬误之源。正如自然法则和类似的"时代意志"所表达的那样，个体不得不服从于客观性。结果是否定意志并导致了禁欲主义。< 140

在这样的情况下，就不难理解密斯对自然哲学家劳尔·亨利希·弗朗斯（Raoul H. Francé）的著作产生巨大热情的原因了，后者的著作列入"自然之友协会"（Gesellschaft für Naturfreunde）的"宇宙"系列出版物，在20世纪20年代早期广为人知。密斯的藏书里，这位作家的著作因为超过40本的数量，极具代表性。[27]一份1924年密斯寄给书商的订单说明了他曾系统性地购买过弗朗斯的著作和出版物，他对《比较生物学概论》(*Grundriss einer vergleichenden Biologie*)、《植物的技术成就》(*Die technischen Leistungen der Pflanzen*)、《自然之路》(*Der Weg zur Kultur*)和《客观哲学概论》(*Grundriss einer objektiven Philosophie*)的价格和邮寄做过咨询，文件最后有书商的标注："密斯·凡·德·罗，5月30日来电。"[28]

密斯在包豪斯的学生也阅读和讨论过弗朗斯的著作，不难推< 141 断，密斯在执教过程中曾介绍过他特别推崇的这位作家的主要思想。密斯在包豪斯最后的学生之一卡尔·凯斯勒（Karl Kessler），在1933年6月16日的信中这样写道："昨天，密斯·凡·德·罗因财务困难的原因解散了包豪斯……包豪斯死了，但包豪斯的精神仍在……在重新阅读劳尔·弗朗斯的'生物'时，我明白了我们努力的方向是正确的。这个生物学所讲的，是技术必须与世界法则，或者说微观法则与和谐法则保持一致，这就是包豪斯的遗产，也是包豪斯的精神。周二，计划坐船去郊游，所以我们还有一次机会，与密斯讨论未来问题。"[29]

弗朗斯的著作大部分出版于1918年以前，并在20世纪20年代早期的思想氛围中，找到了理想化的共鸣。第一次世界大战后从道义上对被视为灾难源泉的个人主义和私有产权的讨伐，汇集成一种普

劳尔·亨利希·弗朗斯著作书影（译者注）

遍的文化悲观主义，最终影响的是以自我为主体的新时代人类形象。中世纪的集体劳作组织，塑造了一种个体消隐于团体的匿名化模式，它同时也象征了一种有机秩序，那里就像自然一样，是一处纯洁的领地。

密斯拥有弗朗斯早期的著作《科学的价值：自然生命哲学的箴言》（*Der Wert der Wissenschaft. Aphorismen zu einer Natur-und Lebensphilosophie*）1908年出版的第三版。这本书展现了对那个时代的一种认识，并预言了威廉时代的强人理想走向衰落的必然。这部著作也包含了对尼采的清算，威廉主义盗用英雄主义和尼伯龙根精神来误导和诱惑狭隘的市民阶层，因而成了文化批评的靶子。与质疑绝对精神的苏格拉底相比，极端的怀疑论者尼采被弗朗斯描述为"那种我提醒过的、不健康的精神导师的典型"。尼采作为苏格拉底的信徒，已经走到了自我毁灭的边缘："垮掉的普罗米修斯——尼采，给我们展示了人在理论上的极限。"[30]按照弗朗斯的理解，尼采作为"未来世纪人类伟大而崇高的牺牲者"，"为人类行善，而被称为拯救者"，"对自身的所作所为没有意识，为了人类幸福

的工具》（*Werkzeuge der Tiere*）（莱比锡，1924年）、《漫游动物世界》（*Streifzüge durch die Tierwelt*）（斯图加特，1906年）；弗雷德里克·雅克布斯·约翰内斯·拜教代克（Frederik Jacobus Johannes Buytendijk），《蚂蚁的智慧》（*Die Weisheit der Ameisen*）（哈伯施威德特，1925年）、《理解生命现象》（*Über das Verstehen der Lebenserscheinungen*）（哈伯施威德特，1925年）；亨利希·弗朗林（Heinrich Frieling），《自然和艺术中的和谐与节奏》（*Harmonie und Rhythmus in Natur und Kunst*）（慕尼黑，1937年）；弗里德里希·海里克（Friedrich Herig），《人手与文化形成》（*Menschenhand und Kulturwerden*）（魏玛，1929年）；赫尔曼·克兰尼菲尔德（Hermann Kranichfeld），《生物学研究中的目的论法则》（*Das teleologische Prinzip in der biologischen Forschung*）（哈伯施威德特，1925年）；保罗·克兰哈尔兹（Paul Krannhals），《有机的世界图像》（*Das organische Weltbild*）（慕尼黑，1936年）；莫瑞斯·梅特林克（Maurice Maeterlinck），《花的智慧》（*Die Intelligenz der Blumen*）（耶拿，1921年）；欧仁·尼伦·马雷（Eugène Nielen Marais），《白蚁的灵魂》（*Die Seele der weissen Ameise*）（柏林，

劳尔·弗朗斯著作书影（译者注）

密斯订书的书单（译者注）

1939年）；马丁·菲利普森（Martin Philipson），《植物的感觉》（*Die Sinne der Pflanzen*）（斯图加特，1912年）；赫尔穆特·普勒斯那（Helmuth Plessner），《感觉的统一》（*Die Einheit der Sinne*）（波恩，1923年）；斯托斯·雷米吉乌斯（Remigius Stölzle），《生命的起源》（*Der Ursprung des Lebens*）、《灵魂的目的性》（*Die Finalität in der Natur*）（哈伯施威德特，1925年）；雅克布·约翰·冯·乌克斯库尔（Jakob Johann Uexküll），《理论生物学》（*Theoretische Biologie*）（柏林，1920年）、《动物的外部和内部世界》（*Umwelt und Innenwelt der Tiere*）（柏林，1921年）、《自然永恒精神》（*Der unsterbliche Geist in der Natur*）（汉堡，1938年）；阿尔伯特·威根德（Albert Wigand），《自然界的个性》（*Der Individualismus in der Natur*）（哈伯施威德特1925年）。

28
送货单，出自密斯特别收藏，芝加哥伊利诺伊大学。

29
《一位包豪斯人的最后两年：包豪斯学生汉斯·凯斯勒（Hans Keßler）的通信摘录》（*Die letzten zwei Jahre eines*

而牺牲"，如果说从他那儿可以学到什么，那就是："似乎我们没有生存的权利一样"。[31]弗朗斯由衷地赞叹并追随"歌德的光芒"：正如密斯的批注，歌德作为"这句话的作者：'一定要回到自然科学'，特别是形态学（Morphologie）"。[32]

格奥尔格·齐美尔和阿罗西·里尔被看作是世纪之交尼采的"发现者"，与所有伦理学家、道学家和文化学者所持的天才论观念相反，他们在1918年以后明显地转移了兴趣的关注点。近似地，正如密斯认为主观臆断式的美学投机对建造艺术的颓废负有责任一样，尼采也与文化的衰落联系在一起。如果要通过藏书来证明密斯与尼采的关系的话，那就是他拥有弗里德里希·穆克尔（Friedrich Muckle）1921年出版的《弗里德里希·尼采与文化的衰落》（*Friedrich Nietzsche und der Zusammenbruch der Kultur*）一书[33]，书中的口吻在战后十分常见。

歌德的那句"如果要从自然中获取什么，那就必须善待自然"，被弗朗斯引用的同时也被密斯特别地标出[34]，它像管风琴的长音一样证明了，是什么决定了密斯世界观的基本态度。20世纪 ◁143

20年代伊始之际，"善待"所发现的两个世界并将其合二为一，对密斯来说就是对义务奉献的完全肯定和强调。《培养谦恭的教育》（*Erziehung zur Demut*）[35]的禁欲主义理想，与伟大必然法则的意志相符合，而非有意识地去顺应变化世界的规则。20世纪20年代后期，密斯才尝试把自然和理念这两个领域置于同等地位，为了弥补并平衡某种片面的初始观念，适度地认可人自身存在的真理。

"人能做的最好的事情就是，在我和法则（世界）之间找到平衡，并整合到恒定的世界里面。这就是'正确的'，即所谓'尽善的'人生。超越尽善是无法实现的。"这被密斯圈出的句子，出自弗朗斯1924年出版的著作《现实生活：给所有人的一本书》（*Richtiges Leben. Ein Buch für Jedermann*）[36]，它承诺给读者一把点亮"现实人生"明灯的钥匙，在书的副标题中，以"规律-均衡-适应"三位一体的方式呈现出来。现实生活要求"对我们所顺应的整体存有敬畏之心，它错综复杂、永恒超越并凌驾于我们之上（密斯圈注）……这种对整体的敬畏必定包容我们，使我们不会超越人的权利，最终它成为全人类未来生存的最高仲裁。如果缺少了它，那么就会导致任性和专断，狂妄小人会自我圣化并藐视秩序，进而破坏并犯下不可饶恕的罪过。"[37]（密斯圈注）

对整体的认识带来的唯一问题就是本质问题，这涉及弗朗斯所热衷谈论的对知识的垄断，因为它涉及到底是生命喜悦，还是地狱灾难的问题："这个认识就是，如果想作出决断，只有弄清一个问题。那引起世界不安的所有一切，不到停的时候，决不能停下来，因为它使整个世界都觉醒起来，去摆脱那种误解了'真实'的不幸，以及被奇谈怪论和自身幻觉所诱惑而犯下的过错。"[38]（密斯圈注）

当下面的话被写下时，密斯不也是坚决反对过，借助一切主体理论和美学投机——反对"奇谈怪论"和"自身幻觉"——去"诱导"建造艺术？

"不要片面地工作……人是一个和谐的造物，工作和静修要交替而行。人需要寻找自然，你应当正确地去爱"（密斯圈注）。为了一定程度上能够达到既不借助精神，也不借由物质的平衡，弗朗斯

Bauhäuslers.Auszüge aus Briefen des Bauhäuslers Hans Keßler），引自：彼得·哈恩编辑，《柏林时期的包豪斯：从1932年在德绍解体到1933年在柏林关闭》（*Bauhaus Berlin, Auflösung Dessau 1932, Schließung Berlin 1933*），万加登/柏林，1985年，第179页。1933年5月12日凯斯勒记述了密斯组织学生乘船去帕莱茨（Paretz）当日的是为了参观戴维·吉利（David Gilly）1796年设计建造的宫殿和仓库。显然密斯认为有必要让包豪斯学生接触古典主义的传统，凯斯勒这样描述吉利的作品："一座拥有宁静严肃外观形式、得体的建筑。"

30
乌尔·亨利希·弗朗斯，《科学的价值：自然生命哲学的箴言》，苏黎世/莱比锡，1908年，第98、101页。

31
弗朗斯，《科学的价值》，同上，第100页。

32
弗朗斯，《科学的价值》，同上，第119页，密斯拥有《歌德的形态学著作》（*Goethes Morphologische Schriften*），由威廉·特罗尔（Wilhelm Troll）选编和作序，耶拿，1926年。

33
密斯所拥有的尼采著作：《善恶的彼岸》（Jenseits von Gut und Böse. Zur Genealogie der Moral），《尼采全集》第2卷，莱比锡，1905年[由出现在封面上的名字奥拓·维尔纳（Otto Werner）可以推断，这是从旧书摊买来的二手书。密斯藏书中没有其他任何一本像这本书一样布满批注和画线，这不是密斯的阅读习惯而是来自前任主人。书页空白处的大量批注，也不是密斯写上去的];《弗里德里希·尼采与埃尔温·罗德（Erwin Rhode）的通信》（*Friedrich Nietzsches Briefwechsel mit Erwin Rhode*），伊丽莎白·福斯特-尼采（Elisabeth Förster-Nietzsche）和弗利兹·雪尔（Fritz Schöll）编辑，莱比锡，1902年[由封面上的签名沃尔夫冈·布隆恩（Wolfgang Bruhn）推测，这本书的主人是1913年嫁给密斯的艾达·布隆恩的一位近亲];《弗里德里希·尼采的诗歌与言论》（*Gedichte und Sprüche von Friedrich Nietzsche*），莱比锡，1919年。另外相关著作还有弗里德里希·穆克尔（Friedrich Muckle），

144〉

《弗里德里希·尼采与文化的衰落》
（ *Friedrich Nietzsche und der Zusammen-bruch der Kultur* ），慕尼黑/莱比锡，1921年，以及理查德·埃德蒙特·本兹（ Richard Edmund Benz ），《文艺复兴：德国文化的灾难》（ *Die Renaissance. Das Verhängnis der deutschen Kultur* ），耶拿，1915年。

34
弗朗斯，《科学的价值》，同上，第119页。

35
弗雷德里克·雅克布斯·约翰内斯·拜敦代克（ Frederick Jacobus Johannes Buytendijk ），《培养谦恭的教育》（ *Erziehung zur Demut* ）（莱比锡1928年），大量圈阅涉及教育的基本问题，被密斯当作了包豪斯教育的重要原理。在后来的《建造艺术教育的指导思想》（ Leitgedanken zur Erziehung in der Baukunst ）一文中，也能重新发现这些原理。

36
乌尔·亨利希·弗朗斯，《现实生活：给所有人的一本书》（ *Richtiges Leben. Ein Buch für Jedermann* ），莱比锡，1924年，第8页。

37
弗朗斯，《现实生活》，同上，第10页。

38
弗朗斯，《现实生活》，同上，第20页。

39
弗朗斯，《现实生活》，同上，第73页，参考：第69页附注。

40
参见：v. W.，《亨利·柏格森的启示》（ Hinweis. H. Bergson ），载于：《法兰克福汇报》，1985年8月，第177期，第6页。

41
下列密斯的藏书可作为参考：
马克斯·舍勒，《论人类的永恒》（ *Vom Ewigen im Menschen* ）（莱比锡，1921年）、《价值的颠覆》（ *Vom Umsturz der Werte* ）（莱比锡，1923年）、《伦理学中的形式主义和物质主义的价值论》（ *Der Formalismus in der Ethik und die materiale Wertethik* ）（哈

所提出的"原生质的五定律"，成了一个正常生命的生物学永恒法则。密斯在书的空白处用力所画的双线，试图证明追求生命和谐必定要经受"千百遍的毁灭和自我牺牲，这是长期以来人们所受的最深刻的教育，并得以照亮英雄的目标：在理智下改变意志"。[39]不是弗朗斯描述为魔鬼的"权力意志"，而是"克制意志的意志"要求禁欲的理想，它来自新的、根据客观规律行事的超人。

为了寻求埃默里克·蔡德保斯（Emerich Zederbauers）在《宇宙、自然和艺术中的和谐》（ *Die Harmonie im Weltall, in der Natur und Kunst* ，1917年）中所建立的那种层级式的绝对秩序，密斯逐步形成了对生物学的认识。把"建造"与谈论"骨架"和"皮肤"的外科理论联系起来，从而印证了这一推断。生物学上的类比交织着绝对意义的回音，美学转向了存在。相比弗朗斯的其他著作，如《植物的感觉生活》（ *Das Sinnesleben der Pflanzen* ，1905年）、《作为发明家的植物》（ *Die Pflanze als Erfinder* ，1920年）、《植物的灵魂》（ *Die Seele der Pflanze* ，1924年）和《植物的技术成就》，密斯更喜欢《生命法则》（ *Das Gesetz des Lebens* ，1921年）。

精神思想科学方面的阅读完善了密斯的观念和认识。20世纪的自然科学知识阐述了全新的物质世界的真理，因此揭示了我们在空间、时间和物质的观念方式上的局限性。艺术方面的经验在科学的分支中也证明描述现象的经典定义已不再适用。类似亨利·柏格森（Henry Bergson）和马克斯·舍勒这样的思想家，他们利用"精确的"科学成果，抨击"形而上学中旧理论和源源不断的新的冒险"[40]，在精神停滞的20世纪20年代所表达出的时代需求引起了密斯的关注。[41]从他的藏书来判断，约翰·雅可布·冯·乌克威尔（ Johann Jakob von Uexkuell ）、维尔纳·海森堡（ Werner Heisenberg ）、卡尔·雅斯贝尔斯（ Karl Jaspers ）和埃尔温·薛定谔（ Erwin Schroedinger ）颇具代表性，密斯终其一生保持了自20世纪20年代起与自然、物理和哲学所建立的关系。[42]

借助与阿罗西·里尔和他的学生兼学术继承人爱德华·斯普朗格的私交，他轻松地跻身于20世纪20年代人文科学的探讨圈子。在

这样的思想氛围中，密斯确立了自己形而上的基本态度，他的宗教情结表现在对于投机行为的断然拒绝。1914年在里尔的纪念文集中，斯普朗格把现代人的立场描述为"怪异的情形"，这也同样适用于密斯，其"研究中的……严肃性、实践操作中的现实主义"完全取代了"救赎的渴望"。[43]

密斯所谓的"回归物"和"建造"意味着对整体的要求，这个整体表达的形成并非作为精神现象，而作为自然界中更高级的秩序被优先考虑。如果从密斯购书书单所传递的信息来推测，就会在"建造"这一清晰的词汇后面，拼出一幅完整的愿望版图。它的轮廓是一个圆弧，"整体意志"或者"有机哲学"是它的绝对中心，也就是在那一点，有可能架设一座连通"人类永恒"[44]和当下的桥梁。密斯的"时代意志"希望在更远的地方，找到它的落脚点。奥斯瓦尔德·斯宾格勒（Oswald Spengler）在他的生物学的、叔本华式的悲观主义的文化史《西方的没落》（Der Untergang des Abendlandes，1920/1922年）中，描述了来自遥远神话的发展之路。在这个过程中，密斯把建筑当作"时代意志"的表达："历史就是那些来自黑暗的过去，从中走出并想继续走向未来的一切。"[45]——通过圈注，密斯强调了这句话的意义。

通向事物的自然和生命法则之路是个有机的统一体，这个统一体作为黑暗而神秘的史前物质基础而存在。20世纪初，现代科学的任务就是为了指明这条道路。弗洛伊德的心理学研究了个体无意识，而卡尔·古斯塔夫·荣格（Karl Gustav Jung）的原型研究相应地提出了集体无意识理论，约翰·雅可布·巴霍芬（Johann Jakob Bachofen）探究了原始象征和信仰的含义。自然和历史的神话肩负远古世界的双重使命，从中引出了维特鲁威式的建筑范本。这个神话得到了理论上的更新，由遵循宇宙规则的建造艺术再次加以证明。

正如密斯的好友，也是《有机建造》始作俑者理论家雨果·韩林写下的，新建筑的原理不能抛弃传统："情况正好相反。新的建筑传统，即源自有机结构的建造传统，比建筑本身还要古老"[46]，

146>

勒，1927年）、《人和历史》（Mensch und Geschichte）（苏黎世，1929年）；亨利·路易斯·柏格森，《创造性发展》（Schöpferische Entwicklung）（耶拿，1921年）；迪特里希·亨利希·凯尔勒（Dietrich Heinrich Kerler），《亨利·柏格森及其躯体和灵魂之间的关系问题》（Henri Bergson und das Problem des Verhältnisses zwischen Leib und Seele）（乌尔姆，1917年）；赫尔穆特·普勒斯那（Helmuth Plessner），《感知的统一》（Die Einheit der Sinne）（波恩，1923年）、《有机性和人的等级》（Die Stufen des Organischen und der Mensch）（柏林/莱比锡，1928年）；弗利兹·德罗尔曼（Fritz Dreuermann），《自然知识（第6卷）：世界图像》（Naturerkenntnis, Das Weltbild），汉斯·普林茨霍恩编辑（波兹坦，1928年）；尼古拉·哈特曼，《认识形而上的基础》（Grundzüge einer Metaphysik der Erkenntnis）（柏林/莱比锡，1925年）、《伦理学》（Ethik）（柏林，1926年）、《精神存在的问题》（Das Problem des geistigen Seins）（柏林，1933年）；亚瑟·斯坦利·埃丁顿（A.S. Eddington），《新道路上的自然哲学》（Die Naturwissenschaft auf neuen Bahnen）（不伦瑞克，1935年）；恩斯特·莫塞尔（Ernst Mossel），《关于形式秘密和存在原形》（Vom Geheimnis der Form und der Urform des Seins）（斯图加特，1938年）。
另外还有，雅克·马里顿（Jacques Maritain），《人的权利和自然法》（The Rights of Man and Natural Law）（无出版地点，1943年）、《自然哲学》（Philosophy of Nature）（纽约，1951年）和《理由的范畴》（The Range of Reason）（纽约，1953年）。

42
密斯藏书中还包括下列书籍：
尼尔斯·波尔（Niels Bohr），《原子物理与人类知识》（Atomic Physics and Human Knowledge）（纽约，1958年）；埃尔温·薛定谔（Erwin Schrödinger），《我对世界的看法》（Meine Weltansicht）（法兰克福，1963年）、《自然与希腊人》（Die Natur und die Griechen）（汉堡，1956年）、《我们时代的科学、人道主义与物理》（Science and Humanism, Physics in our Time）（麻省剑桥，1952年）、《什么是生命？另类的科学论文》（麻省剑桥，1956年）和《思想与问题》（Mind and Matter）（麻省剑桥，1958年）；维尔纳·海森堡（Werner Heisen-

144

berg)、《当代物理的自然图像》(Das Naturbild der heutigen Physik)(汉堡，1956年)、《物理与哲学》(Physics and Philosophy)(纽约，1958年)和《物理与哲学》(Physics and Philosophy)(法兰克福，1959年)；卡尔·雅斯贝尔斯(Karl Jaspers)，《时代的精神状况》(Die geistige Situation der Zeit)(柏林，1932年)和《原子弹与人类未来》(Die Atombombe und die Zukunft des Menschen)(慕尼黑，1958年)；卡尔·弗里德里希·冯·魏茨泽克(Carl Friedrich von Weizsäcker)，《自然的历史》(The History of Nature)(芝加哥，1949年)、《物理世界观察》(The World View of Physics)(芝加哥，1952年)、《关于物理的世界图像》(Zum Weltbild der Physik)(斯图加特，1963年)和《科学的影响》(Tragweite der Wissenschaft)(斯图加特，1966年)；雷金纳德·奥托·卡普(Reginald Otto Kapp)，《走向统一的宇宙论》(Towards a Unified Cosmology)(纽约，1960年)；亚历山德拉·伊凡诺维奇·奥帕林(A.I. Oparin)，《生命起源》(The Origin of Life)(纽约，1938年)。

43
爱德华·斯普朗格，《生命形式》(Lebensformen)，引自：《阿罗西·里尔七十寿辰朋友和学生的贺信》，哈勒，1914年，第492页。密斯有下列藏书：爱德华·斯普朗格，《生命形式》，哈勒，1922年、《塑造存在的思想》(Gedanken zur Daseinsgestaltung)，慕尼黑，1954年。

44
鲁道夫·莱能(Rudolf Leinen)，《整体意志》(Der Wille zum Ganzen)(莱比锡，1922年)；汉斯·阿道夫·爱德华·德里施(Hans Adolf Eduard Driesch)，《有机主义哲学》(Philosophie des Organischen)(莱比锡，1921年)；马克斯·舍勒，《论人类的永恒》(莱比锡，1921年)。

45
奥斯瓦尔德·斯宾格勒(Oswald Spengler)，《西方的没落》(Der Untergang des Abendlandes)，慕尼黑，1920/1922年，第2卷：《世界历史的视角》(Welthistorische Perspektiven)，第26页。

46
雨果·韩林，《建筑的艺术和结构问

也就是"有机建造的结构基础是本源性的，是自然形成的，而且是与生俱来的……"[47]斯宾格勒认为，混沌的远古历史也以同样的神话方式传授给了人类。"建造"从根本上应被理解为：艺术来自无意识的原始生命力和神秘存在的创造，最终，不亚于充满自然神性的古典世界，只能重新被理解为关乎宇宙畅想的一部分。对于韩林来说——那些年对密斯也是同样——文化的历史"归因于结构的历史"，其发展沿着既定方向"不会逆转……因此，在宇宙学意义上接受有机结构的理念，是有决定意义的……对我们而言，建造(Bauen)中不再有建筑(Architektur)……在有机结构的土地上，只能'建造'。"[48]

根据韩林的理论，"实现能效"(Leistungserfuellung)的说法同样致力于严谨"服务"，设计完全取决于客观"本质"。这个得到密斯认同的观点，涉及韩林的专业术语"有机体"(Organwerk)。韩林理论中的很大部分都有密斯参与的痕迹，同样，密斯也得到了韩林的许多建议。在1923年和1924年之间，密斯在事务所里给他了一间工作室，并和他有着频繁的思想交流。尽管对形式和功能关系的理解有所不同，但两人在"实质性"问题上拥有相同的思想基础。

在一封注明1925年1月22日，并以"我亲爱的密斯"开头的信里，韩林劝阻他作为布鲁诺·陶特的继任者去申请马格德堡市的城建顾问的职位，并通过强调共同的工作目标来鼓励密斯："我的看法是，我们不久会赢得其他东西。去那儿肯定没有什么用处，我的判断是，去马格德堡是一个错误的决定。您一定知道，柏林对我们来说多么重要……我会非常想念您的：因为我觉得我们的合作非常有价值。"[49]1952年，韩林回忆道："……尽管从一开始，我们就肯定处在不同的方向上，但开始时的合作还是非常重要的，虽然一直有合作，但过程更有意义，这体现在不同的设计领域。"[50]

两人都在建造中寻找与"有机性"的关联，而韩林"器官式想法"(Organwollen)比密斯式的建筑更能引起广泛关注。在巴塞罗那展览馆中，韩林从立体和方形中觉察到了"真实的造型网格"，这

〈147

座建筑让他感受到"像植物一样生长的建筑"的有机特征。[51]密斯探寻"有机秩序的原理",推断"各个部分的意义和质量,以及与整体的关系"[52],像对时代中其他艺术思潮一样,对于韩林的"有机造型",也持有相同的批判态度:这个态度同时表达肯定和否定、接近和远离、希望和疑问,因为到处都能感受到新的形式主义的气息。下面摘自1923年11月某封信里的一段文字,密斯把他的同行格罗皮乌斯、韩林一起归入了形式主义:"如同韩林的弧线一样,格罗皮乌斯严谨的形式中同样有着形式主义的趣味;形式对于他们来说并非总是结果。格罗皮乌斯根据结构来工作,而韩林则更像一个有机主义者,但我相信他们应该都是形式主义者;活跃的形式和严谨的形式对我都没有区别:韩林与格罗皮乌斯相比有天生的巴洛克基因,而格罗皮乌斯对于韩林则是一个古典主义者。"[53]其实,这段评述并没有妨碍密斯在1924年的演讲中来解释"我们如何理解基元化造型",除了介绍自己的作品,还把韩林的加考(Garkau)农庄作为范例加以介绍。[54]

密斯和韩林都同样拒绝把形式作为造型的目标。形式应当作为客观过程的产物自然地出现,而不是根据自身的美学规则进行设计表达。他的三个要求——"形式并非目的,而是我们工作的结果。形式自身并不存在。把形式作为目的是形式主义,我们对此予以拒绝。——形式的真正完善与任务密切相关,是一个最基本的表达"。——同样是以这种"明晰的命令式"口吻表达了密斯关于形式的理论,在20世纪20年代早期的讨论中,他就一直坚持不懈地传达上述观点。正如1923年9月13日,在给维尔纳·雅克斯坦(Werner Jakstein)的信中所强调的,密斯发现他"和魏玛(原注:这里指包豪斯)以及其他现代派的行为之间有着明显的矛盾"。[55]

对于偏激理论的问题,正如雅克斯坦给密斯的回信所说:"总的来说,对三个要求要凭心而论,究竟什么来做最终决定,形式是工作的结果,抑或是目的?至少应有一双好的眼睛。身为艺术家,他肯定清楚工作中的感受是什么,以及形式意志是否在不知不觉中影响了他?"[56]

148>

题》(kunst und strukturprobleme des bauens),载于《建设管理总报》(Zentralblatt der Bauverwaltung),1931年7月15日,第29期,转引自:尤根·约迪克(Jürgen Joedicke)编辑,《另一种建筑》(das andere bauen),斯图加特,1982年,第22页。

47
引自:密斯,《完成任务》,1923年,1926年演讲稿。

48
韩林,《建筑的艺术和结构问题》,同上,第22页。

49
《1925年1月22日韩林致密斯的信》,引自:通信集,LoC手稿档案。

50
亨利希·劳特巴赫(Heinrich Lauterbach)和尤根·约迪克,《雨果·韩林的著作、设计和建筑》(Hugo Häring. Schriften, Entwürfe, Bauten),斯图加特/伯尔尼,1965年,第10页。

51
雨果·韩林,《几何与有机:新建筑的起源研究(1951年)》(geometrie und organik. eine studie zur genesis des neuen bauens/1951),引自:尤根·约迪克编辑,《另一种建筑》,斯图加特,1982年,第90页。

52
密斯·凡·德·罗,《就职演讲》,芝加哥,1938年,引自:LoC手稿档案。

53
《1923年11月14日密斯致维尔纳·雅克斯坦(Karl Jakstein)的信》,引自:通信集,LoC手稿档案。

54
1924年演讲稿(见附录);地址、日期和出处不明,柏林1924年6月19日手稿,引自:芝加哥德克·罗汉档案。

55
《1923年11月14日密斯致维尔纳·雅克斯坦的信》,引自:通信集,LoC手稿档案。

56
《1923年9月21日维尔纳·雅克斯坦致密斯的信》,引自:通信集,LoC手稿档案。

"我总是希望学会

发现更多美好而又必然的事物，

这样我就会成为

美好事物创造者中的一员。"

——弗里德里希·尼采，《快乐的知识》

"我们期待自由，不想看到

人们阻挡历史车轮的悲剧上演。

现在为了发展自然之美，

有必要从根本上唤起

对新的广度、新的线条和新的高度的美的认识……

必须要做的，就是快乐地去实现这一切；

自由就是心甘情愿地接受约束。"

——约瑟夫·奥古斯特·卢克斯，《工程师的美学》，1910年

"裸露的结构接近真实。

它没有遮蔽地立在那里，那骨架

比完工的房子更为清晰和完美，

显示出钢和混凝土的大胆结构。"

——埃里克·门德尔松，《美国，一位建筑师的画册》

（*Amerika. Bilderbuch eines Architekten*），1926年

1

密斯·凡·德·罗，《高层建筑》（原文无标题），载于《晨曦》，1922年1月，第4期，122页。

"只有建造中的摩天楼呈现出独特的结构性思维，其高耸入云的钢骨架动人心魄。"这是密斯1922年夏季一篇文字的开场白[1]，它基本上已经包含了密斯理论的重要观点。第一句话描述了如何去理解建筑的现实：并非结构及其技术潜力，而是结构外观更为引人瞩目。不是技术上的可行性，而是令人印象深刻的美学效果——可以从中得出结论——才真正引起了密斯的关注。这开启了他对于结构

美的感知，并转化为自身的建筑实践。

在密斯对高层建筑的思考中，存在着从美学到结构的关联。是美学优先于技术，还是反过来，技术优先于美学？[2] "独特的结构性思维"在美学上所热衷的是，为形式和空间提供新的造型形象。当密斯思考美学现象的时候，不是基于建造目的和用途的实际情况，而是从感知意象的强烈程度，来确定作品特征中的结构因素："建造中的"就是未完成的，因此也是虚幻的，似乎这种最具美学效果的状态，对最终的外观起到了决定作用。挺拔优雅的框架清晰地展现了工程师式的结构，从而成为理想的化身。

这个结构意象体现出绝对的真实和精准的数学形式逻辑，在1900年前后就引起了艺术界的广泛关注。卡尔·舍夫勒1908年出版并广为人知的《现代建造艺术》（Modernen Baukunst）一书，正如"客观艺术"（Sachkunst）的代表凡·德·威尔德、赫尔曼·奥布里斯特（Hermann Obrist）和赫尔曼·穆特修斯（Hermann Muthesius）①所宣扬的那样[3]，以适当的方式阐明了审美的趋同过程和结构的盛行。对密斯1922年所发现的那些优美的结构，舍夫勒解释道："幻觉导致多产；它会操纵眼睛，忽略那些干扰因素，完善那些原始的结构梦想，在那里艺术之美如待放的花蕾一般。"[4]

战前建筑理论所提到的"新的广度、新的线条和新的高度的奇迹"[5]，在美学上被认为仅有二流水准[6]，但却对密斯产生了吸引力。那"高耸入云"所带来的"动人心魄"代表着那种建构成果，肯定了"独特的结构性思维"在自然逻辑方面的彻底性，工程师般精准裸露的结构框架体现出高水平的质量，并使其升华为理想化的建筑结构。毛坯建筑式的钢构骨架塑造了一种本质形式（Wesensform），它拒绝装饰和所有的附加元素：

> "立面上的砌筑墙体会完全破坏这种印象，毁掉作为艺术化造型必然基础的结构性思维，并常常导致一种空洞和平庸的混乱形式。目前，充其量只有其实际的尺度使人赞叹，要是这

① 赫尔曼·穆特修斯（Hermann Muthesius，1861—1927年），德国建筑师、作家，1904年出版了《英国住宅》一书，并于1907年主持成立了德意志制造联盟。——译者注

2
诺博特·休斯（Norbert Huse），《新建筑：1918—1933年》（Neues Bauen. 1918 bis 1933），慕尼黑，1975年，42页。

3
赫尔曼·奥布里斯特（Hermann Obrist），《造型艺术新的可能性》（Neue Möglichkeiten in der bildenden Kunst），慕尼黑1903年，亨利·凡·德·威尔德，《现代手工艺的文艺复兴》（Die Renaissance im modernen Kunstgewerbe），莱比锡，1901年，《关于新风格》（Vom Neuen Stil），莱比锡，1907年，赫尔曼·穆特修斯，《风格化的建筑与建造艺术》（Stilarchitektur und Baukunst），米尔海姆（Mühlheim）/鲁尔，1902年。

4
卡尔·舍夫勒，《现代建造艺术》（Moderne Baukunst），莱比锡，1908年，16页：密斯的藏书里没有发现舍夫勒的著作，有理由相信，当密斯还在贝伦斯那儿的时候，关注过这部战前曾严厉批判19世纪建筑的重要著作。

5
引自：约瑟夫·奥古斯特·卢克斯，《工程师美学》，慕尼黑，1910年，5页。

6
卡尔·舍夫勒，《现代建造艺术》，同上，16页。

7
密斯·凡·德·罗，《高层建筑》，同上，122页。

8
亨利·凡·德·威尔德，《现代手工艺的文艺复兴》，莱比锡，1901年，113页。

9
约瑟夫·奥古斯特·卢克斯，《工程师美学》，慕尼黑，1910年，12、30页。

10
弗里德里希·尼采，《不合时宜的观察》，引自：《尼采全集》，同上，第1卷，239页。

11
密斯·凡·德·罗，《建造艺术与时代意志!》，手稿，引自：芝加哥德克·罗汉档案。

些建筑能有超越我们技术水平的表现，那当然就更好了。我们 <151 还要放弃尝试以过度的形式来完成新的任务，而要更多地从新任务的本质出发，来探索形式的塑造。"[7]

密斯想把骨架从含混不清的复合形式中解放出来，将其转化成一种新型的、不同以往的实验性建筑。1901年凡·德·威尔德基于实用形式的要求，认为要放弃任何形式的装饰和过去的繁复。汽船和火车那样的机械设备拥有纯粹的物质形式，成了现代设计的样板，其鲜明的个性特征反映了功能和形式的统一。这些事物的"诚实"，使它们同样也具有美学品质。能从它们的客观冷峻中体验美的感受，是因为在凡·德·威尔德的眼中它们完全就是"其本来的面目"。[8]

从设计的道德意义上来讲，密斯式的玻璃摩天大楼"摆脱了历史风格局限性的约束"，拒绝向"任何来自建造艺术的普遍观念"妥协。1910年卢克斯在他的《工程师美学》一书中，针对美国摩天楼式的"雌雄同体"（Zwitterhaftigkeit），也提出了类似上述的口号。[9]密斯在他的论述中，将裸露的结构定义为新建造艺术的造型标准，它明确表达了"诚实美学"的重要性，以及对那种骨架式建筑的渴求。他所期待的美学是把结构、功能和实用"奉为"目标，由此可以认为有必要放弃对于过去艺术的理解，就是通过隐藏和装饰把丑陋的结构变得"使人愉悦"的做法。

对于骨架式建筑，密斯放弃通过添加"无意义"的艺术化形式来换取一种"更优越的美学"，就像年轻的尼采对历史主义的清算一样："脱下外套，露出你们的真面目!"[10]只有"更多的想法而不是材料"能够实现这样的目标："我们任务的目标常常是简单明晰的。只有对其加以认识并开始设计，才能带来卓越的建造方案。尽管摩天楼、办公和商业用房需要直接清晰的设计方案，但这往往会被曲解，因为人们总试图以建筑的实际用途来适应旧的观念和形式。"[11]

完成必要的任务，这本身就是习惯。密斯表达立场的方式，显 <154 得符合逻辑、毫无困惑。这种仅靠很少的柱子来支撑、体量精简至

湖滨大道860/880号公寓大楼在建设中，芝加哥，1948—1951年

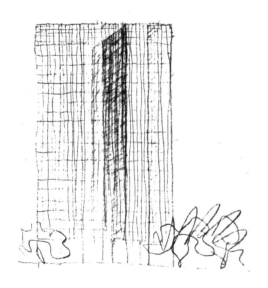

西格拉姆大厦，铅笔设计草图，芝加哥，1957年

极的新型框架结构形式，需要对空间和形体进行重新定义。通透的、编织化的金属结构体系力图打破材料的界限，并与传统的认识决裂，与实墙承重和石砌建筑的空间形式所带来的僵化结构关系分道扬镳。传统建筑的形体比例是通过光线和阴影来加以确定，而如今则完全不同。正如瑙姆·嘉勃（Naum Gabo）和安东尼·佩夫斯纳（Antoine Pevsner）在他们1920年的《现实主义宣言》（*Realistischer Manifest*）中所提到的一样，骨架式建筑需要一个前提。这个宣言里有关"时间"和"生命"关系的章节谈及了新时代的空间感受，似乎预告了密斯式的立场。它表现为让体量从体积感中解放出来，超越雕塑化元素的体积感，以及作为绘画性和雕塑化的空间形式的体量，而将深度作为唯一的空间形式。[12]

基元化造型与构成主义有着相近的观念，这在《G》杂志同仁圈子里是一个共识，而密斯——曾为《G》杂志工作过，1924年该杂志刊出声明，称荷兰的《风格》杂志是"欧洲构成主义者的组织"[13]——却居然对此一无所知。密斯式的结构观念意味着工程师式构造简洁、横平竖直的承重体系，虽然展现了真正的"解剖学式的结构"，但之于俄国构成主义者的动态结构诗学而言却形同陌路。密斯式基元化造型的"最高指示"旨在"与精神完全分离"，明显是针对构成主义而来。"正是构成派的粗野形式主义"，促使密斯在第2期《G》杂志里清楚地阐述了自己的立场。[14]

仅仅几个礼拜之前，密斯就对他的荷兰同仁杜斯伯格表达过，从魏玛包豪斯的角度来看，他担心"构成主义样式"会陷德国于惊涛骇浪之中。"我很抱歉，长此以往将会妨碍真正怀有结构想法的艺术家的工作。①在魏玛可以发现，如果只做表面文章，玩弄形式是多么容易；在那里形式变成了目的，而对于我们来说，（形式）只是工作的结果。于我而言重要的是，要把构成主义的形式化和真正基于结构上的创造截然分开。"[15]在"风格派"的一张明信片上，杜斯伯格用一句话评价了他与包豪斯的奇特关系，从而证实

155▷

12
瑙姆·加博和安东尼·佩夫斯纳，《现实的宣言》（Das Realistische Manifest），莫斯科，1920年8月5日，引自：《20年代的趋势》（Tendenzen der Zwanziger Jahre），展览画册，柏林，1977年，1、95页附录。

13
《风格》，1924年6月，6/7合集，72页前（参见：第一章注释31）

14
《1923年9月13日密斯致维尔纳·雅克斯坦的信》："我在汉堡短暂逗留期间，遗憾没有见到您。我很想和您就一些重要问题探讨一下，也包括我对魏玛的印象。尽管整个情况不大明晰，我仍认为一定要对思想加以甄别。9月16日星期天，《G》杂志的同仁们将在柏林举行原则性的讨论。我将借机确定每个人的立场。我将清楚地阐明自己的立场，然后再决定谁是我们的人，谁不是。那些属于我们的人，将参加后续的讨论，目的在于确定行动计划。正是构成派的野蛮形式主义，我在魏玛……（原注：无法辨认的字迹），那里盛行的艺术迷雾促使我在《G》杂志中重新阐明我的立场，特别是第1期里的部分文字是由我负责完成的。新的一期《G》刊物中将有：我们不理解形式，而只知道建造问题。形式并非目的……"引自：LoC手稿档案。

15
《1923年8月27日密斯致特奥·凡·杜斯伯格的信》，引自：LoC手稿档案。

---

① 构成主义（Konstruktivismus）和结构性（konstruktive）想法完全不同，一个侧重构件式的表面形式，另一个更加关注承重体系的内在客观联系。——译者注

16
《1923年9月3日特奥·凡·杜斯伯格致密斯的信》，引自：LoC手稿档案。

17
"钢结构建筑的骨架式风格，在材料组成上达到了最少，而且在主要部位展现了空无。那些繁琐的装饰或是遮掩的窗户，与艺术家式的建筑格格不入。"马科斯·德索瓦，《美学与普通艺术科学，1906年》（Ästhetik und allgemeine Kunstwissenschaft, 1906），转引自：赫尔曼·索格尔，《建造艺术理论》（Theorie der Baukunst），慕尼黑，1921年，256页。另见路德维希·希伯赛默，《玻璃建筑》（Glasarchitektur），载于《形式》，1929年，第4期，521页。

18
库尔特·格莱文坎普（Curt Gravenkamp），《密斯·凡·德·罗：柏林的玻璃建筑（1928年的亚当项目）》（Mies van der Rohe: Glashaus in Berlin/Projekt Adam 1928），载于《艺术报》，1930年，第14期，111页。

了密斯的上述论断："亲爱的密斯……我完全赞同您对包豪斯的看法。他们做的一切都很迂腐。但是，没有一位艺术家有勇气表示反驳……他们无所作为，处处被动。他们夸夸其谈，没有行动。对此我非常不解……①" 16

骨架作为结构的代表，为新的建筑和空间艺术带来了决定性的因素。它把迄今为止钢筋混凝土结构和钢结构的理论经验，以最简单的方式结合了起来，眼下完全符合表达建筑师内心愿望的终极目的。1914年，柯布西耶已发明了多米诺（Domino）这样类似系统，它由两层混凝土板构成，由后退的柱子支撑，并以一部楼梯相联系。这样一个简化的系统化结构形成了一个核心，新的空间形体观念得以围绕它建立全新的标准语汇。骨架使得坚实的体量，由内至外产生了非物质化的效果。在"主要表现了空虚感"[语出马克斯·德索瓦（Max Dessoir）]的网格边缘，建筑得以汇聚。建筑体量只留下线和面的构成，形体似乎处于失重状态。17

现在，不是实墙而是开敞的"空档"，承载了界定空间的任务。密斯放弃使用任何填充墙，高层外围的大片玻璃也没有任何开口。因此，那种在封闭外墙上开洞的传统观念被抛弃了，建筑表面呈现出使人迷惑的两面性。那种既反光、又透明的玻璃表面，好似拼图一样变幻莫测。库尔特·格莱文坎普（Curt Gravenkamp）在1930年曾说过，它"某种程度上是像墙一样的大窗户"，或者也可理解为，"没有起到窗的作用的墙（幕墙）。其实，它既非墙，又非窗，而是一种全新的东西，使有着数千年历史的材料至今才呈现最终的可能性。" 18

大面积玻璃的应用保障了结构骨架对外的通透性，但密斯非常 ◁156 清楚，通透的效果只有在某些特定的光线条件下才能出现，所以他决定继续进行实验。玻璃高层项目夸张的模型照片显示出一种藏匿于文字间的、假想方案后面的矛盾（如果人们不再在承重外墙上使用玻璃，那么建筑的新型结构概念就会出现）。正如密斯所认识到

---

① 荷兰人杜斯伯格在这里用德语写作的一段话，尽管出现了四处语法错误：如第三格词尾变位、遗漏冠词和词性的错误，但并不影响他表达强烈的个人感受。——译者注

的那样，对玻璃的选择迫使他"必然走上一条新的道路"：即最终要在"追求光影游戏"和体现对结构概念的理解之间进行抉择，因为不可能让材料的反光表面兼顾上述两者。[19]

密斯把毛坯状态下的钢骨意象视作建构（tektonik）基础上的新建造艺术的开始。在这简洁、完美的结构中，实现了赋予建筑哲学意义的愿望。对真实的追求，以抽象的方法剥离了缠绕在建筑体量上的历史主义形式外衣，展现出背后的本质内容。对表现力的发掘成了展现结构美学的实验核心。通过哲学来认识隐藏于表象之后、沉睡着的现实，使建设中的摩天楼所体现的美感得到认识。从这个角度来看，骨架的外观产生了一种"纯洁之美"（语出舍夫勒），其特征被外来因素所掩盖，甚或带来某种否定式的亵渎。19世纪时被认为缺乏美感并纳入实用性范畴的铸铁结构，在20世纪被赋予一种崭新的、"冷峻的美"（语出卢克斯）。如果说，森佩尔那一代人从铸铁建筑中开垦出一片贫瘠的艺术土壤，那么在世纪之交，则证明了具备工程师气质的纯粹钢铁结构并不欠缺"英雄主义的纪念性特征"。[20]

毛坯建筑裸露的实用形式，含有一种独特的艺术性。由此，密斯开始了他的摩天楼设计研究。1908年舍夫勒就称赞过柏林高架轻轨建设中的这一特征，他认同的观念与密斯如出一辙：

> "当轻轨还在建设中的时候，每个地方都很有感觉……只要作品的结构意图还在，骨架还未被包裹起来，就能显示出每个部件的明确功能，作品的安装从力学问题的节点开始，这种原始意象常常体现出艺术化的要求：在如今的毛坯建筑中，人们感受到了最强烈的建筑意象。一座没有门窗、未被粉刷的毛坯建筑，笔直砖墙上细腻抹灰的色调，石膏装饰线脚体现出垂直向上的趋势，以及未完工的庞大形体的纪念性尺度，都显示出一种强烈的、忧郁的原始美感。"[21]

舍夫勒在这里所提到的，正是密斯"皮与骨式建筑"理论所引领的和毛坯建筑的客观纪念性所预示的未来建筑之路，但现在希望得到贯彻的，不仅仅是放弃历史化的装扮和避免主观性。人们应如

19
此处参见：诺博特·休斯的分析，《新建筑》，同上，42页。

20
卡尔·舍夫勒，《现代建造艺术》，同上，15页。

21
卡尔·舍夫勒，《现代建造艺术》，同上，19页。保罗·费希特，《建筑的悲剧》（ Die Tragödie der Architektur ），魏玛，1922年，208页，在研究"现代的预制出租屋在毛坯状态时的强烈效果"时，也类似地评价，"在留下来、毫无意义的装饰性建筑的外壳消失之前，那新生活的外部基本形式"传达出"有组织的多样性。"类似的也请参见：沃尔特·格罗皮乌斯，《纪念性艺术与工业建筑》（ Monumentale Kunst und Industriebau ）（1911年演讲），再版出自：卡林·威廉（ Karin Wilhelm ）《沃尔特·格罗皮乌斯：工业建筑》（ Walter Gropius. Industriearchitekt ），不伦瑞克，1983年，116页，瓦尔特·库尔利·贝伦特（ Walter Curt Behrendt ），《纪念碑的激情》（ Das Pathos des Monumentalen ），载于：《德国艺术和装饰》（ Deutsche Kunst und Dekoration ），1914年第34期，219页，《关于德国当代建造艺术》（ Über die deutsche Baukunst der Gegenwart ），载于：《艺术与艺术家》（ Kunst und Künstler ），1914年第12期，373页。

157

22
弗里德里希大街高层建筑的图片标题，引自：《G》，1926年3月，第4期，7页。

23
阿道夫·贝纳，《制造联盟的评论》（Kritik des Werkbundes），引自：《行动》（Die Tat），1917年1月，第1集，转引自：《制造联盟年度档案》（Werkbund-Archiv, Jahrbuch），第1册，柏林1972年，120页。

24
沃尔特·格罗皮乌斯，《从执业建筑师和创作型艺术家角度，应对工学院的改革提出什么要求？》（Welche Forderungen muß man von Seiten des Privatarchitekten und schaffenden Künstlers an eine Reform der Technischen Hochschule stellen?），引自：卡林·威廉（Karin Wilhelm），《格罗皮乌斯》，同上，89页。

何来理解毛坯建筑所呈现的艺术性，舍夫勒似乎已大体预告了密斯大胆的高层设计的轮廓：其实密斯的设计呈现了那种"努力垂直向上的连续性"，对此舍夫勒曾提及过，从"强有力的形体轮廓"上获得一种雕塑感的清晰形式；就这点而言，最终"无窗"建筑的外窗变成了墙面。通过密斯之手，毛坯建筑"饥渴的原始性"通过转化，具备了积极的一面：它获得了一种简洁结构所汇聚的优雅，高新技术使"百分之百的光的建筑"[22]成为可能，而没有它，密斯的设想就不可能得以实现。

通向新艺术的道路，始于原始的简洁性。阿道夫·贝纳同样赞同舍夫勒提到的原始艺术性，他在1917年反对那种人为艺术和低俗品位："如果原始性在生命中产生意义，那么艺术境界就会得到提升。"[23]那种艺术性也类似地涉及密斯所期待的本质化的基本结构。原形（Urform）位于所有历史主义形式的对岸，如要要提升它，就要具备建构的形式，在具有时代感的钢骨架造型里，重点突出和真 ＜158 实地表现出其简洁和典型的关系。在这里，物体的解构是从表象形体（Erscheinender Körper）开始，直到"本质形式"结束。从根本上讲，简单结构正如物质的分子构成一样，被理解为原形。因为，首选的建筑方案放弃了历史形式套路的引导，机缘巧合的是也要求遗传上的稳定性，让所有的建筑具有那种超越时间的适应性，这就是朗兹伯格所发现的唯一的永恒范本。

密斯设想的"骨架"和"皮与骨式建筑"，就是摒弃了一种臆想中的建筑观念，而去寻找基元化建造的简单规律，它完全自然地满足了实用和材料处理的条件，而无需后续的理论解释和证明。解剖学基本理论中的人神同体论，因其简单易懂而充满诱惑，所以显得似是而非：格罗皮乌斯在1919年的演讲中提到"一栋健康的房屋"，"完全就像健康的人体骨架的有机性一样，骨架对人体所具有的意义，就是建筑的技术性构件对整体形象的意义。"[24]在"皮与骨式建筑"表述所涉及的生物学类比的背景下，那些谈及植物"技术效能"（Technische Leistung）的有机理论著作，引发了人们的关注和兴趣。

25
密斯·凡·德·罗,《完成任务：对
我们建筑行业的要求》，载于《建筑
世界》，1923年第14期，719页。

并非源自民族文化，而是大众文化层面，受气候、生物和景观所影响的"原始"建筑，为密斯提供了相应的参考标准。前面提到的密斯于1923年12月12日在柏林的德国建筑师联盟的演讲，只把来自"希腊—罗马文化圈"以外的建筑整理在一起，并对此解释道："我有意识这么去做，因为和雅典的精雕细刻相比，我更欣赏希尔德斯海姆（Hildesheim）的粗犷豪放。"这里所指的"类同"并非地理上的，而是心理上的，放映的系列幻灯片表达了"皮与骨式建筑"概念的传承谱系。

密斯所举的例子有：

一顶印第安人的帐篷："这是典型的野蛮人的住宅，轻巧而又便于运输。"

161> 一座树屋："您已经看到了在满足实用性和材料处理方面的完美性了吗？这难道不是原始森林树荫的优化方案吗？"

一座爱斯基摩人的房子："现在，我带您进入冰雪之夜。苔藓和海豹皮成了建筑材料，鲸鱼肋骨变成了房子的结构。"

爱斯基摩人的夏季帐篷："这个小伙子也有夏季别墅。建筑材料是皮子和骨头。"

一座德国低地的木框架农舍，成为这一系列演示的收尾："我在这些图片中所展示的是，各个部分都满足居住者的需求。我们的要求不多。只要有符合时代的手段。"[25]

在演讲的结尾部分，密斯才回归当代，表达了对当下没有"满足今天人们的需求"，可供参考的建筑的遗憾。在最后的一张幻灯片中，他终于引出了一个建筑实例，"有新时代的敏感性，并且体现了我在住宅方面的期待和努力"。这就是密斯作为样板所推荐的，于1912年在基尔建造的"皇帝号"邮轮："来自我们时代需求和方式所设计的悬浮集合住宅……如果，以同样的方式来建造符合我们陆地条件的建筑物，我们将会非常乐意。只有当我们这样彻底地感受到了时代的需求和手段，我们才会获得建筑上的成就。"

对密斯而言，原始茅屋和现代邮轮是体现极端功能主义的实用性设计的典范建筑。两者都是基于客观基础上、缺少艺术性的创列奥·弗罗贝尼乌斯（Leo Frobenius），《神秘的非洲》（*Das unbekannte Afrika*），1923年

"野蛮人的茅屋"，插图出自勒·柯布西耶著作《城市建筑》，斯图加特，1926年

建造中的皇帝号邮轮，甲板安装

皇帝号邮轮，1912年

26
参见：雷纳·班汉姆，《第一机器时代建筑、理论和造型的革命：》（Die Revolution der Architektur, Theorie und Gestaltung im Ersten Maschinenzeitalter），汉堡，1964年，70页。

27
路德维希·希伯赛默，《20年代的柏林建筑》，美因茨，1967年，20页；"我的一位朋友很幸运能够出去旅行，从巴黎带回了柯布西耶的书《走向新建筑》。拥有这本书，与仅听到他的名字相比，还是有些不一样。"有可能是密斯从巴黎带回了这本书，这是因为密斯也参加了风格派1923年秋天在巴黎的展览，估计由于和《G》杂志的关系，让密斯注意到了这本书的出版。密斯的藏书里包括《走向新建筑》（第2版，巴黎，1924年）和德语版《未来的建筑》（Kommende Baukunst），汉斯·希尔德布兰特（Hans Hildebrandt）翻译和编辑（柏林/莱比锡，1926年，同样是第2版）；另外他还拥有的柯布西耶著作包括，《城市建筑》（Städtebau）（柏林/莱比锡，1929年）、《从住宅到宫殿：集合建筑研究》（Une Maison-Un Palais. A la Recherche d'une unité architecturale）（巴黎1928年），并有作者题词："密斯·凡·德·罗阅读愉快"，以及《飞机》（Aircraft）（巴黎，1935年）。

28
柯布西耶，《走向新建筑》，引自：《建筑展望》，柏林/维也纳，1963年，41、77页。

29
参见：同上，《尺度的调节者》（Die Maß-Regler）章节有两幅"原始庙宇"的图片。在他的著作《城市建筑》（斯图加特，1926年）中，又在"秩序"的标题下重新研究了"野蛮人的茅屋"。类似内容参见：约瑟夫·里克沃特（Josef Ryckwert），《天堂里的亚当小屋：建筑史中原始小屋的理念》（On Adam's House in Paradise, The Idea of the Primitive Hut in Architectural History），纽约，1972年。

30
20世纪20年代德国对柯布西耶的评论，主要集中在流行词汇"居住机器"上面。《形式》，1931年6月，第11期，在介绍密斯的图根哈特住宅时，刊载了罗杰·金斯堡（Roger Ginsburg）和瓦尔特·里茨勒关于实

造，其中过去的纯粹原始性和机器时代的"工程建筑中经提炼的宏伟"（语出舍夫勒）相对平等地出现。两个世界在寻求实用性、结构和形式的统一性方面是相通的。世纪之交，未开化的野蛮人和现代工程师在这一点上握手言欢。

1908年，阿道夫·路斯在他的论文《建筑》中也表达了非常近似的观点，即把原始建筑当作西方建造艺术的规范。在取消装潢和纹饰的过程中，路斯发现了那种农民和工程师所具有的朴素想法。他们出自对安全的直觉和宇宙的和谐观，而非依照建筑理论来建造。没过多久，未来主义者们也将工程师形容为"高贵的野蛮人"。那些后来的建筑师也如工程师一般，将机器时代的建造方式当作目标，并为这些图片的魄力深深折服。[26]

柯布西耶的"居住机器"让上述主题产生了轰动效应。在1922年出版的、引起《G》杂志同仁极大兴趣的《走向新建筑》一书中[27]，柯布西耶认为工程师有着时代的新精神，具有"构造和组合的灵魂"。因为他们警觉地"与所有美学活动保持距离"，在他的眼中，工程师们是"时代美的积极创造者"；更进一步，他们自我感觉"与很久以前拉斐尔和伯拉孟特所运用的法则保持一致"。[28]即使法语妨碍了密斯对柯布西耶思想的直接理解，但只要看一下这些插图，就能完全了解这檄文后面所隐藏的信息。在这儿，如同军械库里展示的技术装备一样，仓库和工厂、桥梁和起重机、马达和汽车、飞机和汽船，那些战前对于机器的所有狂热，都演化为新客观艺术的范例——但也包括帐篷形式的"原始神庙"。[29]柯布西耶把这些独具美感的事物放到那些"缺少发现的眼睛"前面，并或多或少地直接与欧洲建筑史上的杰作联系起来，如帕提农神庙和万神庙、斗兽场和凯旋门、反映时代成就的教堂和城堡。挑衅性将帕提农神庙和跑车加以对比，两者都被当作极其精细的优质产品，并列的插图也暗示现代技术成就等同于古典建造艺术。尽管柯布西耶满怀对工程师的敬仰，但最终还是把更高的地位留给了艺术家。他用诗来歌颂居住机器，最后也谈到了艺术。[30]

1923年前后，密斯始终与那些骑墙的观念保持距离，那些观

念认为艺术家作为创作主体，能在"客观"要求下产生决定性的影响。而绝对意志反对的是让创作主体成为时代建造艺术的承载者。在那个时代，密斯热衷于"简单、绝对"，正如卡尔·爱因斯坦（Carl Einstein）所说的接近"简单、必然的事物。"[31]密斯的内心充满理性，他无情地挥别废话连篇的市侩分子："单独的个体常常是毫无意义的；它们的命运并不会引起我们的关心。"这句出自《建造艺术与时代意志！》的话[32]——1924年初密斯写下这句话时，仍然坚持1919年唯意志论的基本观点——再次说明，在集体主义意识下有必要根据社会需求对建造艺术的语法进行更新。现代人要克服封闭和孤立，顺应时代的"客观特征"。这决定了"所有领域最具决定性的成果"，新时代的人们必须根据它来自我调整。

对于建筑师而言，要向眼前"我们时代那些伟大的匿名式"的建筑看齐。工程建筑"充满自信地矗立在那里，而它们的创造者却不为人所知"，成为"时代意志"的"典型的例子"，并对"服务

DES YEUX QUI NE VOIENT PAS...

I

LES PAQUEBOTS

用性和精神立场的讨论。

31
卡尔·爱因斯坦（Carl Einstein），《关于精神！》（An die Geistigen!），载于《破产》（Die Pleite），第1期，柏林，1919年，转引自：卡尔·爱因斯坦，《作品集2：1919～1928年》，玛里昂·施密特（Marion Schmid）编辑，柏林，1981年，第16页："对于知识分子而言，辨证思考的目标太过基础。溢美之词会蒙蔽判断。我们穿行在人群中，我们要接近简单、必然的事物。你们的多元层次（vielfältige Nuanciertheit）不适合我们。简单就好，我们要克服过分割裂的知识障碍。我们拒绝寓言和杂耍式的隐喻。长久以来，目标和行动让历史重负得以消除，公民具有了不同的意识形态。个人主义已经终结……亲人都离去了。"格罗皮乌斯也类似地表达过对旧社会的清算："旧帝国里受过教育的布尔乔亚，他们温和、了无生趣、疏于思考、狂妄和畸形，已经证明他们无法肩负起德国文化的重任……在并不先进的民众阶层中，新精神自下而上破土而出。他们是希望所在。"出自：沃尔特·格罗皮乌斯，《自由民主国家的建造艺术》（Baukunst im freien Volksstaat），引自：E·德朗（E. Drahn）和E·弗里德贝格（Friedberg），《1919年德国革命年鉴》（Deutscher Revolutionsalmanach für das Jahr 1919），汉堡/柏林，1919年，134页。

32
密斯·凡·德·罗，《建造艺术与时代意志！》，载于《横断面》，1924年4月，第1期，31页（下述引用出处相同）。

勒·柯布西耶，《走向新建筑》，巴黎，1923年

对面页：勒·柯布西耶，《走向新建筑》，1923年

于我们未来的技术手段"指明了方向。虽然人们相信"时代意志"
是积极的，并会乐观地展望未来，但是密斯自身的反思却是这样
的："时代对客观和实用性的要求"只满足于结果，而忽视体现传 ◁165
统感情价值，这样一来，实用建筑作为"时代意志的载体"，自身
同时"在建造艺术方面"有所成就，就会成为时代的象征。这种内
在的进步规律，就是要求无条件地适应时代的需求，这符合密斯对
于建造艺术的定义，即"空间所承载的时代意志，除此别无他"。

对于这个"简单事实"终于有了清楚的认识，"必须理解的
是"——密斯如此强调必须肯定当代人所处的状况，他们幻想与
"时代意志"的客观真理建立起紧密联系，"一切建造艺术都与其所
处的时代密切相关，只有借助鲜活的任务和符合时代的手段加以呈
现。"所有那些混淆简单真理或者没有引起注意的各种想法，就像
结构骨架上迂腐的装饰一样没有必要。时代精神要求那种玻璃般的
清澈，以及高层建筑所展现的钢铁般的执着。新客观主义呼唤"理

Posrum, de 600 à 550 av. J.-C.

Le Parthénon est un produit de sélection appliquée à un standart établi. Depuis un siècle déjà, le temple grec était organisé dans tous ses éléments.

Lorsqu'un standart est établi, le jeu de la concurrence immédiate et violente s'exerce. C'est le match; pour gagner, il faut

Cliché de La Vie Automobile.   Humber, 1907.

Cliché Albert Morancé.   Parthénon, de 447 à 434 av. J.-C.

faire mieux que l'adversaire *dans toutes les parties*, dans la ligne d'ensemble et dans tous les détails. C'est alors l'étude poussée des parties. Progrès.

Le standart est une nécessité d'ordre apporté dans le travail humain.

Le standart s'établit sur des bases certaines, non pas arbi-

Delage, Grand-Sport 1921.

"伺机出动的史前巨兽"：装卸起重机，维尔纳·林德纳，《工程建筑的优美造型》，柏林，1923年

性和真实"，并反对"所有浪漫主义的思维方式"以及随意性，努力"在世俗之上"引领时代。

166> 密斯也同样清醒地关注传统建筑。人们放弃屡被诅咒的"浪漫主义的思维方式"，在大教堂、"古典石砌建筑"和"罗马的砖砌混凝土结构"中，通过那些被称赞为"时代意志的纯粹载体"的建筑，也认识到了那些"前所未闻的大胆技术成就"。无独有偶，路德维希·希伯赛默在1924年7月的《G》杂志的第三期里，也在希腊神庙里发现了那种绝对的"结构化意愿"，"一种石头砌筑的、彻底的工程师作品"。[33]与之不同的是，柯布西耶从历史中证明的是雕塑化的"形式意志"。在结构之外，教堂和神庙也传递出所有建造艺术的决定性因素，那种被寻觅的狄奥尼索斯式的"戏剧性①……一种充满感觉的感官体验"。那些以前把帕提农神庙的石头"散乱和随意地放置在潘泰利肯的采石场"并"如此堆砌"的人，在柯布西耶的眼中，他们"不是工程师，就一定是伟大的艺术家"。[34]

① 在作者看来，密斯和柯布西耶是一对立的矛盾体，从下面的对立概念中，可以看出他们之间的差异性：身份认同（工匠/艺术家）、构造类型（构架式/雕塑性）、社会性（集体主义/个性化）、文化脉络（希腊-哥特-辛克尔/罗马-勒-迪克）、先锋派别（风格派-包豪斯/未来主义-立体主义）、哲学（客观-唯心主义/唯物-酒神-戏剧性）。——译者注

33
路德维希·希伯赛默，《结构和形式》，载于《G》，1924年6月，第3期，14页。

34
"帕提农神庙——它是一部令我们激动不已的机器。我们面对着机器般的冷峻无情，它的形式没有任何象征，这种形式唤醒一种无法抗拒的感受；我们无需一把钥匙来理解它。冷峻的力量、引人入胜、极端光洁、无比精致和最强有力。谁将这些要素组合在一起？一位天才发明家。这些石头散乱和随意地放置在潘泰利肯的采石场。如此堆砌石头的那些人不是工程师，就一定是伟大的艺术家"，《走向新建筑》，引自：《建筑展望》，同上，159页。

35
密斯·凡·德·罗，《演讲稿》（芝加哥，未注明日期；推测为1950年），第3页，引自：LoC手稿档案。

36
参见：同上，第3、4页。

37
瓦尔特·库尔特·贝伦特，《关于当代德国建造艺术》，载于《德国艺术和装饰》，1914年第12期，373页。

38
约瑟夫·奥古斯特·卢克斯，《工程师美学》，慕尼黑，1910年，14页。

39
参见：《演讲笔记》。

结构——后来，密斯改为亲切一些的"时代精神忠实的守护者"[35]——代表了延绵不绝的建筑永恒。它是所有建筑形式发展和建立的"客观基础"，它不只确定了形式，而且还有密斯所说的"形式自身"。[36]当建造艺术家被鼓励"自身成为工程师"的时候，那些客观主义建筑观念的代表在1910年就已经指明通向"形成的"建造艺术法则的道路。[37]在那个时代，工程师获得了本该属于建筑师的无上荣耀。[38]为了暴露基元化的结构或者建筑骨架而产生了理想化的观察视角，由此借助工程化的透视技术就可以对建筑乃至建筑史进行了思考。这种结构作为"加工过程"，基本上与神秘仪式和密斯所期待的"简单行为"并无二致："建筑向来就与简单的行为相关联，但这个行为必然会触及事物的核心。"而它的实现存在于建筑师顺应"时代客观需求"，并提供空间设计方案的时候。[39]

密斯的建造艺术逻辑建立在信念的基石之上，它激发出了大胆的抽象处理，在设计项目和理论说明中得以表达。这个建造逻辑在原始茅屋和现代邮轮之间，以一段弧线轻松相连。在维纳·林德纳1923年初出版的畅销书《工程建筑的优美造型》中，密斯发 <167 现了对自己观念的有力支持，随后在1923年12月12日的演讲中做出

维尔纳·林德纳,《工程建筑的优美造型》,柏林,1923年

了清晰的表达。维纳·格雷夫在1923年9月出版的第二期《G》杂志——封面印着《建造》宣言的那期——不但以图文并茂的方式介绍了这本著作,而且还使密斯体散文《建造》宣言能够与之互为参考。格言——"形式并非目的,而是我们工作的结果。形式自身并不存在"——被《G》杂志用作封面,而在杂志末尾也与之呼应的是,评论家对林德纳著作的总结:"形式永远不应成为目的,而是功能要求的附产物。首先需要的是使用当前材料达到结构要求,并满足实用目的的作品。"[40]早在第1期的《G》杂志中,格雷夫就曾宣告:"新的工程师来了"——现代化的、富有创造性的人类原型,其特征在于"原则性地思考和设计,并彻底理解和清晰把握设计领域的所有元素"。[41]"德意志乡土保护联盟"(Deutschen Bund Heimatschutz)和"德意志制造联盟"出版的林德纳的著作,虽然未能满足前卫派们的渴望,但却有效阻止了对基元化造型进行攻击的企图。在《G》杂志对密斯和格雷夫鲜明有力的宣传中,可以发现恰如其分的证明和直观的证据。紧凑、集中的文字,得到了醒目的分类图片系列的支持,并从中体现出"优秀设计"的标准。

168> 这个研究的精华部分证明了这样一种理论,即不仅是工程技术项目,而且最终"所有的建筑创造都被永恒法则"所制约。"只有理解结构的人才会建造。"林德纳如此描述建造的先决条件,只有基于这样的前提,才能谈论建造艺术。建造艺术的任务和责任在于使

40
维纳·格雷夫,《工程建筑》(Ingenieurbauten),载于《G》,1923年9月,4页。

41
维纳·格雷夫,《新工程师来了》(Es kommt der neue Ingenieur),载于《G》,第1期,1923年7月,4页。

42
维纳·林德纳[与乔治·斯坦梅兹
（Georg Steinmetz）有联系]，《工程建
筑的优美造型]，柏林，1923年（德
意志乡土保护联盟、德意志制造联
盟与德意志工程师协会、德意志工
程学会联合编辑），林德纳1927年出
版的书引起了强烈的社会反响，《德
术化建筑的形式和作用》（Bauten der
Technik, Ihre Form und Wirkung），柏
林，1927年（德意志乡土保护联盟与
德意志工程师协会编辑）

43
维纳·林德纳，《工程建筑的优美造
型》，柏林，1923年，8页。

44
参见：《密斯1938年11月20日的就职演
讲以及建造艺术教育的指导思想》
（Antrittsrede von Mies vom 20. Novem-
ber 1938 sowie Leitgedanken zur Erzie-
hung in der Baukunst），1965年。

45
林德纳，同上，87页。

46
林德纳，同上，54页。

47
《密斯·凡·德·罗1924年1月18日致
<横断面>编辑赫尔曼·冯·维德斯科普
的信》，参见：LoC手稿档案：
"亲爱的赫尔曼·冯·维德斯科普先生，
这段时间我把所有寄来的新建筑的
照片看了一遍，必须承认几乎唯
有工程建筑显示了我们的时代精
神。因此我建议，从瓦斯穆特（Was-
muth）出版的《工程建筑》中找三
幅简明的插图。在接洽过出版社之
后，我要按规矩承担三笔费用。
假如您还想要我一个或其他作品，
我则由您来承担这些费用。这样肯
定既有意义又有轰动效应，这样的
安排能够表现我们时代建造艺术的
水平，澄清结构和形式的统一是建
造艺术创造的前提。我的印象是，
您对我的作品不是十分满意；尽管
如此，我还是建议您能再次发表，
因为我还没有发现其他任何作品，
如此基础性地呈现建筑，如此远离
所有老套的戏法，才避免陷进杂要
式的误区。献上最衷心的问候……"

48
林德纳，同上，87页。

新的结构具备美学价值，并像林德纳所表达的那样，让结构"获得生命"。[42]

根据林德纳提出的"客观要求的基本认识"，适应"所有时代和情况"的"优秀设计的基本规律"是"……对于实质性和非实质性的区分，并建立在实用性和艺术性之上。"[43]密斯在设计方法上的渐进性，代表了他的一贯立场：首先是思想的表达，其次是建筑作品构思，而后是他在包豪斯和芝加哥阿莫工学院的教学实践。[44]

林德纳所阐释的那种没有"蕴涵浪漫主义"[45]的工程式建筑，密斯也同样在其《建造艺术与时代意志》的论文里予以宣扬。"作为工程建筑的教堂"[46]是林德纳著作中独立的一章，而密斯则过犹不及地把过去所有的建筑都归为这一类。密斯对其纲领性的文章《建造艺术与时代意志！》的说明发表在1924年春天的《横断面》杂志上，并建议配上来自林德纳的"三幅简洁图片"，因为"几乎只有工程建筑表达了我们的时代精神"[47]，这再次表明了这本著作对密斯思想的形成具有决定性的意义。同时，也能发现密斯的毛坯建筑美学出处，因为林德纳称赞"钢结构安装时呈现的骨架"的毛坯状态是"无与伦比的"，并对"竣工后局部和整体所体现出来的令人信服的逻辑性……以及对所显示出的狭隘和失衡"表示理解："部件越是简洁和清晰地构成整体，让其坚固性和实用性清晰地表现出来，最后的效果就会越好。"人们能够在"老建筑中的优秀设计"中，发现对"那些干净朴素的美感和永恒效果"的"强有力的例证"。[48]

林德纳所定义的核心概念，是基元化造型会超越时代并依然有效，它是"有机发展的结构"，并符合"活跃的建造有机主义"，<169是一个"清晰、有机、和谐的内部空间和外部体量的构成"。[49]对密斯而言，"新建造艺术的精神"存在于"体现实用需求、创造形式价值的有机建造之中"[50]，——正如能提供一种"新"或"旧"的客观性一样稀少——并服从基元化造型的普适法则。

新造型主义希望与"原始秩序"（Ordnung des Ursprünglichen）

马赛的硫黄原料仓库，维尔纳·林德纳，《工程建筑的优美造型》，柏林，1923年；密斯文章《建造艺术和时代意志！》选用的插图

发生联系，根据他们的重要代言人蒙德里安的说法，艺术"要从宇宙，从所有存在的最深的本质中"进行重构。"未来所有造型的原理"无须被创造，因为其作为"宇宙的业已存在"：那种作为生成"所有事物内核"的"持久力"是永恒的，仅能通过明确的时间意识[51]加以表达。密斯以"时代意志的空间表达"与蒙德里安保持一致：那些"业已存在"而且"总应存在下去"的建筑普遍原理是造型过程基于明确的用途和材料以及任务的本质，并借助某些手段得以实现，因而拥有了新的时代。

172>

林德纳在其著作中描述了成就优秀设计的奥秘，就是过去和现代的工程师们从不"哗众取宠"，没有"牵强附会的寓意……

49
林德纳，同上，10、12页。

50
密斯1925年11月27日在不来梅，以《新建造艺术精神》为题发表了演讲。这里的引用文字来自，1925年12月11日不来梅工艺学校的学生对密斯演讲的致谢信，出自：LoC手稿档案（密斯不来梅演讲稿见附录1，注释43）。

51
皮特·蒙德里安，《绘画中的新造型主义（1917/1918年）》，引自：《风格派的理论与宣言》，莱比锡/魏玛，1984年，67页。

52
林德纳，同上，11页。

53
埃里克·门德尔松，《美国：一位建筑师的画册》，柏林，1926年，22页。

54
瓦尔特·里茨勒，《十字路口的建造艺术》（Die Baukunst am Scheidewege），引自：保罗·田立克（Paul Tillich）编辑，《卡伊洛斯：精神状态和精神转变》（Kairos. Zur Geisteslage und Geisteswendung），达姆施塔特，1926年，266页。

对各种建议和艺术美化不感兴趣……客观和自然地去感知"。"出自有机生长结构"的作品，第一眼看上去完全由清晰可辨的实用性发展而来。它们"好似帮助理解的说明一样，而尽可能少的附加补充"，所以其中的原型作为"创造和人类杰作的古老样板"而自我显现。[52]工程实用建筑代表了"变化的无辜"（Unschuld des Werdens）（尼采语）时期，而埃里克·门德尔松1925年在《一位建筑师的画册》里，用"童年形式"的比喻给了它一个诗意的描绘。对于美国谷仓形象，门德尔松形象地描绘了内心中的建筑形象：它们"笨拙、充满原始力量并满足纯粹需求，显得充满魅力。功能是原始的……庞大的需求和某种程度上未来的先兆，令人震惊"。[53]

新型的、陌生的、几乎无法同其他建筑类比的工程建筑形式，体现了那种生命最高形式的规律，在那里，"原始力"和"未来的先兆"不期而遇。只要从类似原形的形态变化中，就可以描述它的表面形式：对林德纳来说，当代用于运输装卸的桁车好似史前时代"伺机待出、阴森恐怖的巨兽"。机械形式和有机形式之间所具有的亲和力——与寻找类似形态的结果一样——都是为了帮助纯机械形式获得美感。飞机与蜻蜓、潜水艇与鱼之间那种直白的类似性，提供了一种"使人信服的证据"，因此瓦尔特·里兹勒（Walter Riezler）在其名为《十字路口的建造艺术》（Die Baukunst am Scheidewege，1926年）的文章中，提出"机械形式和有机形式 ‹173 之间极为奇特和明显的亲缘性"体现出连续和包罗万象的"世界统一"的观念。[54]

密斯在1923年的演讲中所提到的原始茅屋和工程师之间的、树屋和现代汽船之间的类比，认可把原创性、内在真实性和合理明晰，当作"原造型"（Urgestalt）理论的标准。"新造型主义"呼唤原始性和技术，它不想塑造现实，而是期待在"原始秩序"中重新创造现实。表达方式也由建立概念转化到人类学和现代技术方面，这是一个美学的认知过程。原始性的出现成了现代艺术的试金石。主流艺术挑衅性地提出有关工程建筑的争议性问题：比如，现

维特鲁威的茅屋，出自马克-安东尼·洛吉耶的《论建筑》，第二版，巴黎，1755年

密斯在范斯沃斯住宅的工地上

"抑或有人反对，我将建筑几乎削减至无。诚然，吾去建筑多余之部分，救其于日常繁琐之装饰，唯余实用与简洁……独立四柱，撑起一屋而无需户牖——倘若四面开敞，则不宜居住。"

马克-安东尼·洛吉耶，《论建筑》

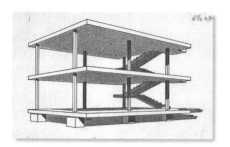

勒·柯布西耶，多米诺结构体系，1914年

代工程建筑的原始性作品在多大程度上才能被看作是艺术——因为毕竟它们所体现的真实，违背了古典艺术的法则。通过高更和毕加索，1914年以前的绘画就已经从原始部落的艺术中找寻到了能被借鉴的杰出范本。通过对印第安人和原始森林部落"房屋"的思考，一个建筑的比较研究过程开始了。"对现有艺术的厌倦"，导致开始"高度关注艺术的'原始性'"，1917年维克多·瓦伦斯坦（Victor Wallerstein）曾在《艺术报》[55]谈到过这一点。与此同时，密斯在1923年也提到过，为了让注意力掠过"欧洲的历史美学垃圾堆"，而应瞄准基础的、"原始的"建筑，他要挑衅性地转身面对那些"全部由石头构筑的疯狂"。

　　卡尔·爱因斯坦——阿罗西·里尔和亨利希·沃尔夫林曾经的学生，1921年以《非洲雕塑》（*Afrikanische Plastik*）一书引起世人关注。[56]对他而言，造型艺术从非洲雕塑中所发现的，正是密斯眼中的原住民简陋茅屋所传达出的东西。1923年，列奥·弗罗贝尼乌斯（Leo Frobenius）的《未知的非洲》（*Das unbekannte Afrika*）得以出版，从这本插图丰富的书中密斯获得了很多材料。这本书与辛克尔的奥瑞安达（Orianda）宫殿①设计专辑一起，很长时间都是摆放在他事务所的研究参考资料。[57]

174>　　质朴的原生态使建造艺术鲜活的"真实性"得以保存。密斯的"皮与骨式建筑"，呼应了森佩尔的饰面理论（Bekleidungstheorie）。

---

① 奥瑞安达（Orianda）宫殿是1838年辛克尔应俄国女皇之邀，在黑海之滨的克里米亚为其设计的夏宫。——译者注

55

维克多·瓦伦斯坦（Victor Wallerstein），《非洲的雕塑艺术》（Negerplastik），载于《艺术报》，1917年2月，转载于罗尔夫-彼得·巴克（Rolf-Peter Baake）编辑，卡尔·爱因斯坦，《作品集1》，柏林，1980年，508页。

56

卡尔·爱因斯坦在1904年至1908年期间，跟随亨利希·沃尔夫林学习艺术史，并在阿罗西·里尔处学习哲学，20世纪20年代早期曾为国际知名的艺术刊物《横断面》和《艺术报》写稿，密斯也在这两个刊物上发表过两篇文章。卡尔·爱因斯坦的《黑人的雕塑艺术》（第2版，慕尼黑，1920年）在1915年已经出版。他也表达了同时根植于原始和现代两极的做法。为此他出版了《非洲的雕塑艺术》（Afrikanische Plastik）（柏林，1921年），从保罗·维斯特海姆和卡尔·爱因斯坦共同编辑的《欧洲年鉴》（Europa Almanach）（波兹坦，1925年）来看，某种程度上为欧洲的前锋派们提供了参考。柯布西耶、奥特和马列维奇都对此有过讨论。至于"原始茅屋"对20世纪艺术的影响，也可以参见1984年在纽约当代艺术博物馆的展览画册《20世纪艺术中的原始主义》（Primitivism in 20th Century Art），也被译成了德语[参见：维纳·斯皮斯（Werner Spies）的评论，《失落的天堂：认识的启迪》（Das verlorene Paradies-Anstoß der Erkenntnis），载于《法兰克福汇报》，第255期，1984年11月10日，25页]。

57

瑟吉厄斯·吕根伯格，《密斯·凡·德·罗（1886—1969年）》，载于《德国建筑报》（Deutsche Bauzeitung），1969年，103期，660页，曾指出密斯从弗罗贝尼乌斯（Frobenius）的书中选取资料，用到他"在柏林唯一的一次幻灯演讲"上。密斯1925—1931年间的助手吕根伯格提到，密斯后来对"一本关于人类早期历史的《远古欧洲》（Alteuropa）"对他的启发表示感谢。这里也要提到拉乌尔·亨利希·弗朗斯的著作《古老欧洲的文化》（Die Kultur von Alt-Europa）（柏林，1923年）也出现在密斯的芝加哥藏书中。据瑟吉厄斯·吕根伯格所说，是雨果·韩林让密斯对卡尔·舒哈德特（Carl Schuchhardt）的著作《欧洲的文化与风格发展》（Alteuropa in seiner Kultur-und Stilentwicklung）（柏

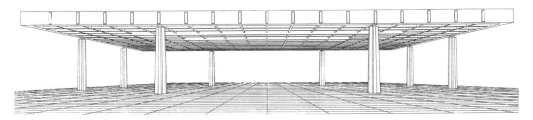

位于古巴北部圣地亚哥的百加得（Bacardi）公司办公楼的结构体系，1957年设计

林，1919年）产生了兴趣。

在这里，密斯藏书中的下述著作是有必要一提的：埃德加·达凯（Edgar Dacque）,《原始社会、传说与人》（Urwelt, Sage und Menschheit）（慕尼黑，1924年）；莫里兹·霍纳斯（Moritz Hoernes）,《欧洲造型艺术的发源史》（Urgeschichte der bildenden Kunst in Europa）,（维也纳，1925年）；理查德·乌登（Richard Uhden）,《大陆与文化》（Erdteile und Kulturen）（莱比锡，1925年）；弗里德里希·海里希（Friedrich Herig）,《人手与文化》（Menschenhand und Kulturwerden）[魏玛，远古历史和人类研究出版社（Verlag für Urgeschichte und Menschenforschung），1929年]。

吕根伯格，同上，原始建筑也对密斯产生了影响，非洲泥土茅屋可看作巴塞罗那展览馆的模型："密斯呈现了纤细木柱上承重的非洲泥土屋顶；这对他而言是巴塞罗那展览馆结构的原型。被展览馆屋顶弱化了的缟玛瑙墙，成了独立的仪式性墙体，它们是非洲化空间的核心。"瑟吉尼尔·吕根伯格也指出，密斯办公室里摆着辛克尔的设计[《俄国沙皇在克里米亚奥里安达（Orianda auf der Krim）的夏宫》图册，1938年设计，到1878年共出版4次，吕根伯格曾提道："它们永远在那里，从来都没有收起来过。"]参考沃尔夫·泰格尔豪夫，同上，10页以及柏林—奥瑞安达。《密斯·凡·德·罗作品中的辛克尔原型》（Das Vorbild Schinkels im Werke Mies van der Rohes）,载于《德国艺术科学杂志》（Zeitschrift des Deutschen Vereins für Kunstwissenschaft），1981年，第35期，174-184页。

森佩尔论证过原始部族的艺术表达，并认同其在材料和功能上达到的统一："海象肋骨与兽皮"对应置换了"钢与玻璃"。[①]这个已在体量上减至最少的现代空间框架结构，由源自工业化的钢构"树干"拼装起来，形成了那种"茂密原始森林"的技术化意象，它并非出自"天生的"自然，而是源自现代工业时代的"技术化了的"自然。人工自然的模仿取代了对自然的模仿。[58]密斯用型钢，即"钢结构建筑的主神经"（语出卢克斯）来刻画20世纪洛吉耶长老的原始茅屋，"纤细的骨骼"和未经粉饰的横梁组成的钢结构获得了新生，并进入了当今艺术家们的视野。基元化的钢结构语言语法，由结构上的数学规律来确定，而它的词汇则由常见的角钢、T型梁或型钢所构成，对这门语言在美学上进行提升是现代建造艺术家们的任务。

从20世纪20年代第一个高层方案开始，包括范斯沃斯住宅、西格拉姆大厦，直到他最后一件作品—柏林国家美术馆新馆，即使与其早期的立场有着明显的矛盾，密斯一直孜孜不倦，不是在结构-技术的应用层面的探索，而是对代表20世纪20年代日常建筑面貌的钢结构进行诗意化的表达。他的建筑不是工程师式的技术化产物，而是建造艺术的理想化创造——尽管不可能十全十美——它们展现出解决实用问题的理念。在美学隐喻的意义上，密斯给出了理想化的"结构"，精彩的雄辩使技术得到了艺术化的升华。[59]威 <175

---

① 这里指的是森佩尔的材料置换理论（Stoffwechseltheorie）。——译者注

171

廉·约迪（William H. Jordy）在其《论金属框架的简洁华丽》（The Laconic Splendor of the Metal Frame）[60]一文中，对密斯的意图曾做过清晰的表述。密斯建造艺术的价值恰恰在于，正如尼采美学理论所提出的，"一个熟悉的，也许是常见的主题"——某种意义上，钢骨架可谓"日常的旋律"——对它加以"机智地描述、赞扬，并提升为广泛的象征，使得（我们）在初始主题中，去接近一个由深刻意义、权利和美所构成的整体世界"。[61]

赫尔曼·索格尔在他1918年出版的高水准的《建造艺术理论：建筑美学》中，对如何通过新造型主义，艺术性地借鉴新的结构，作了最为清晰的阐述。"钢结构"要求一种"新型美学观念"，"其独特的美感不该遭受偏见……那些在建筑美学批评中做出否定判断的人，从来没有真正理解过钢结构；从美学角度来设计这个杆件系统，可以让灵魂和眼睛来理解和欣赏：这就是艺术任务。"[62]

只有当建筑师不仅对"梁和材料内部骨架"的结构，而且"对建筑有机体的肌腱在剖面中显露的美感"更感兴趣的时候，索格尔的看法才会成立。[63]密斯独具解剖结构美学的眼光，这要求一种灵活的直觉敏感度和对感觉的评价。在索格尔称之为"加工形式"（Werkform）中，可以发现自身的美学标准。密斯1922年的实验建造所具有的魅力恰恰是"处在建造中的"，在索格尔看来，对其的借鉴和吸收具有激发创造力的（schöpferisch-stimulierend）作用："结构表象（Konstruktioserscheinung）给新的氛围和形式内容（Stimmung-und formimhalten）提供了想象的源泉。在建造过程中对技术问题的解决，时常产生意想不到的美学内容。"[64]

回归"废墟式浪漫主义"的毛坯建筑美学，不是从已经存在的，而是从即将完成的，或者说未完成和未实现的状态中得到一种美学体验，与之相伴的是对美学观念的重估。"新的眼睛"（语出卢克斯）推翻了传统，从废墟中发现"新的美的秘密诞生"，并去感受"被艺术化，或至少被美化了的技术结构艺术史。"[65]

裸露的结构接近真理："我们不再能体会到那种非真实的

58
参见：汉斯·塞都迈耶（Hans Sedlmayer），《技术时代的危机和希望》（Gefahr und Hoffnung des Technischen Zeitalters），萨尔斯堡，1970年，42页。

59
参见：维多利欧·马格纳哥·兰普尼亚尼（Vittorio Magnago Lampugnani），《不在场的技术语言：关于乐观主义建筑神话的批判》（Die abwesende Sprache der Technik. Eine Kritik des Mythos der positivistischen Architektur），载于《海盗》（Freibeuter），文化政治季刊，第11期，柏林，1982年，36页。兰普尼亚尼指出密斯的巴塞罗那展览馆"是这种关系的象征"："既不是未来主义那些轻盈的、由不耐久的材料黏合在一起，或者可拆卸部件组装的房子，也不是出自特定任务的逻辑结果，贝伦斯曾经的助手令人联想起了辛克尔，他建造了沉重的大理石的基座，以及同样昂贵的镀铬钢柱、缟玛瑙和玻璃隔断，还有混凝土平屋顶下大理石幕墙的工业化的、乏味的构成。如果要通过其结构创新程度来衡量其质量的话，那么巴塞罗那展览馆将不会出现在建筑史上——对于20世纪20年代大部分伟大的前卫建筑作品来说都是如此。"

60
威廉·约迪（William H. Jordy），《美国建筑及其建筑师》（American Buildings and Their Architects），纽约1972年，221页。

61
弗里德里希·尼采，《不合时宜的观察》，引自：《作品全集》，同上，第1卷，249页。

62
赫尔曼·索格尔，《建造艺术理论（1918年），建筑美学》（Theorie der Baukunst/1918, Architektur-Ästhetik），慕尼黑，1921年，256页。

63
同上，174、175页。

64
同上，176页。

65
约瑟夫·奥古斯特·卢克斯，《工程师美学》，慕尼黑，1910年，8页。

176>

66
约瑟夫·奥古斯特·卢克斯，《工程师美学》，慕尼黑，1910年，45页。

67
索格尔，《建造艺术理论》，同上，257页。

68
路德维希·希伯赛默，《20年代的柏林建筑》，美因茨/柏林1967年，61页。在密斯的圈子里，希伯赛默对尼采的研究显得更有启发性。在他的《大城市建筑》（Großstadt-Architektur）（斯图加特，1927年）一书中，希伯赛默以尼采的话来结尾。最后一章《普遍法则》（Das allgemeine Gesetz）的结尾一句话是："在多样性的压力下，大众根据普遍法则来塑造，这完全可以参考尼采对风格的理解：一般情况下，就是法则受到崇拜和强调，相反的是在例外的情况下，法则就会被忽略，细微的差别消失，数量变成主宰，混乱被迫形成：逻辑、明确、数学、法则"（同上，第103页）。

69
在包豪斯的圈子中，也不乏众多尼采的追随者。尤根·克劳泽，《"殉道者"和"预言家"：世纪之交造型艺术中的尼采崇拜研究》（柏林/纽约，1984年，216页）。特别指出，奥斯卡·施莱默尔称尼采是他青年时代的哲学导师。这样就可以理解，施莱默尔1923年时设计的包豪斯印章，形象地表达了那种"从躯体到灵魂都是方整的"观念。

美！"[66]这是1910年前后对新美学的认识。结构表象的抽象美要求人们能够接受真理，并且当"观众"面对尺度的震撼、空间的大跨度和构架的无比纤细时，不会感到恐惧而应心生愉悦。根据索格尔的说法，"为了能彻底地感受到那种美"，"新人类"必须"建立自身驾驭钢结构内力的标准。"[67]

为了理解密斯"办公楼"的气质，现代工业时代要求人们具有钢构骨架般的气质，即"从躯体到灵魂都是方整的"，这是希伯赛默引用尼采的话语。[68]在奥斯卡·施莱默尔那些棱角分明的人像中，一种有力方整的观念写在了包豪斯时代英雄般人们的脸上。[69]

"我们存在！我们希望！
我们创造！"
——奥斯卡·施莱默尔，第一届包豪斯展览宣言，1923年

奥斯卡·施莱默尔，包豪斯印章，
1923年

"但我们想成为我们自己，
崭新的、唯一的、无法比拟的，
自我立法和自我创造！"
——弗里德里希·尼采，《查拉图斯特拉如是说》

"从1914年开始许多人具备了全新的
知识结构。
有些人生平第一次开始思考。"
——亨利·福特（Henry Ford），《我的生活和工作》（*Mein Leben und Werk*），1923年

"建筑还从来没有过像今天这样被如此频繁地讨论，而且人们也从来没有认清建筑的本质，这就是建造艺术的本质问题在今天显得如此重要的原因。因为，只有当其本质被认清时，为实现新建造艺术的斗争才会目标明确，有效推进。在此之前，它一定会处在纷繁芜杂的混沌之中。"[1] 1924年，对于当时的建造艺术热潮，密斯给出了自己的诊断，并认为现代运动是徒劳无益的尝试。那个探索时期躁动不安，充斥着大相径庭甚至相互竞争的艺术流派和学说，在他看来，这一切意味着"纷繁芜杂的混沌"，如果一直缺乏对建筑实质的基本认识，就肯定不会开花结果。[2]

围绕包豪斯展开的激烈争论，可能为20世纪20年代早期欧洲前卫派所处的发展酝酿阶段，提供了一个参考镜像。在激烈的论战中，荷兰人杜斯伯格抨击了早期包豪斯带有手工艺色彩的表现主义倾向。他对于包豪斯的批评，在1922年9月魏玛发起并召集的构

1
密斯·凡·德·罗，1924年演讲，1924年6月19日手稿，引自：德克·罗汉档案。

2
参见：密斯·凡·德·罗，《批判的意义和任务》，1930年（参见附录）。对于他那个世纪建造艺术与文明，他的判断是"混乱的"，密斯终其一生都在坚持，必须带来秩序。参见：《对话密斯（1963年）》，以及密斯80岁寿诞的访谈记录（1966年）。

3

沃尔特·格罗皮乌斯，《国际建筑》（*Internationale Architektur*），慕尼黑，1925年（包豪斯丛书，第1卷），6页。

4

提奥·凡·杜斯伯格、汉斯·里希特、埃尔·里西斯基、卡雷尔·迈斯（K. Maes）、马科斯·布尔查兹（M. Burchartz），《构成主义国际创造工作联盟（宣言）》（Konstruktivistische Internationale schöpferische Arbeitsgemeinschaft），魏玛，1922年，引自：《风格派：宣言和著作》，同上，52页。这里也参见：《风格》杂志宣言，1918年，同上，49页："当代艺术家受到全世界同一意识的推动，投身于反抗肆虐的个人主义和任性的世界大战。他们对所有的精神和物质表示赞同，为生活、艺术和文化方面形成一种国际化的统一而斗争。"

成主义者和达达主义者大会时达到顶峰，并最终导致了1923年伊藤 ⟨178
和格罗皮乌斯的公开决裂。随着密斯时常提起的构成主义者拉斯
洛·莫霍利—纳吉（László Moholy-Nagy）来到包豪斯，引起了对
构成主义时尚潮流的恐慌。1923—1924年"艺术和技术"的座右铭
出现了，这很快成了包豪斯理念的新方向，从而开启和引领了一
个新的时代。密斯在1923年参加了三个展览，都以他的柏林项目参
展。新的建造艺术流派纷呈，也使他大开眼界：在柏林的艺术大展
上，里西斯基展出了他的"普罗乌恩室"（Prounen Raum）①，此外还
有巴黎的"风格主义展"以及第一次魏玛建筑博览会上的"国际建
筑展"，柯布西耶的当代城市（Cite Contemporaine）也名列其中。

在如此多元化的思想中，密斯以教主般不可动摇的意志致力
于新的建造艺术，并反对任何脱离实际的建筑理论和远离生活的
美学观念。密斯奉为圭臬的客观概念建立在哲学的本源意义之
上，它关乎事物本质，或者像密斯所描述的"任务的天性"，如
果不了解这层"首要"关系，就无法真正做出创造。正是在这一
点上，密斯的"工作主题"，即格罗皮乌斯称为的"实质性研究"
（Wesensforschung），标志着"回归事物本源"的新造型主义精神，
成为了验证建筑师思想的试金石。[3]同样，牵涉"当代建筑"精神
的事物首先要算是蕴含思想性的"毛坯房"。

普遍认为，尽管密斯喜欢独立思考，但他的思想路径与同时代
的艺术家鲜有不同。柏拉图主义基本认识所包含的普遍真理和严密
的客观理念，为新造型主义、构成主义和功能主义流派展开论战提
供了广阔的平台。在这个理念脉络的基础上，1922年魏玛的构成主
义者大会就倡议建立一个类似"创造者国际"的组织。[4]

密斯参与了一般性讨论，他的立场明显表现出对于基本事物的
偏爱。首个宣言中的文字和设计附图，搭配得当并产生了不错的宣 ⟨179
传效果。大尺度的原始图纸——超过2米高的弗里德里希大街高层
和混凝土办公楼！——以目标明确、极其严肃的方式，有意识地通

① 普罗乌恩室（Prounen Raum）："Proun"是由里西斯基发明的新词，来自Pro-Unovis，即新艺术学校，指介于建筑和绘画之间的新的艺术领域。普罗乌恩室是以上述概念发展出的空间概念。——译者注

过放弃传统的表达方式，努力创造出一种冷峻的距离感。文字和图纸散发出力量和光芒，放弃图文表达上的细节和精确反倒强化了它们的尺度：在一个理想化、逃避社会问题、现实和意象水乳交融的地方，普遍的特点是缺少具体内容。密斯借助他的"剧本"——诸如那些即使在1928年仍被评论家所推崇的玻璃摩天大楼[5]——推出了一个经过精确设计的形象。[6]

毫无疑问，密斯以既定立场，目标明确地对时代产生了影响。1924年初，宣言《建造艺术与时代意志！》发表在由保罗·维斯特海姆编辑，新艺术最重要的喉舌《横断面》杂志上，就已经表明了当时的大致状况。在瓦尔特·库尔特·贝伦特编辑的《新建筑》杂志上，密斯的论文被有意安排成书评式的导读，也可以看作是某些策略的一部分。[7]

在那些年的书信来往中，密斯私下里曾多次批评过其他的现代建筑同道，但在公开言论中，他并无任何具体和直接的批评。在极端功能主义论调的宣言里，为了避免引出对自己项目的介绍，他侧重于在基本层面进行表达。1923年12月密斯的演讲，在原始艺术和机器之间建立联系的尝试显示：为了给1918年后的价值真空提供实用的观念，就要完全忽略处于原始茅屋和现代蒸汽船之间的距离。在此之前，建造艺术就像过去所讨论过的那样，一直显得碌碌无为。

密斯在建筑创造的精神层面所面对的问题，比如形式是否是工作和功能的结果，还是1927年形式逻辑发展到了存在主义阶段时，形式"被生活……所发现，或者自我实现"。[8]那些20世纪20年代早期出自密斯的令人印象深刻的警句中，也少不了《建造艺术与时代意志！》的影子。1924年2月7日，密斯在本子上记下："我们不理解形式问题，而只知道建造问题。形式并非目的，而是我们工作的结果。这是我们努力的核心。"[9]这个说法对密斯来说就是建筑思想的"石蕊试纸"，用以检验建筑成就是否推动了时代的发展，其目的是为了明确辨别真正的现代建筑和旧建筑，以及界定整个世界的分界线。

5
未署名，《新建筑》，载于《柏林股市快报》（Berliner Börsenkurier），1926年3月1日（密斯演讲评论），再版见附录。

6
参见：克里斯坦·沃尔斯多夫（Christian Wolsdorff）对沃尔夫·泰格尔豪夫的《密斯·凡·德·罗：别墅和乡村住宅项目》的书评，载于《艺术编年》（Die Kunstchronik），1981年，第31期，407页。

7
载于：《新建筑》，建造艺术半月刊，1924年6月，第11期，128页。

8
参见：密斯，《关于建筑中的形式》，载于《形式》，1927年2月，第2期，59页。

9
1924年6月19日手稿，同上。

180〉

10
阿道夫·贝纳,《新居住与新建筑》（*Neues Wohnen-Neues Bauen*），莱比锡，1927年，15、17页。参见：密斯"笔记本"第6页的记录与瓦尔特·库尔特·贝伦特的著作《新建筑风格的胜利》（*der Sieg des neuen Baustils*）（斯图加特，1927年）："人们在讨论新建造艺术的胜利。我必须说的是，这根本无从谈起。我们几乎还未开始。真正的新大陆还完全未被发现。取胜的也许是一种新的形式主义。只有（原注：此处划掉了'斗争'这个词）新的生活方式建立的时候，才能来讨论新的建造艺术。"

11
这里的例子清楚地表明了，密斯是如何在时间进程中，逐步在概念上进行客观化的尝试。1926年的一个演讲中（见附录），他再次谈及"作用力交互产生的混乱"，是对1924年的演讲文字（见附录）中的半句话进行替换后，相同说法更精确的表达："必须理解的是，建造艺术唯有通过空间形式与时代产生精神上的联系"（1924年），"必须理解的是，建造艺术始终是精神决定在空间上的体现"（1926年）。

12
瑞姆·加博和安东尼·佩夫斯纳，《现实主义宣言》，莫斯科，1920年，转载于《20年代的趋势》，同上，1、100页。

从其他著名的、近乎迂腐的引用中，也证明了密斯原则的合理性。作为新建筑最有洞见的批评家之一的阿道夫·贝纳，在其著作《新居住—新建筑（1927年）》（*Neues Wohnen-Neues Bauen*/1927）的第一章中，同密斯一样抓住了区分"两个不同的方向或者更大成就"的关键："形式在一个正常的建筑创造过程中，不是首要的，而是趋于末位的因素……在清晰的思考过程中，人们获得好的形式，但不能从形式出发。"1927年在其他的出版物中，贝纳也宣告了"新建筑风格的胜利"，这一论断早在1924年就得到了密斯的支持："我们的态度是坦诚的：当我们审视至今收获的时候，并未发现丰硕的果实。我们想从建造家那得到的，不多不少，正是一个哥白尼式的变革。"[10]

在这个由"哥白尼式的变革"所引发的思想，以及相应形成的建造艺术面前，站立着建筑师和获得了精神解放的现代人类。正如密斯1926年首次明确的，在形式和理念发展过程中，建造艺术选择了方向目标做出了一个"精神决定"。[11]密斯的思考也体现在《建造艺术与时代意志！》的手稿中，即形式本质的基本观念，"在这个问题的看法上，我们今天的分歧很大，而且还涉及很多当代的建造家。但它将我们与现代生活的所有学科都联系起来。"

对于如何描述现代生活的特质，密斯在上面的段落中已做过澄清：由赋予时代自身结构的"决定性成果"的"客观特征"来确定。客观事物由经验现实已预先明确，从而作为自明的事实（in sich geordnete Tatsache）被接受下来。"既非昨日，亦非明日，唯有今天是可塑的"——这是密斯在1923年左右的"工作主题"，其绝对的现实主义中暗藏着形而上的时代意志内核。而对于自身存在的理由，过去和未来都一样难以寻觅："今天行动，明天我们再做解释。"——这就是结构主义者赞美当下的口号。"过去就像我们身后腐烂的尸体，未来还是让给那些占卜家吧，我们要抓住今天。"[12]

"真正的思想"既不属于历史学家，也不属于预言家。早在1901年，路易斯·亨利·沙利文（Louis Henry Sullivian）就对顺应时代的现实主义，做出过类似的思考："你无法于过去中思考，你只能去思考过去。你无法于未来中思考，你只能去思考未来……现实是关乎当下、位于当下、出自当下和为了当下，而且是唯一的当下。此点于思想上须谨守，且至关重要，务必原原本本地体现在你们新式教育之中。"[13]

密斯思想的形成正是沿着这样的轨迹，即本质的和存在的、永恒的和当前的，以一种"真理关系"（Wahrheits-Verhältnis）相互融合，这是密斯几十年所专注的，现代主义经久不衰的主题。一个蕴藏危机的时代就是对本质性事物的自我放弃，密斯在1960年以"我们现在去向何处？"的发问，见证并直指当下同一性缺失的问题："文明的形成并不简单，因为它涵盖过去、当下和未来。它很难被定义和理解。属于过去的已无法改变。对于当下需要肯定和加以把握。但未来是开放的——对于创造思维和创造行为保持开放态度。建筑就是在此背景下发展起来的。因此，建筑应该只与最重要的文明因素发生关系。那种只有触及时代内在本质的关系，才是真实的，我称这种关系为一种真理关系。借用托马斯·冯·阿奎纳的话来理解真理，就是：物与知相一致。"[14]

存在的本原是一个牵涉艺术和哲学的重大问题。"建造艺术"和"时代意志"的结合，要求毫无保留地结合现状并反抗历史权威。当代社会"完全有别于先前任何一个时代"，新的"生产方法"清楚地表明，手工业正在失去社会存在的基础。那些在20世纪仍然推崇手工方式的人，是因为他相信一种特殊的"道德价值"，但在密斯的眼中，"他无视新的时代环境"：因为，"手工只是一种工作方法，也是一类经济形式，仅此而已……从来就不是生产方式，而生产本身就已经拥有价值。"[15]

几乎没有第二个人，像出身"传统石匠家庭"并信任手工业的密斯那样，大声呼吁终结在包豪斯所推行的关于手工的讨论——"而且"密斯强调，他"不仅是美的欣赏者"："对于手工制品美的欣赏，不会影响我对手工业作为一种衰败经济形式的判断。在德国，仍生存着很少的手工艺人，生产只能为富豪所负担得起的贵重

13
路易斯·亨利·沙利文，《闲话幼儿园和其他文字》（Kindergarten Chats and other writings），纽约，1918年，46页。参见：奥古斯特·恩代尔，《大城市的美》（Die Schoenheit der grossen Stadt），13页，《对今天和这里的爱》（Die Liebe zum Heute und Hier）。

14
密斯·凡·德·罗，《我们现在去向何方》，载于《建造与居住》，1960年，第15期，391页。

15
《建造艺术与时代意志！》手稿，1924年2月7日，同上；密斯下面的引用。

182>

16
密斯的笔记本，1928年，第7页，引自：MoMA。

17
密斯·凡·德·罗，1926年3月17日演讲手稿。

物品。但决定因素完全不同了，因为手工方式再也无法满足我们时代需求所达到的规模。所以，手工业已终结了……那些有勇气宣称，我们可以在没有工业的前提下生存的人，需要给出证明。也只有对机器的需求，才终结了手工业这种经济形式。"

那些表现主义者和早期包豪斯成员所热衷的用来变革艺术的手工艺理论，"不是由实践者，而是由唯美主义者在打开电灯时想到的"，"机制的纸张、机器印刷和机器装订"开启了它的传播过程。"要是人们用所有精力的1%来改善书籍糟糕的装订的话"，密斯激动地说，"那么这样就足以证明人类从事过伟大的事业了。"

历史学家——"对本质缺乏感受，其职业就是摆弄旧货的人"——总是在尝试"把过时的旧货树为我们时代的榜样"。密斯特别厌恶那种带有"考古学眼镜"（语出卢克斯）的学院式历史教育观念，而对雄辩更感兴趣，就如同下面他笔记中画线的文字所描述的："这里，历史学家又推荐了一个过时的形式，就是在这里重犯了同一错误。他们在这儿也采用了存在的形式。"

密斯作为新兴的生活实践艺术理论的代表，视学院派专家如眼中芒刺。把建筑从"美学上的投机和专属化"中解放出来，成为反对智识阶层行动的一部分，因为那些"艺术爱好者和受过教育的人，与真正的生活保持距离"，"以便从其立场中得出结论"。[16]密斯认为，历史教育阻碍了对本质性事物的关注，应该对"总是混淆本原的作用"负有责任。艺术史家在世间建立起"学术信仰"（语出尼采），正如密斯1924年在笔记中所写下的，"建筑物的存在基于建筑的意志"。但令人吃惊的恰巧是，"在对于历史事物的热爱中，却完全缺少与历史意义"的密切相连，这导致了对"无论是与新事物，还是与旧事物之间的真正联系"的忽视。[17]

"永远盯着过去是我们的不幸，"1924年密斯把这句话作为标题，指出应当像艺术对于"今天"的关注那样，重估历史价值："每天的生活都在提出新的问题；它比所有的历史积淀都重要。"密斯对前卫派的描绘可以从查拉图斯特拉的话语中读出，当下需要"新鲜血液"，以具备一种"能量和尺度"[18]：那种"眼光超前、无所畏惧的有创造性的人，没有成见地从根本上解决问题，并且从不故步自封。而结果自会在过程中产生。"[19]

从活力论（Vitalismus）的角度理解，历史不啻为生命过程的结果。因此，相关结论可以概括为："对传统的清晰理解意味着，反抗旧的艺术，而不是对其表示臣服。"[20]在1926年出版的《G》终刊号上形成了对历史的新看法，历史就是对受过历史教育的智识阶层的失败所作出的回应："历史就是今天的样子。深入和积极地了解今天，有助于我们对过去的认识。"[21]只有坚持以批判的立场看待"今天"，才能赢得延续的价值。历史在时间中前行。历史描述的要么是"活的历史"——"时代活跃力量的历史"，要么像传统的艺术史一样仔细研究"墓碑上的铭文"，然后判断"是否与艺术家有关"（最多就是，判断他是否真在"其中"）……艺术史不是关于事物的严肃讨论，它只是在集中供暖时温暖了我们。[22]

学院主义被尼采称为"'德国式'的教育"，而密斯称之为"我们的历史教育"，从尼采那儿继承来的、对于学院主义的厌恶演化成一个纲领。"我们无需任何样板"——密斯在《建造艺术与时代意志！》的手稿中，对工程建筑的造型加以简短描述之后这样指出。在没有直接与历史样板建立美学关联的情况下，自身恰好成了样板。[23]

工程建筑塑造了一种新的"无需样板"和"恒新（Ewig-Neu）的理念"，在它的指引下，价值重估应当对生活带来助益。否定传统来自对生命的认可，生命的存在遵循历史进程的永恒法则，而非失去生命力的"学院派理论"（语出密斯）。历史进程的本质是，恒常的与新生的是平等的，也就是"为了新的内容，将会牺牲对旧事物的保障。"不同的是，密斯在他拥有的爱德华·斯普朗格的《生命形式》一书中用笔勾出，"根本无法想象，如果道德观念无法进步的话，那将会怎样。"[24]

"所有过去的，都被认为是有价值的。"尼采以这样的口号，在1874年号召对抗"永恒的"，并挑战那个时代的历史主义。如果自身没有存在的勇气，就不会迈出当前的脚步。当下的意志表达出对

18
密斯·凡·德·罗，1926年3月17日演讲手稿。

19
《建造艺术与时代意志！》手稿，1924年2月7日。

20
雅克布斯·约翰内斯·皮特·奥特，《关于未来的建造艺术及其建筑的可能性（1921年）》，载于《晨曦》，1922年1月，第4期，再版于：布鲁诺·陶特，《晨曦（1920—1922年）》，柏林，1963年，199页。

21
《G》，第5/6期，1926年（无页码）："历史的真实性不是由'事实'来理解，而是由其——建构的。这取决于结果。——艺术史？立场在哪，看上去如何？对每个人的公平！好吧——所以，'历史'反映了一个世界，一个世界核心，其意志和表达就成了艺术——如果这是艺术史的话——就会成为鲜活的艺术。……那些创造艺术史的人，要听从一个建议：为我们写宣言吧！如果你们看到事物，就为今朝的事物而生吧。如果你们本来就想认识事物，就去学习观察事物吧。"

22
同上。

23
此处参见：卢克斯，同上，32页。

24
爱德华·斯普朗格，《生命形式》，哈勒，1922年（第3版），289页。

25
弗里德里希·尼采，《不合时宜的观察：关于历史学的利与弊》，引自：《作品全集》，同上，第1卷，229页。

26
密斯·凡·德·罗，信札草稿，无日期（大约1927年），引自：MoMA，手稿文件夹2。

27
密斯·凡·德·罗，在杜塞尔多夫依姆曼协会的演讲，1927年3月14日手稿，引自：德克·罗汉档案。

28
弗里德里希·尼采，《反基督》（Der Antichrist），引自：《作品全集》，同上，第2卷，1231页。

29
弗里德里希·尼采，《悲剧的诞生》，引自：《作品全集》，同上，第2卷，1100页。

自身生命力的笃信，并渴望一种摆脱历史枷锁的自由生存。为了生存，人类必须"持续用力，打破和消解过去。"[25]尼采的"最高指示"（语出里尔）——就是对生命的肯定——表达了人们试图把握自身存在所必须具备的前提。"每一代人的责任就是，建立积极的生活方式，摆脱落后的思想。"[26]

密斯期待他这代人"对生命毫不掩饰的赞美"[27]，它符合现代人所应有的坦诚意识。"对所有事物高声肯定"，对尼采而言就意味着"伟大风格"：正如现代派所渴望看到的，一种"不仅仅只是艺术，而是成为现实、真理和生活本身"的风格。[28]"真理的意义"，"说到底是所有意义中最有价值的"（语出尼采），它被赐予给了现代人类。他们自己制定生活和艺术的规则，而不是从理论和道德中，或者从经典教育理想色彩的粉饰中去寻找。正如尼采的"生命意志"一样，时代意志描述了创造性的生命法则，并从中揭示了"对于自我转变的长久兴趣"。[29]重新获得创造力是新艺术的重要目标，"永恒轮回"（ewige Wiederkunft des Gleichen）学说在本质精神上，是与时间循环相对应的——即那种由赫拉克利特（Heraklit）和前苏格拉底学派（Vorsokratikern）所建立的，从未过时的查拉图斯特拉学说。"恒新"展现了一幅历史图景，即在黑格尔意义上的非历史化的历史性（Nichthistorisierende Geschichtlichkeit）中，历史"终结"了，它同时具有存续、清理和提升的三重含义。

"过时的建筑师不再能为时代做出贡献，新的建造家必须肩负起责任"——汉斯·里希特1925年的论文刻画了新建造艺术家的形象，他们必须更多地"与创造真实关系，而不是与象征符号"有关。"全世界年轻一代"的任务就是，证明"创造力的存在"，并唤醒自身所处时代的"意识"。汉斯·里希特所提到的"真实关系"，即对当下的肯定和对永恒创造性原则的笃信，同时也是'新建造家'的标签。汉斯·里希特所接受的这种造型，正是出自密斯的个人因素：

"新建造家与新感性（Neue Sinnlichkeit）联系在一起（或他本身就有这种感性）：这种感性来自执着和公正的人们，一个渐

◁185

进务实和理性的社会、一个快速变化和有着精确计算的世界、一个无比上进并有别于以往的世界。为此，密斯体现出一个宏大的维度，他头脑冷静并精于谋划，从不异想天开，以男性的沉稳从基本概念层面进行创造……他接受时代所赋予的现状和前景，时代在机会方面对他显得如此公正和理性，他接受了任务和条件，并相信今天的必然性。他为今天提供了所需的形态……他使得一种传统得以恢复，这种传统曾经使金字塔得以建造起来，同时，也能够理解并胜任国际组织所委托的任务。"[30]

密斯以有别于时代同仁的成就，展现了那个时代的目标和手段，以及建造艺术所具有的可能性。他以毫不妥协的激进方式得到了自己的结论。工业化波及所有行业，建筑业也在所难免，这一重组过程伴随着"对陈旧观念和价值判断的摒弃"。建筑所蕴含的手工特征及其落后的生产方式，如同遗留下来的美学观念一样，同样需要从根基上进行革新。完成这个耽搁过久的行为无需多愁善感，而且密斯也意识到工业化将"消解传统形式的建筑业"。他补充道："谁要是遗憾未来的房屋不再由建筑工匠来建造，可能就会想起汽车不再是由马车修理工来制造了。"[31]《建造艺术与时代意志!》一文的结语也表达了这段论述的基本观点："当邮政马车被汽车取代的时候，这个世界并没有因此而变得更糟。"[32]

在建筑工业化的过程中，密斯适时地发现了"我们时代的核心问题"。[33]早在1910年，格罗皮乌斯就曾给通用电气公司（AEG）提出过工业化住宅的建议案，而贝伦斯和亨里希·德·弗里斯（Henrich de Fries）在涉及花园城市，名为《关于经济型建筑》（Vom sparsamen Bauen）的文章里，也曾探讨过类似问题。[34]在这个领域，技术的发展和进步的程度可以从美国邮寄商店（Versandhaus）在欧洲开展业务的产品目录中体现出来。早在1910年人们就能以实惠的价格，获得装配式独立住宅的所有预制模块。[35]第一次世界大战后德国住宅的需求激增，大众住宅成为一个迫在眉睫的社会问题，所以没有新的建筑经济和技术手段，这一切都是不可能得到解决的。

建筑行业中，科学合理的预制房屋建造方法应用的首次尝试是

30
汉斯·里希特，《新建造家》（Der neue Baumeister），载于《品质》，1925年4月，双月刊，1/2期，7页。同时参见：奥托·瓦格纳，《我们时代的建造艺术》（Die Baukunst unserer Zeit），维也纳，1896年，引自第4版，1914年，33、137页："艺术，也包括现代主义的任务，与所有时代皆同。我们时代的艺术必须提供我们创造的现代形式，它们与我们的能力和行为相符。……那些追求书中所暗示的目标的艺术青年们，如所有时代的建筑师一样，是时代之子；他们的作品带有自身的印痕。从他们的作品中，世界发现了自身的标记，所有时代的艺术家们都拥有的自信、个性和信念，将会阐明那个世界。"

31
密斯·凡·德·罗，《工业化建筑》，载于《G》1924年6月，第3期，8-13页。

32
《建造艺术与时代意志!》手稿，同上。

33
密斯·凡·德·罗，《工业化建筑》，同上。

34
参见：弗利兹·诺迈耶，《彼得·贝伦斯的通用电气公司工人住宅区》（Die AEG-Arbeitersiedlungen von Peter Behrens），引自：提尔曼·布登希克、亨宁·罗格，《工业文化：彼得·贝伦斯与通用电气公司》（Industriekultur, Peter Behrens und die AEG），柏林，1979年，127页。

35
参见：雷金纳德·艾塞克（Reginald R. Isaacs），《沃尔特·格罗皮乌斯：其人与作品》（Walter Gropius, Der Mensch und sein Werk），第1卷，法兰克福，1985年，94页。

36
彼得·贝伦斯,《集合建筑》(Die Gruppenbauweise),载于《瓦斯穆特建造艺术月刊》(Wasmuths Monatshefte für Baukunst),1919/1920年,第4期,112页。

37
密斯·凡·德·罗,《工业化建筑》,同上。

38
西格弗里德·吉迪恩,《机械化的统治(1948年)》(Die Herrschaft der Mechanisierung/1948),法兰克福,1982年,141页,见《20世纪的流水线》(Das Fließband im 20. Jahrhundert)。

39
亨利·福特,《我的生活和工作》,莱比锡,1923年,3页。对于机械化的普及,弗雷德里克·泰勒(Frederick Taylor)在他的书《科学管理原理》(The Principle of Scientific Management)(纽约,1911年)的前言里指出并强调,在所有人类的工作领域,这些科学管理的基本思想都能"同样有效和同样成功"地运用。

贝伦斯1918—1919年在《集合建造论》(Gruppenbauweise)所提出的,发展一种"参考泰勒制(Taylorsystem)精髓的简易工作方法"。[36] 通过更大的砌块尺寸和系统性的规划,理性化地尝试对以前的工作方式进行优化,而这一切在1924年似乎还未得到共识。建筑的工业化应该达到一个新的水平,正如密斯提到的"首要前提"是"发现一种建筑材料",同时满足工业加工条件和建筑热工要求,其中工业化的加工不应当是额外附加上去的,而应当是必不可少的。"只有在加工的过程中,所有部件的生产才会变得真正合理,"——与汽车工业类似的是——"工地上的工作最终将只有安装的性质,并能够限定在超乎想象的较短时间内完成。重要的是,这将导致造价的降低。"[37]

〈187

1910年,美国的汽车制造商亨利·福特的流水线获得了巨大的成功,为停滞的制造业继续发展,注入了决定性的能量,并由此激活了新的社会观念。相信汽车能从昂贵的产品转化为大众消费品,并验证了对产品生产的全面变革,这些成就使福特占据了重要的历史地位。[38]亨利·福特的著作《我的生活和工作》1923年出版了德文版,副标题《伟大的今天和更加伟大的明天》(Das große Heute und das größere Morgen)令人对未来产生无限憧憬。这本书的出版获得了超乎寻常的关注,仅当年就13次再版,截止1930年又再版20次。

让过去只有特权阶层才能享有的交通工具得以普及,这个想法的成功也可以近似地移植到住宅建设和建筑产业中来。在20世纪20年代早期,健康、实用的住宅对许多人来说仍是奢侈品,它就像汽车一样,通过生产革新肯定能够引发新的社会需求。

很多人都提及密斯1924年的论文《工业化建筑》中所传达出的思想脉络,受到了福特著作的决定性影响。在他著作的序言里,福特强调并"明确指出,我们所采取的理念在任何地方都能实现。"[39]自学成才的福特和密斯,他们的主导思想在本质上是一致的。密斯所遵循的方法一度无法实现,而福特却在下面给予了回答:"我的目标是简洁……人们选用经证明为合适的物件,然后尝试取消所有多余的部分。这首先适用于鞋子、衣服、房子、机器、铁路、汽船和飞机。只有当我们取消多余的部分并简化必要的部分，才能降低造价。这是一个简单的解决方案。"[40]

188〉密斯期待的是发明一种新型建筑材料——"必须是轻盈的材料"——也受到福特式思维的启发。系统性地"减轻自重"并开发由使用目的和承重来决定的型钢，正如1908年出现的富有传奇色彩的"福特T型车"，元素钒成为关键的技术要素。而在柯布西耶的理论中，也能清楚地听到对汽车制造成功方法的共鸣，他预言未来的房子不再是几百年一成不变的"笨重物件"，而看上去"会同汽车完全一样，成为一种工具"。[41]

估计是福特的著作让密斯认识到，老师贝伦斯的观点在这方面是有缺陷的。如果真是那样，1918年密斯就会以亨利·福特的话来回应贝伦斯的文章《关于经济型建筑》："治疗贫穷的手段不是在小处节约，而是优化生产过程……节约是所有半死不活的人的嗜好。"[42]

福特以命令的口吻肯定了生命的变化运行，"你不应恐惧未来，不应纪念过去。"[43]在当时的语境下，密斯以他的座右铭，"既非昨日，亦非明日，唯有今天是可塑的。"表明了他对引领技术进步的发明创造所持的乐观态度。密斯在1924年兴奋地预言道，"社会、经济、技术以及艺术问题都会迎刃而解"。[44]

对自我创造过程的信仰，并不适用于抽象的意义世界，而是与拥有实用目的和需求的世界相关联。建造艺术是由一定的使用需求所导致的逻辑结果，产生于事物机械论的模式之中。密斯的文章援引了森佩尔1834年时所说过的话，"只有这位需求先生认得艺术"[45]：正如密斯简明扼要的描述，一座住宅应"简单地从实际用途，即居住的组织出发"，而不应"将其视作一个考察其主人美学眼光的参照物"。[46]建筑用地、太阳方位、空间功能以及建筑材料，为"建造的有机性"（Bauorganismus）创造了条件。对笛卡儿工程师式的思维方式和经济合理解决方案的欣赏，取代了传统美学189〉概念和诗意构成。密斯在介绍混凝土乡村住宅设计时，使用了简短

40
福特，《我的生活和工作》，同上，16页。

41
柯布西耶，《走向新建筑》（1922年），引自：《建筑展望》，柏林，1963年，171、173页："战争唤醒了沉睡的人。人们讨论泰勒制并运用它。企业思考密斯，购买耐用和快速运转的机器。建筑工地将会变成下一个工厂？人们所讨论的房屋，是像灌满的水瓶一样，在一天内用混凝土浇筑而成的。当螺栓就位之后，在大量的大炮、飞机、汽车和火车工业化地产出之后，人们自言自语：难道不能工业化地生产房屋吗?"关于柯布西耶与汽车的关系，以及"先锋派与工业的交叉授粉"，参见斯坦尼斯劳·冯·莫斯（Stanislaus von Moos），《勒·柯布西耶与加布里埃尔·沃尔辛》（Le Corbusier und Gabriel Voisin），引自：《先锋派与工业》（Avant-Garde und Industrie），斯坦尼斯劳·冯·莫斯和克里斯·施梅克（Chris Smeenk）编辑，代尔夫特，1983年，77页，以及斯坦尼斯劳·冯·莫斯，《标准和精英：柯布西耶、工业和新精神》（Standard und Elite. Le Corbusier, die Industrie und der "Esprit Nouveau"），引自：提尔曼·布登希克编辑，《应用艺术》（Die nützlichen Künste），柏林，1981年，306页。

42
福特，同上，217页。

43
同上，23页。

44
密斯·凡·德·罗，《工业化建筑》，同上。

45
戈特弗里德·森佩尔，《古代建筑与雕塑的彩绘之初评》（Vorläufige Bemerkungen über bemalte Architectur und Plastik bei den Alten）阿尔托纳（Altona）1834年，引自：戈特弗里德·森佩尔，《科学、工业和艺术及其他著作》（Wissenschaft, Industrie und Kunst und andere Schriften），美因茨/柏林，1966年（新包豪斯丛书），16页。

46
密斯·凡·德·罗，《建造艺术与时代意志！》手稿，同上。

47
密斯·凡·德·罗,《建造（1923
年）》,同上。

48
柯布西耶,《建筑展望》,同上,
139页。

49
贝尔拉赫,《建筑发展的基础》,柏
林,1908年,116页。

50
密斯·凡·德·罗,《建造》,同上。

51
《密斯致E·福斯特博士的信》,汉
堡,1924年1月12日,引自:LoC手稿
档案。

52
亨利·凡·德·威尔德,《爱你》
（Amo）,出自:《符合理性的美》
（Vernunftgemäße Schönheit）,引自:
《文论》（Essay）,莱比锡,1910年,
119页:"我爱机器;它们是更高级
的生物。"

53
提奥·凡·杜斯伯格、埃尔·里西斯
基、汉斯·里希特,《构成主义国际
集团的生命》（Erklärung der internatio-
nalen Fraktion der Konstruktivisten）,
杜塞尔多夫,1922年,引自:《风格
派:著作和宣言》,同上,58页。

54
参见:提奥·凡·杜斯伯格、康奈
利·范·伊斯特伦《通向集体主义
的结构之路》（Auf dem Weg zu einer
kollektiven Konstruktion）,引自:《风
格派:著作和宣言》,同上,222页:
"我们必须明白,艺术与生活是不可
分割的领域。因此,如果'艺术'的
理念建立在脱离真实生活的错觉之
上,它就必须被取缔。'艺术'这个
词对我们不再有意义。取而代之的
是,要根据创造法则来建设我们的世
界。……如今能谈论的,唯有新生活
的缔造者们。"

的格言体,前所未有地完全放弃了美学决定论:"墙面上需要观景
和采光的地方,我都做了开口。"[47]而相对这实用的理性主义,柯
布西耶的洞口却是充满抒情意味的——"洞口带来了光线和黑暗,
这好似快乐和悲伤"[48]——无望和伤感。贝尔拉赫式的理性主义成
了密斯的基础:"其实是表面装饰形成了窗户",贝尔拉赫解释并
立即补充道,"自然是在只有需要的地方才会有……"[49]

密斯建议建筑师们以工程师为榜样。这不仅适用于诸如混凝土
建筑中的安装技术这样的特殊领域[50],在那建筑师要向船舶工程师
"全盘学习",而且还扩展到仍须进行产业革命的建筑业的整个领
域。在这样的背景之下,1924年德国建协组织的新住宅竞赛中,密
斯通过努力在评委中安排了一位船舶工程师,"为了通过努力,尽
快产生成效并取代手工作业,使现代住宅具备更多的工程特性。"[51]

密斯欣然"接受"时代所赋予的先决条件,"时代意志"要求
客观性和具体化,以及一个在时代的结构、技术和实用要求下自我
形式的构成。代表密斯观点的决定性因素,好斗的语调以及那些年
有意识阐释的整体性,体现了渴望艺术与生命的统一,实现自我存
在的总体艺术作品的要求。尼采观点的意义在于,不仅要忍受自身
存在的必然,并减少对不完美的抱怨,还应怀着新的爱去改造。
凡·德·威尔德用他的"我爱"（Amo）①代表了比密斯更早的、推
崇机器的年轻人的信仰。[52]20世纪20年代的前卫派们把他们的美学
诉求看作客观主义:艺术和生命的结合不应是纸上谈兵,而应由新
艺术变成现实。艺术被理解为"对创造性能量的表达,这种能量
使人类得到组织并产生进步",由此而成为"普通工作过程中的工
具"。[53]所以,现代艺术家自诩道:"如今能谈论的,唯有新生活的
缔造者们。"[54]

其实,相对于密斯早期文字所涉及的时代神话,隐秘地存在
着另外一种批评的态度。这种态度应当只有到达一定程度才会出
现,正如无条件的肯定会受到怀疑,而且类似疑问也在增加,即新

⟨190

---

① 在拉丁语、西班牙语中,"Te amo"、"Ti amo"和"Te amo"都是"我爱你"的意思,而"AMO"表示"我
爱"。——译者注

方法的持续应用是否真正地带来了自身的进步。1924年，密斯在建筑工业化中发现了当时推动创造的力量，那种对于进步的笃信，却也在同一时间遭到了质疑。福特的例子对于密斯来说成了双重教材：它展现了组织社会生产所必须遵循的逻辑概念，但也体现了主体为客观规则所设定的边界。

1924年6月19日演讲笔记的结尾段落，是这样的："没有任何事件，能够比得上福特著作在德国所产生的巨大影响，它照亮了我们生存的世界。福特的理想是简洁和合理，他的企业在机械化方面体现了令人炫目的高度。我们推崇福特所追求的方向，但拒绝停留在他所达到的水平。机械化从来就不会成为目标，而只是手段，实现精神目标的手段。尽管我们的双脚坚实地踩在大地上，但我们的头颅却要伸向云端。"[55] ✚

55
密斯·凡·德·罗，1924年演讲（见附录1）。

第五章

从材料经实用到理念：
通向建造艺术的漫长
道路

1 告别"时代意志"：作为精神决定的建造艺术

"建筑是建造的艺术，它是两个概念的融合：

技能的艺术，即对实用专业的掌握和关于美的艺术。

那里存在着一种自由，可以看到用一个词把两个概念，

即实用和那种抽象的美感融合在一起，

而非常遗憾的是，我们时代里的这两个概念经常是相互为敌的。

我们生活在一个几乎完全颠倒的时代里。

我们要远离这个时代，而且欣然相信，和解的讯息必将到来。"

——彼得·贝伦斯，《贝伦斯住宅》，1901年

1

肯尼斯·弗兰姆敦，《现代建筑：一部批判的历史》，斯图加特1982年，140页，在题为《密斯·凡·德·罗与事实的意义》（Mies van der Rohe und die Bedeutung der Tatsachen）的章节里，描述了1921年至1933年间密斯的创作，但并未指出他1926年的转变。

2

密斯·凡·德·罗，《办公楼》，《德意志汇报》，1923年8月2日，引自：MoMA档案。

3

特奥·凡·杜斯伯格，《绘画和雕塑》（Malerei und Plastik），载于《风格》1926—1928年，第78期，82页，引自：《风格派：著作和宣言》，同上，206页。"基元化主义者是精神的反叛者，是制造麻烦的人……他破坏的不是半平方大小绘画平面上的形式，他无情破坏的正是庞大人类悲剧的形式。他知道：人类的悲剧性在于只能固守传统，一代又一代重复每日相同的生活。他知道，这前提和恩典都基于一种狂想，即服务于上帝乃义务和荣誉。消除这种狂想和误解，就是同时消除布尔乔亚式的生活方式，以及整个上层建筑。"

4

奥特，《荷兰建筑》，慕尼黑1926年（包豪斯丛书第10卷），再版，美因茨/柏林1976年，39页。

5

同上。

对于20世纪20年代早期的密斯来说，"事实的意义"[1]是一个标签：解决实用问题和处理材料成为基元化造型的最高法则。全身心地投入新时代的现状和真正的实证主义，就是应当重回客观性并超越唯心主义。在"应当服务于生活"的状态中，密斯要求建筑师无条件地服从时代意志的领导，让自己成为一个执行者。"当今的建造家"都毅然地拒绝妥协。密斯不希望与"过去几个世纪的美学传统"有任何联系。[2]相反，能彻底颠覆历史形式的就是功能安排（Programm）。[3]

基元化造型的根本目的，是让传统意义上的形式和风格获得解放，认同一种"独立状态的美学化有机造型"（Aesthetisch-organische Gestaltung），正如奥特所说的，这一切只有通过"自由艺术"才能得以实现。[4]这种独立造型消解了样板的权威和模仿的原则，其特征是一个"很少由外至内，而更多是由内至外"的过程，就是——以密斯的话来说——"从任务的本质出发"的结果。因此，它创造的不再是传承下来的经典形式理念的"映像"（Abbild），而是自身生活方式的"产物"（Gebilde）。[5]

密斯在其"建造"理论中所宣扬的，是某种缺少艺术性的"产
物"，它并非美学造型的产品，而是机械技术条件下最终体现的合理化结果，其形式出自本身。森佩尔于1852年曾预言，"现存艺

6
戈特弗里德·森佩尔,《科学、工业
和艺术。关于民族艺术感的建议》
(Wissenschaft, Industrie und Kunst.
Vorschläge zur Anregung nationalen
Kunstgefühls),布伦瑞克1852年,引
自:戈特弗里德·森佩尔,《科学、
工业和艺术及其他著作》,美因茨/柏
林1966年(新包豪斯丛书),43页。

7
卡西米尔·马列维奇,《毫无根据的世
界》(Die gegenstandslose Welt),慕尼
黑1927年(包豪斯丛书第11卷),59页。

8
柯布西耶,《未来的建造艺术》(Kom-
mende Baukunst),斯图加特1926年,
《展望建筑》,柏林1963年,40页。

9
戈特弗里德·森佩尔,《古代建筑与雕
塑的彩绘之初评》,阿尔托纳(Altona)
1834年,摘自:戈特弗里德·森佩尔,
《科学、工业和艺术及其他著作》,同
上,17页:"材料可以自我表达,直接
地出现在造型方面,出现在从经验
和科学被证明是最有利的条件中。
砖块以砖块的方式,木头以木头的方
式,铁件以铁件的方式,每种材料依
据的都是自身的法则。这是一种真正
的简约,就像人们对于装饰绣品所表
现出的喜爱一样。"密斯式"建筑"尝
试将森佩尔的基本原则——但没有了
上面后半句中的客套——付诸实施。

10
约瑟夫·奥古斯特·卢克斯,《工程
师美学》,慕尼黑1910年,10、44页:
"根据森佩尔的观点,材料的弱点和
顽固性形成了艺术上的优势。毫无疑
问的是,建筑风格实际上是由材料来
确定的,因而石头和木头便拥有了自
身的风格法则……因此,艺术上的一
切都要合理,它不仅需要实用目的,
而且还要让建筑材料拥有个性。"

11
特奥·凡·杜斯伯格,《通过材料
实现新的美学》(1922年魏玛演讲)
(Von der Neuen Ästhetik zur materiellen
Verwirklichung, Vortrag Weimar 1922),
载于《风格》,1923年第1期,10-14
页,引自:《风格派:著作和宣言》,
同上,183页。

12
同上。

术形式解体的过程"必须通过工业和应用科学,"在好的和新的事
物"出现之前产生[6],传统类型和概念消失的结果是有益于新的"产
物"出现的。这些新的产物呈现不同的面貌:在未来主义那里,房
子成了机器;表现主义者和有机功能主义者让形式趋近于有机生长
的自然;构成主义者让被大地束缚的建造体量,化作灵动的"空中"
结构诗歌,或如克什米尔·马列维奇期待的那样,是飘浮在空中的
新艺术[7];而"风格派"的新造型主义把封闭的形体分解为独立墙
体序列;柯布西耶的立体化纯粹主义力图实现绝对精确和充满诗意
的笛卡尔式的世界梦想,将房子简化为纯立体几何式的抽象产物。

为了通过新的结构原理来构建真实性,就要打破那些过于现实
的旧形式和定义。密斯以其皮与骨式建筑理论,达到了建筑对边界
消解的最大极限。结构体现了所有建筑的原始形象,并指明——在
使骨骼的类比显得似是而非的地方——讨论"建筑物"时所必须跨
越的门槛。这种无法再作削减的结构,遵循非图像式的新造型原
理,催生了机器时代的技术产物,并使工程建筑成为"恢宏大气的
新时代的长子"。[8]

现代建造艺术家的使命就是,揭示结构和材料的整体美学价
值。这并非是从外部强加给建筑的"美学投机",而是把对新艺术
的期待潜藏在物质条件和实用方法的约束之中。建筑本质的美表现
为简洁的逻辑构造,呈现为最具表现力的原始状态,正如森佩尔对
他所处时代的要求那样[9],建筑材料在这里没有形式化意图,而显
露出存在的纯粹性。"材料是打开艺术之美的钥匙"[10]——通过对 <194
森佩尔的引用,卢克斯重构了20世纪早期物质主义美学的原则。

新造型主义的艺术家们对这个材料原则也有响应,杜斯伯格
曾提出"逐步熟悉材料世界"的要求。[11]这种尝试在过去被推崇
为"材料知识中所蕴藏的风格奥秘"[出自冯·贝尔莱普士(E. von
Berlepsch)],现在不但变成了"机械技术的方式",而且"只要
有需求,就能创造新的(材料)"。[12]密斯在总结"工业化建筑"
时,提出把研发新建筑材料作为核心问题,这同样也是杜斯伯格的
逻辑:"建筑师按要求做出设计(没有美学前提),必须由工程师

左：实用性建筑范例的发现：一张被反复引用的1910年美国谷仓的照片，如德意志制造联盟年鉴（1913年）、勒·柯布西耶的《走向新建筑》（1923年）、维尔纳·林德纳的《工程建筑的优美造型》（1923年）以及阿道夫·贝纳的《现代的实用性建筑》（1925年）等。

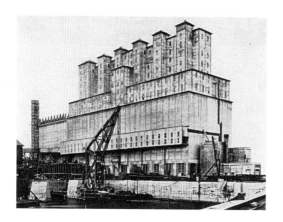

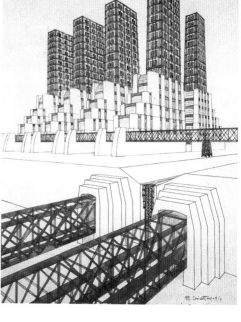

右：作为生产设备的城市：马里奥·基亚托尼（Mario Chiattone）的《未来主义的新城市》（Die neue Stadt des Futurismus），1914年

发明材料予以实现。如果建筑师只是消极和被动地去适应现有材料，那建造艺术将永远无法表达创造性的时代意识。"[13]

对于那种经常性的被动状态，密斯在1923年10月1日宣言《建造》手稿背面，怒火中烧地写道："野蛮人绝少对事物的纯粹性进行思考。"这些不满直接关系到建筑师们对于"混凝土住宅"建造可能性的讨论。究竟新材料对建筑师们提出何种要求，以及建筑师对钢筋混凝土的应用表达了何种观念，密斯写道："钢筋混凝土要求极端的精准。"唯有如此，才能充分利用"材料的优点"并避免其"缺点"。[14]只有通过规范和严谨的尝试，大胆地往前而不是往后看，才能获得"物质的恩惠"（出自沃尔夫林）。而且并非只有建筑师这么做，还包括工程师。他们应当具备如柯布西耶所描绘的那种"健康、阳刚、积极向上和善良开朗"的气质。[15]工程师们通过认识宇宙法则来征服自然，通过"机械技术的途径"来为新建筑研发"材料"。相形之下，杜斯伯格的雄辩观点认为，是建筑师和

13
特奥·凡·杜斯伯格，《通过材料实现新的美学》（1922年魏玛演讲）（Von der Neuen Ästhetik zur materiellen Verwirklichung, Vortrag Weimar 1922），载于《风格》，1923年第1期，10-14页，引自：《风格派：著作和宣言》，同上，183页。

14
密斯·凡·德·罗，《混凝土住宅（1923年）》（Betonwohnhaus/1923），手稿，引自：LoC档案。

15
柯布西耶，《未来的建造艺术》，斯图加特1926年，《眺望建筑》，同上，40页。

196>

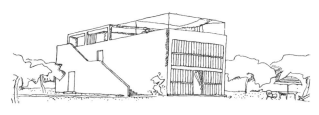

勒·柯布西耶，雪铁龙住宅（Maison Citrohan），1920年

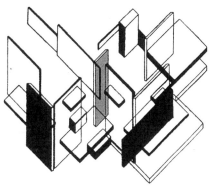

康奈利·范·伊斯特伦和提奥·凡·杜斯伯格，非凡之家（Maison Particulière），1923年

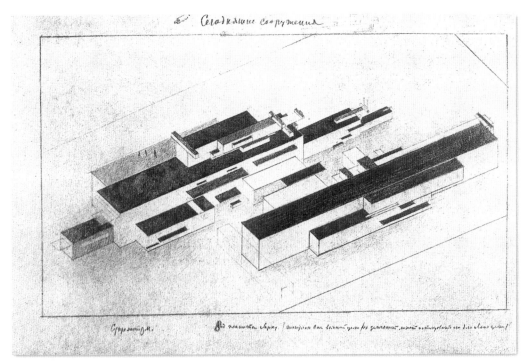

卡西米尔·马列维奇，建筑设计，1923年

"所谓的建造艺术"借助"多愁善感谋杀了材料"。[16]

"时代意志"寻找体现其自然特征的材料，从而"使主体的感受能得以表达"。[17]尽管钢和玻璃，尤其是混凝土这样的新材料制约不了建筑师的想象力[18]，但材料的价值并非通过形体造型的多样性，而是由内在的确定性和必然性来衡量的。在密斯眼中，新材料的优点是基元化的应用，能满足"材料的意志"并与将客观和明晰奉为最高准则的"时代意志"相吻合。在"材料"和"时代意志"的一致性上，密斯的大城市项目因其造型的法则而堪称典范。库尔特·格拉文坎普将其对密斯商业中心设计的思考和沃尔夫林的理论结合起来，以此来证明密斯设计中的客观气质："每次所选用的材料都符合其深层次的想法。但即便是对一种建筑材料的独特应用，也体现了时代精神。"[19]

密斯文字宣扬一种体现简洁的形式法则，包含宇宙真理的匿名式建筑："建造艺术是空间所承载的时代意志，除此别无其他。"在密斯式的"理论"中，对思想的叩问以及对新时代方式意义的追寻得到了广泛的重视，因为它触及到了主体价值的设定。实用和材料——被密斯提升到"客观性"的层面——不仅是意义的手段和载体，而且还体现了其自身。一种功利主义的建造"理论"——即"一座建筑物的根本意义就在于实际用途"——相信由自身意义引导出来的[20]、隐秘的、基元化法则符合关于真实和意识的认识一元论。

20世纪20年代早期，人们必然清醒地认识到，在建筑的"简单真理"后面隐藏着一种神秘的形式"逻辑"。有关客观性的神话掩盖了法则，其自身的变化也被隐藏起来。根据密斯的观点，形式本质并非是由主体创造的，而是由生活条件直接产生的。新的建造家顺应这些条件，他出于真诚必然放弃任何苦行僧般的自我表达。密斯对布鲁诺·陶特的马格德堡城市扩建计划的解释是"富有意义和个性化的形式"，但矛盾的却"正是因为这个规划并不关注形式"。[21]新的建造艺术以一种类似奥特所描述的方式出现在生活中："我们认真工作，直至最小的细节，我们完全掌控任务，我们思考

16
特奥·凡·杜斯伯格，《关于新美学》，同上，184页。柯布西耶也发出了类似的诅咒，同上，31页："建筑师变得失落、无助、黯然和胡思乱想。为什么？因为他们不久以后就根本无事可做。我们不再有钱去重温历史，我们必须将其扫除。工程师会来建造一切。"同上，89页："唯一会产生对昨天的惯性依赖，而无须主动进取的职业，那就是：建筑。"

17
皮特·蒙德里安，《抽象艺术》，画册文章，阿姆斯特丹1938年，引自：汉斯·路德维希·考恩·杰夫（Hans Ludwig Cohn Jaffé），《风格派：1917—1931年》（De Stijl 1917—1931），柏林1965年，168页。

18
此处参见路德维希·希伯赛默，《结构与形式》，载于《G》，1924年6月，第3期，14页："混凝土和钢筋混凝土作为建筑材料，赋予建筑师无尽的想象。我们指的不是那种克服浇注材料能力极限的延展性，相反：建造成果是一种完全均质化的构造物，将受力和荷载部件整合在一起，纯粹由尺寸来限定，也让所有围合、包裹的处理都变得多余。"

19
库尔特·格莱文坎普，《密斯·凡·德·罗：柏林的玻璃建筑（亚当项目）》，载于《艺术报》，1930年，第14期，112页。

20
引自：《建造艺术与时代意志！》手稿，倒数第三段。

21
密斯·凡·德·罗，1924年演讲，1924年6月19日手稿。

22
奥特，《新建筑去向何方：艺术和标准》，引自：《形式》，1928年3月，61页。

23
密斯·凡·德·罗，就职演讲，芝加哥，1938年11月20日，引自：LoC手稿。

24
密斯笔记本，22页，引自：MoMA档案。

25
密斯·凡·德·罗，关于艺术评论演讲的手稿，1930年，5页，引自：MoMA档案。

26
密斯·凡·德·罗，演讲稿，芝加哥，约1960年左右，引自：LoC手稿。

的并非是艺术，而是期待着——某一天工作得以完成，从而获得证明——艺术。"[22]

密斯使建造艺术回归原初建筑自然生发的绝对零点。他期待突破极限，持续地进行还原，这从结构角度来看是不可想象的。正如密斯后来对这个过程的描述，"从材料超越实用目的的漫长道路"应该开启新的局面：在一个精神价值和意义构成的世界中，其先天秩序并非物质性的，也非作为"简单真理"存在，而是期待通过主体参与，先作为理念被思考，而后被实现。[23]正如密斯所说的那样，"真正的秩序"所关注的中心不再是片面的"存在"——即物质和实用性——层面，而同样在"必然"和"表象"层面。密斯之路完全是以古典主义为榜样，连接着通向建造艺术的层层阶梯，这正符合维特鲁威所谓"坚固"、"实用"和"美观"①的概念序列。

1924年，实用目的与材料还是建造的唯一法则，而到了1927年就有了新的变化。在《建造艺术与时代意志！》中，住宅的建造还 ◁198 是"简单地从实际用途，即居住的组织出发"。三年后，密斯对他的说法抛出了批判的质疑："住宅是一种实用品。能够问是为了什么吗？可以问它和什么相关吗？显然只与身体的存在相关，那么一切就顺利了。人毕竟也有精神上的需求，因而从不满足于……"[24]当人们面对"事物的等级秩序"时，会触及一个"认识层面的等级秩序"。[25]在那里，实用目的和组织的价值得以肯定，促使密斯采纳了新的定义："秩序比组织含义更多。组织是为了实用目的。秩序反对释义。"[26]

在1925—1926年间，密斯的立场发生了变化，这种变化由物质实证主义的"为何"转向了受唯心主义美学"如何"的影响。从他的公开理论和发表作品之间的自相矛盾中，已经能够发现一些苗头。为了确保给建造艺术开出的这剂客观主义猛药的疗效，密斯严格地自我约束，使得本来只需要图纸的示意表达，却为了夸张的美学效果而采取了大尺度的透视图。在热衷于工程师理念的同时，艺

---

① 原文为拉丁文firmitas、utilitas、venustas。——译者注

术家的个性要求却表露无遗。

通过仔细观察，甚至可以发现暗示古典主义的纪念性痕迹。在钢筋混凝土办公楼中，密斯通过延长两端对结构做了三段式切分，建筑外观"消除了形式感"，而内部却形成A-B-A的古典式的构成节奏。不仅是潜意识里对建筑转角的强调，体现了学院传统的蛛丝马迹，而且内收柱廊的大门和宽阔楼梯的做法，均显示了古典手法的影响，并使人联想到对辛克尔博物馆的借鉴。同样，还有第一眼看上去几乎感觉不出的楼板的少许出挑，在缩小的照片上虽然看不出，但在1.38米×2.89米的原图上就立刻能被察觉到：上部楼层转角窗户逐渐增加的宽度，暴露了它的不规律性。奥特在1919年就指出了混凝土在造型方面的巨大潜能，它不但和以前一样能够"由下至上只能向内（就是向后）"，而且还可以"由下至上向外（就是向前）"来建造。[27]

200> 从贝伦斯那里所体会到的古典主义成就的实用价值，在密斯复杂的细节设计中得以体现。这种隐秘的古典主义允许艺术家密斯，违背自己的"建造"教规而做他想做的事情。那种让艺术家着迷的材料的可塑性，能够在以良知替代美学手段的同时，不会让工程特征中缺乏程式化的结构逻辑和客观效应。

埃里希·门德尔松在爱因斯坦塔中，到底以什么样的主观意图可以让建筑构件如此引人注目？它柔和的造型和流动的线条让人联想起潜水艇的轮廓，这引发了密斯的反思，混凝土建筑"既不要面团，也不要炮塔"，其本质上应是"骨架式建筑"。[28]在诸如莫泽（Mosse）大楼和坎普尔（Kemper）广场大楼这样的商业建筑项目中，门德尔松在新的结构形式和材料应用方面做出了惊人的探索。二者热衷于爱出风头的动态修辞表达方式，建筑体量都呈现出一种失重的状态。

与门德尔松相比，密斯的平缓弧线异常谨慎并略显羞涩，经过每个楼层时都非常克制，外部的表现方式并没有使结构处于从属地位，反而体现了建筑本身的结构敏感性。密斯不想放弃形式，但是——像贝尔拉赫一样——从结构角度，不会让外部显得过于出

27
奥特，《关于未来的建造艺术及其建筑的可能性（1921年）》，载于《晨曦》，1921年1月，第4期，再版于：布鲁诺·陶特，《晨曦（1920—1922年）》，柏林1963年，206页。在这一期里，也有密斯的第一篇论文《高层建筑》。

28
密斯·凡·德·罗，《办公楼》，1923年，同上。

办公楼内嵌式主入口

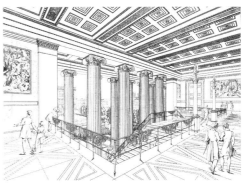

卡尔·弗里德里希·辛克尔，柏林旧博物馆主楼梯

规则与差异：办公楼立面局部。出挑向上逐渐加大的角窗，
体现前倾的趋势

倾斜的外墙，彼得·贝伦斯，韦根住宅，1911年

跳。尽管如此，还是必须为结构找寻到一种既充满意义，又有同一性的形式，这一想法其实蕴含了贝伦斯的真实观念，对此密斯应当不会忘记。

密斯做出了妥协，让形式居于次要的地位。尽管办公楼有着倾斜处理，但这与门德尔松对强烈的雕塑表现效果的嗜好完全不同。上面楼层轻微出挑，几乎不为人所察觉。贝伦斯1912年在维根特（Wiegend）住宅中，对于这种高深的形式创造所能达到的想象极致，就给出了令人信服的例证：石材的立面凸出一个平缓的弧度，轻盈帅气，从视觉上弱化了建筑的沉重体量。密斯办公楼的墙面处理，可以理解为一种类似颠覆古典主义的姿态。为了不与流行的形式主义产生牵连，倾斜的程度要极其慎重；同时为了形成自身的美学效果，效果还要足够强烈。

办公楼的外墙以一种含蓄、简洁但优雅的方式，向观者开敞并带来了空间感。沉重的建筑体量不应——像门德尔松的提案那样——漂浮起来，而是立于大地之上并向空中升腾。古典建筑立于大地之上并具有开敞空间的概念——那种在去贝伦斯那之前完成的里尔住宅就体现出基座和亭子的建筑主题——在此依然奏效。这个概念体现了辩证的整体性，它包含着沉重和轻盈之间的矛盾、封闭

埃里希·门德尔松，坎普尔广场大楼
设计，1923年

29
此处指多边形平面上，玻璃塔楼上部边缘锯齿状的切割处理。

30
在玻璃塔楼的设计表现中，密斯的惯常兴趣显而易见，他避免以毫无诗意的、规律性的承重柱，穿透富有形式感的平面构成，而造成平面上的完全脱离。他试图让受力框架靠近楼层边缘而做的平面研究并未发表，这里说明了自由形式和结构规律性之间所必然存在的矛盾。

31
1924年6月19日密斯的演讲手稿中，对他概念化的玻璃塔楼方案进行了评论，"它并未经过设计，而停留在概念性的初步阶段。"密斯尝试指出内在的概念性，但在草稿里，从想法上加以解释的尝试半途而废，然后接着以那个阶段典型的口吻说道："这个方案是重要的。它出自一种不一样的精神氛围，那里对新的认识表示认同……（原注：句子未结束）人们忽视了任务要求中存在的概念性因素，因而只能在造型上寻求表达。"

32
莱昂·巴蒂斯塔·阿尔伯蒂，《建筑十书》，达姆斯塔特1975年，509页。

33
密斯·凡·德·罗，《高层建筑》，1923年，同上。

34
密斯·凡·德·罗，《建筑与住宅》前言，德意志制造联盟编辑，斯图加特1927年，7页。

和开放之间的微妙平衡。凭借密斯他那里听到的贝尔拉赫式的结构严谨性，是无法达到这个平衡的。对经典的参考也体现在玻璃高层的设计中[29]，这说明密斯在口头表达投身现代结构和材料的同时，也从未极端地否定过历史。

机械决定论作为严格的"建造"理论，即使是概念性的想法，⟨202 在密斯的设计中也并不存在。他显然是有意避免这种印象。几乎没有任何迹象说明，为何密斯这个结构主义的信徒会在平面中放弃对承重系统的表达。高层方案的平面中没有出现柱子，而密斯在介绍办公楼设计时就根本没有用到平面：他不想让人看到被框起来的柱网，而是令富于节奏感的混凝土转角首先映入眼帘。[30]

密斯在他的阐述中试图使人相信，建筑回归结构的结果就是不会带来使人满意的美学解决方案。任务中"程式化的一面"就是要"在设计中找到表达方式"[31]，必须在美学上得以升华。贝伦斯基于时代的要求，曾大力宣扬古典同化论（klassische Assimilation），而密斯在20世纪20年代早期，则通过"毛坯房式的古典主义"验证了真实用途和普适原则。类似地，密斯在他的朋友兼同道奥特那里也找到了证明，作为非历史性古典主义的代表，奥特的建筑具备了一种精神免疫的能力。

宣言中没有涉及的都通过建筑图像得以呈现：密斯在寻找一条能协调客观事实存在世界与思想意识世界的道路——正如几个世纪以前阿尔伯蒂所说的——思想意识对匀称和优美是特别敏感和贪婪的，并显示出"固执"和"挑剔"。[32]在玻璃高层的首次设计说明中，密斯就赋予眼睛以特殊的权利。他们的特殊形式完全不是来自结构，而是出自对美观的考虑。正是透明度和外形勾勒出了建筑轮廓，光线的反射游戏似乎消解了某种"生硬的效果"。[33]

在严格意义上的密斯理论中，建筑设计对品质既无任何追求，又无任何解释。直到1924和1926年间，观念才相应得以发展并⟨203 带有两面性的立场。1927年他觉得有必要将核心主题发挥到极致。密斯对于自身和时代所提出的要求，就是将"任务从片面和教条的氛围里区分出来"[34]，同时需要让主观和客观"两个方面"彼此"相互协调"。[35]

密斯在1927年关于魏森豪夫出版物的前言中，这样描述上述的基本观点："今天强调新住宅的问题是一个建造艺术问题并非毫无意义，尽管它有着技术性和经济性的因素。这是一个复杂的问题，因此只能通过创造力，而不是计算和组织化的手段来加以解决。"[36]1924年工业化的趋势下，密斯的基本建造方式发生了一个剧烈的转变，他希望能自发地、综合性地解决社会、经济和艺术的问题[37]，并基于自身的立场评价魏森豪夫住宅区是"来自'合理化和标准化'领域的呼声"，头顶着"住宅产业经济化"的光环。[38]合理化和标准化是建筑工业化的支柱，是个"流行语"，其无关本质而只涉及部分问题。因此，密斯不仅放弃了他在1924年建筑工业化议题中所确定的立场；而且对于魏森豪夫住宅区的计划和意图，就是按照技术、健康和美观的次序，"让我们生活的所有方面都具备合理性"，让住宅的"普遍性作为范本呈现在眼前"[39]，他也间接地表达了疑问。

对于新技术带来解放的热切期待，已经让位于怀疑的态度。密斯作为斯图加特实验的领导者，没有错过公开表明立场的机会来指出必须对现代的方式加以限制。

在1924年至1927年间，他从唯物主义立场抽身而投身于唯心主义，这个转变的幅度在下面说法的对比中清晰可见：1924年密斯把"我们时代建造的核心问题"简化为"材料问题"，而1927年"新住宅的问题……从根本上讲（应该）是一个思想问题"。[40]一个变化了的价值序列成为新的决定因素："创造力"战胜了计算和组织方式。密斯强调新住宅的问题，是"是一个建造艺术的问题……尽管它有着技术性和经济性的因素"。[41]

上述想法首先体现在总图规划上，即城市的整体布局要"避免所有的程式化"的思考，并尝试在独立的建筑创作过程中，使"每个人拥有最大的自由来实现他的想法"。[42]松散组合的建筑体量，以其立体造型勾勒出了自然地貌的形态，露台和单体凝聚成某种台地般的雕塑。这种由均匀配置的体量所形成的统一化城市设计，更

204

35
密斯·凡·德·罗，《关于我的地块》（*Zu meinem Block*），引自：《建筑和住宅》，同上，77页。

36
参见注释34。

37
密斯·凡·德·罗，《工业化建筑》，同上。

38
密斯·凡·德·罗，制造联盟展览首个展览册子的前言《住宅》，斯图加特1927年，载于《形式》，1927年2月，第9期，257页。

39
（未署名）《新时代的住宅：德意志制造联盟的思想著作》（*Wohnung der Neuzeit, Denkschrift des Deutschen Werkbundes*），斯图加特1926年，引自：尤根·约迪克和克里斯蒂安·普拉思（Christian Plath），《魏森豪夫住宅区》（*Die Weißenhofsiedlung*），斯图加特1968年，修订版，1977年，10、11页。

40
密斯·凡·德·罗，制造联盟展览官方展览画册前言《住宅》（Die Wohnung），斯图加特1927年，5页。

41
密斯·凡·德·罗，《建筑与住宅》前言，德意志制造联盟编辑，斯图加特1927年，7页。

42
同上。

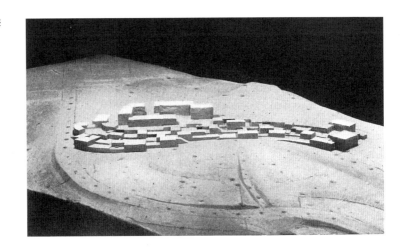

第一次总体方案，斯图加特魏森豪夫，1926年

43
保罗·波纳兹（Paul Bonatz）在1929年就已经将魏森豪夫与"耶路撒冷郊区"加以比较了。参见约迪克/普拉思，同上，63页。关于魏森豪夫住宅区，参见：埃尔加·维德波尔（Edgar Wedepohl），《制造联盟"住宅"展中的魏森豪夫住宅区》（Die Weissenhof-Siedlung der Werkbundausstellung "Die Wohnung"），斯图加特1927年，载于《瓦斯穆特建造艺术月刊》，1927年，第11期，391-402页。以及：诺博特·休斯，《1913—1933年的新建筑：魏玛共和国的现代建筑》（Neues Bauen 1918 bis 1933, Moderne Architektur in der Weimarer Republik），慕尼黑1975年，73-77页。

44
"退台住宅设计"的平面图位于页面的角落：《建筑与住宅》，同上，18页。除了奥特、贝伦斯和陶特之外，密斯还将更多的人拉进了魏森豪夫：柯布西耶、路德维希·希伯赛默、格罗皮乌斯、马特·斯塔姆（Mart Stam）、约瑟夫·弗兰克（Josef Frank）、理查德·多克（Richard Döcker）、维克特·布尔乔亚（Victor Bourgeois）、阿道夫·施耐克（Adolf G. Schneck）、阿道夫·雷丁（Adolf Rading）、汉斯·珀尔齐格（Hans Poelzig）、汉斯·夏隆和马克斯·陶特（Max Taut）。

45
密斯·凡·德·罗，1926年演讲，地

多地使人联想到了地中海的聚落，而非典型和合理化的住宅区。

1933年以后，保守派和来自民间的批评还是指责魏森豪夫住宅区具有"耶路撒冷郊区"或者"阿拉伯村落"[43]的空间氛围。逐步抬升的行列式建筑及其单调的区域背景，对南部看似复杂的城市景观似乎是个警告。密斯第一个总体模型所带来的多元化空间，比竣工状态显得还要极端。在这里，罗莎·卢森堡（Rosa Luxemburg）和卡尔·李卜克内希（Karl Liebknecht）纪念碑式的强烈雕塑体量，与贝伦斯的退台式住宅、奥特与希伯赛默的排屋以及陶特的城市之冠交相辉映。在密斯编辑出版的魏森豪夫项目专辑《建筑与住宅》中，出于善意还以图片介绍了贝伦斯的退台式住宅的设计。[44]

1924至1927年间密斯观念立场的变迁，从1926年3月17日[45]的演 <205 讲手稿中也可见一斑。这记载了他人生的一个转折点，标志着对先前偏激立场的告别。密斯始终如一地为他所笃信的事业而不懈奋斗：在"纷繁芜杂的混沌"中，时代背负着"悲剧"特征。前后矛盾的根源，出自于"生活的变迁未能带来结果"。密斯再次表达了他的核心观点："文化"和建造艺术是"是一定经济条件的产物，如果不是这样，要么不存在，要么就会向其他方向发展。"唯物和马克思主义的表述是有局限性的，"一个社会经济的发展会完全机械地"跟随"其意识形态变迁"的假设"必然"是错误的。

密斯以赞扬而又节制的类比口吻，重新肯定了工程建筑的实用性价值："某些技术设备会有新的强大表现力。"他这样补充道，"还是不应陷入一种误解，认为这就是精神化的表达。这是一种技术性的美，同样，它是一种符合技术意志而非精神意志的技术化造型……事实上，只有创造力才能真正塑造它们。"[46]

在"精神意志"中已然悄无声息地出现了一个深藏着的转换信号。两页篇幅之后，密斯的论述开始区分"思想的"和"物质条件"的不同，"服务于生活自身的建筑"和另一种"与感受整体文化的思想氛围密切关联"的建筑间的差异，并且最终区分了"技术"和"精神意志"。密斯以清晰、自信的话语呼唤永恒，并在他的演讲笔记中更新了对建造艺术的定义。建造艺术不再是1924年以前的"空间所容纳的时代意志"，而且"一向如此"，即"精神决定在空间上的体现……没有任何时代可以例外。"

206▷　　建造艺术是意志在空间上的体现——这是常规的密斯式定义。1910年左右贝伦斯以融合了凄美的伟大形式阐释了尼采"艺术是意志的表象"的理论，对此密斯仍然深信不疑。通过意志转变为形而上学，最终导致了某种主观上的决定，也就是1923年所发现的"空间所容纳的时代意志"的口号。1926年密斯重做调整，开始校正形成意志的过程并逐步回归。"时代意志"的定义从他的言论中消失了。这个对客观性的无声承诺，最后一次出现是在1926年3月17日演讲的开场白里，密斯指出时代的建造家在本质上如果"生活在过去"，是不可能"往后看却向前走，并成为时代意志的代言人"。从那之后，"时代意志"这个词汇就从他的表述里消失了。

现在，"精神决定"取代了"时代意志"。这个概念上的替换，并非语义学表面意义的更新，而是表达了一种对最终结果的价值重估。建造艺术在这里所体现的主客关系，不再片面地由现实中的积极性（Positivität der Tatsachen）、更强的意志来决定，而是来自与现状的对话——或者如密斯所说的，必须"在它的精神和真正的关联"中[47]，从生活的"整体"出发加以创造。

这里的解释说明了，密斯为何必须在1926年的演讲中，区分精

点和原因不明。手稿日期标注为1926年3月17日，引自：德克·罗汉档案。

46
引文出处相同。

47
密斯·凡·德·罗，《关于建筑中的形式》，载于《形式》，1927年2月，第2期，第59页。

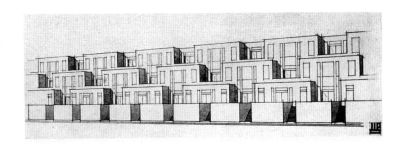

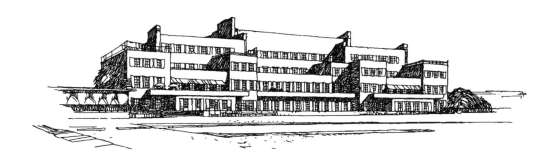

神和物质的两个层面，并且开始对艺术和技术做进一步的区分。这是密斯寻找一种新的逻辑平衡的结果：一种精神秩序是"建造艺术作为精神决定"的前提，这种秩序并非是将精神原则禁锢在事物本质和真相之中，而是首先存在于人的意识、意志和想法之中。①

密斯从一本书中体会到了这些哲学体系的基本区别，其标题也体现出了他新旧不同的立场：这本书就是迪特里希·亨利希·凯尔勒（Dietrich Heinrich Kerler）1925年出版的《世界意志和价值意志：哲学系统的线索》（*Weltwille und Wertwille*；*Linien des Systems der*

---

① 这是典型的柏拉图式的表述。——译者注

Philosophie），它适时地推动密斯脱离了"时代意志"——这可以等同于凯尔勒的概念"世界意志"——并使他加速转向了符合"价值意志"的"精神意志"。

48
迪特里希·亨利希·凯尔勒,《世界意志和价值意志: 哲学系统的原则》(*Weltwille und Wertwille, Linien des Systems der Philosophie*),莱比锡1925年,44页。

49
同上,42页。

50
同上,47-49页。

207▷　凯尔勒指出了哲学体系发生分歧的关键时刻。在诸如本体问题,即关于本质,"存在的形而上品质"的问题得到解决之后,世界观产生了分化:唯物主义一元论的世界观"在材料,在物质中发现了事物的本质",而在二元论的世界观里,"存在世界"看上去并非是唯一的世界,它面对着一个"更高级的、与时空相关的世界"。[48]这种"世界上有价值的、文化和精神性的东西",不该被理解为是出于"绝对和本原",而是在凯尔勒的现代认识论的意义上,解释为"纯属多元化……是来自专一的个体间的共同合作"(密斯圈注)。[49]

　　在叔本华和尼采的推动下反唯物主义思潮广为传播,密斯的理

208▷论就建立在它的基础之上,下面所圈注的文字明显地暴露出了他的兴趣所在:"对生命的塑造,建立在我们所接受的价值观上,它是一种形象化了的真理……价值的实现只与生命的意义相关,是由我们自身建立起来的,其所涉及的价值就是我们完全信任的东西。当所有关于自然和自然法则的说法,恰好都与幼稚的唯物主义相反,同样充满不确定性的时候……唯物主义不仅是由直觉本质论(Wesensschau)所证明的存在真理——与物理不同——遭到了心理学意义上的批判,而且更被当作一个完全荒谬的世界观。物质、事物对我们而言,只是图像(Bild)、观念、现象物(Phänomenaler Stoff)或内容,而绝不是唯物主义所宣称的那样,仅仅……谈论物质存在的图像,就是形而上……物质并非实物(Gengenstand),而是经验条件(Bedingung der Erfahrung)!"[50]

　　密斯所面对的是与其世界观背道而驰的理论,它也令人联想到战前那著名的理想主义立场。凯尔勒的论述验证了李格尔—贝伦斯式的"艺术意志"和尼采的核心观点,即世界只有作为美学现象,其存在才是合理的。因为世界的存在不是为了人类"自身"而只能借助感观来加以体验,按照凯尔勒的说法,"其图像"只能通过事

51

也许密斯这里指的是法国哲学家亨利·路易斯·柏格森，密斯拥有他的著作《创造性发展》（*Schöpferische Entwicklung*）（耶拿1921年）。柏格森以其作为"生命哲学（Lebensphilosoph）"的生命活力（*élan vital*）概念而闻名，在1920年前后的德国就被广为接受。参见：马克斯·舍勒，《生命哲学探索：尼采、狄尔泰、柏格森》（*Versuche einer Philosophie des Lebens-Nietzsche-Dilthey-Bergson*），作品全集第3卷，伯尔尼1955年，323页。柏格森所代表的生命哲学思考，就是为了获得一种"有机哲学"，主要针对的是理性价值的高估，强调感受和直觉的认识作用。密斯在他的表述中所认同的"生命"概念，具有本源和统一的价值性，他的这种独特立场也可以追溯至柏格森的影响。另外，这里也能发现密斯与舍勒的关联，舍勒曾多次研究生命哲学。关于柏格森的理论来源，可参见：康斯坦丁诺斯·罗马诺斯（Konstantinos P. Romanòs）《柏格森和他的时代》（Bergson zu seiner Zeit），《亨利·柏格森的思想和创造（1948年）》（*Henri Bergson, Denken und schöpferisches Werden*/1948），法兰克福1985年，280-286页。

52

柯布西耶，《走向新建筑》，引自：《建筑展望》，同上，37页。

53

密斯·凡·德·罗，《新时代》，载于《形式》，1930年5月，第15期，406页。

54

奥特，《荷兰建筑》，慕尼黑，1926年（包豪斯丛书第10卷），新版，美因茨/柏林1976年，9页。

55

彼得·贝伦斯，《艺术问题和技术问题之间的关系》（*Über die Beziehungen der künstlerischen und technischen Probleme*），柏林1917年，10页。

56

同上。

物得到。密斯在阅读书页空白处写下的大写字母"B"时，到底想到了谁，这仍然是个谜。但可以明确的是，这里并非指的是贝尔拉赫。[51][①]

"原始事实只不过是理念的象征（Symbol für Idee）。原始事实唯有借助人们所赋予的秩序，才会让理念变得澄明。"——柯布西耶这样阐述他的哲学立场。[52] 1930年，密斯在维也纳制造联盟大会上的发言也有类似的表达。他谈及了新时代的"事实"，指出它只有通过为"精神的存在提供条件"，才能证明其自身的价值。[53]

对于艺术和建筑，奥特曾给出了一个定理："'风格'总是要建立一个精神性秩序，亦即精神意志。"[54]在1926年左右，这些类似的观点使密斯对他先前建造艺术是材料处理和满足实用目的的理论产生了怀疑，并开始将艺术与技术等同视之。这两种现象"是以其本性为代表的两种不同的精神表达"，并认为"技术因素，即最大程度的满足实用就会带来美的创造"[55]是一种"误解"，提倡将艺术和工业结合起来的贝伦斯，在1917年就对密斯这样说过。 ‹209

1926年，密斯响应了他的老师。相对于"技术意志"，密斯提出了"精神意志"，因为缺少了它，美就无从谈起，这说明了"形式意志"不再被提及。如果没有"精神意志"，"卓越的技术和敏锐的艺术的就无法共同作用"[56]——因而建造艺术杰作也无从产生。

---

① 这里所指的，有可能是法国哲学家柏格森。——译者注

"可以提前就肯定的，

是为了建造一个世界，

仅有技术——人们喜欢这个词的包罗万象——是不够的。"

——鲁道夫·施瓦兹，《技术的导引》（*Wegweisung der Technik*），1928年

"仅从某一方面来思考建筑，

比如从理性—结构或者纯艺术角度，

都会导致片面和贫乏。"

——杜斯伯格，《新建筑及其成果》（*Die Neue Architektur und ihre Folgen*），1925年

"谁期待从结构和材料中去发现形式法则，

谁就像魔法师的弟子，

成不了魔法扫帚那样技术设备的主人，

而是它的仆从。"

——埃德加·韦德波尔[①]（Edgar Wedepohl），1927年

不是凭借建成作品，而是通过大胆的建筑提案和激烈的宣言，密斯赢得了作为新建造艺术领袖的声誉。除了建成超过四座的古典主义风格的朴素乡村住宅，改造了一栋位于柏林西郊（Berlin-Westend）的别墅之外[1]，密斯在热闹的1921年至1925年期间，再没有实现其他的委托作品。这些手工趣味的、第一眼看上去毫无新意，而且也谈不上对过去有更多呈现的建筑，无论是作为真正体现"建造"纲领的作品，还是对理念的形成，都不具有参考价值。这些至今都未收录在密斯作品集里的建筑作品，对于大师的声誉毫无助益。

[①] 埃德加·韦德波尔（Edgar Wedepohl，1894—1983年），德国建筑师、建筑学家，主要生活和工作于柏林。——译者注

1
艾希施藏特住宅（1920年）、坎普纳住宅（1921年）、费尔德曼住宅（1921年）、莫斯勒住宅（1924/1925年）。柏林西郊城市住宅改造（1924/1925年），乌尔门大街32号，1911/1912年由建筑师保罗·雷纳设计；MoMA密斯作品目录，未收录。出自于：伊姆加德·维斯（Irmgarth Wirth），《柏林夏洛特堡区建筑与文献建筑》（*Die Bauwerke und Kunstdenkmäler von Berlin Stadt und Bezirk Charlottenburg*），柏林1961年，413页。

2
相关的通信往来，引自：LoC手稿档案。

3
第一次工业化方面的尝试是，1926—1928年德绍的托吞（Törten）住宅区由格罗皮乌斯、1926-1930年的普劳海姆（Praunheim）住宅区由恩斯特·梅（Earnst May）设计。利泽洛特·翁格尔斯（Liselotte Ungers）的著作《新住宅形式的探索：20世纪20年代住宅区的今昔》（*Die Suche nach einer neuen Wohnform. Siedlungen der zwanziger Jahre damals und heute*）（斯图加特1983年），对20世纪20年代的住宅区设计有整体的介绍。关于工业化有安玛丽·耶基（Annemarie Jaeggi），《大众住宅的宏大实验：瓦格纳、陶特、梅、格罗皮乌斯（1924/25年）》（*Das Großlaboratorium für die Volkswohnung. Wagner. Taut. May. Gropius. 1924/25*），引自：诺伯特·休斯（Norbert Huse）编辑，《20世纪20年代住宅区的今天：柏林的四个大住宅区（1924—1984年）》（*Siedlungen der zwanziger Jahre-heute. Vier Berliner Großsiedlungen 1924—1984*），柏林1984年，27页。
普劳海姆的实例能够证明，密斯式的怀疑和保守并非没有道理。梅的混凝土建筑方式的尝试，应该比老的建筑方式更廉价，但最后却比普通的砌体建筑更贵。参见帝国建筑和住宅经济研究学会（Reichsforschungsgesellschaft für Wirtschaftlichkeit im Bau-und Wohnungswesen），《法兰克福普劳海姆实验住宅区的报告》（Bericht über die Versuchssiedlung in Frankfurt a. M. Praunheim），专辑4，1929年4月，101页。理查德·波默（Richard Pommer），在他的论文《密斯·凡·德·罗和现代建筑运动的政治性》（Mies van der Rohe and the Politics of the Modern

Movement in Architecture）（纽约，准备出版）中，深入研究了20世纪20年代同技术之间的关联，并尝试从政治化的角度对密斯的影响进行解读，对我颇有启发，在此致谢。

4
雷纳·班汉姆（Reyner Banham），《建筑的革命：第一机器时代的理论和造型》，汉堡1964年，234页，把密斯设计的非洲大街街区誉为"建筑方面体现这种立场的最佳作品"。此外还有尤利乌斯·波泽纳，《格罗皮乌斯、密斯和柯布西耶：20世纪的三位建筑大师》，载于：《世界建筑巨匠》（Die Großen der Weltgeschichte），第10卷，苏黎世1978年，812页："拥有这样的结构和要素的建筑……工作，那时建设的所有社会住宅，显示了密斯控制力的作用。"其比例无可指摘，显露出内在的宁静与和谐，与同时代其他的住宅截然不同。关于非洲大街住宅，可参考我的论文《威汀的新建筑》（Neues Bauen im Wedding），引自：《时代变迁中的威汀》（Der Wedding im Wandel der Zeit），柏林1985年，26-34页。

5
布鲁诺·陶特，《俄国建筑现状》（Rußlands architektonische Situation），1929年11月2日手稿，引自：埃尔·里西斯基，《1929年的俄国：世界革命的建筑》（1929. Rußland: Architektur für eine Weltrevolution），（维也纳1930年），柏林1965年，147页。

6
密斯·凡·德·罗，《鲁道夫·施瓦兹纪念展览》（Rudolf-Schwarz-Gedächtnisausstellung）画册前言，科隆1963年。鲁道夫·施瓦兹（1897—1961年）曾就学于柏林工学院（Technische Hochschule Berlin），1919年至1923年是任职于柏林国家艺术院（Staatlichen Kunstakademie）的汉斯·珀尔齐格的助手，1927年任亚琛工艺学校的校长。1927年施瓦兹加入德意志制造联盟的理事会，密斯也是其中成员之一。密斯和施瓦兹之间的关系，至今未得到足够的重视和研究。施瓦兹的遗物也一直处于封存状态。后来，密斯为鲁道夫·施瓦兹的著作《教堂的化身》（The Church Incarnate）（芝加哥1958年）写了序。

7
施瓦兹在密斯1961年75岁寿诞时的

1924年的货币改革带来了经济的稳步发展，也为密斯的事业发展带来了明显的机遇。他的声誉日隆，1924—1925年间也有机会成为马格德堡工艺学校和布雷斯劳艺术院（Kunstakademie Breslau）的校长以及法兰克福城建顾问[2]，1925年他得到了委托，终于有机会来实现他的建筑思想。

试图远离1923年的那种冷峻执着的激进立场，并期待在这一年 ⟨211
相对地实现飞跃。从第一个较大的委托项目中，可以发现他在理论和实践方面的松散联系。1925—1926年，在柏林传统的产业和工人居住区威汀（Wedding）的非洲大街（Afrikanische Strasse）上，密斯为一个建造合作社（Baugenossenschaft）设计的，由四个街区组成的小户型住宅区得以建成，成为魏玛共和国首个新建的住宅小区。

谁要是期待他像《工业建筑》的作者格罗皮乌斯和恩斯特·梅（Earnst May）那样[3]，同时在大规模生产、规范化和预制技术方面有所探索的话，一定会感到失望。他的建筑尽管大方地从车行道向后退让，但因其传统的粉刷外墙，看上去和老的建筑并无不同。此外，尽管继承了传统基座和檐口式的立面划分，但墙面的抽象构图法则，其节奏、均衡和比例——这些是不会遗忘的——以及细部的精美[4]，都使人印象深刻。

其实只有在魏森豪夫住宅区的项目中，密斯实现了他的想法：在新建筑的主战场，也是对于魏玛共和国最具象征意义的集合住宅的建设中，在被所有现代运动的建筑师们誉为最具社会性和艺术性的建筑类型中，密斯急流勇退。当面对诸如合理性、标准化和实用性等住宅问题时，他形成了魏森豪夫式的立场态度，其中流露出的失望和沮丧与对工业化的过高期待有关。

无论如何，这不是密斯第一次表现出这样的态度，在1930年以前他就对过度理性的弊病提出过批评，并将客观性和实用化视作"新建造艺术设下的圈套"[5]，对此他已经提出了斯图加特式的警告。

在1924和1927年间，密斯受到了关键性的启发，使他的想法有了新的方向，其中有个名字必须首先提及，那就是：鲁道夫·施 ⟨212

瓦兹。密斯第一次与这位年轻自己11岁的汉斯·珀尔齐格（Hans Poelzig）学生的见面，估计是在20世纪20年代早期的柏林，那时施瓦兹刚从大学毕业。此后两位建筑师毕生所结下的友谊，产生了难以估量的意义。密斯把施瓦兹描绘成一位"真正意义上的建造大师"，他具有"无法企及的思想深度"。[6]施瓦兹也对密斯表达出同样的崇敬，再没有第二个人像施瓦兹那样，如此深刻地理解密斯建筑的哲学内涵，并以精辟的语言加以阐明。[7]

密斯说过，20世纪20年代与施瓦兹的交往对其自身的成长，具有特殊的意义。在1959年的致谢辞的草稿中，他回顾1926年是个人历经中的一个重要年份。在他列着关键词的演讲卡片上，出现了三个名字："在这独特的年份——1926年：施瓦兹、马克斯·舍勒和怀特海（Whitehead）①。"[8]

关于鲁道夫·施瓦兹，首先值得一提的是他20世纪20年代曾积极投身于天主教青年运动"奎克博恩"（Quickborn），法兰克福附近的罗腾费尔斯堡（Burg Rothenfels）就是这个运动的活跃中心，这个运动的领导人就是从1923年开始在柏林大学任教的宗教哲学家罗马尔诺·瓜尔蒂尼，密斯和他也过从甚密。施瓦兹与瓜尔蒂尼在20世纪20年代早期，共同承担了《盾牌之友》（Schildgenossen）杂志的编辑工作，后来密斯应施瓦兹的邀请也发表了一些文字。[9]

通过施瓦兹发表在《盾牌之友》上的文章[10]，密斯对这位思想家的精神世界产生了某种信任。施瓦兹对于时代"新事物"的立场掺杂着某种矛盾，对此密斯在宣言中认为可以从单方面的美学角度而不是理论方面来解决。施瓦兹不但否认"新世界"的伟大蕴藏于强大的技术之中，而且"面对未来事物"即"变得抽象"的时代趋势，心存"巨大的恐惧"；在施瓦兹的眼中，在发展的趋势中，"优雅、秀美、游戏、爱和忍让"正变得遥不可及。[11]"合理化这个词"对他而言就是"这个时代最愚蠢的说法"[12]，因为它传递的只是机械式的而非精神上的意义。在这里，密斯也颇受鼓舞地采用了温和

---

① 阿尔弗雷德·诺斯·怀特海（Alfred North Whitehead/1861—1947年），英国数学家、逻辑学家和哲学家，以逻辑学和科学哲学闻名。——译者注

贺词，《致密斯·凡·德·罗》（An Mies van der Rohe），引自：鲁道夫·施瓦兹，纪念展画册，科隆1963年，7-10页。再版见：玛利亚·施瓦兹（Maria Schwarz）和乌利希·康拉德（Ulrich Conrads）编辑，《鲁道夫·施瓦兹：技术的导引及其新建筑的著作（1926—1961年）》（Rudolf Schwarz, Wegweisung der Technik und andere Schriften zum Neuen Bauen 1926—1961），柏林1979年，190-192页。在117、179和183页，施瓦兹在著作中多次提及密斯。

8
1959年英国皇家建筑师研究所金奖颁奖典礼的答谢演讲草稿，卡片5，引自：LoC手稿档案。究竟在1926年时马克斯·舍勒和阿尔弗雷德·诺斯·怀特海对密斯有多么重要，这不得而知。密斯的藏书中有：马克斯·舍勒，《论人类的永恒》（莱比锡1921年）、《价值的颠覆》（莱比锡1923年）、《科学形式和社会》（Die Wissensformen und die Gesellschaft）（莱比锡1926年）、《伦理学中的形式主义和物质主义的价值论》（哈勒1927年）、《人和历史》（Mensch und Geschichte）（苏黎世1929年）。密斯拥有的阿尔弗雷德·诺斯·怀特海著作：《教育的目标及其论文》（The Aims of Education and other Essays）（纽约1929年）。据我所知，1926年时怀特海的著作还未翻译成德语。

9
参见：密斯·凡·德·罗，《马格德堡的H住宅》（Haus H., Magdeburg），载于《盾牌之友》，1935年6月 第14期，514页。正如1929年6月1日给维纳·贝克尔（Werner Becker）的信中所说，鲁道夫·施瓦兹很早就试着请密斯写文章（伯克·罗特菲尔斯/Burg Rothefels）档案出自：汉娜·芭芭拉·盖尔，《罗马尔诺·瓜尔蒂尼：生平和著作（1885—1968年）》，美因茨1985年，第195页："我的建议是，下一期让密斯·凡·德·罗参加进来。他能写关于大城市的文章，而且还能发来图片，或者重画画一些东西。我想要是能利用这个机会，多放一些平面和图片就好了。他是我们认识的最有价值的人，就像天主教文化圈里所有体面的教徒一样，几乎不为人所知，但人们却尊敬他。"有关施瓦兹和瓜尔蒂尼的关系，参见：盖尔，同上，关于鲁道夫·施瓦兹的专门章节，216-223页。

住宅区，非洲大街，柏林威汀，1926年

的语调[13]，表达了类似的判断。

施瓦兹关于精神重于物质的思路，使密斯一定觉察到要在这个意义上重新调整方向。施瓦兹在精神性中发现了对现代人类生存窘境进行"真正救赎"的方式：

> "这里有人们称之为精神的东西……不只存在着残酷的暴力，也不只存在着'灵魂'，还有'精神'，几乎是终极意义上的……它恰巧和自然存在着表面上的一致，在垂死的自然里发现了值得尊重的对手……这要求我们拥有自由；我们能够屹立于每个时刻，跨越时间和彼岸。这要求拥有今天也可以探讨的观念：我是主人。这要求我们在绝对的自由中自我约束。"[14]

施瓦兹所倡导的精神原则，既不热衷于冰冷的计算指标和匿名性——即密斯"时代意志"概念所涉及的——也不是相反地，赋予"人性化、市民化阶层"的新世界以灵魂；而是进一步需要真正地去接触和"把控"那些"新事物"。[15]

把密斯和施瓦兹联系在一起的，不仅是因为相近的形而上和宗教观念，而且还有相同的世界观。在思考时代重要现象，技术和造型成果以及真实生活的"建筑"的过程中，他们发现了其关系中最本质的部分。到底什么是进步——这个密斯一直在试图回避的问题——成了施瓦兹思想的核心问题。在密斯那儿体现了技术威力的伟大成果，在施瓦兹的眼中不啻一个"非常一般的初级产品"。[16]有别于密斯的是他明确指出，有义务从生活现状来思考技术可能性。技术必须提供一种适合人类的方式。成为关键因素的并非是技术本身，而是人与其的关系。

至关重要的是通过人的精神来驾驭客观力量，"战胜强权"是现代人不得不面对的挑战。看上去"比祖先的工作更困难"的是，
"重新赢得遍布的原始森林、野兽和精灵的土地"。[17]密斯曾经阅读并批注过的散文《优雅的逝去》（Vom Sterben der Anmut，1927年），在斯宾格勒式世界衰落的悲观主义与"不惧怕你们！"的基督教乐观主义信条之间来回摇摆。[18]密斯满怀希望的探索，受到了丢失信念的情绪的感染。他的思想不是来自于理论知识，而是根植于真正

10

参见：鲁道夫·施瓦兹，《没有装饰的形式》（Die Form ohne Ornament），载于《盾牌之友》，1926年6月，第2期，83页；《大城市的事实和使命》（Großstadt als Tatsache und Aufgabe），载于：同上，1926年7月27日，第4期，301页；《贫穷的消亡》（Vom Sterben der Anmut），载于：同上，1927年8月28日，第3期，284页。密斯拥有上述各期杂志之外，还有1927年8月28日，第6期；1928年9月29日，第2期；1930年11月31日，第4期。还有重要的论文《新建筑?》（Neues Bauen?）载于：同上，1928年9月29日，207-217页；《德国的建筑工地》（Baustelle Deutschland）载于：同上，1932年12月31日，第1期，1-16页。

在密斯藏书中，有下列施瓦兹的著作：鲁道夫·施瓦兹，《技术的导引》（Wegweisung der Technik）（作品集，亚琛1928年）；《工艺学校的制度》（Über die Verfassung einer Werkschule）（亚琛1930年，亚琛工艺学校自己出版），《上帝崇拜》（Gottesdienst）（维尔茨堡1937年），《教堂建筑》（Vom Bau der Kirche）（维尔茨堡1938年），《尘世的建设》（Von der Bebauung der Erde）（海德堡1949年），《当代建造艺术》（单行本）（Baukunst der Gegenwart）（杜塞尔多夫1959年），《教堂建筑：槛外的世界》（Kirchenbau, Welt vor der Schwelle）（海德堡1960年），《思与建》（Denken und Bauen）（海德堡1963年）——鲁道夫·施瓦兹的著作目录来自1963年纪念展，同上，109页。

11

鲁道夫·施瓦兹，《反抗暴力》（Vom Widerstand gegen die Gewalt），1927年1月在伯克·罗特菲尔斯的演讲，引自：曼弗雷德·松德曼（Manfred Sunderman）编辑，《鲁道夫·施瓦兹：杜塞尔多夫/1981年》（Rudolf Schwarz, Düsseldorf 1981）（北威州建筑师协会学院和德国联合国教科文组织出版丛书，第17卷），99-103页。

12

同上。

13

参见魏森豪夫展览的官方画册前言，以及1927年的书信往来（"精于算计的自然在理性化的过程中游戏。"），引自：MoMA，以及1928年笔记本，8、12页。

14

施瓦兹，《反抗暴力》，同上，103页。

15

同上。

16

鲁道夫·施瓦兹，《技术的导引》（作品集，亚琛1928年），引自：施瓦兹和康拉德编辑，《鲁道夫·施瓦兹》，同上，24页。

17

鲁道夫·施瓦兹，《贫穷的消亡》，载于《盾牌战友》，1927年8月28日，第3期，286页："如果人们用某些东西（指的是唯物主义）填满他有限的、以僵化坐标系统来定义的历史容器，那他不是就要放弃精神职业的桂冠吗？还有地方留给那些危险的思想观念，以及充满荒漠般的精神性力作吗？一个混乱芜杂、由荒漠般的暴力构成并充满赤裸裸残暴的世界，不会到来吗？这不是危言耸听，也不是文艺腔的激情表白：大城市东部荒漠般的棚户区是赤裸裸的事实，而且大战中的体验还未被忘却。……所以，对我们而言，在难度上超过前辈的新任务是：……战胜暴力。"

18

同上。

19

施瓦兹，《新建筑？》，同上，249页："我们今天站在一切历史主义的彼岸，这样的假设不见得会是错误的。但相反的是：我们和先前相比，更多的是站在中间，只有这样，我们的历史主义才能为真爱所滋养并拥有深深的根源。历史主义就在我们当中，因此就无需对内在历史主义（der immanente Historismus）复制了。他相信，过去依然活着，而现在也活在过去。因而他说，过去会随时复活，而未来同样会做好准备。有时他也相信，历史纪元最终都意味着一种永恒性。"

20

施瓦兹，《贫穷的消亡》，同上，247页。

21

同上："今天，人文主义方式不再像三十年前那样幼稚了。……今天，人文主义者也明白要去除装饰，并且倾向于贴近他自己最好的传统。人们现在的装饰是优雅和精细的：人们通

鲁道夫·施瓦兹，亚琛基督圣体（Fronleichnam）教堂，1928年

"真正由空间和平面所形成的空无，不仅否定了图像性，而且成为其对立面。这正如沉默对于言说一样。人们一旦接受了它，就会感受到其神秘的存在。"罗马尔诺·瓜尔蒂尼论鲁道夫·施瓦兹的基督圣体教堂，1929年

⑤

IN THIS PECULIAR YEAR - 1926
- Schwarz -
· MAX SCHEELER .
· WHITE HEAD.

的信仰。施瓦兹的思想并非游离于空中，而是现实的，并与可见的对象息息相关。时代的建筑和其"内在的历史性"，都以不同的方式被仔细地分析过。[19]施瓦兹像密斯一样，在20世纪20年代早期被救世主般的热情所唤醒，"不是美化世界，而是改变世界"，他把蒸汽船看作是"体现真实与力量"的范例[20]，同时——估计和密斯的冷淡态度一样——批评父亲般的偶像贝伦斯和包豪斯的开拓者们。[21]

<216

施瓦兹的著作传递了一种思想，这种思想介于两极之间，方法上反对片面化和绝对化，反对"教条主义般的贫乏"（出自施瓦

兹）。1927年，当密斯在斯图加特提出让建造"从片面和教条的氛围里区分出来"时[22]，他也这样改写了自己的观点。施瓦兹是一位开拓者，他应瓜尔蒂尼之邀于1929年在波兹坦出版的著作《技术的导引》[23]，成了密斯"自身发展的路标"。[24]对于这部有资格成为"20世纪20年代后期关键的、重要的里程碑式的著作"[25]，密斯不仅在出版当年的1928／1929年，而且在1950年以后还仍然予以收藏。于他而言，这既是为了整理自身思想与建造艺术和技术的关系，也是为了把字句悄无声息地摘录到他的演讲草稿中。[26]

施瓦兹的思想——必须提及的是处于幕后的瓜尔蒂尼作用——以及公众对密斯建筑的批评，20世纪20年代中期前后都在密斯的内心深处引发了震动。例如，1925年杜斯伯格在柏林的演讲《新建筑及其成果》（Die neue Architektur und ihre Folgen）中，就涉及密斯和他的皮与骨式建筑。他批评密斯那种"建造"的命令式口吻，"我们不懂形式，只知道建造问题……"，并简短而乏味地补充道："但现在形式和风格不可相互替换。"[27]

早在1922年，杜斯伯格就在魏玛的一次演讲中对密斯做出过回应："建造还不叫造型。逐渐地放弃多余的东西……还不叫有造型的建筑；这是没有装饰的建筑，而有造型的建筑意味着更多。"按照杜斯伯格的说法，"外科手术般建造"的建筑"暴露……结构的骨架"会产生限制，因为"一个仅具备结构的建筑还不能满足造型需要。"[28]

217>"造型"意味着意义、均衡和象征，杜斯伯格在1922年他的宣言《风格意志》中如此解释道，也再次对密斯的"风格的意志也是形式主义"[29]做出了无声的回应。造型不是结构，而是"更直接地，通过艺术个性化方式所做的表达"。[30]杜斯伯格认为密斯混淆了形式和风格，强调新建筑拒绝的不是形式，而只是"形式的雏形"（Formschema）。那些"展示骨架和表皮、纯结构性和外科手术般的建筑"，基本无外乎是世纪初面对"装饰主义"所产生的反应和"回归理性结构"呼声下的简单结果。作为代表的不只密斯，还有勒·柯布西耶、马雷特·史蒂文斯（Mallet Stevens）、托尼·加

过自身的皮肤来掩盖真相。隐秘的人道主义者贝伦斯与今天的德绍的做法完全不同，他借助自由的图案并给出一个讨人喜欢的形式，让通用电器公司的电灯开关变得很有修养。虽然开关还是那个开关，但他却发现了一个人性化的艺术副产品。"

22
密斯·凡·德·罗，《建筑与住宅》序言，斯图加特1927年。

23
"我请你完成这部著作，然后再出版，现在是时候了。"罗马克诺·瓜尔蒂尼12月1日从波兹坦写信给鲁道夫·施瓦兹。摘自：玛利亚·施瓦兹和乌利希·康拉德编辑，《鲁道夫·施瓦兹：技术的导引及其新建筑的著作（1926—1961年）》，柏林1979年，7页。

24
同上，乌利希·康拉德，前言，《另一种方式的谈话》（Eine andere Art der Rede），9页。

25
同上

26
引自：1928年密斯笔记本，第14页；另见：演讲稿（未注明日期），大约1950年左右，第11页："这世上的一切，人类是否都有权享有？"后面的话是从鲁道夫·施瓦兹那儿一字不差地摘录的，《技术的导引》，同上，初步观察。演讲稿的第15页，"雅典卫城的建筑离我们只隔了六十代人（原文为'人的寿命三十倍的'——译者注）"，完整出自：鲁道夫·施瓦兹，《德国的建筑工地》，出自：《盾牌战友》，1932年12月31日，第1期，见玛利亚·施瓦兹和乌利希·康拉德，同上，145页。密斯在1950年后紧跟这篇文章的观点，技术自身在建造艺术之上成长起来。参见：密斯·凡·德·罗，《技术和建筑（1950年）》（Technik und Architektur/1950）："无论技术在何处得以实现，它都将进入建筑领域。"另参考：《札记：演讲笔记》，1950年，结束语："当技术一旦转变为建造艺术，我们就不得不去设想所有伟大事物出现的理由。"而鲁道夫·施瓦兹，《德国的建筑工地》，同上，145页："技术就变得很美。……它在更伟大的秩序中消解，并成为建造艺术。因而我

们认为这是本质性的体现。"

27
特奥·凡·杜斯伯格,《新建筑及其
成果》,载于《瓦斯穆特建造艺术月
刊》,1925年9月,第12期,514页。

28
特奥·凡·杜斯伯格,《新美学在材
料上的实现》(Von der Neuen Ästhetik
zur materiellen Verwirklichung)(1922
年魏玛演讲),引自:哈根·贝希
勒(Hagen Bächler)/赫尔伯特·莱彻
(Herbert Letsch),《风格派:著作和
宣言》,莱比锡/魏玛1984年,180页。

29
密斯·凡·德·罗,《建筑》,载于
《G》,1923年9月2日,第2期,1页。

30
特奥·凡·杜斯伯格,《风格意志》
(1922年在耶拿、魏玛和柏林的演
讲),引自:贝希勒/莱彻,同上,
167页。

31
特奥·凡·杜斯伯格,《新建筑及其
成果》,同上,514页。

32
特奥·凡·杜斯伯格,《时空中的色
彩》(Farben in Raum und Zeit),引自:
贝希勒/莱彻,同上,221页。

33
阿道夫·贝纳,《现代的实用性建
筑》(Der moderne Zweckbau),慕尼
黑1926年,引自:同名著作,柏林
1964年,68页。类似的,鲁道夫·施
瓦茨反对"愚蠢和满足实用的唯物主
义",载于《新建筑?》(1929年),
同上,126页:"德国的国民性是夸大
一切以及因忧郁沉思导致的不幸,从
有用的厨房设备中造出无用的意识
形态。"

34
贝纳,同上,6页。

尼尔(Tony Garnier)和其他等人。[31]

"建筑成为裸体,有骨骼和皮肤……在德国,人们真的在谈论皮与骨式建筑了,但这既非美学上的投机,也非为了认识形式和造型问题……新建筑的定义是:组织材料以满足功能要求。形式是次要的、附属的。"过去坚定者如密斯,尽管在1928年也有了态度上的新变化,但为了反对那些颂扬功能和结构的"实用的浪漫主义者"(Nuetzlichkeitsromantiker),杜斯伯格依然表达了上述立场,他最后的结论是:"人们不是生活在结构中,而是生活在由**表面**烘托的**氛围**之中!"[32]①

阿道夫·贝纳完稿于1923年并出版于1926年的著作《现代的实用性建筑》(Der moderne Zweckbau),明确提出了对密斯观点的批评。这在那时是有关新建筑最重要的一本出版物,至今也是建筑理论探讨的关键著作。贝纳工作的意义重大,把1900至1923年间的不同观点加以系统整理,现代建筑理性主义和功能主义中的迥异想法得到清晰呈现,并将所有的教条和片面观点付之一炬。

对这场讨论的总结中也包括了对密斯的批评,贝纳依然直言不讳:"我们认为德国的建造艺术已产生偏差,走入极端,变化过多并自相矛盾——这带来了内部的不安定。"[33]其中,"德国建筑师的 ‹218 年轻一代"所崇拜的严格客观主义概念已进入了评论的视野。密斯著名的格言"一切美学上的投机、一切教条主义和一切形式主义,我们都加以拒绝。——从任务的本质出发,以我们时代的方式来塑造形式。这就是我们的工作。"被当作为典型加以引用,并遭到批驳:

> "拒绝美学上的投机、形式主义和教条主义,这是必要的和健康的,——但这似乎是错误的,因为即便每天一百次地反对美学家的美学,我们也不愿意脱离审美,——这与美学投机不同——脱离审美意味着,砍掉自己坐着的树杈。"[34]

密斯所受到的批评,在于他"对形式的恐惧"是一种"误

---

① 这里让人联想到路斯建筑的内部,他从森佩尔那儿研习得来的"饰面理论",认为内部环境可以根据使用者的需求,进行表面化的处理并形成不同的环境氛围。——译者注

解"[35]，是一种趋向于将建造艺术等同技术的唯物主义机械美学。自1924年开始与密斯过从甚密的奥特[36]，在他的《一位建筑师的自白》(*Bekenntnissen eines Architekten*)中，多次运用了"是或不是"，充满自嘲式的格言体："我宣布，艺术家必须服务于机器，还应当明白，机器应当成为艺术的仆从……我厌恶那些类似哥特教堂的铁路桥，还有一些于我而言就像偷窃来的、但却广受好评的工业化的纯'实用性建筑'……我明白了，为什么美国谷仓成为当代建造艺术的范例，我问自己，这些建筑中的艺术性到底在哪里。"[37]

1920年，柯布西耶在《走向新建筑》里这样写道："令人高兴的是，根据这么多谷仓、工厂和机器来讨论建筑。"[38]——1926年出版的《未来的建造艺术》则好似一声轻松的叹气，这也一定传到了密斯的耳朵里。艺术家柯布西耶在书中批评了"绅士建筑师（青年）圈子里的平庸"，其中写道："必须重视结构"，并反对"在同一圈子"里宣称："美就是，对事物需求的满足"的那个人，然后他还补充道：

> "抱歉！对结构加以重视，可能会给一位沾沾自喜的工艺美校生带来困惑。仁慈的上帝虽然强调了手关节和脚踝的重要，但除此之外还有其他。如果满足了事物的需求，还不能带来美：那是因为只是满足了我们精神的一部分，而非那种最重要的，因而也不存在更高的满足。我们要重新调整次序！……建筑完全就是艺术，它达到了柏拉图的高度、数学般的秩序、科学性以及通过付诸感官的交互式的和谐表达。这就是建筑的目标。"[39]

根据出版物来判断，1926年其实是一个有计划的、批判活跃的年份。针对阿道夫·贝纳和柯布西耶著作，奥特同年出版了包豪斯系列中的《荷兰建筑》一书，也成为这个系列中的一员。奥特提出，"无条件地赞美一切机械论"是危险和堕落的，而应当捍卫一种体现"时代意志"的"形式合成"(Formsynthese)概念。奥特虽未提及贝伦斯，但对其想法的好感是显而易见的："不只是技术，也不只是美学，不仅需要理解，也不仅需要感觉，而是要将二者合

219 >

35
埃尔加·维德波尔（Edgar Wedepohl），《制造联盟"住宅"展的魏森豪夫住宅区》，斯图加特1927年，载于《瓦斯穆特建造艺术月刊》，1927年11月，401页："在1927年2月 制造联盟杂志上，密斯·凡·德·罗反对把形式作为目的，因为它总是终结于形式主义。因为我们不想看到造型的无力表白，对形式的恐惧是否源自误解，就好像没有形式，可以产生一种合理的、技术结构和性能优良的造型吗？"

36
密斯估计是在"十一月学社"里，认识了作为国外成员的奥特，1925—1926奥特以自己的作品参展。密斯如何看待奥特，从一封菲利普·约翰逊为了准备纽约的《国际主义风格》展而写给奥特的信可见一斑："他（指密斯）对我谈论你时，非常兴奋地说你是他最好的朋友之一。很少有其他建筑师让他感到兴奋，其实只有你和柯布西耶得到了他的称赞。……他讲述格罗皮乌斯关注技术的滑稽故事，他崇拜技术是因为缺乏理解。在密斯来到包豪斯之前，他憎恨在那被夸张到极点的实用主义。他说，合理性与纯美学相比，更具有主观色彩。"引自：君特·斯塔姆（Günther Stamm），《雅克布斯·约翰内斯·皮特·奥特的建筑和设计（1906—1963年）》，美因茨/柏林1984年，110页。

37
奥特，《是与不是：一位建筑师的自白》(Ja und Nein: Bekenntnisse eines Architekten)，载于《瓦斯穆特建造艺术月刊》，1925年9月，第3期，140-146页。同时发表为：保罗·维斯特海姆/卡尔·爱因斯坦，《欧洲年鉴》，波兹坦1925年，8页。

38
《新建筑》(L'Esprit Nouveau)中的文章以《走向新建筑》(Vers uns Architecture)为名，在1924年的巴黎出版。引自：《走向新建筑：眺望建筑》，柏林/维也纳1963年，26页。

39
同上，90页。

40
奥特，《荷兰建筑》，慕尼黑1926年（包豪斯丛书第10卷），新版美因茨/柏林1976年，27页。参见：《概念的矛

盾》(Die Ambivalenz der Konzepte)，见注释79。彼得·贝伦斯，《艺术和技术（1910年）》："技术无法一直被理解成目的，而只有被当作文化的先决条件时，才能获得价值和意义。一种成熟的文化用的是艺术的语言。"君特·斯塔姆（Günther Stamm），同上，29页，曾提到，奥特"令人钦佩地站在贝伦斯的那一边"。

41
奥特，《荷兰建筑》，同上，22、25页。奥特和贝尔拉赫的关系的冷却，事实上是因为备受推崇的贝尔拉赫作为竞赛委员会的评委，在1926年拒绝了奥特为鹿特丹股票交易所设计的方案，"而显然他是支持了一个平庸的大厅方案，这个方案在进一步深化中还'借用'了奥特的设计元素。"引自：君特·斯塔姆，同上，84页。另外，海伦娜·克勒勒—米勒（Helene Kröller-Müller）也把贝尔拉赫称为"专横和封闭的新教义者"。奥特对贝尔拉赫的批评使人注意到密斯后来对贝伦斯的批判，尽管攻击的方向有所不同，但其中的想法是类似的。看上去密斯和奥特似乎在反对偶像方面，短暂地将自身的榜样做了个交换：贝尔拉赫的学生是贝伦斯的崇拜者，而贝伦斯的学生却成了贝尔拉赫的拥趸。

42
亨利希·德·弗里斯，《弗兰克·劳埃德·赖特：一位建筑师的生平作品》(Frank Lloyd Wright. Aus dem Lebenswerk eines Architekten) ，柏林1926年。（不属于密斯藏书）本书并不是赖特的传记，而是对当代建筑的清算，作者表示歉意的是，强调自己借助"建造基本感觉上的极大分歧⋯⋯不断进行比较"："这本书不想优化，而是想从头加以改变！"（33页）弗里斯的攻击有一种极端的力量："关于风格意志、功能化形式和抽象理念思想等的闲谈，最终会停止。愚蠢的谈话不会使不完善的人性变得更强，变得更加温暖。下午茶、角质眼镜和插科打诨，这些所谓的文化阶层的建造艺术什么时候能最终结束？冰冷的双手和饥渴的心灵，肯定无法创造出真正的建造艺术。所有真诚的'媚俗'，可能还会更好一些。"（31页）有关赖特的理论也参见：奥特，《弗兰克·劳埃德·赖特对欧洲建筑的影响》(Der Einfluß von Frank Lloyd Wright auf die Architektur Europas)，载于《荷兰建筑》，同上，77-83页。

二为一，才能达到建造艺术的目标⋯⋯一个不幸的时代，就是不知道如何将物质的进步运用在精神层面！"[40]

还有荷兰现代建造艺术的伟大导师，曾被密斯当作英雄的贝尔拉赫，现在也被架在了批判的靶子上。奥特在认可贝尔拉赫已有功绩的同时，并于1929年指责他的老师在形式创造方面的局限性，称其基本上是站在19世纪维奥莱—勒—迪克的立场上，而且"肩负了太多的传统负担"。一方面由于结构的要求"总是过于繁复"，另一方面"为了获得相应的新建造艺术形式"，使其"很难在结构上保持前后一致的逻辑性"。[41]

在1926年此起彼伏的声讨中，贝伦斯过去的助手亨利希·<220
德·弗里斯也加入其中，在一种充满语言暴力、秋后算账的气氛中，他把所有的问题都归结为由现代建造艺术带来的，并指出赖特是其中新的代表。对他而言，所有关于形式和结构的讨论都令人不快，因为如果没有贝尔拉赫，这些讨论就不会从诸如赖特的作品中，开始认识到建筑的空间问题。[42]

就像密斯所展现的那样，1926年不仅具有特殊的意义，而且还是他事业中具有决定性的一年："我想说1926年是最为重要的一年。回想起来，它不仅仅是时间意义上的一年，也是实践和认识上的重要阶段。对我而言，是一个人的认识走向成熟的某种历史性时刻。"[43]

这个意识的成熟之年，见证了一个关键的转变。[44]那时，密斯——贝纳发现人们真的很乐意，从一个极端转向另一极端——会委托他的助手吕根伯·格瑟吉厄斯，清理位于卡尔斯巴德街（Am Karlsbad）的办公室，并令人惋惜地销毁了一卷卷老的图纸和蓝图。[45]

43

密斯·凡·德·罗，《没有教条》(No Dogma)，访谈，载于《内部建造》(Interbuild)，1959年6月，第6期，10页。

44

同上，11页。"在BBC的访谈中，我谈及了三位欧洲人，虽然在1926年时我并不了解他们。他们想得很清楚并把它写了出来。"B-BC的访谈已经找不到原始记录。出版的访谈文字，没有出现密斯所提到的三个名字。推测密斯所提到的代表不同国家的"三位欧洲人"，有可能是柯布西耶、阿道夫·贝纳和奥特。

45

引自：口头记录，瑟吉厄斯·吕根伯格记得，"在斯图加特项目期间"，有次密斯出差去参加一次会议之前，请他清理地板上的图纸，也就是把它们扔进垃圾箱。

"空间不是一个经验概念。

对于空间的理解不能借助于外部现象关系的经验，

而只有先通过思考，才能理解外部现象。"

——伊曼努尔·康德，《纯粹理性批判》，1781年

"对于建筑师而言，'形式问题'必须转化成'空间问题'。

建筑是对涵盖从最小空间细胞如家具，

到庞大自然的整个空间世界的造型设计。"

——海尔曼·索格尔，《建造艺术理论：建筑美学》，1921年

　　1926年间问世的一本著作给予密斯以决定性的影响，它的非凡意义在于尝试将哲学、建筑和生活方式等问题结合起来。包豪斯的西格弗里德·艾伯令（Siegfried Ebeling）极富个性的言论，出现在德绍1926年出版的、有着独特名字的《作为膜的空间》（*Der Raum als Membran*）里。但时至今日，这部著作仍被有关20世纪20年代建筑历史的研究所忽略。

　　艾伯令积极地研究在变化的生活感受和自然状况下，如何重新从根本上思考建筑的存在条件。密斯相信，如果艾伯令不放弃其观念所依托的基础平台，就不可能摆脱旧的"建造"立场并展望新的未来。事实证明，艾伯令有可能受到密斯的两个精神导师，即尼采和劳尔·弗朗西斯的启发，构建起了他的建筑理论。

　　这本书涉及的两个人物就像一面镜子，能让密斯直接面对自己的思想世界。在密斯事业发展的过程中，这两个人物代表了两个不同的对立阶段：与尼采关联的阿罗西·里尔和贝伦斯，影响了他1918年之前的人生阶段；而弗朗西斯则代表了1918年后的原型时〈223〉期，那时悲伤的个体回归安全的世界，也回归本原，而密斯努力让"建造"回到自然的永恒法则。现在，密斯与自己哲学的缔造者们再次相遇，携手艾伯令的理论一起走向新建筑。

从根本上讲，这个理论和与之相关的两位哲学家所期待的一样，都是任意随性和充满预言的。单是书名《作为膜的空间》就让人意识到它与人类学和宇宙思想的关联，并让人联想到早期包豪斯的约翰内斯·伊藤和格特鲁德·格鲁诺（Gertrud Grunow），估计艾伯令那时已在包豪斯[1]受业，而直到1926年还能看出他所受到的纯正影响。

如果透过覆盖在思想上厚重的神秘面纱[2]，去把握作者语言的特征，并从根本上揭示这本著作的思考路径，就会清楚密斯必然是对这些真正思想家产生了浓厚兴趣。当今读者难于理解的，可能是理念发展过程的来龙去脉，但在密斯那里却丝毫没有障碍。与"有机主义者"雨果·韩林的密切联系，使他倾向于采取类似的思考和表达方式，而弗朗西斯——密斯藏书中最具代表性的作者——的丰硕著作，使密斯走在"生物学建筑"的理论大道上时，一定感觉非常的自然和惬意。

从艾伯令的著作中，密斯吸取了方法论上的观点。在开始所有的思考之前，密斯就提出"原始状态"中对"房屋的定义"，作为对"建造"永恒性的示范。为了建立起能够衡量现存和"未来传承下去的建筑"的标准，"要让房屋建造的原始状态作为建筑的基本形式呈现在眼前"。因此，要为"客观的距离找到一个基础……以激发起我们的兴趣并与建筑产生关联。"[3]

这是一种传统的方式。维特鲁威的建筑理论与原始小屋的模型几乎没有任何不同，它希望通过建筑造型和结构现实重构第一座房屋类型。[4]沿着这条线索，密斯最终以他的皮与骨式建筑创造出他的原始小屋，同时也表达了对贝尔拉赫意义上的、具备"自然真理"（Naturwahrheit）和简单真诚的原结构（Urkonstruktion）的理解。

相对而言，艾伯令探寻的既非原建筑（Urbau），亦非永恒的建构真理及其造型法则。他的兴趣不在于建筑对象本身，而是生物物理存在的基本建造条件，正如房屋的"初始状态"表现为下述情况：一个"相对刚性的多细胞的中空腔体"，其底部与地面的刚性或柔连接其他的部分成为一个"薄的介质"，"不同时间的光线照进来

1
西格弗里德·艾伯令在1924年就出版了一期包豪斯的《年轻人》（Junge Menschen）专辑，名为《宇宙舱体》（Kosmologe Raumzelle）。（在此感谢柏林包豪斯档案馆的德罗斯特女士，给予我关于这一专辑的善意指点。）《作为膜的空间》（德绍1926年）一书，可以看作是包豪斯宇宙观的同步发展。关于1924年后包豪斯的主题——技术和空间方面的思考，建立在旧的包豪斯哲学观点之上。艾伯令著作的出版，估计作者期待的不只是囿于包豪斯的范围。封面让人联想起康定斯基，由此可以推测至少在视觉上与包豪斯是有关联的。

2
艾伯令，所以第19页中对"人的精神性"的解释中，尼采——弗朗西斯的组合从语义学上看，也很完美："所有鲜活的、绝妙而非理性的陶醉，无时无刻都被保障造型化存在（Gestalt-Seins）的物质因果律（Kausalzwang）所战胜，并加以嘲弄！"

3
艾伯令，同上，8、22页。

4
参见：约瑟夫·里克沃特，《天堂里的亚当之家：建筑史中原始小屋的理念》，纽约1972年。

224

5
艾伯令，所以第19页中对"人的精
神性"的解释中，尼采——弗朗西
斯的组合从语义学上看，也很完
美："所有鲜活的、绝妙而非理性
的陶醉，无时无刻都被保障造型化
存在（Gestalt-Seins）的物质因果律
（Kausalzwang）所战胜，并加以嘲
弄！"，8页。

产生各种效果"。这三个部分之间的协调程度，决定了整个建筑的个性和品质。[5]

在这种基元化的状态中，房屋的空间可以看作有着"皮肤特性"或一个"隔离人和外部空间的膜"。如果回到生物学的思考和表达方式，建筑完全就是一种方法学上的探索，"在我们的等离子不稳定态的身体和静态环境之间，赋予原初物质（Grobphysikalish）的三维空间一个三维生物态的膜，但仍要平衡来自周边生物结构体的细微力量"。——一个成功的定义，密斯在页面空白处——显然是重要的地方——用标注以示强调。

密斯先前的皮与骨式理论，将"结构优先"视作建筑学公理，相比之下，艾伯令的皮肤理论把建筑比作呼吸的器官，则具有更高的抽象性，它不涉及具体的建筑造型和结构方式。从这一点上来看，它既针对、又不针对所有建筑，因而是普适的。在这种对建筑的基本认知上，他逐步地完善了自己的建筑理论。

经过建筑技术化的验证，艾伯令体会到其膜理论的正确性。建筑技术和家用设备地位的提升，表明"建筑……在这个方向上的长期"发展，已经变成了设备或技术部件。特别是居家生活电器化的来临，使"这种'新客观性'"与建筑的传统意义相反，传统主要是"对内心理解的表达，即象征"。建筑从意义载体到器官或工具 ◁225 的转变，正像柯布西耶所说的那样，不可否认是社会全面技术化的结果。密斯对于象征性在技术时代的衰落，他的回应是拒绝所有"美学投机"并投身于他称之为时代"意志"的客观性趋势。

虽然机械化进程不断在推进，估计艾伯令和密斯都同样不会后悔。那时密斯所笃信的理论是，建筑只需顺从地服务于实用目的和材料，似乎这样的自我激励就能成长为建造艺术，而与此同时，艾伯令——响应尼采的号召——希望通过积极的价值重估，找到一种建筑自身新的解决方案。密斯的皮与骨式建筑理论，并没有把毛坯式的结构树立为新的美学典范，并提升到符号化的级别。与这种 ◁226 情况不同，现代结构和材料的艺术性早已体现在他大胆的设计之中了。

DER RAUM
ALS
MEMBRAN

艾伯令的观点仍处于理论阶段。由于象征性的缺失，建筑不再关注普遍意义上的人，也不再适用于"人自身"，而是作为一种生理工具而存在，更多地与具体的"有血有肉的人"——正如艾伯令所说的，与"拥有不断提高的合理性"（Sinnhaftigheit）的人——相关。[6]

身体和生命感觉作为有机生成建筑的原理，能相应地根据继承的象征化形式来进行造型。"赋予韵律的人们砸碎了过去的脚镣"——艾伯令在其著作中介绍了尼采式的观念。它验证了一种新的、自然的改善生活的要求，代表了20世纪20年代年轻人的生活观

6
艾伯令，所以第19页中对"人的精神性"的解释中，尼采——弗朗西斯的组合从语义学上看，也很完美："所有鲜活的、绝妙而非理性的陶醉，无时无刻都被保障造型化存在（Gestalt-Seins）的物质因果律（Kausalzwang）所战胜，并加以嘲弄!"，11页。

7

艾伯令，所以第19页中对"人的精神性"的解释中，尼采——弗朗西斯的组合从语义学上看，也很完美："所有鲜活的、绝妙而非理性的陶醉，无时无刻都被保障造型化存在（Gestalt-Seins）的物质因果律（Kausalzwang）所战胜，并加以嘲弄！"，12页，继续引用尼采。艾伯令认为尼采"对身体的过分强调"，是一个"新的真理的胜利，最夸张的是我们个人正好拥有内部通道，连接了我们纯朴自然的躯体和赤裸的存在中的深层秘密。那个我们内在的秘密，狄奥尼索斯式地欢呼着。没有什么端坐于我们之上。在哪儿啊？这就是全部吗？全部就在这儿。这就是他的充盈和实质。"

8

柯布西耶，《走向新建筑》，引自：《建筑展望》，同上，78页。

9

艾伯令，同上，13页。

10

艾伯令，同上，24页。

11

艾伯令，同上，25页。

12

密斯的圈注，25、26页。

念。体操和舞蹈、空气和阳光，表现了尼采的新"韵律文化"观念所蕴含的身体感受："我们重新发现了身体。"[7]这句话的引申的意义，也同样适用于建筑体量。裸露的建筑体量从历史主义的风格外衣中解放出来，汇聚在阳光之下，体现了柯布西耶所期盼的那种观念："我们喜欢纯净的空气和充足的阳光。"[8]

艾伯令所期待的那种时代建筑，依然矗立在"尼采以寓言进行抗争的地方"[9]，那具有决定性的——正如密斯宣言所期待的——也在空白处标注过，期待一次"跨越"，"在造型源头内部的"一次"颠覆"。[10]到目前为止所取得的成就，"充其量是与伟大的'技术'之母和谐共生"，或者在"金钱和人性"平等的社会基础上的"存在"（Qui vive）的生活。没有任何迹象表明了，"原始精神的演化，以及被深刻变革的人和世界的最终关系"。（密斯的圈注）最终一句话："没有任何一种方式可以影响未来。"[11]

密斯通过圈出下面的话语，来表达对于当时建筑的判断：

"人们强烈地表达对于新建筑的期待，而不是希望注入新<227
的内容。他们强调造型而非内涵。他们羡慕工程师是'对客观性最为渴望'的唯美主义者……听起来难以置信的是，我们对普遍的居住环境似乎没有任何办法。用以栖居①的普洛克路斯忒斯之床变成了建筑暮冬的垂死之床。与受政治影响的公众相比，更多的建筑师陷入了这场悲剧。'人人都有自己的家'变成了'以最简单的手段，让人人都有自己的房子'。由此，政治成了建筑精神价值的基础。"[12]

这恰恰最后涉及住宅建设的观点，即让建筑与工业化生产和设计方法的优越性相适应，使人清晰地记起密斯不久后在斯图加特所表现出来的否定态度。为了"那痛苦的决裂"，根据艾伯令的想法，迫切需要真正地对"建筑价值加以重估：在这里要超越建筑，超越技术，超越艺术"。作为"技术奇迹"的设备，是体现时代精神和发展趋势的直观指数，它代表了一种"另类的、无趣的内部空

① 原文Siedelei，此处译为"栖居"（有可能为拉丁语或古德语）。——译者注

间世界",在这个意义上,无论"具有历史风格特征",还是"中性和纯粹的"都没有大的区别。这里的建筑空间能不受任何影响。因此,自身的"逻辑思维"会"从技术的精神角度出发,对空间进行还原并进行价值重估"。[13]

同样,就像这些作为被动建筑元素的技术设备,与建筑师居住立方体的"理念"表达无关,它们的供应、调整和安装也同样与现在对空间的理解无关。空间不应是再现性(repraesentierend)的、从"主动的"角度来理解,而必须——类似于次要的技术元素——"更多地从被动的角度来理解",成为一种"仅创造了生物先决条件的膜"。[14]

这里,中性空间和具有中性表皮的建筑成为讨论的核心理念,艾伯令借助自然和植物的样板,称其为"皮层原理"。建筑放弃了传统的绘画性特征,还原为一个最终满足"生理学先决条件"的容器外壳,它只是提供了一个空的"被动空间"(negativer Raum)——或者说"无个性空间"。

228> 艾伯令的《作为膜的空间》——受到"未来将会引起建筑学科极大关注的,弗朗西斯杰出著作《植物的技术成就》(密斯圈阅)[15]的启发——预见到了建筑的生态式表皮(Klimahuelle)和体现"气候差异"的节能生态建筑。它还预言了"能减弱地球气候恶化"的"太阳能机械",即今天的太阳能集热系统(Sonnenkollektoren)和类似1959年巴克敏斯特·富勒(Buckminster Fuller)大地穹隆似的乌托邦建筑。艾伯令也讨论了在"动荡和迁移时代"显得极为困难的工业预制房屋的"快速建造模式",他的"插入式城市"(Plug-In-City)的乌托邦技术设想,也在几十年后的移动住宅(Wohnmobile)中得以实现。

这本书对密斯带来启发的,并非是使房屋最终变成一种连续式的……电流的"通道空间"(Durchgangsstadium)的膜理论的技术原理[16],而是艾伯令在空间原理方面的思考。这里涉及他们两人在理解上的不同出发点:艾伯令的"被动空间"看上去最终是中性的、三维的膜,"它与所有的奇思异想无关",与密斯拒绝一切"美学投机"来实现结构优先的尝试是吻合的。

13
艾伯令,所以第19页中对"人的精神性"的解释中,尼采——弗朗西斯的组合从语义学上看,也很完美:"所有鲜活的、绝妙而非理性的陶醉,无时无刻都被保障造型化存在(Gestalt-Seins)的物质因果律(Kausalzwang)所战胜,并加以嘲弄!",11、14页。

14
艾伯令,同上,11页。

15
艾伯令,同上,30页。

16
瓦尔特·本雅明(Walter Benjamin)对现代建筑的类似评价,参见:《漫步者的回归(1929年)》(Die Wiederkehr des Flaneurs,1929年),引自:《作品全集》,第3卷,196页:"吉迪翁、门德尔松、柯布西耶将人们停留的地方,尽可能地变成了所有光和气体的能量波的通道。来的一切都带有透明的特征。"

17
参见：前一章节，杜斯伯格的批评，
注释28。

18
艾伯令，所以第19页中对"人的精
神性"的解释中，尼采——弗朗西
斯的组合从语义学上看，也很完
美："所有鲜活的、绝妙而非理性
的陶醉，无时无刻都被保障造型化
存在（Gestalt-Seins）的物质因果律
（Kausalzwang）所战胜，并加以嘲
弄!"，11页。

19
艾伯令，同上，31页。

就这点而言，密斯的皮与骨式建筑可以被看作是一种"被动"
建筑，它几乎不动声色地摒弃了所有的传统象征性和历史风格特
征。正是这点使他遭到了批评家的责难，因为"解剖学意义上的建
筑"仅限于骨架，"建造还不能等同于造型"一语中的。[17]

密斯工作所依据的常规造型标准，并不明确。口头上反对美学
立场，其实反对的是所有表面的造型，并将"任务的本质"看作是
明确的造型规范。被动式的造型要求从建造艺术中去除艺术，艾伯
令的空间原理就在这样的进退两难中指明了出路。就像"建造"以
结构之名，只是近似地成了建筑前提一样，创造了生物学前提条件
的被动空间，最终只能被视作是一个过渡阶段。它表明了"被激活 ⟨229
空间的初级状态"，其价值在于建立起人的新型自我感觉。

这种上升秩序的逻辑是简单和必然的。技术化的过程解构了传
统，使象征性得到消解，也净化了充满"奇思异想"的空间，从而
让人回归原型。所以，中性空间包含了新的可能性，它带来了崭新
的存在，"那种自为存在"（Fuersichsein）。[18]在康德"可能性条件"
的意义上，对失去意义的空间进行价值重估，也就是根据自身的原
则来重新组织和界定。

为了践行尼采及其自我救赎（Selbsterloesung）的理念，在开始
进行造型的重要一刻，艾伯令便抽身离开了弗朗西斯所创立的生物
学理论范畴。尼采哲学告诫人们，摆脱陌生权力的吸引，寻求一种
独立的"自为存在"的自由，因为这是一种全新的、依托内在生命
需求的存在前提。

艾伯令渴望一种关乎自身躯体、生存和宇宙无限性的建筑空
间。这个空间来自于查拉图斯特拉式极端个人化的设想，因为它的
空间需求是"为了自由韵律舞蹈化的运动和狄奥尼索斯式的激情，
或为了绝对专注和神话庆典，或为使内心宁静的占星家遥望夜空星
光"[19]——即空间品质的个性化，书上的标注体现了密斯对这个问
题的认识。①

---

① 此处清晰地表达了宇宙与个人之间的关系，以及在这样的关系中舞蹈和酒神精神的重要作用。——译
者注

最终，密斯对结束语也做了如下批注："如果到处都存在"这种"普遍的内在需求……那么建筑师就会自我约束，围绕新的生活方式、从空间上重新灵活地组合房屋机能（Hausorganismus），并使结构关系得到验证。"[20]

正如当代建筑所展现的，空间首先必须考虑未来的人类，因为现在的建筑师对于极端化的后果是准备不足的。处于"奢侈、贫穷、传统的资产阶级、舱体和自动控制"之间，他反而从这"两极力量"的作用中得出"结果"，并将其提升为理论并宣扬一种"没有追求"的平庸："这表达了时代，但并非设定的目标。"[21]

230> 这句话也标志着20世纪20年代后期，密斯作为一个建筑师发展的里程碑。对集合住宅的疏远、对量化手段的拒绝和对设计品质的坚持，最终决定了他对建筑的兴趣落在了空间结构方面。

对于艾伯令"围绕生活方式重新从空间上灵活组合房屋的机能，并验证其结构关系"的建筑有机主义的核心要求，密斯已经解决了其第二个问题。始于1922年的对结构价值的重估，只有在第二步完成后才能得以实现。结构的"艺术性承诺"不只包含建筑新外观的可能性，还有新的空间组合，而那时密斯对于两者的融合还远未开始。

1923—1924年的砖宅是某种例外，因为它展现了全新的空间想法。密斯对于这个项目的解释清晰地表明[22]墙体的特征发生了显著的改变，但他并没有阐明这种"价值重估"为新建筑可能带来的结果。1924年显然还只是兴趣所致，而到了1929年他才重新开始注重空间的品质。类似的还有玻璃高层设计，其平面图说明了，通过结构来获得空间的自由度仅仅属于次要目的。"被动"空间依然存在，似乎只要为了实用目的，可以没有品质要求地任意运用，所以导致结构从未被重视并消失在空间里。

为了赋予生命以新的韵律，艾伯令的空间理论在查拉图斯特拉那里找到了目标，因为后者能理解"如何得到自由"与"为何要自由"的区别。这种自由不仅仅意味着摆脱了"固定的空间概念"，密斯在1924年并未指出这个概念会导致"意外的结果"。[23]1924年题为

20
参见：前一章节，杜斯伯格的批评，注释28。

21
同上。

22
密斯·凡·德·罗，《1924年演讲》，1924年6月19日手稿："这座用砖造的房子，与前面的图片（指的是混凝土住宅）相反，显示了材料对造型的影响。在房子的平面上，我放弃了所有通常空间联系的原则，寻求以空间效果来替代一系列的独立房间。墙体在这里不再具有封闭的作用，而成为房屋有机性的组成部分。"

23
密斯·凡·德·罗，《建造艺术与时代意志！》，手稿："尽管摩天楼、办公和商业用房需要直接清晰的设计方案，但这往往会被曲解，因为人们总试图以建筑的实际用途来适应旧的观念和形式。这同样适用于住宅。某些对建筑和空间的认知，也会导致意外的结果。人们应简单地从实际用途，即居住的组织出发，来看待一座住宅的开发……"

24
密斯·凡·德·罗，《建造艺术创造的前提》，1928年演讲，引自：LoC手稿档案。参考密斯，1928年笔记本，第12页："为了服务，反对技术的统治。技术是通往自由的大道。"

25
密斯·凡·德·罗，《要是混凝土和钢没有了镜面玻璃会怎样？》，1933年3月13日，手稿，未发表，引自：LoC手稿档案。

26
亨利希·德·弗里斯，《弗兰克·劳埃德·赖特：一位建筑师的毕生作品》（*Frank Lloyd Wright, Aus dem Lebenswerke eines Architekten*），柏林1926年，14页："如果建筑现在成为艺术，那就是一个造型的逻辑组织，即用美丽的墙体在整个空间来编织房间。"

27
密斯·凡·德·罗，《建造艺术创造的前提》，1928年演讲，参见：附录中经过整理的评论。

28
密斯·凡·德·罗，《1927年致瓦尔特·里茨勒的信》的草稿，引自：MoMA，手稿文件夹6。

29
同上。引自：密斯，1928年笔记本，26页："与里茨勒之争，技术性的。我们首先要求立场，我们想要真相。里茨勒式的美。"

《工业化建筑》的演讲中，建筑无条件地接受了技术，而到了1928年这种关系发生了反转。密斯解释道："从技术中我们看到了自我解放的可能。"[24]通过钢和混凝土"反转空间的力量"，获得了"一定程度空间设计上的自由"，某种查拉图斯特拉所赞美的"创新的自由"：〈231〉"现在，我们才能够自由地划分空间、打开空间并使之与风景相连。现在，它再次显现什么是墙体和洞口，什么是地板和天花。"[25]

在对空间进行价值重估的过程中，清理旧的象征手法、借用虚空并将被动空间转化为新的"全空的空间"（Raum voller Raum）[26]，密斯在20世纪20年代早期就为实现新空间的想法打下了基础。现在的精神前提、内涵和价值，必须根据——按照艾伯令的说法——房屋的有机主义，围绕新的生活方式来加以组织。

《建筑艺术创造的前提》是密斯1928年在许多地方进行演讲时所采用的题目，演讲引起了公众的广泛关注[27]，开场白就展示了他的大致想法和立场的走向：

> "女士们、先生们！
>
> 建造艺术对我来说不是充满玄想的对象。我没有理论和固定的体系，只不过是一种涉及外观的审美态度。建造艺术只是发自思想内心的表白，实际上只能被理解为生命的过程。"

就在这之前的几个月，密斯在给《形式》杂志编辑瓦尔特·里茨勒《关于形式的信》中，还强调过他对于生命哲学的信仰："我们想开启和把握生命。在精神的全部内容和真实联系中，生命对我们而言是决定性的。我们讨论的不是结果，而是造型过程的开始。这正好揭示了，形式是来自生命还是关乎自身。"[28]

艾伯令的著作低估了思考过程的作用，在这样的背景下，"造型过程的开始"被密斯赋予了决定性的意义并获得了完整的意义。尼采所认同的存在的真实和力度，以及被弗朗西斯誉为榜样的自然造型的力量，都是形式理论的准则。密斯传递给瓦尔特·里兹勒的核心议题就是："只有生命的力度才能带来形式的力度。"[29]

这个定义同时表达了两个立场的结论：自然主义的观点认为形式先天存在，意志唯心论希望超越现状并克服表象。密斯与这两种〈232〉

极端立场都划清了界限："没有形式不会比形式过度更糟。一个什么都不是，而另一个是表象。"他在结尾说道："真正形式的前提，是真实的生活。没有存在，就没有思想。这就是标准。因此，区分古典主义和哥特的讨论，与区分结构主义和功能主义的讨论一样，都是不严肃的。"[30]

正如密斯在斯图加特所传达的立场，新建筑是一个"为新生活方式而奋斗的一个环节。"[31]阿道夫·贝纳也同样认识到："建造无外乎是对空间的组织，以便生活以最佳的方式展开。思考什么是好的与合适的建筑，就是思考什么是好的与正确的生活。所以，还想插一句，新一代的建筑师不要随便去做什么新的风格形式，而要为更好地安排普通生活做贡献。"[32]

如果要围绕生活重新组合空间——就是要清楚生活能够和应当成为什么，以及在这一点上一直围绕"生活来思考"——便会回到1926年密斯作品的核心。在为新生活创造空间的使命中，密斯发现了建造艺术的社会责任——并非是根据批量生产的新技术原则、规范化地划分房间。

由生活方式的转变所带来的建造艺术成果，是"变化的条件在空间上的体现"。[33]从1910年彼得·贝伦斯那儿开始，密斯就通过对辛克尔别墅类型的不同研究，尝试对空间进行价值重估。20世纪20年代的住宅项目中，密斯继续以新的热情，努力让封闭的平面布局得到开放。1927年，保罗·维斯特海姆（Paul Westheim）在他的文章《密斯·凡·德·罗：一个建筑师的成长》（Mies van der Rohe：Entwicklung eines Architekten）中描述了密斯的发展轨迹：密斯在1930年前后日趋成熟，并且在1931年的巴塞罗那展览馆、图根哈特住宅和柏林建筑博览会示范住宅中达到顶点。

保罗·维斯特海姆阐述了，密斯的平面是一个由"彼此相连的单个房间"所形成的"房间之间的循环"。[34]密斯"根据实用目的"划分整体空间，就像"现代办公楼所体现出来的那样"，房间"根据使用类型"被划分，墙体降格为纯粹意义上的"隔断"（Zwischenwaenden）。密斯的别墅看来"不再是彼此相连

30
密斯·凡·德·罗，《1927年致瓦尔特·里茨勒的信》的草稿，引自：MoMA，手稿文件夹6。

31
密斯·凡·德·罗，《制造联盟"住宅"展专辑前言》，斯图加特1927年，6页。

32
阿道夫·贝纳，《新居住—新建筑》，莱比锡1927年，109页。

33
引自：密斯，1928年笔记本，34页。

34
保罗·维斯特海姆（Paul Westheim），《密斯·凡·德·罗：一位建筑师的发展》，载于《艺术报》，1927年11月，第2期，57页。文字再版见：保罗·维斯特海姆，《英雄和历险》，柏林1931年（参见：第3章，注释55）。

233>

35
维斯特海姆，密斯·凡·德·罗，同
上，58页。

36
参见：密斯·凡·德·罗，《关于我
的地块》，引自：《建筑与住宅》，德
意志制造联盟编辑，斯图加特1927
年，77页。

37
维纳·格雷夫，《斯图加特魏森豪夫
住宅区》（Zur Stuttgarter Weißenhof-
siedlung），引自：《建筑与住宅》，斯
图加特1927年，8-9页。略加修改以
《制造联盟"住宅"展》为题重新发
表于：《形式》，1927年2月，249-250
页。格雷夫说明了生活方式的改变对
新住宅形式的需求，不只出现在知
识精英阶层，而且"估计也已经"
是"广大民众（特别是年轻一代）
的需求。"密斯在1927年的信件草稿
里，对于"大众"的描述，引自：
MoMA，手稿文件夹2，2页："大众
并非如服装设计师所宣称的那样毫无
特征而言，而是让我们感受到了最强
的生命脉动。"

38
下面所摘录的维纳·格雷夫关于斯图
加特魏森豪夫住宅区的描述（同上，
8页）清楚地说明了，无论如何，不
是现代派通常所设想的那样，期待一
场极端的、乌托邦式的住宅形式革
命，而相反的是尝试进行一场谨慎和
必要的更新："然而，清晰的新建筑
形式至今还无从产生；无法理解的是
那些非常活跃的调整改良。尽管看上
去，新一代错误地判断了那些使用了
几百年的住宅，但谨慎的是，他们的
期待中还缺乏一个清晰意志的方向。
更糟糕的是：缺少大量的现代主义建
筑师。只有少数具备适当的开放、自
由和想象力——目前是关键时刻，其
他的只能随大流……欧洲的先锋派们
也发现，必须要有耐心……自言自语
道：住宅文化是不能强求的。可是
民众对于自身居住意志的方向并不清
楚，所以可能还是需要加强感知、消
除偏见和唤醒本能，并仔细观察新的
动向。
也许新一代并不知道他们想怎样居
住，因为他们根本不关心其中的可能
性。但他们看到了新住宅技术条件，
他们看到了世界上真正建造艺术家
的努力创新——这本身就是一个梦
幻般的计划。如要给出一个现成的
住宅实例，最好还是尽可能地少下结

的空间序列（Raumfolge）"，房屋本身最终"成为包裹空间组织（Raumgefuege）的外壳"。[35]

"将房屋重塑为一个居住的有机体"——从维斯特海姆的语言意象来判断，体现了一种设备和生活器官的混合——密斯从1927年开始尝试这个新的原则和方法。魏森豪夫居住单元里的墙体，实际上已具有"隔墙"的性质。钢结构框架带来了"使用方式的自由"，也为密斯内部空间的划分提供了相应的灵活性。[36]活动隔墙在空间里可以像百叶一样打开，平面可根据日常需求来进行布置。这种自由居住形式的样板，可以追溯到1923年格瑞特·里特维德在乌德勒支设计的施罗德宅（Haus Schroeder），它的二层是一个大空间，但却能被划分成五个房间。

密斯从斯图加特开始，就着手艾伯令也曾尝试过的"动态空间组合"的实验。其灵活的平面是对密斯的同盟——维纳·格雷夫——的回应，格雷夫在空气、色彩和机械的精神意义、对运动的渴望以及福利社会的变迁中，发现了新生活方式的要素。[37]整个斯图加特住宅展，被当作社会居住和生活方式的宣言，也对"澄清居住的意志"[38]做出了贡献。

空间观念的全新突破，导致的结果就是构件的减少和分离：1929年的巴塞罗那展览馆成为发展过程中的一座高峰，空间代替了界定空间的元素，使自身也流动起来。在钢骨架的点状网格中，密斯谱写了由空间的非对称性和自由墙体所组成的华彩乐章。在这里，建筑抛弃了传统的分类组织方式，演化为光线和空间相互交融的结构。那种空间体验无法用旧的概念加以描述，但以诸如流动和开放空间的新概念也只能模糊地做出界定。[39]

始于1922年的结构价值重估以及可以追溯到战前的空间价值重估，都在这件作品中得以体现，设计中也同时兼顾了古典主义遗产和现代艺术承诺。1922年，密斯从结构现象的角度说明了建筑的美学功能，而到了巴塞罗那展览馆就变成从空间体验上来加以阐释了。那种平面上体现的膜一样的通透空间特质，在这之前只是围合式玻璃表皮的专利。大面积的自由墙体，形成了既开放而又界定的

〈234

空间作用。

这个密斯创造的前所未见的诗意空间，被称为加斯冬·巴什拉（Gaston Bachela）《空间诗学》（Poetik des Raumes）式的"彼处"（Anderswo）空间[40]，并载入了人类房子的谱系。并非是起限定作用的墙体或者建构系统，而是空间自身，更进一步讲是界定空间的精神原则，真正使其化作了建筑中的艺术品。

密斯"构建"了一种空间美学，其理论准备的开始可以追溯到世纪之交。1893年，奥古斯特·施马索著文说明，建筑创造的实质在于空间的塑造。贝尔拉赫在1908年也指出，建造的艺术性体现在，"或多或少从墙的组合"中创造空间。他1919年又指出，并非是直接可见的艺术形式，而是"在空间中得到彻底阐明"[41]的"建筑理念"决定了一座建筑物的价值。导师贝尔拉赫的这句话，在密斯1919年后的古典主义别墅中得到了验证。

在卡米洛·西特（Camillo Sitte）、奥古斯特·施马索、阿罗西·李格尔、布林克曼（A.E. Brinckmann）和瓦尔特·库尔特·贝伦特著作理论的支持下，赫尔曼·索格尔1918年出版的《建筑美学》为新建筑成长为空间艺术打开了通道。他的主要观点"对于建筑来说'形式问题'必须转化为'空间问题'"[42]，触及了新建筑的核心。"从空间上"确立建筑的实质，其中存在的"那些……相对于所有历史和风格的普遍性"决定了建筑的特征。

"空间关系"实际所表达的建筑概念，是指从无限空间界定出部分空间，以形成空间中的房间。[43]索格尔对建筑的定义是，"对于小到空间细胞如家具、大到浩瀚自然的整个空间世界的塑造"。[44]对于空间连续性的理解，引导出了密斯式空间所蕴藏的，对于空间感知的新定义："空间的营造只有依次逐步考虑，并艺术化地加以实现。"[45]

235>

辛克尔的别墅展现了体量和空间的立体交错，同样，巴塞罗那展览馆中的空间不仅与物质等价，甚至还要更多。新的界定空间的精神原则，即一种新的"紧密相关的意义"（索格尔）战胜了物质性（Stofflichkeit）。创造性精神战胜了物质，新的造型由此赋予新

论；相反，要让一切处于发展的过程中——在使用中逐渐成形。（由此需要平面的多样化和兼容性！）这样才能满足居住意志的需求。这就是魏森豪夫住宅区的意义。"密斯对展览意义的声明，也参见：《关于展览的主题》（Zum Thema: Ausstellungen），载于《形式》，1928年3月，第4期，121页；《1930年柏林建筑博览会的安排》（Programm zur Berliner Bauausstellung 1930），载于《形式》，1931年6月，第7期，241页。

39
有关密斯空间的阐释，对其空间特征的认识和恰当概念建构的困难，参见胡安·巴勃罗·邦塔（Juan Pablo Bonta），《建筑的阐释》（Über Interpretation von Architektur），柏林1982年，研究了巴塞罗那展览馆的构思过程并给出了不同的论述。其他参见：沃尔夫·泰格尔豪夫，同上，其精密分析对密斯空间的辩证性表达得最为清晰。关于现代空间概念，参见：布鲁诺·赛维，《作为空间的建筑（1954年）》（Architecture as Space/1954），纽约1974年，以及科内利斯·凡·德·文（Cornelis van de Ven），《建筑空间：现代运动的理论和历史中新理念的演变》（Space in Architecture. The Evolution of a New Idea in the Theory and History of the Modern Movements），阿森/荷兰（Assen）1980年。

40
加斯冬·巴什拉（Gaston Bachelard），《空间的诗学》（Poetik des Raumes），慕尼黑1975年，212页。这里涉及起限定作用的墙逐步消失的趋势，对此巴什拉说道："墙去休假了。"（83页）参见：第2章《房子和一切》（Haus und All），第3章《内在的无限》（Die innere Unermeßlichkeit），第9章《内外的辩证法》（Die Dialektik des Draussen und des Drinnen）。

41
贝尔拉赫，《社会的美》（Schoonheid in Samenleving），鹿特丹1919年，31页，引自：曼弗雷德·博克，《从纪念碑到城市规划：新建筑》（Vom Monument zur Städtplanung: Das Neue Bauen），出自《20世纪20年代的趋势》（Tendenzen der Zwanziger Jahre）展览画册，柏林1979年，1/32页。

42
赫尔曼·索格尔,《建造艺术理论》,第1卷,《建筑美学》,慕尼黑1921年,196页。参见:列奥·阿德勒,《作为事件和表象的建造艺术的本质:建筑科学的基本研究》(Vom Wesen der Baukunst. Die Baukunst als Ereignis und Erscheinung. Versuch einer Grundlegung der Architekturwissenschaft),莱比锡1926年,5页:"建造艺术是将空间理念转化为表现形式。"

43
达戈贝尔特·弗雷,《艺术科学基本问题和艺术哲学导论》(Kunstwissenschaftliche Grundfragen, Prolegomena zu einer Kunstphilosophie),维也纳1946年,达姆斯塔特1984年,特别是章节《建筑本质的确定》(Wesensbestimmung der Architektur),93页。

44
索格尔,同上,225页。

45
索格尔,同上,193页。

46
尼古拉斯·卢比奥·图都里(Nicolas M. Rubio Tuduri),《密斯·凡·德·罗的巴塞罗那德国展览馆》(Le Pavillion de l´Allemagne a l´Exposition de Barcelona par Mies van der Rohe),引自:《艺术笔记》(Cahiers d´Art),1929年4月,410页。

47
密斯所提及的贝尔拉赫的著作,在其藏书中只能找到《建造艺术的基础和发展》(柏林1908年)。

48
相对于"空间所承载的时代意志",密斯在下述文章中曾简短地描述过:1924年演讲,对乡村砖宅的介绍(参见注释22);《关于我的地块》(1927年):"骨架式建筑⋯⋯它加工方便,并带来内部空间划分上的自由";《要是混凝土和钢没有了镜面玻璃会怎样?》(1933年,同上);《马格德堡的H住宅》(1933年)"⋯⋯在所有开放空间形式的自由之中";《一座小城市的博物馆》(1935年);《1950年演讲稿》的第2页:"所有的伟大建筑几乎总是由结构来承载,而结构几乎总是空间造型的载体。"

的存在以可能。建筑物的理念成了建筑真实性的载体。密斯把美学从体量转移至空间;这是物质的"意志"在思想中与理念交流结合的过程。卢比奥·图都里(Rubio Tuduri)在1929年提到:"巴塞罗那德国馆中止了建筑的物质性。它化作了咒语(Beschwoerung)和象征。"[46]

艺术理论工作是否或在多大程度上影响了密斯想法的具体实现[47],这个提问似乎显得有些多余。他的立场中究竟包含了多少关于空间性的想法,这是无法确定的。[48]总体来讲,密斯的基本态度是反学院的。

如果,要找出一部推动密斯空间观念形成的著作的话,那应当首推1908年出版的窄长的、手工感的集子《大城市的美》(Die Schoenheit der grossen Stadt),他的作者是青年艺术派中的著名艺术家奥古斯特·恩代尔①。1896年,自学成才的恩代尔在慕尼黑以其埃尔维拉(Elvira)摄影工作室的早期作品而出名,与他充满装饰性的建筑创作相比,这位哲学和心理学专业的毕业生所完成的大量艺术理论著作,倒显得寂寂无闻了。[49]

密斯作为《未来》杂志的忠实读者,肯定注意到了恩代尔1905年在杂志上的首次亮相,以及1908年《大城市的美》出版后刊登的节选。[50]恩代尔在慕尼黑时听过特奥多·利普斯(Theodor Lipps)②移情理论(Einfuehlungstheorie)课程,这启发他注意到被利普斯称为"空间生命"(Leben des Raumes)的现象。对于"空间生命"很难给出一个确切的表达,因为从对建筑的原初认识是无法加以解释的。为了理解上述现象,要求具备一种新的视角来面对"看的愉悦"和"对事物的热爱"。恩代尔以一种诗意的目光关注着大城市, <238 在他的眼中大城市幻化成尼古拉斯·普桑(Nocolas Poussin)③画中蕴涵着特殊氛围的景观。恩代尔以画家的眼睛来看待城市,他对

① 奥古斯特·恩代尔(August Endell,1871–1925年),德国建筑师、设计师,是德国青年艺术运动和新艺术派(Art Nouveau)的奠基者。——译者注
② 特奥多·利普斯(Theodor Lipps,1851–1914年),德国美学家、心理学家,曾长期任教于慕尼黑大学,是移情美学理论的创立者。——译者注
③ 尼古拉斯·普桑(Nocolas Poussin,1594—1665年),17世纪法国巴洛克时期重要画家、法国古典主义绘画的奠基人。——译者注

柏林弗里德里希大街车站的"玻璃裙裾"

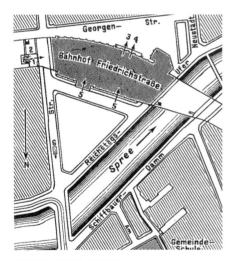

弗里德里希大街车站，总平面图

弗里德里希大街高层设计方案

"城市"的视觉感知的兴趣远大于其建筑性，被它的氛围、"净空"（Lichtraum）和纷繁的外表美所吸引。

从这个角度来看，建筑的意义转移到了空间本身。恩代尔为读者解释了其他观察方式的局限性："一想到建筑，总是先从建筑组合、立面、柱子和装饰入手，而其他的都居于次要地位。最关键的不是实体形式，而相反是墙体间有节奏展开的空间，它虽然被墙体所限定、但在活跃程度上又超过墙体。要想感受空间、其方向和质量，就要理解空灵音乐律动的意义，它是打开通向未知世界，属于建筑师和艺术家的世界的入口。"[51]

这本1908年出版的著作，不仅仅是从空间的基本美学观念上，为密斯打开了建筑师世界的大门。如果把恩代尔的著作与20世纪20年代早期密斯的观念加以对比，就会发现密斯理念形成的隐秘源泉。他宣言中几乎所有定调的关键词，都能从恩代尔那里一窥端倪："对今天和这里的热爱"[52]，指责这个时代试图"回归过去"对于新旧双方都毫无意义[53]，厌恶有教养的市民阶层和"各种浪漫主义者"[54]，以及对拥有"节奏感钢梁"的毛坯建筑的诗意描绘。[55]

密斯人生轨迹的另一个关键点弗里德里希大街玻璃高层的设计，应该就是受到恩代尔著作启发的结果。大面积玻璃上的光影效果也是恩代尔所热衷的，而密斯自己在设计中所坚持的说法，就是为了产生"丰富的光影反射"；外部悬挂的玻璃表皮结构，即作为立面的"幕墙"唤起了他的好奇心。恩代尔富于诗意的想象描绘了那些玻璃建筑在城市中的重要作用，它们从周边建筑中升起，"在上面……发着光……看上去好似一座耀眼的、闪烁着红光的山峰"，如"夕阳"点燃的"明亮的火焰"。

那些图片中被照亮的建筑正是1884年建成的弗里德里希大街车站，而密斯所设计的玻璃高层地点就位于它的对面。在恩代尔的描绘中，弗里德里希大街车站远非一般的车站建筑。引起他特别关注并激发视觉诗意的，是"独立地横向悬挂在铁轨上方的外墙"，这面硕大的悬挂起来的"玻璃裙裾"封闭了建筑的山墙面：

239>

49
奥古斯特·恩代尔（1871—1925年）从1901开始定居柏林，在那里他接到了一系列建筑项目委托。参见：奥古斯特·恩代尔，《埃尔维拉摄影工作室的建筑师（1871—1925年）》（Der Architekt des Photoateliers Elvira/1871-1925），施杜克（Villa Stuck）别墅博物馆展览画册，慕尼黑1977年。基础文献：提尔曼·布登希克，《奥古斯特·恩代尔的早期生涯：由慕尼黑致布莱西希·库尔特（Kurt Breysig）的信》，参见：尤斯图斯·米勒·霍夫斯泰德（Justus Müller Hofstede）和维纳·史比斯（Werner Spies）编辑，《爱德华·特里尔（Eduard Trier）六十寿辰纪念文集》（Festschrift für Eduard Trier zum 60. Geburtstag），柏林1981年，223-250页，发表了奥古斯特·恩代尔的著作目录。相关其他资料参见：奥古斯特·恩代尔，《结构与美》（Über Konstruktion und Schönheit），为夏洛特堡技术学院（Charlottenburger Technische Hochschule）自由学生联盟的演讲，载于《艺术报》，1909年10月23日，199-200页；同上，《建筑理论》（Architektur-Theorien），载于《新德意志建筑报》（Neudeutsche Bauzeitung），1914年10月，37-39、53-56页；同上，《空间和体量》（Raum und Körper），载于《艺术和艺术家》，1925年23期，301-306页；同上，《看得见的奇境：世界花园》（Zauberland des Sichtbaren, Der Weltgarten），安娜·恩代尔编辑，作品全集，第4卷。

50
奥古斯特·恩代尔，《大城市的美》，斯图加特1908年。密斯那里没有发现这本书。密斯对这本书感兴趣的原因见后。古斯特·恩代尔的展览画册强调了这本书的意义，见87-120页，以及独立小册子建筑教科书（第4册），柏林1984年，后翻译成大利语，载于：马西莫·卡恰里（Massimo Cacciari），《大都市：索姆巴特、恩代尔、舍夫勒和齐美尔对大型城市研究散文》（Metropolis, Saggi sulla grande città di Sombart, Endell, Scheffler e Simmel），《建筑项链7》（Collana di Architettura 7）罗马1973年，121-164页。

51
恩代尔，《大城市的美》，同上，77页。

52
恩代尔,《大城市的美》,同上, 13
页:"所有文化只有一个健康的基
础,那便是对于此时此地、对于我们
时代的狂热的爱……"

53
恩代尔,《大城市的美》,同上、11、
12页:"人们逃向过去! 不, 认识和
真正崇拜吧!借助必要的学校教育
和频繁地出入剧场,人们梦想出一个
奇异变形的世界……人们不知道,
只有认识今天才能使过去的碎片得以
复活。"

54
恩代尔,《大城市的美》,同上、11、
12页:"对于我们自身的期望和需
求,我们感到羞愧。但令人惊讶的恰
恰是,以临终遗言来诅咒时代并散布
放弃今天的谣言:各种浪漫主义者宣
称,逃向自然、逃向艺术和逃向历史
是唯一的出路……浪漫主义是所有生
命的死敌。"

55
参见:恩代尔,《大城市的美》,同
上,78页,"毛坯建筑里的工人"。

56
恩代尔,《大城市的美》,同上, 59
页。这里可以看出,"建筑工地"对
密斯设计所产生的影响,一个新的拥
有场所精神的维度。参见《高层建
筑》,载于《晨曦》,1922年1月,第4
期,123页。

57
索格尔,同上,256页注释。

58
同上。

59
恩代尔,《大城市的美》,同上,
63页。

60
特奥·凡·杜斯伯格,《新造型艺术
的基本概念》,慕尼黑1925年(包豪
斯丛书6),7页。

61
蒙德里安,《绘画中的新造型(1918
年)》,引自:哈根·贝希勒和赫尔
伯特·莱彻合编,《风格派的理论与
宣言》,莱比锡/魏玛1984年,83页。

"弗里德里希大街车站的神奇之处,就在于当人站在施普雷
河(Spree)上的露天站台时,所看到的并非是建筑整体,而是
从眼前升起的巨大玻璃围护与周边矮小杂乱的房屋构成鲜明的
对比。特别美妙的是,黄昏时分的光影与杂乱无章的环境交融
在了一起"。——这一点上,密斯的炭笔透视图(参见31页的插
图)完全再现了这样的文学意境——"随着许多小的表面开始
反射晚霞,整个玻璃面逐渐变成了绚丽、闪耀的生命体。"[56]

恩代尔视野中的那种"关于美的新观念"和"独特的美学",
是让建筑结构得到艺术家垂青的前提。[57]密斯和恩代尔对新的结构
和材料所表达的赞赏,就是那种在空间上呈现的强烈美感和平滑表
面上的光影游戏。这种被密斯提升到造型高度的光的游戏,其实就
是恩代尔视野中的新主题。在空间诗学和密斯的玻璃方案中,建
筑形体变成了抽象的漂浮体,只有"借助跳动的光芒和漂亮的阴
影"[58],它的生命才被唤醒。

恩代尔清晰地指出了,在理念与看的意愿中,美学想象与空间
概念在物质层面上的可能融合的程度。在他的眼中,路灯的强光塑
造了一个完全充盈着光线的"硕大的空中穹窿"。当人们一进入这
个"光的穹窿"的时候,就能体验到独特的空间感受:他们意识到
自己处在一个既封闭又开放的"房间"里,"能感觉到透明,但肯
定被存在的墙体"所围合。[59]

杜斯伯格1925年对于空间的现代定义,也证实了上述感官印 ‹240
象。根据这个定义,空间不是由"可度量的有限表面"所形成
的,而是"通过造型方式之间的关系来形成概念"。[60]现代空间本
质上显示出模糊性,因为它建立在对立性的基础上,用蒙德里安
的话来讲,就是"并不封闭"但"又有限定"。[61]密斯所理解的现
代造型,是创造一种新型的"即能庇护又不封闭的空间"。[62]在他
那里,现代人为了自身的自由和安全的需要,找寻到了一个相应
的表达方式。

紧接着巴塞罗那展览馆所完成的图根哈特住宅,非常理想和纯
粹地实现了密斯的空间理念。瓦尔特·里茨勒1931年提到"一种全

巴塞罗那展览馆，1928—1929年，入口

62

密斯·凡·德·罗，《一座小城市的博物馆》（Museum for a small city），载于《建筑论坛》（Architectural Forum），1953年78，第5期，84页，本文由英文翻译（作者原注）。

63

瓦尔特·里茨勒，《布尔诺的图根哈特住宅》（Das Haus Tugendhat in Brünn），载于《形式》，1931年6，第9期，328页。关于图根哈特住宅，参见：泰格尔豪夫，同上，90-98页。

64

泰格尔豪夫，同上，103、109页，下面的说法间接地证实了，在他把玻璃幕墙当作膜来定义空间时，并不知道艾伯令等"空间膜"的想法："这层透明的膜不应被当作空间的尽头，这与取消墙也没什么区别；它所创造的空间，尽管没有精确的定义，却由完整的屋顶来加以说明"（109页，与克雷费尔德得高尔夫俱乐部的设计有关，1930年）。

65

参见：格雷特和弗利兹·图根哈特（Grete und Fritz Tugendhat），《图根哈特住宅的住户如是说》（Die Bewohner des Hauses Tugendhat äußern sich），载于《形式》，1931年6月，第11期，438页；（格雷·图根哈特）"……内外的联系也同样重要，所以把房间完全封闭，很安静，玻璃幕墙在这里完全成为一种限定。要不是这样的话，我相信就会生出一种烦躁和不安的感觉。因此，通过节奏感，空间获得了一般封闭房间完全不具有的、别样的宁静。"

66

参见：注释19。

新的空间被发展出来"，它拥有的"既不是直接作为整体的形式，又不是最终的边界"。[63]它的特性存在于一种平衡的矛盾中，空间感知的两重性，即封闭性与开放性，显示出自身的空间价值。在原型的矛盾中，交织着空间构成的秘密。密斯以图根哈特住宅给出了对于房屋的阐述，在那里细胞和整体，以及私密的核心和开放的外部是等价的。

整面墙高的落地窗是没有视觉障碍的"膜"[64]，将通透的内部微观世界，与外部景观和天空联系在一起。看上去整个空间浑然一体，但既不封闭，又充满和谐与宁静。[65]静止和运动、稳固和动态、安全和历险，正如艾伯令借用阿波罗和狄奥尼索斯式的概念组合来说明他的"应激空间"（aktivierender Raum）一样，使密斯的空间同时具有"绝对的专注度"和"狄奥尼索斯式的生命激情"。通过按动电钮，马达带动图根哈特的大玻璃窗上下移动，这样便很好地满足了"在平静的占星家与自然天空之间，建立视线和光线联系"的需求。[66]

密斯的空间为人提供了那种"自为式存在"的可能性，它符合艾伯令意义上的、一种新的自由标准。图根哈特住宅"开阔、宁静

67
格雷特和特弗利兹·图根哈特，同上，438页：（格雷特·图根哈特）"我们很喜欢住在这座房子里，以致我们很难做出外出旅行的决定，当我们从狭小的房间重新回到开阔、宁静的空间的时候，我们有种被解放的感觉。"参见：格雷特·图根哈特，《图根哈特住宅的建造》（Zum Bau des Hauses Tugendhat），载于《建筑世界》，1969年60期，1246页。

68
加斯冬·巴什拉，同上，参见第2章《房子和一切》（Haus und All），70页，巴什拉借用了波德莱尔《美学珍玩》（Curiosités esthétiques）中的大量图片，对我而言这正是对密斯空间的阐述。见92页，"住宅遍布，但无处安身，这是有居住梦想的人的格言。最终在我真正的家里，我被居住自欺骗了。人们必须常常拥有一个在别处的梦想。"

69
格雷特和特弗利兹·图根哈特，同上，438页：（格雷特·图根哈特）"其严肃禁止的不是仅仅以'休息'和自在的方式去消磨时间，而是要使当今那些为工作劳累和耗空的人们，有种解放的感觉。"

70
参见：格雷特·图根哈特，《图根哈特住宅的建造》，载于《建筑世界》，1969年60期，1247页："我们的餐厅有二十四把餐椅，现在名叫'布尔诺椅（Brnostühl）'它是用白色的羊皮绸成的，在缟玛瑙墙前的两把椅子现在名叫'图根哈特椅（Tugenhat-stühle）'，它是用银灰色的罗迪耶面料（Rodierstoff）（罗迪耶是法国著名纺织时尚品牌——译者注）绷成的，两把巴塞罗那椅是以祖母绿的皮革绷成的。在大玻璃窗前有一把躺椅，坐垫是红宝石色天鹅绒的。所有颜色的搭配都是由密斯和丽莉·莱希（Lilly Reich）女士，在现场位置经尝试来确定的。
当然另外还有窗帘和地毯：缟玛瑙墙前面铺着一块浅色的纯手工的羊绒地毯……非常肯定的是，面朝冬季庭院的窗问需要暗一些，所以银灰色的山东丝质窗帘（Shantungvorhang）前，使用了黑天鹅绒窗帘。在走廊和图书室之间，悬挂了白色天鹅绒的帘子……"

71
路德维希·希伯赛默，格雷特·图根

布尔诺图根哈特住宅，1928—1930年，入口

的空间"赋予居住者以归家的幸福感[67]，使人开始陷入沉思，并进 <246 入"静谧的梦乡"（出自加斯冬·巴什拉）。[68]内部空间的开放，体现在水平方向上的延展，感觉上"虽是严谨和庄重的，但并不压抑，而是自由的"。[69]从铬金属到缟玛瑙极广的范围里所精选的昂贵材料，以及用来组织内部空间的丰富表面和色彩[70]，避免了让人在无边无际中迷失。

图根哈特住宅是少数体现了理想化建造艺术创造的住宅之一。其诗意的空间，体现了两种伟大的融和：内部与外部、混凝土的和开敞的两极汇合成一种紧密的空间存在，一方面"在与整体空间的浑然一体"（出自里茨勒）中找到自身的节奏，另一方面它也与人保持同步，并鼓励他们去使用空间："人们要在节奏犹如音乐一般的空间里运动。"[71]

这个空间从镀铬板包裹的十字柱、房间里的技术设备，到室内陈设的钢质家具，都充满着"技术的精神"（出自里茨勒）；这里所体现的意义，不是"那种经常被控诉的实用性，而是一种新的生命自由"。在对技术手段的掌控中，存在着建造艺术自身理想化创造的价值和意义：密斯证明了，把现代建筑从纯粹理性和实用性的

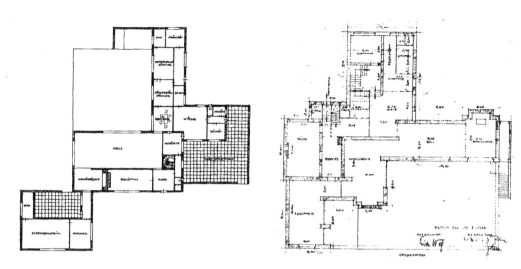

柏林莱辛（Lessing）住宅，1923年   古本沃尔夫住宅，1926年

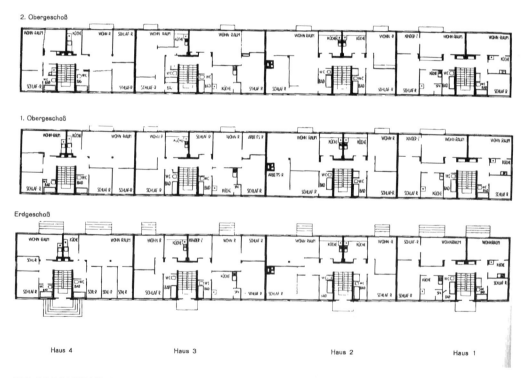

斯图加特魏森豪夫的住宅楼，各层平面

位于克雷菲尔德的埃斯特斯
住宅，1927—1930年

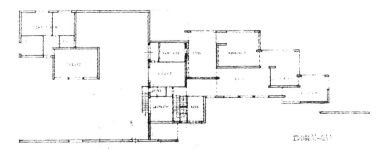

巴塞罗那展览馆

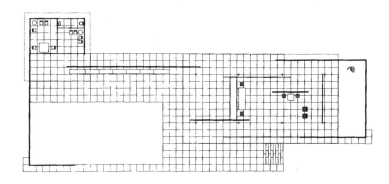

图根哈特住宅

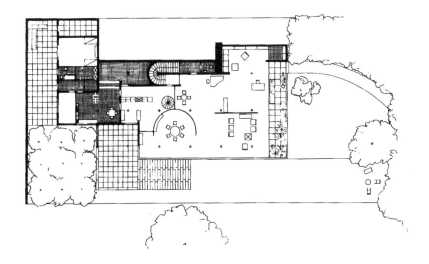

巴塞罗那展览馆，室内景象

图根哈特住宅，室内景象

起点抬升到精神性的领域，是完全有可能的。曾经有过的疑问至此都不复存在了：在漫长的时间过后，建造艺术第一次做好了承担最高使命的准备。正如瓦尔特·里茨勒最终所指明的，在图根哈特住宅的空间里找到了"一种对于世界普遍感受的表达"，并"在哲学层面预告了一种全新的世界观"。[72]

现代人对于自身所处的世界，应该怀有何种期待？密斯在他1928年的演讲《建造艺术创造的前提》中给出了清晰的阐述，并道出了他自己建造艺术的哲学信仰。旧的秩序对于现代人的生命毫无意义，因为他需要赞美新世界并"以自身的方式来抗争"。他的工作是"自由的"，"不再受到陈规陋习的约束"，并在实验

247 > 中探索"新造型的可能性"。[73]"情况已发生变化"，结果体现了新生命所存在的问题，它割断了与过去的联系并使空间获得新的可能。由此，现代人担负起一个新的职责，那就是对所处的世界进行实践和塑造。

建筑师所面对的关键任务，不是实用的、技术的或形式的方面，而在于哲学的意义。1930年，密斯在维也纳制造联盟大会发言

248 > 的结束语中，清晰地表达这样的观点。建筑师不是通过机械化、类型化和标准化，而是从变化的生活和生产条件中得到建造成果。更为重要的是，他指出"我们如何在这样的境况中发挥作用。这样，才开始产生精神层面的问题。这并不取决于'是什么'，而唯独取决于'如何'。我们制造产品以及以何种方式生产，并不意味着任何精神上的东西。无论我们建造的是高层建筑，还是多层建筑，用的是钢，还是玻璃，都无关建筑的价值。……但对于价值的提问，恰恰是至关重要的。"[74]

如果问到建筑的价值，建筑师的责任不只是为人提供居住空间，而首先是有责任提供一种明确的生命价值。为了实现"一个新秩序，并赢得我们自由的生活空间"[75]，建造家的工作必须从设计价值秩序开始。如密斯所言，没有这个"真正的秩序"，就不会有"现实生活"；有品质的生活——如同密斯的空间一般——"肯定"会为"精神的演进"留出"空间"。[76]1930年，密斯在演

哈特引用，《图根哈特住宅的建造》，同上，1247页。

72
瓦尔特·里茨勒，《布尔诺的图根哈特住宅》，同上，332、228页。

73
密斯·凡·德·罗，《建造艺术创造的前提（1928年）》，手稿，引自：LoC手稿档案。

74
密斯·凡·德·罗，《新时代》，载于《形式》，1930年5月，第15期，406页。

75
密斯·凡·德·罗，《建造艺术创造的前提（1928年）》，同上。

76
密斯·凡·德·罗，《在德意志制造联盟庆典上的致辞》，1932年10月柏林，引自：芝加哥德克·罗汉档案。

巴塞罗那展览馆，外观

图根哈特住宅，外观

77
密斯·凡·德·罗，《新时代》，同上，406页。

讲中更直白地批评了强势的功能主义："因此，对包括新时代在内的所有时代，其意义和合理性仅仅取决于，能否为精神提供存在的前提和条件。"[77] ✛

第六章

认识中的建筑：
通向秩序的两条道路

"有关文化的概念，就是精神创造了独立的客体，
主体的成长之路就是由自身开始，经由客体回到自身。"
格奥尔格·齐美尔，《文化哲学》（*Philosophie der Kultur*），1911年

"为了赢得自由，就要恪守规则。"
密斯·凡·德·罗，1950年前后

　保罗·费希特与神学教授的第二次偶遇，是在画家维尔纳·舒尔茨（Werner Schulz）夫人的工作室里。他的著作《在时代的转折点》（*An der Wendung der Zeit*）中，专门留出一个章节描写了这次见面："在工作室的温暖氛围里，瓜尔蒂尼教授从沙发里站起身来并显出颀长的身材，他面带笑容友好地致意问候，比在讲台上显得更加直率和随和。他对面坐着另外一位客人，大概和他同样身高、同样瘦长，只是神态上更加干练、严谨和敏锐，脸型给人印象深刻，这就是建筑师密斯·凡·德·罗……"[1]

　　尼采——瓜尔蒂尼——密斯·凡·德·罗的名字，在保罗·费希特那里偶然地排列在一起，为模糊的精神关联勾勒出一条想象的连线：密斯的建造艺术为了发现自我而探求整体秩序，对其进行阐释的任务应该自然落在瓜尔蒂尼身上。在20世纪20年代，密斯通过一系列伟大的设计，尝试反思隐藏在建造艺术概念背后的矛盾性：首先，通过回归，他找到了一种戏剧性的简化，这体现为结构优先和"时代意志"；大约在20世纪20年代末，一种包含材料和结构、物质和理念的理想化空间创造，在诗意的平衡中达到了一个统一的新高度，并从"精神性的领域"（出自瓦尔特·里茨勒）冉冉升起，宣告了一种全新的"世界观"。"他的谈话从荷尔德林开始不久就转到了尼采，他说出一个惊人事实，就是那时天主教的精神领袖对于尼采理论深信不疑，而我这个新教徒还只是从哲学的立场，来看待查拉图斯特拉和狄奥尼索斯。"保罗·费希特如此描绘了，他20世纪20年代中期首次与罗马尔诺·瓜尔蒂尼相遇时的谈话场景。

　　巴塞罗那展览馆不只是建筑的结构和材料方面，而空间自身也成了象征。20世纪20年代密斯式的"建造"经历了一个巨大的跨越，它从纯实用性建筑的一个极端，来到了纯表现性建筑（Repraesentationsbau）的另一极端。1930年左右的密斯，看上去似乎拥有了一种"宗教般的能量"（出自杜斯伯格）。里茨勒也以轻

松的口吻论及了图根哈特住宅：建造艺术"在漫长的时间之后第一次……准备完成最高级的任务"，"当人们不按照今天教堂所做

1
保罗·费希特，《在时代的转折点上：人的相遇》（*An der Wende der Zeit. Menschen und Begegnungen*），居特斯洛（Gütersloh）1949年，161、163页。保罗·费希特，同上，164页，关于密斯："……年轻一代中最优秀和最有天分的，在空间和比例方面能力卓著，他动身前往美国，可以算作帝国精英人才最严重的流失。"

罗马尔诺·瓜尔蒂尼，20世纪20年代末摄于罗滕菲尔斯堡（Burg Rothenfels）

"我们的场所是变动的。我们每个人都应该处在自己的位置。不是为了对抗新的浪潮，也不是为了拯救一个必将消亡的美丽世界。也不想放弃幻想获得一种新的创造力，以此来摆脱即将到来的伤害。心灵会感受到具有破坏性的、不人道的一切。我们的时代是属于我们的，是我们赖以生存的土壤，也是我们应当完成的使命。"
罗马尔诺·瓜尔蒂尼，《科莫湖来信》，美因茨，1927年，93页

2
瓦尔特·里茨勒，《布尔诺的图根哈特住宅》，载于《形式》，1931年6月，第9期，332页。

3
参见：笔记本，第35页。

的那一套来理解宗教的意义，或许这才是（真正的）宗教所应该做的。" [2]

在一个大致的范围里，密斯探寻并确立自身的立场。在斯图加特想把建筑"从片面和教条主义"（出自密斯）中拯救出来的念头，也同样被那种片面的"思想性建筑"所取代了。"唯物主义者和唯心主义者：片面和整体地考虑，从中到底可以得到什么？" [3]——密斯一个简短的笔记，清楚地说明了应该在一个广阔世界观的系统里，来确定建造艺术家的立场。

密斯和瓜尔蒂尼的相识，有着许多的外部机缘。1923年，瓜尔蒂尼受聘于柏林大学，他创建了新的"宗教哲学和天主教世界观"研究所，其影响力在20世纪20年代中期也波及柏林的非天主教社

〈252

会。在阿罗西·里尔的朋友圈里，密斯第一次听到了这个名字。最终，两人的相识与交往始于不来梅工艺学校举办的系列讲座，密斯和瓜尔蒂尼的名字同时出现在了演讲者的名单上。[4]

密斯因结识瓜尔蒂尼而所受到的影响，在1927年初便可见一斑。1928年春天的演讲《建造艺术创造的前提》，清楚地表明了通过结识这位年长一岁的宗教哲学家，对他产生了多大程度的影响。他们最为重要的交流，除了基本的世界观认同以外，还体现在不同的思想方式上。

密斯毫不犹豫地接受了瓜尔蒂尼所带来的不同思想体系，因为他所持的矛盾立场作为整体的一部分，得到了验证并显示出合理性。密斯看上去像完全解放了一样，直接和开放地讨论里茨勒的《关于建筑的形式》，否则就会更加克制自己。1927年1月，他在一封比打印稿更长的信的草稿中，揭示了一个相对概念的循环：生活与形式、内与外、缺乏形式感与过度形式感、虚无或表象、存在或想象、如何与为何、古典或哥特、构成主义或结构主义。而最终的观点是："我们既不在古代、也不在中世纪，生活既不静止、也不流动，而是两者兼而有之。"密斯并不精确地解释道——生活"只有在它的丰盈中"，在对立统一中成为真正的形式。[5]

从上面生动的表述中，我们能够回想起杜斯伯格1922年在柏林的演讲《风格意志》，他极为尼采式地谈到了"生活和艺术中的持续演进……导致了价值重估"，这意味着生活的本质结构，并阐释生活是"两极之间力的斗争"。杜斯伯格以极其相似的口吻谈道："我们解决问题，既不能靠逃回中世纪，也不能根据艺术史学家的各种建议重建奥林匹斯山……对我们艺术问题的解决，既不能靠感 253> 觉，也不能靠知识……生活不只是静态的、也是灵动的，不只是结构的、也是解构的；它是合二为一的。"[6]

尽管密斯对杜斯伯格的评价很高[7]，但却没有沿袭他的表述，而是转而向瓜尔蒂尼看齐。1925年末，瓜尔蒂尼出版的著作《矛盾：对生活当下哲学的尝试》（*Der gegensatz. Vesuche zu einer Philosophie des Lebendig-Konkreten*）中，包含了针对里茨勒的评价。

4
有关1925年11月27日密斯在不来梅的演讲，参见：第1章的注释43。说起来密斯与瓜尔蒂尼的相遇，还有距离方面的原因。保罗·费希特曾提到，瓜尔蒂尼在工作之余的晚上，还在柏林莱辛学院（Berliner Lessing-Hochschule）做关于哲学和文学方面的讲座，讲座是公开的并受到市民和公众的欢迎。莱辛学院举办的讲座地点位于吕措夫广场的学园俱乐部（Lyceum-Klubs am Lützowplatz），离密斯在卡尔斯巴德大街24号的办公室仅几步之遥。保罗·费希特，同上，160页。关于瓜尔蒂尼："吕措夫广场的大讲堂……坐满了人，前面几排大部分是上了年纪或年轻的女士，其中狂热的崇拜者都挤到了讲台上。他那时很少学究气……如果，当碰到一个没有确切答案、仍存疑问的问题时，他会微笑着面露尴尬。那微笑是如此优雅并充满魅力，让幸福崇拜的浪漫从讲堂的一排排座位涌向讲台上的他，同样地，就连严肃的柏林法官也无法抗拒他的魅力。"从1935年一位沃尔夫林和阿道夫·戈尔德施密特（Adolf Goldschmidt）共同的学生阿尔弗雷德·诺依迈耶（Alfred Neumeyer）写给密斯的信中，可以看出密斯与瓜尔蒂尼的私人关系。阿尔弗雷德·诺依迈耶在柏林是私人教师，1934年移民到了加利福尼亚，他希望密斯能获得米尔斯学院（Mills College）夏季课程的教席。在他的信中，诺依迈耶回忆，密斯晚上"会在格雷泽尔、坎普纳夫人或瓜尔蒂尼那里"。参见：《阿尔弗雷德·诺依迈耶的信》，米尔斯学院美术学院，加利福尼亚，1935年12月15日，引自：LoC手稿档案。密斯没有接受这份工作，是因为他无法满足英语授课的条件。在慕尼黑天主教学院（Katholische Akademie München）所保存的瓜尔蒂尼遗作和手稿中，没有发现关于他和密斯联络的信息。除了在保罗·费希特关于瓜尔蒂尼的资料中，密斯还曾出现在：汉娜-芭芭拉·盖尔，《罗马诺·瓜尔蒂尼：生平和著作（1885—1968年）》，美因茨1985年，195、223、279页。

5
密斯·凡·德·罗，《致瓦尔特·里茨勒的新手稿：关于建筑的形式》，无日期，引自：MoMA，手稿档案6；载于《形式》，1927年2月，第1期，59页。

6
特奥·凡·杜斯伯格，《风格意志》（在耶拿、魏玛和柏林的演讲，1922年），哈根·贝希勒和赫尔伯特·莱彻合编，《风格派的理论与宣言》，莱比锡/魏玛1984年，163、165、168页。

7
参见：彼得·布拉克，《对话密斯》，出自：《现代建筑的四位大师》，纽约1963年，101页，布拉克："很多评论都说您的作品受到风格派，凡·杜斯伯格的很大影响。"密斯："不，你知道，这完全不是事实。"布拉克："您为何不解释一下为什么呢？"密斯："杜斯伯格看过办公室的图纸，我对他说，'这是皮与骨式建筑'。从那以后，他管我叫外科建筑师。我喜欢凡·杜斯伯格，但他对建筑了解不多。"

8
罗马尔诺·瓜尔蒂尼，《矛盾：生活当下哲学的研究》（*Der Gegensatz. Versuche zu einer Philosophie des Lebendig-Konkreten*），美因茨1925年，31、40页，有密斯的大量圈注。

9
瓜尔蒂尼，《矛盾》，同上，44页。这两句被引用的话，除了有密斯的圈注之外，还有附加的强调说明。

10
参见：汉娜-芭芭拉·盖尔，同上，250-266页，《自身方法的发现：矛盾与世界观》（*Die Entdeckung der eigenen Methode: Der Gegensatz und die Weltanschauung*）。

11
同上，255页。

瓜尔蒂尼在其著作中，使用一种"称之为'动态的'和'静止的'的对立关系，解析了人的生存状态"，或者进一步的"建造和文档"（Akt）、"持久和流逝"以及"坚固和变化"。似乎要在认识上下一个结论，以避免对无关紧要的进行解释，他说道："是的，生活要从相互关联的两个方面来加以体验。"[8]

"所有的'如何'都与'为何'相关。先有生活的力度，才会有形式的力度。"密斯在拒绝里茨勒提出的"形式就是目的"时这样解释道，他的目光停留在圈阅的瓜尔蒂尼著作上："生活就是形式本身，就是成型，形成的汇集。生活的力度就是形式的力度。我们的时代恰好又站在了形式的对立面……鲜活的形式总是由'何为'来承载的……我的意思是，不只是对形式，而且彻底对自身说不，不是对那种矛盾的，而是向对立面说不……生活在这里只是被言说事物之间的某种平衡；我们用一个缺乏色彩的词'丰盈'来称呼它。生活越是深刻，它的丰盈就越难以描述。生活为了它的丰盈，与形式抗争。"[9]

瓜尔蒂尼的对立学说，可以追溯到柏拉图、德国唯心主义和19、20世纪的矛盾论，受到叔本华、尼采、基尔克果、柏格森、齐美尔、舍勒和尼古拉·哈特曼的影响，[10]其目的在于既不通过理性、也不通过直觉来把握整体。所谓建造艺术的真实性，被认为处在一种悬而未决的状态，既不片面地依靠数字计算、也不借助艺术手段，而是由密斯根据"整体生活的丰盈"建立起来。当把对立性看作是一个符合生活"初始现象"的"真实经验的基本模型"[11]时，瓜尔蒂尼的方法与密斯的建造哲学在构成上，就具有一定的相似性：密斯在建造和结构中所发现的，是从根本上塑造了生活的特质，并体现出真实的基本建造原则。

为了摆脱学院传统和主体意识，瓜尔蒂尼"生活当下哲学"的想法是尝试"事物中的新思想"，而密斯在建筑领域也引入了类似的想法。瓜尔蒂尼不是通过抽象的理论，而是从对"具体生活的思考"中，有条不紊地将现实的丰富性理解为"客观的整体性"。"生活"成了决定性的核心概念，其作用是对思想进行校正，因而其统

254

一的对立面被消除了。

"生活对我们是决定因素"——密斯对里茨勒有这样的最终评价。针对瓜尔蒂尼"生活当下哲学"的独特之处，密斯说道："我们不重视设计的结果，而是设计过程的开端。这恰恰说明了，形式是源自生活还是关乎自身。"[12]密斯在笔记本上更清楚地回答了，所有的形式探讨最终所面临的问题："与里茨勒之争，技术性的。我们首先要求立场，我们想要真实性。里茨勒式的美。"[13]

如何理解这里的"立场"和"真实性"，从密斯的说法中引出的是相反的一面：真实性说起来正如生活一样，包含着一种对立性，一种静态和灵动的完整平衡，只能从"生活的内在……由什么"所构成的存在立场中得以认识。密斯从瓜尔蒂尼那里领会到的关于生活和形式关系的教义，对标注过的文字重新加以阐述："丰盈的并非形式"[14]，这句话包含了形成对立两极的概念，瓜尔蒂尼从这两方面继续发展了他的思想：要想感受到"充满雕塑感和灵动性"的生活，只有在形式和秩序上做到最少。沿着丰盈之路的方向发展，这样会导致"混乱"而且也使生活变得"芜杂"，最终只剩下"苍白"。如果沿着生活另外的方向继续寻找秩序、造型和形式，就会从第一个"到达第二个极端……进入相对危险的区域……纯粹的形式不再是一直在'蓬勃发展的'、有思考和生存能力的形式，而是一幅扭曲的图像：表面形式。但这意味着死亡。混乱就是死亡；也就是那种来自没有支撑、没有秩序的状态……死亡就是它的样式；冰冷和僵硬"（密斯圈阅）。[15]

对于两极间的对立，没有普通的解决方案。生活既不能被看作"差异化的结合"，也不能当作它们的"混合"或者"同构"，更不能表现为包含两方面"局部"的整体。它们更多地是以那种"有着相互联系的两个部分"（密斯圈阅）的原形而存在，它必须被当作"在两个死亡区域之间的……人的生活方式"得到接受。布莱士·帕斯卡（Blaise Pascal）曾说过，人类既非天使，也非兽类；类似的尼采也说，人是绷在峡谷两端的绳索。这些都从语言和思想上透露出瓜尔蒂尼的观念世界。

255

12
密斯·凡·德·罗，《关于建筑的形式》，载于《形式》，1927年2月，第1期，59页。

13
参见：笔记本，26页。

14
瓜尔蒂尼，《矛盾》，同上，47页。

15
同上。

16

密斯·凡·德·罗,《在德意志制造联盟庆典上的致辞》,1932年10月柏林,引自:芝加哥德克·罗汉档案。

17

瓜尔蒂尼,《矛盾》,同上,74页。

18

参见:汉娜-芭芭拉·盖尔,同上,185页。关于瓜尔蒂尼和尼采的关联,见61、312、338、370页。也参见:瓜尔蒂尼《礼拜仪式的形成》(Liturgische Bildung),罗滕菲尔斯1923年,27页:"到今天才算理解了尼采……"瓜尔蒂尼的两极性思维也在他的课程中表现出来,"所有阶层的成员"都会去听讲(汉娜-芭芭拉·盖尔,同上,291页)。瓜尔蒂尼开的课有,1926/27年冬季学期的《柏拉图的宗教性》(Das Religiöse bei Plato),1931/32年冬季学期的《终结与永恒:尼采的查拉图斯特拉研究》(Endlichkeit und Ewigkeit. Versuch einer Interpretation von Nietzsches Zarathustra)。瓜尔蒂尼和尼采的"这种亲缘关系"(汉娜-芭芭拉·盖尔,同上,312页),与布莱士·帕斯卡(Blaise Pascal)和弗里德里希·荷尔德林——尼采最喜爱的诗人——的关系是一样的。

在那种极端范围里,有着蕴含了真实生活的空间。正如密斯眼中真正的建筑一样,就这点而言它是"精神决定的表达"。生活的真实性要求一种充满艺术气质的秩序。精神限定的原理,一方面是为了达到丰盈的可能,必须有着达到极端的开放性,另一方面也同样为了在混沌中有着生存的保障,不可或缺的是定义和形式。密斯所提到的"真正的秩序"体现在创作中:这种秩序,其"实际的容量"大到能够容纳整个现实生活。[16]在这个意义上,那种"开放的空间造型"实现了"庇护感的,而不是防卫式"的空间,这个空间不但看护生活,而且包容精神,提供了自由而安全、开阔而有限的秩序化的真实,它既符合20世纪的人类生活、同时又充满矛盾。

瓜尔蒂尼的对立学说,将两个哲学世界联系起来:即柏拉图唯心论所代表的传统世界和存在主义哲学所代表的现代世界。出于对认同宗教的柏拉图的热爱,他构建起世界观的基础。"对于生活充满深情的爱"出场了,它是瓜尔蒂尼从尼采"这是危险和邪恶的"警告中发现的最纯粹的表达,因此只有自己承载"总在变化中的力",并"以崭新的、创造性的方式,迅疾直面所有生活的惊喜"[17]的人才能得以生存。

在汉娜-芭芭拉·盖尔引人注目的表述中,似乎"有时在背 <256
景的阴影中"能听见尼采的声音[18],瓜尔蒂尼也同样致力于对那个"狄奥尼索斯信仰"进行一种柏拉图式的价值重估,它不仅颂扬自身的,而且包括所有的存在。康德和尼采对柏拉图思想的更新,亦即通过"上帝已死,我们杀了他"来对信仰进行的更新,其实也正是瓜尔蒂尼所要做的。他追随尼采所宣扬的论点,现代人只有在摧毁了旧的偶像和神祇之后,才能回归自我。诚然,艾伯令在空间思考中涉及的那种为了自身的新的存在,同样也涵盖了对于自身局限性的基本认识。

对于瓜尔蒂尼来说,新的自主性(Autonomisinus)是对传统关联进行超越的结果,它也必须被新时代之后的人们再次超越:出于自由精神,人们应当承担起整个义务。一种新的"统一意识"(Einheitsbewusstsein)必然会消解新时代的主观主义:"我们的任务

现在是"，密斯这样圈出瓜尔蒂尼的文字，"从中形成一个新的、体现着批评性的统一。" [19]

正如汉娜·芭芭拉·盖尔所表述的，瓜尔蒂尼思想的道路和目标被谨慎地描述为"未来精神的集大成者"，而且应当是"比一个新时代还要新" [20]，也就证明了进步的局限性并保障了生活所需空间的秩序。瓜尔蒂尼所要求的，也正是密斯内心所坚信的：一种有别于其他的、新的并不片面的现代性，其中主体的力量确定了客观的界限，而且客观力量同样也在技术对人的威胁中成长，这种现代性与主体、人类和生活休戚相关。这种情形完全符合1927年时密斯自身的立场。一旦技术手段得到认可，它就立刻发出警告反对其孤立的计算手段。

在这种基于技术发展极限的现代性设计中——在现代主义和后现代主义危机之后成为当今的设计主题——密斯显然处于瓜尔蒂尼的影响之下。正是他的著作[21]，密斯——值得再次强调——在巴塞罗那展览馆和图根哈特住宅设计的前期阶段，曾热切地加以研究和摘录。[22]

257 >

落在那时人们肩上的重任就是，在统治和伺服、自由和秩序之间重新找到平衡，密斯在书页空白处的标注也对此表示赞同："体验的原始性、人性的力量和感觉的特质，同教养和对客观秩序的服从紧密相连，引导生活服从于真实的客观秩序……自身灵魂、事物、整体、世界和上帝的真正实质。[23]这表明了一个根本的态度"。

下面的"草稿"估计是密斯在1928年有意列出的"要点"，它以一种对立式的概念序列，重现了与瓜尔蒂尼学说之间的联系："独立和整体的重组、包含个体的空间和整体的内部序列、自由和规则、流动和秩序、统治和伺服、主体和客体、强大的整体、充满意义的根本秩序、本身的态度、由内至外和由外至内、取代组织的内部秩序、脱离精神的身体性、内向性和表达意愿。" [24]

1923年，瓜尔蒂尼以命令的口吻道出了时代的使命："作为人类，我们必须重新建立，横跨中世纪之后一直到现在的客观性"，（密斯标注）他用一句话概括了，那种站在时代门槛前的意识："我

19
瓜尔蒂尼，《矛盾》，同上，14页。

20
参见：汉娜-芭芭拉·盖尔，同上，126、262页，其中章节《开放态度和接受极限》（Offene Haltung und bejahte Grenze）。也参见：瓦尔特·德克斯（Walter Dirks）所写的题为《技术与人》（Die Technik und der Mensch）前言，《科莫湖来信》（Briefen vom Comer See），1927年，1981年新版，美因茨。从下列新出版的著作，可以证明瓜尔蒂尼的重要性：英格堡·克利默（Ingeborg Klimmer）编辑，《被诱惑的信念：瓜尔蒂尼文选》（"Angefochtene Zuversicht". Romano Guardini Lesebuch），美因茨1985年；瓦尔特·塞德尔（Walter Seidel）编辑，《基督教世界观：又见瓜尔蒂尼》（Christliche Weltanschauung. Wiederbegegnung mit Romano Guardini），美因茨1985年；以及马蒂亚斯·施赖伯（Mathias Schreiber）的书评，《对整体关照的鼓励：汉娜·芭芭拉·盖尔对罗马尔诺·瓜尔蒂尼生平和著作的研究》（Ermutigung zum Blick auf das Ganze, Hanna-Barabara Gerl über Leben und Werk Romano Guardinis），载于《法兰克福汇报》，1985年6月10日，第131期，11页。

21
密斯拥有的瓜尔蒂尼著作包括：《来自一个青年王国》（Aus einem Jugendreich），美因茨1921年；《礼拜仪式的形成》，罗滕菲尔斯1923年；《上帝的工人》（Gottes Werkleute），鹿特丹1925年；《矛盾》（Der Gegensatz），美因茨1925年；《我们救世主的受难之路》（Der Kreuzweg unseres Herrn und Heilandes），美因茨1926年；《科莫湖来信》（Briefe vom Comer See），美因茨1927年；《关于威廉·拉布的"杯型蛋糕（Stopfkuchen）"》（Über Wilhelm Raabes 'Stopfkuchen'），美因茨1932年；《自由、怜悯、命运》（Freiheit, Gnade, Schicksal），慕尼黑1948年；《世界与人》（Welt und Person），维尔茨堡1950年；《新时代的终结》（Das Ende der Neuzeit），维尔茨堡1950年；《权力》（Die Macht），维尔茨堡1951年；《苏格拉底之死》（Der Tod des Sokrates），汉堡1956年。

22
密斯受聘作为首席建筑师，负责德国馆的方案设计。1928年7月前，发布

了在巴塞罗那创建一座代表性建筑的消息，而设计方案是在1928年9月得以通过。1929年5月19日开幕典礼。密斯第一次与图根哈特住宅的业主接触，是在1928年夏天，第一次提交设计方案是在年底，1929年7月工程开始。参见：沃尔夫·泰格尔豪夫，《别墅和乡村住宅项目》，同上，73附注、90页附注。

23
瓜尔蒂尼，《礼拜仪式的形成》，同上，72页附注。

24
笔记卡片，引自：MoMA，手稿文件夹7，D1、15。

25
瓜尔蒂尼，《礼拜仪式的形成》，同上，70页。

26
密斯·凡·德·罗，《建造艺术创造的前提》，1928年2月演讲，未标日期，引自：德克·罗汉档案。下述有关密斯的引用，无法证明出处。从引人关注的演讲《我们处在时代的转折点上。建造艺术是精神决定的表达》（Wir stehen in der Wende der Zeit. Baukunst als Ausdruck geistiger Entscheidung）中节选的、不太具有代表性的文字，载于《室内装饰》，1938年39期，262页。这段至今没有出处的、出名的文字，表现了密斯演讲所代表的一种非常片面的立场。

们站在两个文化的转折点上。"[25]

"我们处在时代的转折点上"，密斯选择这句格言作为了1928年演讲《建造艺术创造的前提》的核心主题[26]，而笔记正体现了在那段时间里，瓜尔蒂尼对密斯思想的影响。

密斯演讲的开始，用一系列的幻灯片介绍了"我们今天建造艺术中既扑朔迷离而又显得不足的现状"，涵盖了从奥特、格罗皮乌斯、门德尔松，经由珀尔齐格、霍格（Fritz Höger）[①]、特斯诺（Heinrich Tessenow）[②]、费舍尔（Theodor Fischer）[③]和保罗·施密特亨纳（Paul Schmitthenner）[④]直到舒尔策·瑙穆博格的作品。仿佛是乐曲的间奏，密斯完全是下意识地、快速而无声地展现这些图片："既然不是所有结果都会清晰地摆在眼前，说话也会词不达意，所以我想用下列图片来说明我们的处境……这些图片的汇集并无特 ‹258 殊用意，而仅仅是为了清晰地进行表达。此外，我也不会对图片本身进行任何评论，因为我相信，我们建造艺术的混乱特征已暴露无遗。"

"这就是今天的建造艺术"——这最后的结束语显得非常精练，通过下面对建筑现状"混乱"和"无政府的状态"的判断，表现出略显苦涩的回味：为了把眼前状况的意义清晰地呈现在一个历史性的维度里，密斯把他的时代视作为"混乱"，而且"已经出现过一次"，指的是古典秩序晚期出现过的分崩离析。

这个时代也已经为解决危机做好了准备：基于传统秩序即柏拉图的唯心观，奥古斯汀建立起了"中世纪的唯心观"，因而铸就了引领一个新时代的"基本理念"。其中，被密斯视作"最值得珍惜的古典遗产"的"由柏拉图表达和建立起来的古典精神的标准"，

① 霍格（Fritz Höger，1877—1949年），德国建筑师，以砖饰面的表现主义而闻名，活跃于汉堡地区。——译者注
② 特斯诺（Heinrich Tessenow，1876—1950年），德国建筑师、城市规划师，活跃于魏玛共和国时期，曾任教于柏林夏洛特技术学院，即柏林工大的前身，他的学生中有希特勒的建设部长阿尔伯特·施佩尔（Albert Speer）。——译者注
③ 费舍尔（Theodor Fischer，1862—1938年），德国建筑师，德国制造联盟创始人之一，曾任教于慕尼黑工大，是奥特、韩林、门德尔松和陶特等知名建筑师的老师。——译者注
④ 施密特亨纳（Paul Schmitthenner，1884—1972年），德国建筑师、城市规划师，曾任教于斯图加特大学。——译者注

"在全新的维度中"获得重生。

在这里，历史上一个典范的——为了避免使用"那个"典范——解决方案说明，通过对柏拉图理念世界的思考，如何找到解决一个时代问题的方法。密斯因瓜尔蒂尼的鼓励而转向了柏拉图，这个假设应该是成立的。对于密斯来说，古典呈现出一种新的意义：在一本《古典》杂志中，发现了一张1928年7月23日的书店寄书凭证，上面的附言"收到上述杂志：耶格、柏拉图的作用"，足以说明密斯在书商那里订购这本杂志的原因：维尔纳·耶格[①]以多种形式出版的论文《柏拉图在希腊思想形成中的作用》（Platos Stellung im Aufbau der griechischen Bildung），唤醒了密斯的兴趣。[27]

对于密斯而言，赋予人们一个"明确认识生活意义"的秩序理念，就是来自于中世纪的启示。"那时社会的健康性"还体现在，"精神生活和实际价值之间，保持了一个客观合理的次序……信仰和知识还没有相互脱离"。保罗·路德维希·朗兹伯格的著作《中世纪的世界和我们》启发密斯"把秩序视作推动进步的愿景"。[28]

259> 密斯的演讲几乎逐字逐句引用了，朗兹伯格关于中世纪和奥古斯汀作为秩序创立者[29]的观点，而私下里，密斯也将奥古斯汀的使命视为自己的使命。

在演讲中所提及的中世纪思想家约翰内斯·邓·司各特（Johannes Duns Scotus）和威廉·冯·奥卡姆（Wilhelm von Occam）[②]，是密斯从上述著作里引用的，到了1927—1928年又再次出现。[30]处在幕后而未被提及的朗兹伯格和瓜尔蒂尼，勾勒出密斯精神秩序"分化过程"的历史印迹，它始于开启新时代的邓·司各特和威廉·冯·奥克汉姆，终止于"唯名论（Nominalismus）的胜利"，对此密斯用学院专业术语加以解释，并悄无声息的加以引用。[31]

从远离中世纪古典源泉的文艺复兴开始，揭开了全新而又充

---

① 维尔纳·耶格（Werner Jaeger/1988—1961年），德国希腊哲学史家，20世纪古典主义者。——译者注
② 奥卡姆的威廉（William of Occam／约1285—1349年），英国经院哲学家，圣方济各会修士，邓·司各特的学生和后来的论敌。以复兴唯名论著称，认为思想并非现实的衡量，主张将哲学与神学分开。——译者注

27
维尔纳·耶格，《希腊文化建设中的柏拉图因素》（Platos Stellung im Aufbau der griechischen Bildung），第1章：《文化理念和希腊风格》（Kulturidee und Griechentum），载于《古典》，1928年4月，第1期，1-13页；第2章：《19世纪柏拉图形象的转变》（Der Wandel des Platobildes im neunzehnten Jahrhundert），载于《古典》，1928年4月，第2期，85-98页（其中99-102页），转自：雨果·冯·霍夫曼斯塔尔（Hugo von Hoffmannsthal），《古典遗产》（Das Vermächtnis der Antike）；第3章：《作为教化的柏拉图哲学》（Die platonische Philosophie als Paideia），载于《古典》，1928年4月，第3期，161-176页；
密斯拥有的维尔纳·耶格的著作还包括：《古典精神的当代性》（Die geistige Gegenwart der Antike），单行本，引自：《古典》，1929年5月；以及柏拉图，《苏格拉底的申辩》（Die Verteidigung des Sokrates Kriton），莱比锡1911年；关于柏拉图对诗意创新的五个对话《Five Dialogues of Plato bearing on Poetic Inspiration》，伦敦/纽约1931年；《理想国》，伦敦1920年；《理想国》，纽约1945年。

28
朗兹伯格，《中世纪世界和我们》，同上，49页，密斯圈注。

29
参见：朗兹伯格，同上，同样圈注，50、51页："柏拉图通过其观念，给予奥古斯汀和整个中世纪一个标准……与新柏拉图的理念，特别是与新柏拉图主义的扩大相关联，奥古斯汀对中世纪世界观的基本理念做了哲学上的表达……这种精神作为最高贵的古典遗产，在全新的维度中得以传播，产生了杰出的造型。就像教堂输出了古代最高贵的风俗一样，通过奥古斯汀的介绍，中世纪的宗教哲学也生动地传递出古典主义世界观中最高贵的思想。奥古斯汀有句话：'秩序中的一切都是美的，最古老的希腊精神依然活着（Nihil enim est ordinatum, quod non sit pulchrum）。'"

30
密斯能够在瓜尔蒂尼的《礼拜仪式的形成》（同上，84页）中，找到有关保罗·路德维希·朗兹伯格的描述。相反的是，在朗兹伯格的书中（同上，30页）也有对于瓜尔蒂尼的描

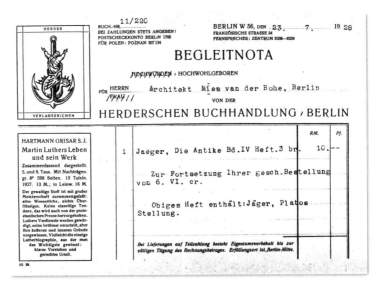

书店的寄书凭证（译者注）

述；密斯所圈注的那些段落，是经过瓜尔蒂尼抄录并转述的。关于朗兹伯格和瓜尔蒂尼的关系，参见：第四章，注释16。密斯藏书中有两本相同书的事实，有可能说明了对于朗兹伯格的新兴趣。

31
密斯·凡·德·罗："唯名论在现实中进行自我表达之前的很长时间，它的胜利表现为现实中精神的胜利。这种精神是反中世纪的。"朗兹伯格，同上，78页（密斯圈注）："在现实进行自我表达之前的很长时间，唯名论的胜利就已经表现为现实主义精神的胜利。这种精神是反中世纪的和反宗教的，正如反柏拉图主义和反形而上一样……除了唯名论外，邓·司各特也部分地瓦解了秩序理念……"朗兹伯格以完全不同于密斯的方式，引用了司各特和奥卡姆。朗兹伯格："对于过度强调神的意志的权威和万能……以及所有专制的趋势，逐渐带来了专制的消亡。不是路德、卡尔文，而是司各特和奥卡姆，成了……中世纪宗教秩序的真正破坏者……理智在奥古斯汀和托马斯那里，从未遭受过贬低。"外界对密斯思想的精神

满灾难的历史篇章："精神生活的支点越来越多地滑向了欲望，关乎自我的行为变得愈发重要，而探索自然和征服自然则成为时代愿望。"

　　这次密斯又让他的听众面对了一个很少提及的名字——英国政治家和哲学家培根，他通过实验以及对自然从方法论上的思考，来替代亚里士多德和苏格拉底精神所代表的旧的探索真理的方法。260弗里德里希·德绍尔①出版于1927年的《技术哲学》，使密斯与这些名字相遇。从这里他也为献给19世纪的演讲，汲取了一些关键词汇："中世纪、展现秩序、和谐、经济、文艺复兴、个性化、实验、艺术和科学、培根、对经济的影响、利润的异化、市民。"[32]

　　因此，历经磨难的历史发展之路，最后终结在一个混乱的时代。密斯写道："人有哪些需求，或者说我最能获得什么？决定的因素在于，哪个问题更有优先权……赚钱盈利的想法必然导致孤

————————

① 弗里德里希·德绍尔（Friedrich Dessauer / 1881—1963年），德国技术哲学家。——译者注

立。服务的理念带来联盟。"[33]错误地行使获得的自由和意志，暴露了"至今仍存在于我们面前"问题的根源。通过"钢铁与煤炭命中注定的联盟"，也通过科学对技术与经济事务的介入，文艺复兴时期就已经开始的"个性提升"和"权力意志的解放"，展现在新的历史角斗场上。正如一个冲破传统局限的自治体一样，受到来自技术进步的支撑，人类的步伐看上去已无法阻挡：

> "没有什么是不可能的，由此开始了技术的统治，一切视其作用而定。技术瓦解了人们的相互联系，使他们获得自由并成为他们最好的助手，打破自然的封锁也缩短了彼此的距离。世界越来越收缩在一起，变得一览无余，以致每个角落都被研究过。人们更加了解自身，其社会和经济结构得以被发现。世界意识以及人类的自身意识正在形成……技术对于意识的产生提供了无穷的方式。没有什么是可以被忽略的。我们审视自身以及所生存的世界，我们的态度来自于意识。"

从根本上，在这里讲话的不是密斯而是瓜尔蒂尼。密斯对后者文字的摘录[34]重新加以阐发，并对先进工业时代人们的心态进行了描述。

262> 　上述并非唯一的例子，说明1928年密斯受到瓜尔蒂尼1927年末出版的著作《科莫湖来信》(Brief vom Comer See)的影响。只是从他在这本书上遗留下的阅读痕迹，就能清楚地说明密斯在内心上对这本著作的关注程度。他的圈阅在这里显得毫无保留：他的铅笔有两到三次，在书页的空白处留下了上下翻飞急促的线条，好像地震仪似的手，以相应的频率记录下内心的兴奋。整个页面的边缘也几乎以同样的方式被划得密不透风。更进一步，密斯还介入其他没有印刷的页面，他用硕大的、遍布整页的斜向字体，在读过的文字上写下了自己的标题："文化概念""意识""立场""认识""过去的人"。[35]

通过这些概念，昭示了理解这个世界的一个基本旋律，对揭示现代文化的断裂现象具有划时代的意义。面对意大利北部家乡历史文化景观的嬗变，瓜尔蒂尼在《科莫湖来信》中不无忧虑地写道：

来源，以及其自诩为思想家的揣度，也部分地出现在对他演讲的详细评论中，（参见附录）在所列出的密斯引用的人名里，并没有出现瓜尔蒂尼、朗兹伯格和德绍尔的名字。

32
密斯·凡·德·罗，笔记本，1928年，67页。

33
参见：笔记本，70页，见密斯摘录，利奥波德·齐格勒，《人与经济》(Zwischen Mensch und Wirtschaft)，达姆斯塔特，71-75页，其中密斯对在资本主义和社会主义之间"建立有机经济"表达了特殊的关注，并对埃米尔·拉特瑙（Emil Rathenau）和卡尔·马克思（72、73页："马克思的说法，非常好"）想法很感兴趣。

34
参见：笔记本，52-57页，以大写字体摘录自，瓜尔蒂尼著作《科莫湖来信》（同上，33-41页），密斯圈注过的文字。

35
摘录是按照《科莫湖来信》书页的顺序25、35、46、51和75页。

巴塞罗那椅, 1929年

"机器入侵了文化源远流长的土地，我看见，在无尽的美中行将就木的人"——在密斯的笔记中，对此做出了总结。[36]

瓜尔蒂尼的思考最终集中在了文化与自然的根本对立上。在现有条件下，类似密斯对稳步发展的期待，对文化可能性的倡导[37]是无法被接受的。瓜尔蒂尼清晰地指出，并非技术及其内在的规律导致了所有的病症，而是人们看待事物的方式产生了偏差："新的事物带来了破坏……驯服它的人还没有出现……因为人们还不足以胜任。这是无法把控的向前的推动力"（密斯圈阅）。[38]

密斯在1928年的演讲是一次诊断，通过在历史中的纵横捭阖揭示了"我们时代的构成"，汇集为体现当代技术和科学"成就"的图像："技术遵循其自身的规则，并不以人的意志为转移。经济以自我为目的，并导致新的需求。所有的力量呈现出独立的趋势，其意义在达到一定的发展阶段时呈现出来，虽有过度的危险，却无法阻止其进程。人类被拖进了一个漩涡。每个个体试图宣称由自己来终结强权，我们正处在时代的转折点上。"

这里，对于当时建造艺术整体状况，密斯做了一个短暂的回顾："您现在就会理解，为什么建造艺术领域就像为您展现的那样扑朔迷离。但正是在这样的混乱中，不同思潮也清晰可见。"

对密斯来说，存在着三类不同的人。第一类人具有信仰，"也就是能够以旧时代的方式和方法，在变化的世界中来完成我们时代的任务。其创造性体现在对丧失珍贵价值的担忧。并相信艺术和精神的价值在冷酷而条理的技术和意识氛围中是无法实现的……仍然相信旧秩序的生命力。"对于通常情况下难于理解的"人类怀旧而保守的目光"，密斯现在却令人惊奇地表现出一种宽容："即使我们自己相信，他们所热爱和植根的世界正在沉沦，我们也没有权利低估其成就。我们有义务对他们的努力给予肯定，因为他们传承了我们不应失去的价值和知识。"

这中间的、与传统相连的第二类人，保留了与新事物的联系，最终被看作部分地达到完善，并作为沉默者被无声地指责为缺乏个性。

36
参见：笔记本，39页。

37
参见：笔记本，39-50页。

38
瓜尔蒂尼，《科莫湖来信》，同上，92页。

263>

264>

密斯在罗马尔诺·瓜尔蒂尼《科莫湖来信》（美因茨，1927年）一书56/57页的批注

39
参见：同上，104-107页："我的信仰是一幅升腾的图像。有别于古典，有别于中世纪，还有别于人文主义、古典主义或浪漫主义。它与我们谈及的那些新的事物有关，与闯入的暴力所处的新的斗争层面有关。他将获得胜利。新时代会在那个深度和图像中诞生。（密斯圈注）我们看到了它的前兆。最强大的是在建筑中……我看到在建筑中，技术因素决定了真正的形式。这个形式并非来自外部，而是（原注：此处开始密斯的圈阅）像技术因素自身一样出同一根源，所以这个想法的产生就会真实而自然，即一个构造合理的机器和完全功能化的房子已经具备艺术化的造型——这当然是一个谬论，因为单纯技术上的正确还不足以产生艺术'形式'。技术设备要与我们的生活感知发生关联。（密斯的圈阅）……不久前，我在《瓦斯穆特建造艺术月刊》上所看到的未来城市设计，让我印象深刻。整个形式体现了工程化计算的精准，其造型是如此冷峻、强大，让我感到它们理应属于我们这个时代，正如孟菲斯、

第三类人对他们眼中已失去意义和生活的"旧的习惯秩序"无法忍受："他们赞美新世界并为之而奋斗。他们先探索新的造型可能性"。这类人的态度符合瓜尔蒂尼所提出的要求，尤其从建筑师的作品中发现了新的"征兆"。[39]不通过对浪漫的留恋，不通过回归、转移或离开，"也几乎不通过转变或者优化"，来应对瓜尔蒂尼观点中"一种我们自身所创造的混乱"所带来的威胁。只是有意识地"对我们所处时代加以肯定"，以及通过"一个对于新的关系、标准和范围、关系转换的新意义……一个对于提升和等级的全新感受，以及一种对于效果和关系的感觉"，对"新的立场"加以确定才能消除危机。[40]

密斯部分逐字逐句、部分略加改变地引用了瓜尔蒂尼的著作，并做出感人的总结："我们所经历的道路，并没有超出我们的时代。这是我们应当能够完成的使命……当它的能量使我们感到威胁的时候，我们不得不加以顺从。我们要让释放的能量当家作

主，来建立一个新秩序，还要在这个秩序中让生活发展出自由空间。这是一个与人息息相关的秩序……这一切不能由技术因素，而是由人类来决定。知识如此浩繁，经济结构如此庞大，技术如此强势，但这些原始材料只能在生活的范畴来加以衡量。我们不是要减少，而是要扩大对技术的需求。我们看到了技术解放我们，并有益于大众的可能性。我们不应减少而是要增加，对精神科学和成熟经济能量的需要。当人类自身在客观自然里发挥作用，并自我关注，这一切才变得可能。"[41]

265>

密斯通过"这一定是可能的……"的反复出现，最后引自瓜尔蒂尼《科莫湖来信》的呼吁，强调了一种紧迫性。他用"尽管——也"的对立思考方式说道：

"增强意识并从纯粹理性角度来解决问题，是必然可行的……完成驾驭自然，同时创造新自由的任务……看到小众贵族的消失、大众得到满足的事实，让大众中的每个人拥有生活和财富的权利的事实"，但这样的大众仍然是"从中分化出来的"。

从密斯的叙述中，可以读出延伸的对立概念和对信仰的表白，还有其精神导师瓜尔蒂尼对尼采的有关人类需要幻觉的观点的重新阐发："满怀憧憬，敏锐地发现我们存在的无限性并获得一种新的永恒性，一种来自思想的永恒，是必然可行的。"[42]密斯用下面的话结束了他的演讲："只有当我们重新找到对于创造力的信仰，只有当我们相信生活力量的时候，这一切才会得以实现。"

最后这一段使人能够体会到"一种普适世界感觉的表达"，就是瓦尔特·里茨勒1930年在密斯式空间中所得到的感受。根据里茨勒在密斯空间里感受，瓜尔蒂尼的神学和密斯的建造艺术结合成了一种"体现全新世界观"的哲学。[43]为了"得到一个新的价值和人类存在的等级秩序"[44]，应该形成自身存在的权利和永恒合理性的规则。这并非是一个全新的，而是一个新的整体位于这个哲学的核心。它揭开了"时代精神的膜"（哈贝马斯语），正如瓜尔蒂尼把"有意识"看作新时代的特质一样，显示了一种对时代的典型过程、美学更新和巨大变迁的敏锐感知。现代人类通过一种全新的

底比斯、尼尼微和巴比伦一样，属于它们那个时代。"这里估计是瓜尔蒂尼看到了，柯布西耶1922年所绘制的当代城市的意象。

40
瓜尔蒂尼，《科莫湖来信》，同上，50页，有密斯的圈阅。

41
引自：同上，95页。"为了获得胜利，我们不得不在本质性的工作中进行创新。我们必须通过释放能量来成为主人，以此来建立与人相关的新秩序。"（原注：密斯在旁白处用双线以示强调）"我们不是要减少而是要增加对技术的需求。正确的是：一种更加强大、更为慎重的'人性化的'技术需要更多科学，但要更精神化、更成熟化（geformt）。"

42
引自：瓜尔蒂尼，《科莫湖来信》，同上，98页。下列文字有密斯的圈阅："必须要抛弃幻想、看清我们存在的边界。同时，还要获得一种激发思想的、新的无限性。"

43
瓦尔特·里茨勒，《布尔诺的图根哈特住宅》，同上，332页。参见：本书第5章第3节。

44
引自：瓜尔蒂尼，《科莫湖来信》，同上，98页。有密斯的圈阅。

45
引自：笔记本，55页："通过富有节奏感的文化，来认识身体。精神分析把我们带入了一个新的活跃思想领域，并揭示了其深层次的关系。灵魂是如何认识到的……不会再有无法观察到的现象。这种情况我们习以为常。"也参见：密斯·凡·德·罗，《我们处在时代的转折点上》，载于：《室内装饰》，1928年39，第6期，262页："交通的发展非常迅猛。世界越发汇集在一起，每个角落都得到发掘和研究。族群的特征也变得更为清晰。"

46
引自：笔记本，14、24页。

47
引自：笔记本，50页："文化要与当下现实保持距离。有了这个意识，才能完全自由地把握世界、变革和创造。"

48
引自：笔记本，46-48页。

关系来显示自我。这种类似心理学、交流和技术的全新研究和学科，"身体富有节奏感的文化"（瓜尔蒂尼语），是对伴随着"幻想"的遗失，意识逐步建立过程的表达。[45]

与旧有的世界秩序相比较，这个没有魔力、"被清晰界定" <266 的真实性表现出无限的复杂性和包容性。根据瓜尔蒂尼的当代哲学，单体的膨胀、个人兴趣和世界观的多样性接近于那种危险的混乱，既是生活的死亡地带，也是当前危机和建筑病状的表现。"在所有领域，如经济、社会和精神的混乱"，这体现了对现存危险的抑郁感受，对此密斯也悄悄提出了，甚至超越斯宾格勒式消极主义的令人焦虑的问题："没落的不只是西方，而是整个世界？"[46]

现代主体论和机械论应当是等价的。对现代意识危机的抵御，最终只有通过一个新的整体而获得，并从整体的抽象信仰中得以证明。只有世界观出现在绝对的可见现实之外的时候，才能超越新时代的主观主义，并掌控被释放的能量。[47]原始精神秩序隐藏着所有事件逻辑，为了更新与其的联系，这条思想之路应当由作为自治原型的尼采出发，上溯至永恒和绝对的思想家柏拉图。不是在自身存在的有限性和终极性中，也不是在自我神话的意志中，而是在对永恒存在的客观规律的信仰中，建立起基本价值。在这一点上，密斯所关注的目标，是重新获得对于创造力的信仰。

瓜尔蒂尼所秉持的"客观主义立场"的核心概念，是"在事物的本质中蕴藏着两条道路"，基于此密斯建立起了1938年曾谈及的建造艺术的"有机秩序"。1928年密斯写下的"通向事物本质的两条道路"，即"偶然的特殊性"和"持久的普遍性"：我们无法只走一条路，而放弃另外一条。只有像通常情况一样保持开放，我们才能在个体中发现本质。[48]

这种对于普遍性的开放态度，体现了密斯和瓜尔蒂尼所宣扬的与无限性的新关系，它根本就是存在问题。正如维尔纳·耶格1929年在他的论文中证实了"古典精神的在场"（Geistige Gegenwart der Antike）一样，那里存在着"变化世界中人性论的起点"，估计密斯从他熟悉的作者手中获得了上述文章的单行本。为了"在希腊那 <267

里重新找回整体"，耶格指出了一条"我们与古代间的线性发展关系"，它连接了温克尔曼、歌德、荷尔德林和尼采，并回溯至柏拉图。这恰恰是一个精神存在基础"出现问题"的时代，因为缺少了内在生活体验的安全感，所以对耶格来说，注定要在古典中寻求一种新的、精神上的和深层的美："没有第二个古代圣贤能像柏拉图一样，可以重新复活。"[49]

一种"内在的宽广"，如同瓜尔蒂尼称为的"怀疑中的信仰本能"（Glauben-Koennen）——那种密斯曾提及的"来自精神深处的无限性"——应当走出"主体的狭隘和任性"，面对更为开阔的"客观秩序"的视野："在广阔的范围里重新找寻自我"[50]成了瓜尔蒂尼宗教哲学和密斯空间艺术的共同精神目标。

正如1928年2月密斯谈话中所清晰证实的，瓜尔蒂尼的思想魅力在于表现出一种对同一性概念进行模糊和消解的方式。瓜尔蒂尼从深层次明确了"建造艺术精神创造的前提"，这涉及在多大程度上，精神前提会对建筑创造的成果产生影响。外部的条件已经接近了两个层面的直接关系。始于1926年的精神存在的重构阶段，推动了密斯在巴塞罗那、布尔诺（Bruenn）和柏林建筑博览会的一系列建筑，完整清晰地体现出建筑真实性上的革命。这里获得的自由和对空间和体量的深入理解，构成了密斯建造艺术的基本概念。

特别是1928年开始的设计的巴塞罗那展览馆，恰好促成了哲学和建筑间的相互接近：在这里我们面对的是一座代表性的建筑，它的功能就是把自足的感觉当作客体。除了为西班牙王储夫妇在留言簿上签名提供服务之外，它几乎没有实现任何影响作为柏拉图式客体的理想存在的具体功能。密斯通过这件作品，有机会以建筑的语言方式，对于新的、非片面化的现代性给出类似的证明。从1928年密斯的话语中，可以清晰地捕捉到时代的预言和情绪，更多地出于某种理由，来暗示巴塞罗那展览馆是一种精神上的"演绎"（programm）。为了使现代人得以"完整地发现"[51]真实性，按照瓜尔蒂尼所要求，密斯的这件作品对那"全新的力量……全新的灵动"，提供出了一种建筑上的均衡。

49
维尔纳·耶格，《古典精神的当代性》，载于《古典》，1929年5月，177、181页。

50
瓜尔蒂尼，《礼拜仪式的形成》，同上，80页。

51
瓜尔蒂尼，《科莫湖来信》，同上，51页："工作的方向频繁转换，因为环境的多样性，也因为深度上的拓展和概括"（密斯圈注）。

268

范斯沃斯住宅，1946—1951年

"当你从湖边靠岸进入圣若望，在一个平台上发现有一处石匠的作坊，然后会看到一座漂亮的楼梯从岸边升起……向上通往朱丽叶别墅。这种攀登的体会是多么美妙啊，简直难以描述！四周雄伟而又开阔，在天空和阳光的笼罩之下，一切都被造型的力量所照亮。……一个硕大的花园逐渐呈现于眼前……里面空无一物……只有空间。但这座别墅的简洁使人震惊……整体的布局就为了使人能在阳光之下，登上高处，到达赋予形式感的壮美之中……"

罗马尔诺·瓜尔蒂尼对朱丽叶别墅的描绘，出自《科莫湖来信》，1927年瓜尔蒂尼所设想的形而上的生存空间，透射出造型的内在力量。它容纳了人类的生活，在"范围和宽度上"的绝对秩序与人的世界保持协调一致。意大利北部人文主义的文化景观为这种生存提供了一个理想意象，"无须别的"，自然而然地转化成了文化。这里，自然和人类相互对立的秩序相遇并达到高度的统一，它在自然和建筑的和谐联系中，找到了清晰的表达。瓜尔蒂尼游览过位于科莫湖畔的莱科（Lecco）的普里尼亚纳（Pliniana）别墅和圣若望（San Giovanni）的朱丽叶（Giulia）别墅，对它们的诗意描绘里，透露出一种象征性的空间感受，宗教般的力量使这次与意大利文艺复兴别墅的相遇化作一个寓言："你能在这儿感到自然与人工作品的相互交融吗？"问题是，当瓜尔蒂尼穿过完全被阳光笼罩的、为了供人穿行而建造的拱廊后，最后对他的读者介绍朱丽叶别墅道，"整个地块中，只有从高处才能进入富有造型感的区域，人们因此得以在阳光下漫步。"[52]

瓜尔蒂尼动情描绘的，那种意大利北部别墅的空间关系，展示了一种应当被现代人所感受到的理想存在形式。从瓜尔蒂尼描述的视角来看，这一切同巴塞罗那展览馆并非没有关联，我们会问，在为世博会的参观者所设置的象征性通透入口，由于限制材料使用而产生的极简体量中，密斯是否也采用了类似的建筑母题。[53]

是否可以推测，通过小规模地重建一个类似的、转换成现代形
270> 式的文化景观，密斯试图进行一种超越？在这里，人们被引导到一个个不同的房间，难道没有感受到某种"外部、开阔的信息"（出自瓜尔蒂尼）以及由内而外的开放吗？难道不是对意大利别墅的描绘，把密斯引向了辛克尔对这个主题的表达？没有批评家的联想，谁能发现辛克尔的夏洛特庄园（Charlottenhof）的复活，是源自瓜尔蒂尼科莫湖来信的潜意识作用？难道不是因为从关注现实转而强调柏拉图思想的原因，才对20年前就已经开始的古典主义和"在场的古典精神"的研究萌生了新的兴趣？

如果沿着密斯的阐述、笔记和圈注，可以验证从一点出发对问题进行演绎的思考轨迹。瓜尔蒂尼"连接本质的两条路"指向了内

52
瓜尔蒂尼，《科莫湖来信》，同上，60、79页。

53
参见：沃尔夫·泰格尔豪夫，同上，88页："密斯把条形的建筑放置在轴线上，使其完全不被切断。"另见从动线和视线间的差异性角度，对展览馆的空间布局所进行的有价值的分析，同上，85-89页。

生的多样性和对立性的世界，类似密斯式空间，显得既开放、又彼此联系并"具有方向感"。两个范畴在这个空间中相遇：理性和形而上、限制和开放。参观者想要让整个空间以一种新的方式连接起来，感受到类似密斯在1928年的演讲中所渴望的那种"出自精神的新的无限性"。这里，现代人能够接纳"内在开阔"的神圣，并使得"在更加开阔领域内的自我寻找"显得愈发紧迫。[54]

步入展览馆是一个象征性的仪式：人们估计很难摆脱一种空间上的密集度[55]，它带给参观者的是一种进入不同世界的印象。凭借突破内在的感觉获得了一种全新的外向视角，它在现实中植入了美学意念，并重新回到产生它的世界。

这与瓜尔蒂尼在进入教堂时所期待的并无二致，他期待一个全新而强烈的象征化空间感受。为了重新体验那些事物中——在自然中、在词语和建筑中——被言说的并隐喻地显现上帝秘密的"圣符"，他呼吁"人必须重新变得富有想象力！"[56]并强调敏感的重要性。对这个带有瓜尔蒂尼式语气、涉及建筑象征性的问题，密斯这样回答道："台阶、空间，这种语言的含义已经丧失……人们对此毫无感觉……今天谁还能感觉到墙上有个开口？……我们希望重新赋予事物以意义。"[57]

展览馆表达了一个对立性和价值层级的理想世界。在古典主义的基座上，正在生长的秩序找到了它的位置，在柏拉图思想的基础上，它的精神概念得到安置。柏拉图在人格培养方面的态度，被密斯以建筑的方式重新加以阐释。台基石灰华板间的缝隙所构成的几何线条，形成了颀长柱子的网格。[58]柱子的十字形截面，标明了现状与非物质的秩序相交的坐标点。规则的柱网传达出了无限性，而非力学构造的必然性。在这个秩序中植入了一个有规律的墙体序列，它符合那种艾伯令所主张的、狄奥尼索斯式的空间价值的重估。在自由的概念中，新的空间组合"对变化了的情况"象征性地"做出了空间上的安排"（出自密斯），因而在围绕自我所建立的个性中产生了现代性。

展览馆建筑以一种来自两方面的理想化方式，宣扬了瓜尔蒂尼

54
瓜尔蒂尼,《礼拜仪式的形成》,同上,80页。

55
泰格尔豪夫,同上,88页,对展览馆流线的分析："通过多重方向的转换,可以从花园一侧重新离开展览馆,在那里,无论如何都可以让不感兴趣的游客,难以逃脱他建筑的魅力。"

56
瓜尔蒂尼,《礼拜仪式的形成》,同上,23页。

57
引自：笔记本,61-63页,关于：瓜尔蒂尼,《关于圣符》,维尔茨堡1922年,12、13页。

58
关于不规则性以及网格的意义,参见：泰格尔豪夫,同上,77页注释。

的"两条连接本质的道路"：传递出永恒价值的基座，表达出对长久以来已经形成的、对理想过去的信仰；通过展览馆空间设置的自由墙体，所达到的极具艺术化和灵活性的平衡，展现了人类对理想未来的可能的信仰。原始和乌托邦、神话和理念，滥觞于密斯的空间之诗。

巴塞罗那展览馆，柱子横断面

缟玛瑙、古董绿石材构成的宽阔墙体与玻璃隔断，共同处于一种实验性的状态中，而人的视线也能穿越基座上的柱廊，审视古典化的空间。密斯在这里建造了一座开放的、新造型主义的祭室。其开放性将祭室转化成一个公共场所，一个存在于空间之外的秩序。正如瓜尔蒂尼哲学中对于主体的颂扬，这里涉及客观的秩序。密斯出于无限的精神性，再次评价了具有现代技术精神

272> 的流动空间中的自由元素：并非只是为了在功能上满足临时建筑的要求而在承重钢柱间嵌入轻质墙体，而是决定选用了石灰华墙体，它的沉重感与细长的柱网形成了戏剧化的对比。这些名贵和超值的材料在结构上体现出生动的形式和时代的深刻维度，产生了"自然"的纯粹性，这个时代希望不以历史化的建筑图样和柱式来承载永恒价值。

密斯的钢柱在平面上呈等边十字，由标准化的角钢合成，让人类似地联想到一种能被理解为所有建筑神话象征的原形。镀镍板流畅地包裹着柱子，其雕塑化的质感给人以不同于哥特束柱和希腊柱式上凹槽的联想。柱子的反光表面使其体量几乎消失，并保持了空间的完整性。天空作为无限性的终极象征，也倒映在抛光的表面上。

密斯式的"宽广信息"（瓜尔蒂尼语）以空间艺术的方式，为肩负时代重任的新秩序精神勾画出一幅远景。"拥有一切自由以及如此伟大的深刻"[59]——对于密斯而言，有助于实现其建筑的理想存在模式。为了能有意识地体现自由，即那种在时代的多样性和矛盾性方面，空间上运动和决定的自由，就有必要回头研究秩序和抽象。正如瓜尔蒂尼所讲的，没有这个柏拉图式的基础，"事物和灵魂之间就没有交汇"；就发现不了事物本质和人的本质中所隐藏的

59
参见：演讲笔记，未标注日期，约1950年前后，引自：LoC手稿档案。

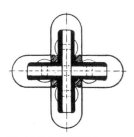

图根哈特住宅，柱子横断面

60
参见：笔记本，63页："创造性的。外部事物的本质存在于人内心的回答之中：他同时诉说着两者的名字。"

61
密斯·凡·德·罗，《建造艺术创造的前提》，同上。

62
密斯·凡·德·罗，《我们时代的建造艺术：我的职业生涯》，维纳·布拉罗，《密斯·凡·德·罗：结构的艺术》前言，苏黎世/斯图加特1965年，6页。

63
威廉·洛兹（Wilhelm Lotz），《建筑博览会的2号厅》（Die Halle II auf der Bauausstellung），载于《形式》，1931年6月，第7期，247页。莫泽（Mosse）出版社以"我一直这样居住"为主题，在帝国总理广场（Reichskanzlerplatz）举办了一场反对柏林建筑博览会的展览，其中2号厅里有密斯与奥托·巴特宁（Otto Bartning）、奥托·海斯勒（Otto Haesler）、路德维希·希伯赛默和丽莉·莱希共同策划的，主题为"我们时代的住宅"的独立展览。

可能性。通向本质的两条道路的交汇点上隐藏着创造性的原则，其本身虽毫无秘密而言，但却呈现出造型的特征。[60]

密斯的建造艺术涉及对于信仰的渴求和希望，"在冷峻而条理的技术意识氛围中，展现出艺术和精神的价值"。[61]密斯从瓜尔蒂尼那里继承的"这一定是可能的"那句话，传达出其建筑的精神目的，即架设一座跨越深渊并联通彼岸世界的桥梁："我觉得，这一定是可能的"。1965年他在回忆录中写道，"把我们文明中的新旧力量和谐地统一起来。我的每座建筑都印证了这个想法，也是自我探寻清晰性过程的又一步。"[62]任务就是把哲学家和艺术家联合起来，在看得见的世界中尽力来塑造那些看不见的部分。为了使穿越这个空间的人们，感受到自身和时代所隐藏的可能性，密斯在巴塞罗那创造了那种存在于实证空间后面的、能以艺术方式来感知的形而上空间。

"必须要有精神上的目标，危险的是许多观察者只看到了客观而非理念"，1931年威廉·洛兹（Wilhelm Lotz）在柏林建筑博览会上，为了捍卫密斯的样板住宅及其建筑艺术观念而如此写道。"因为，密斯的房子正如未来的宏大目标一样，不可或缺……在这里，人在精神层面上成了空间尺度的标准。在这里，如果人们愿意的话，空间造型的艺术性就会传达出新的意义……谁若打听房子的业主，并认为其代表着某个特殊阶层，那他就是误解了展览，因为业主就是新人类。"[63]

柏林建筑博览会上的住宅与小型的莱姆科（Lemke）住宅（1932年），以及密斯在他的故乡威斯巴登（Wiesbaden）最后实现的赛维莱恩（Severain）住宅（1933年）相比，是个例外。密斯再也找不到图根哈特那样有着共同艺术趣味的业主，要么是没有实现的，为画家艾米尔·诺尔德（Emil Nolde）[①]设计的住宅（1929年）、胡伯（Hubbe）住宅（1929年）和朗格（Lange）住宅（1935年），要么是业主没有勇气接受密斯在自由和秩序方面对新人类的考验。

---

① 埃米尔·诺尔德（Emil Nolde/1867—1956年），德国画家，表现主义代表之一。——译者注

罗马学院的教授和院长海尔伯特·格里克，1932年在为他的住宅设计举办的一个小型竞赛中也邀请了密斯，但不久就放弃委托"一位真正艺术家式的建筑师"，"因为我不想为了一个门把手的形式而在思想上来一场拳击赛，而是需要一个甘居次要的角色'来做我想要的'。"密斯于1932年11月3日写给格里克的回信，毫无疑问清楚地表明，密斯对住宅设计的完善和发展，以及建筑真正任务是实现新的空间理念的看法。不只是建筑师，而且业主也同样对建筑任务的社会性负有责任：

274>

　　"亲爱的教授先生，

　　直到今天我才能给您回信，是因为上个礼拜忙着重建包豪斯的事情。我想跟您说的是，这个目标是不可能再实现了。我理解您想拥有一座您期待的住宅，但抱歉的是，在住宅的建造方面，我无法提供具有决定意义的做法。

　　我无法理解的是，您完全是从个人投资的角度来思考问题，这令我们很失望。如果，个人职业不与国家文化生活发生联系，那么我们还能期待谁会为文化做贡献呢？"[64]

密斯并非希望像阿道夫·路斯在他的滑稽小品文《一位可怜的富人》（Von einem armen, reichen Mann）中以挪揄的语调所表达的那样[65]，在业主那里展现一种建筑师式的自负，而是希望他能从中领会到德国文化所面临的危机。1930年政治和经济矛盾开始逐渐激化，现代运动所面临的窘境使得那个声音显得异常沉重：

"我们期待着，并不恐慌。"——1932年4月德绍包豪斯被关闭时，密斯担任着校长职务，10月份当他计划在柏林重新建校时，面对报纸记者的提问如此解释道。[66]如刀架在脖子上一样，那种压抑和惊悚无法言表。包豪斯的圈子里也弥漫着关于魏玛共和国失败的议论。1932年秋天，密斯在柏林斯坦格里茨（Steglitz）的一座厂房里重新恢复了包豪斯学校，但到了1933年7月20日就被新的政权勒令关闭了。

对此，密斯几乎无话可说。1932年10月，在柏林制造联盟的庆典上，密斯发表了他在德国的最后一次演讲。他呼吁大家不要沮

64
密斯·凡·德·罗，《1932年11月3日致格里克的信》，引自：MoMA，见泰格尔豪夫的引用，同上，119页。

65
阿道夫·路斯，《一位可怜的富人》（Von einem armen, reichen Manne）（1900年），引自《空谈（1897—1900年）》（Ins Leere gesprochen/1897—1900），维也纳1921年，1981年新版，198-203页，这是一段著名的文字，表现的是建筑师如何成功地说服他的业主，接受经过整体造型设计的房屋，即总体艺术作品："试着找个地方，来放您的新画吧。"加斯特斯·比尔（Justus Bier）的评论也提出类似的疑问，参见：《图根哈特住宅能住人吗？》（Kann man im Haus Tugendhat wohnen?），载于《形式》，1931年6月，第10期，392页附注，将密斯等同于生活方式的独裁者："……不敢冒险，任意一件或旧或新的物件，移入'完成的'空间里，墙上不能挂画，因为那里的大理石的图案和木头的纹理本身就是艺术品。"关于这一点，可参考泰格尔豪夫，同上，438页。

66
W. Oe.，《密斯·凡·德·罗推进他的"MM"计划》（Mies van der Rohe entwickelt dem>MM<seine Pläne），载于《星期一晨报》（Montag Morgen），1932年10月，引自：彼得·哈恩/克里斯坦·沃尔斯多夫编辑，《柏林包豪斯》，同上，94页。这本著作也包含了密斯20世纪30年代早期作品在内的大量文献。

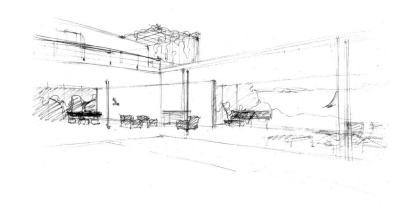

格里克住宅，柏林万湖（Wannsee），1930年方案

67
密斯·凡·德·罗，《在德意志制造联盟庆典上的致辞》，手稿，引自：德克·罗汉档案。不知出于何种反现代主义的精神渊薮，在密斯魏森豪夫居住区的密斯街区的图片下，有着这样的文字标注："住宅街区。密斯·凡·德·罗（德绍）为监管来自俄国社会主义的员工而设计的集合式兵营。"载于《德国建筑工棚：德国建筑师会刊》（Deutschen Bauhütte, Zeitschrift der deutschen Architektenschaft），1932年36，第9期，110页。

68
密斯·凡·德·罗，《要是混凝土和钢没有了镜面玻璃会怎样？》，同上：密斯1932年11月5日致德国镜面玻璃工业协会的信："我基本上已同意，愿为即将出版的关于镜面玻璃的册子写一篇带有图片的短文。其实，也是为了完善这个问题，我很乐意就这个主题，给出比您的期待还要多的看法。"2月15日密斯答应了约稿，在交稿时间到期以后，于1933年3月13日寄出差不多一页打印纸幅的文字，并在所附短信上提到："文章比您期待的要短，但是我只想对造新房子出些主意。其他的都不重要。"

丧，"在年轻的德国，要保持敬业精神和乌托邦式的勇气……人不应该屈从于诱惑，出于恐惧而无所作为，犯错误、不成熟和显得业余。现在需要忠实于自己、保持稳定和坚持不懈。对真正本质性的东西，要予以坚持。"[67]

1933年3月，就在希特勒攫取政权后的三个月，密斯手写的，关于玻璃在建筑上意义的演讲稿中，再一次谈及"它使空间设计获得一定程度的自由，我们将无法离开这种自由"。[68]他在1938年8月移民美国之前所做的最后表白，刊登于1935年夏季的《盾牌之友》杂志上：首先密斯简短地介绍了在马格德堡未能实现的胡伯住宅，这与他20世纪30年代的院落住宅联系紧密。他的表述涉及空间的形式："在所有开放空间形式的自由之中，也考虑了必要的封闭性"，预示着回归私密并保持最大的自由度。院落作为一个场所，展现了长期真实存在的、对于内心的回归。密斯在20世纪30年代提出的"院宅"的主题，恰恰具有一种象征化的内涵。密斯回归内部空间生活"自由而深刻"的梦想，以及在"静谧的封闭和开阔的延展之间实现美妙的转换"[69]的渴望。

"我还没有见到过如此精彩的效果，就是当一侧围合，同时

〈275

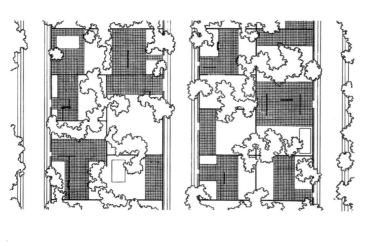

院宅，约1931年方案

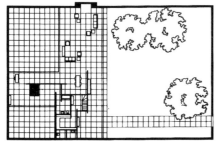

院宅，约1934年方案

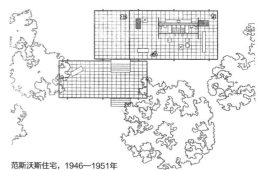

范斯沃斯住宅，1946—1951年

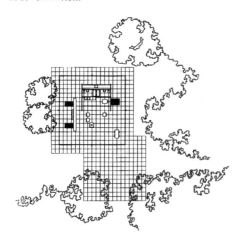

50/50住宅，1950年方案

凯恩住宅，1950年方案

克朗大厅，伊利诺伊工学院，芝加哥，1950—1956年

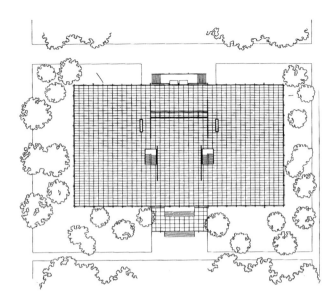

国家美术馆新馆，1962—1967年

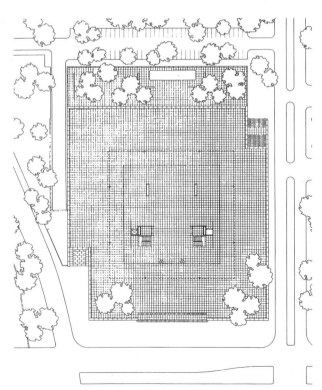

隔绝了世间的动荡，并能自由地看见完全开阔的天空。"——1796年，青年建筑师辛克尔的老师弗里德里希·吉利，也类似地表达了逃避破碎世界回归院落住宅的意愿。在一个完美的、弗里德里希纪念神庙的开放密室里，吉利为荷尔德林的梦想提供了一个栖居之地，让生命静栖于"顾长的柱子和合理的秩序之上"。[70]

但是，通向外部的路也符合"两条道路"的逻辑：密斯晚些时候也承认了传说中外界的负面评价，那时他也尝试协调过与新政治权贵的关系，并准备继续做出妥协。[71]这种可疑的妥协表现在1933年为帝国银行（Reichsbank）大厦所做的设计中。经过调整的现代主义强调了在形式和细部上的绝对简洁以及空间组合上大气，但其严格的对称和结实的体量产生了一种近乎压抑的纪念尺度。1934年8月18日，就是为帝国总统和总理的职位合并而进行的全民公决的前一天，密斯迫于宣传部的压力在《文化创作者的倡议书》（Aufruf der Kulturschaffenden），即为元首宣誓效忠的信上签字，随后被纳粹党报《人民观察家》（Voelkischen Beobachter）发表。与密斯的名字同时赫然并列的还有恩斯特·巴拉赫（Ernst Balach）、乔治·科尔贝（George Kolbe）、埃米尔·诺尔德、威尔海姆·富特万格勒（Wilhelm Furtwaengler）①、埃米尔·法亨坎普（Emil Fahrenkamp）②和保罗·舒尔策-瑙穆博格。[72]

1938年，密斯带着他在第二个十年所发展的清晰、完整的思想体系告别了欧洲。他就任芝加哥阿莫工学院（Armour Institute of Technology in Chicago）院长的演讲稿完成于德国，这为他在欧洲的职业生涯画上了句号。密斯在其他场合关于建造艺术理论的表达，在逻辑和感性上都没有达到如此深度。在行军队伍的整齐节奏中，密斯身处的德国建筑文化被送入坟墓；他在短短的几页纸上理出一个提纲，并以"使我们创造的世界由内向外地绽放"来开始演讲。[73]

278>（边注页码）

---

① 威尔海姆·富特文格勒（Wilhelm Furtwaengler, 1886—1954年），德国指挥家，曾在柏林爱乐等纳粹官方音乐机构任职。——译者注
② 埃米尔·法亨坎普（Emil Fahrenkamp, 1885—1966年），德国建筑师，曾在杜塞尔多夫艺术学院任教，服务过纳粹政府。——译者注

69
密斯·凡·德·罗，《马格德堡的H住宅》，载于《盾牌之友》杂志，1935年14，第6期，514-515页。与院宅设计方案意义的比较研究，参见：弗朗兹·舒尔策，《密斯·凡·德·罗：一部批判的传记》，芝加哥/伦敦1985年，192页附注。

70
弗里德里希·吉利在草图上写下的，转引自：阿尔弗雷德·里特多夫（Alfred Rietdorf），《吉利：建筑的新生》（Gilly. Wiedergeburt der Architektur），莱比锡1943年，52页。同上，6页，引用弗里德里希·荷尔德林的文字。密斯的藏书中有：《荷尔德林诗选》（Gedichte von Friedrich Hölderlin），莱比锡1913年。

71
哈恩/沃尔斯多夫编辑，《柏林包豪斯》，同上，书中列出的资料表达了对关闭包豪斯的疑问，就像密斯访谈中所提到的一样。[参见：密斯·凡·德·罗，《包豪斯的终结》（The End of the Bauhaus），载于《北加利福尼亚大学州立农业工程学院，设计学院学生刊物》，第3卷第3期，1953年，第3期，16-18页；另见：《密斯在柏林》，有声唱片，《世界建筑》档案1，1966年]。

72
倡议书收录于：哈恩/沃尔斯多夫编辑，《柏林包豪斯》，同上，147页附注。与此相关的还有一封未寄出的，由阿尔弗雷德·罗森伯格（Alfred Rosenberg）写给戈倍尔（Goebbels）的信，其中提到："密斯·凡·德·罗教授，就是那位李普克内西和卢森堡纪念碑的设计者，最终同意和朋友们一起致歉……好像为了请他们给元首签字，支持我们多年以来在文化政治方面的卓绝斗争，就像是件令人沮丧的事情。"在这里，估计是为了保留工作的机会，看上去密斯的加入还是有所保留的。1935年他失去了为布鲁塞尔世博会工作的机会，可能是另外一个没有公开的原因。参见：《1935年7月20日密斯·凡·德·罗致乔治·尼尔森（George Nelson）的信》，出自：LoC手稿档案[尼尔森试图在美国建筑杂志《铅笔点》（Pencil Point）发表一篇关于密斯的文章，即为此联系图片授权的事宜]"我已通过我的一位朋友转告您，目前我不考虑在国外发表我

的作品。无论在任何情况下，我都想坚持上述想法。所以，就没有对您期待的照片进行授权的理由了。"

类似的，还有1935年10月29日密斯拒绝了威廉·瓦根菲尔德（Wilhelm Wagenfeld）发出的邀请，于1936年在柏林的德国玻璃技术协会会议上，就玻璃和建筑的主题发表演讲，参见：LoC手稿档案："我必须请您放弃这个想法，因为我眼下不想发表任何演讲。您会理解的。"与此相反的是，丽莉·莱希于1935年写给奥特的一封信，信中谈到了密斯事务所的工作状况："密斯这里，我们目前有个小住宅项目，还不清楚是否会造起来……这里的情况不是很好，但我们也不知道如何进行改善。令人伤心的是，您的情况和这里的区别也不大。我们生在一个多么艰难的时代啊。"转引自：君特·斯塔姆，《雅克布斯·约翰内斯·皮特·奥特：建筑和设计（1906—1963年）》（J.J.P. Oud, Bauten und Projekte 1906 bis 1963），美茵茨/柏林1984年，85页附注。

73
密斯·凡·德·罗，《担任芝加哥阿莫工学院（AIT）院长的就职演讲》，1938年11月20日，出席芝加哥棕榈厅的颁奖晚宴。引自：LoC手稿。

74
同上；下面的引用无法证明是否出自于密斯。关于价值和目的的区分，参见：密斯圈阅过的阿罗西·里尔的著作，《当代哲学导读》（莱比锡1908年），从中也可以发现密斯的立场。同上，9页："还另外有一种对于精神生活的纯科学视角，只有第二种视角，发现了深入到精神世界的价值。发现价值同时也意味着，体验价值和创造价值。"同上，183页附注（原注：用双线划出表示重视）："创造从来就意味着寻找新路，我们可以采用尼采式的比喻，谁想竖起一块新牌子，就必须毁掉旧的。'著者'就是摧毁旧价值的人。历史从来就是这样，要创造新的事物和新的标准，就要超越和破坏传统道德。思想先驱和英雄的生活悲剧就是，面对他们时代信仰和道德的内在分歧，他们必须拥有崇高的信念。'君子会创造新的事物和新的道德，而旧的仍是旧的。'创造价值不是发现（erfinden）价值，或是任意捏造。创造价值与探索科学知识并无二致；不是发明，而是发现（entdecken）。就像那些天体，那遥远的太阳，相继照亮黑夜，价值观就这

芝加哥的就职演讲，可以看作是十年前的演讲《建筑艺术创造的前提》的进一步发展。特别是通过对罗马尔诺·瓜尔蒂尼，以及格奥尔格·齐美尔、马克斯·舍勒和亨利·柏格森的哲学理论的介绍，密斯引出了对立性的理论，包含了与建造艺术相关的秩序和与之相应的概念。没有外来知识的引用，密斯自己陈述了他的想 ⟨279 法。他赋予当代性的话语，流露出其建筑思想的诗意和神韵，表达出对实现"清晰的精神秩序的法则"的期待。

密斯的建筑学方法所遵循的建造艺术秩序，建立在哲学的对立原则及其文化概念之上。通过对二者的区分，即保障人的物质化"生活存在"的目的，明确"精神认可"以及"精神存在"所依托的价值，作为价值秩序的出发点："我们的目标决定了文明的特征，我们的价值观决定了文化的高度。"[74]

彼此关联对立的整体关系，从根本上来讲，是建造艺术的一个最重要的构成条件：

"尽管，实用性和价值观的本质有所差异，并出自不同层面，但它们彼此之间有着关联。如果，我们的价值观不与实用性，而究竟应当和什么产生联系呢？如果不通过价值观，实用性的意义又从何而来？两个范畴才构成了人的存在……如果这些话适用于所有人类行为，即对价值差异的精微的表达，它们又在多大程度约束了建造艺术？造型简洁的建造艺术，完全根植于实用性。但它超越所有的价值层面，直至精神存在的领域、意义的领域和纯艺术的范畴。如果要实现这个目标，所有的建筑工作都要考虑这个事实……"①

为了"从不受约束的想法上升至对责任的认识"以及"一种精神秩序的明确规则"，建造之路伴随着一个"逐步"清晰地认识"什么是可能的、必须的和有意义的"过程。为了寻找自我以及建造艺术，建筑师密斯必须经历人生的所有瞬间："始于材料、经由实用目的"，最终走上逐渐成熟的"纯艺术范畴"的道路，勾勒出一个

---

① 参见：密斯·凡·德·罗，《就职演讲》。引自：LoC手稿。——泽者注

从石匠学徒、经过20世纪20年代早期极端的实用主义，到1929年的理想创造的人生经历。

不同说法间的比较，显示出不同的境界。1938年，密斯就再次引导他的听众，进入为人所信赖的"充满原始房屋的健康世界"。"您已看到了在满足实用和材料处理方面的完美性了吗？"1923年的密斯在盯着茅屋和野蛮的皮与骨式建筑时，曾如此发问。[75]而现在，使人吃惊的是，又一次提及那种要尝试创造美感的兴趣，因为那里"每次的斧劈都有意义，每次刀砍都有说法"：

> "材料有何意义，以及这座建筑有何表现力？它们散发出何种温暖，它们究竟有多美。它们听上去像一首老歌，就像我们在石头建筑中所发现的那样。它传达出何种自然的感受？……我们能在哪种结构中发现财富。我们能在哪里发现比这里更健康的力量和自然美。是什么样清晰的逻辑，使梁板式天花安放在古老的石墙上？人们又是在什么样的感觉中，在墙上开出了一个门洞。"[①]

这些由"无名的大师"所创造的基本生存图景，表达出对材料的透彻理解以及融合了象征意义的自然感受，成为所有时代建筑的典范。这里，存在着两种基本的生存范畴，即生活的存在（Vitale Existenz）和精神的存在（Geistiges Dasein），一种由直接和自然带来的普适的统一。浸淫在现代技术和材料中的当代人，到现在还没想过去建造一座连接主观和客体的桥梁，并在上面建立统一的文化理念。仅仅这些手段的存在并不代表任何价值。由此，密斯让人下意识地感觉到，面对原始房屋没有任何理由可以表现出文化上的自大：

> "我们保证，完全不从材料，而是从丰富的环境出发。新的材料也无法保证具有思想性。每种物质的价值取决于我们从中做出的东西。"[76]

只有认识到隐藏在本质中的可能性，才能带来真正的造型基础。因而必须提出的问题是："我们想知道，它能做什么，它必须

样渐渐出现在人类的地平线上，谁最先发现、最先体验并成为榜样，谁就是创造者。他就为人类指明了更高级的生活方式，并将新的思想注入旧的价值观念之中（原注：文字下划出双线）。如果要产生作用，就必须与历史建立联系。"

75
参见：密斯·凡·德·罗，《完成任务：对我们建筑行业的要求》，载于《建筑世界》1923年14，第52期，第719页。

76
参见：密斯的圈注，爱德华·斯普朗格，《生活方式：性格的精神科学的心理和道德》（Lebensformen. Geisteswissenschaftliche Psychologie und Ethik der Persönlichkeit），哈勒1922年，325页附注："罗素指出我们时代的文化疲劳是一个大问题，问题在于：为什么整个能量都消耗在了生活的技术化方面，而且取代了真正文化的地位？事实上，今天大部分的时间只有技术，也就是说，人们很少考虑一个活动目的的规律和价值……技术是人类智慧、耐力和劳动力的光辉成果。只要有一天还不确定这些神奇的设备如何工作，就不会产生另一强大的自然力量，推动价值观的产生。我们必须知道，我们为何而生，然后才能回答，我们必须如何生存。"

---

① 参见：密斯·凡·德·罗，《就职演讲》。引自：LoC手稿。——译者注

77

参见:《密斯八十岁寿辰巴伐利亚广播电台的访谈文字摘录》,《建筑师》,1966年15,第10期,324页:"所有时代建造艺术的问题都是一样的。建筑中真正的品质来自于比例,而非造价上的分配。常常是事物间的比例……建筑师当然要做很多工作,推敲空间的距离。艺术性总是与比例有关。"参考:柯布西耶,《未来的建筑》,斯图加特1926年,204页:"美?如果愿意的话,那么美总是在那里的。方法,肯定是通过比例。业主无需为比例付出任何代价,而建筑师则不然";还可参见:密斯·凡·德·罗,《美观而又实用的建筑!最后是冷峻的合理性》,载于《杜伊斯堡总览》的问卷,1930年1月26日,49期,2页:"究竟什么是美?当然是无法计算,也无法度量的。但世间万物,总有一些东西是不可预知的。"以及,密斯·凡·德·罗,《1931年广播讲话》,1931年8月17日手稿,参见:芝加哥德克·罗汉档案:"艺术通过物的比例,通常甚至事物间的比例来进行表达。本质上它是无形的,是精神上的东西。迄今为止,它超然于时代物质状况之外。"

做成什么,以及它不可以做成什么。我们想了解它的本质。"在由材料构成的自然和由实用目的构成的自然之外,顺应时代的建造艺术要求认识"我们生存的精神场所",并对"承载力和推动力"加以区分。而后,对时代现状的批判才变得可能:"我们尝试提出真正的问题,来追问技术的价值和意义。我们想说明的是,它对于我们不仅预示着权利和能量,同时也暗藏着危险。既可以是善的,也可以是恶的,对此人们必须做出正确的判断。"

所有的决定——密斯这样有目的地把他思想体系的逻辑建构推 ⟨281
向高处——都凝聚成一个明确的秩序:"因此我们也要阐明秩序的可能性,澄清其概念。"密斯最终考虑的、对唯物和唯心主义秩序所做的基本区分,带来了哲学方面的经验以及用至上方式探索建筑的可能性:"机械化秩序原则"——就像1923年的那篇《建造》提到的,必须拒绝以"强调材料和功能趋势"来进行表达,因为我们对于服务功能方式的意义、对于地位和利益都不满意。相对而言的"唯心主义秩序原则"——1929—1931年落成的那些理想化的建筑相接近的——却同样难以被接受,因为在他"对思想和形式的过度强调中",既没有对"真实和简洁"的兴趣,也没有对"务实的理解"。

密斯所认可的"有机性的秩序原则",目的在于"明确局部的意义和范围",并使其具有更高级的统一。瓜尔蒂尼的"当下充满活力的哲学"找寻到了思想和概念上的契合,其原则就是,无论如何都不应从生物学的意义上加以表达。有机主义所代表的那种充满活力的范畴,在那存在着诸如物资和精神、目的和价值、技术和艺术那样的相对概念,形成了彼此关联的存在的可能。人们能够通过其中隐藏的创造性原则,为自身和事物之间带来一种关系,这种关系借助"事物间的比例"[77]来产生美感。

奥古斯汀曾希望借助某种转换以改变芸芸众生的思想混乱,所以,1928年时的密斯把他视作开创秩序的楷模。而1938年的演讲中他决定要建立一个目标,主要就是"在我们今天无望的混乱中创造秩序":

"我们想创造一个秩序,它使所有的事物各就其位。我们想要每个事物都回归本质。我们期待着完美的实现,使我们所

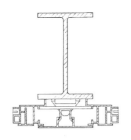

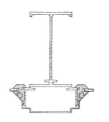

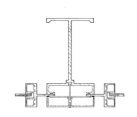

湖滨大道860/880号公寓大楼，芝加哥，1948—1951年

柱廊公园观景阁公寓（Pavilion Apartments, Colonnade Park），纽瓦克，1958—1960年

查理中心（One Charles Center），巴尔的摩，1960—1963年

创造的世界由内而外地绽放。我们别无他求，更多的我们也无能为力。没有什么能像圣·奥古斯汀的深刻话语一样，揭示出我们工作的目的和意义：'美就是真理之光！'"①

密斯建造艺术的"神学总论"有着内在的连续性，这体现在1965年发表的《建造艺术教育的指导思想》（Leitgedanken zur Erziehung in der Baukunst）中，尽管其中没有补充更多的新内容。1938年后密斯阐述表达的立场中，其建造艺术概念的结构就已形成和确定。从他的自传、前言、贺词和其他文字中，密斯唯一关注的主题就是：建造艺术和技术的关系。[78]思考方式以及少量并无实质性改动的引文，说明密斯回归了1930年以前使他振作的精神源泉。特别是弗里德里希·德绍尔的《技术哲学》（1927年），但首先是鲁道夫·施瓦兹的《技术的导引》（1929年），以及同样来自《盾牌之友》[79]杂志的其他文章，毋庸置疑的是在密斯的新家乡，瓜尔蒂尼仍陪伴左右。

德绍尔"关于价值的科学"（密斯圈注）[80]所提及的技术中，出现了必然性和自由化范畴的对立。技术作为意识形成的方式，实际上是人类文化价值的传授者，因为它不仅在我们眼前呈现全新的生活内容，而且还对普适法则负有责任。正如密斯1928年写下的，在放弃"作品的个人目的、情绪和卖弄"，并在"内心的计划"——即"融入作品创造"——成形的过程中，体现着"技术

78
参见：密斯·凡·德·罗，《建筑和技术（1950年）》，载于《艺术和建筑》，1950年67，第10期，30页。本文曾在三个地方发表：1950年4月17日在芝加哥黑石宾馆（Balckstone Hotel），庆祝伊利诺伊工学院设计研究所的扩大庆典上的演讲，2-3页；德语译文的标题为《技术与建筑》，引自：乌尔里希·康拉德（编撰），《20世纪的建筑纲要和宣言》，柏林1964年，146页；以及芝加哥演讲稿，没有日期，引自：LoC手稿档案，封面注明："这里是密斯用德语写的一个重要手稿"（这句话为英语——译者注）关于手写注释，可参考附录中从大约130页左右未装订的"札记"卡片中，所选录的内容，引自：LoC手稿、演讲档案。

79
引自：第2章，注释25。

80
引自：德绍尔，《技术哲学》，波恩1927年，136页。

① 参见：密斯·凡·德·罗，《就职演讲》。引自：LoC手稿。——译者注

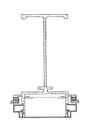

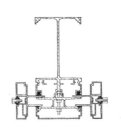

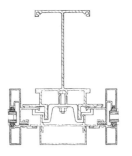

湖景公寓2400号，芝加哥，1960—
1963年

西山广场（Westmount Square），
蒙特利尔，1964—1968年

IBM大厦，芝加哥，1966—1969年

81
引自：笔记本，34页。

82
引自：德绍尔，同上，103页。其
中，密斯圈注过148页的注释，抄录
在附录的注释10和28。

83
格奥尔格·齐美尔，《文化哲学：文
化的概念和悲剧》（Zur Philosophie der
Kultur. Der Begriff und die Tragödie der
Kultur），引自：格奥尔格·齐美尔，
《哲学文化论文选》（Philosophische
Kultur. Gesammelte Essais），波茨坦
1923年（第3版），密斯拥有此书；
引自：新版《文化哲学文集：关于
冒险、性别和现代危机》（Philoso-
phische Kultur .Über das Abenteuer, die
Geschlechter und die Krise der Moderne.
Gesammelte Essais.），尤根·哈贝马
斯作后记，柏林1983年，203页。

84
同上，187页。

对灵魂的影响"。[81]

　　在教育层面上，德绍尔提出了建立文化价值的全新问题，他指出人们在面对客观秩序时并没有倾听自身的主观意愿："但是在教育层面上是否有可能跨过技术的超验本质，通过人的精神来帮助他在内与外、灵魂和方式之间建立平衡？为什么人们忽略了这个<283问题？为什么当人们思考文化和谈论技术的时候，总是会提起管道、显微镜和蒸汽船呢？"（密斯圈注）。[82]

　　密斯的建造艺术哲学回答了这个问题。假如从目的范畴、意义和价值的领域去发现人的那种"成功"，在某种程度上、以类似的方式不知疲倦地，像穿越瓜尔蒂尼笔下意大利文化景观里的自然而迈向文化，那么技术就会得到升华。

　　只有跨越客观秩序，人们才会得到一种"称之为文化的内在价值"。密斯也有一本格奥尔格·齐美尔的《文化哲学》，书中指出决定文化过程的特殊性，在"主体成为客体、客体变为主体"的过程中得以确定："精神创造了独立的客体，由此开始为主体自身的发展明确了方向，这是所有关于文化的概念。"[83] "文化"这个历史图像形而上的意义在于，"部分地或完全地"代替宗教，"总是在主客体之间重新搭建桥梁"。齐美尔指出，为了使主体和客体的出现"互为关联并从对方来寻找自身的意义"[84]，文化表现出对"超越严格终极二元论的渴望和期待"。

　　在一个类似于文化发展过程的关系中，对密斯来说，技术是

"一场真正的历史化运动……一个独立的世界"。它与建造艺术有着血缘关系，按齐美尔的说法也是它的关联物。技术与建造艺术的结合所产生的建筑，就等同于一种"建筑文化"："我们衷心希望，它们能共同成长，直到有一天它们能相互表达。只有这样，我们才能拥有真正代表时代的建筑。"[85]

那种传达出齐美尔受尼采启发而建立起来的文化概念，并为永恒回归而架设起形而上之桥的历史性轮回，在密斯那里也能发现有所呼应："在无限缓慢的进程中，出现了承载历史意义的伟大形式……并非发生的一切，都是可见的。有关心灵的关键战斗，是在看不见的战场上进行的。看得见的部分只是历史形式的最终阶段。它呈现出来。它真正地呈现出来。然后便戛然而止。一个新的世界诞生了。"[86]

钢骨架塑造并预示了那种客观秩序，时代性的建造艺术应经过教育的提升得以发现自我，并将技术秩序转变为文化。密斯以其建筑为基础，赢得了一种受到齐美尔影响的客体性文化（Objektive Kultur），使技术和精神价值达到了更高程度的统一，并实现了"自我完善"（Selbstvollendung）。在这个意义上，建造艺术的概念就是要让新的构造世界融入人性化宇宙，符合"从自身出发"又"返回自身"的"两条道路"——它"同时既极端，又保守"："说它极端，是因为它赞同我们时代在科学上的承载力和推动力……说它保守，是因为它不但服务于目的，也服务于意义；它不但受制于功能，也受制于表达。因为它触及了建筑的永恒法则，所以它又是保守的：秩序、空间和比例。"[87]

在变幻莫测的世界中，密斯寻找一种拥有稳定秩序的结构。它应当是"最终精神内涵的载体"[88]，同时也作为时代精神的载体传达出"一种对于时代本质的真实感受"。[89]从文化哲学的角度来看，1938年以后密斯作品中的结构构造（Konstruktion）转变成了结构系统（Struktur）。它们代表了一种秩序统一的原则，其中不仅是结构和形式合二为一，而且最终还蕴含了实用性和思想性的统一。[90]

涵盖了所有可能的普适性[91]为对立性的出现提供了前提。在其平衡主客体并满足文化条件的设计方案中，主观的意愿被极简的方

85
参见：密斯·凡·德·罗，《技术和建筑》，同上，146页。

86
密斯·凡·德·罗，芝加哥演讲稿，无日期，同上，17、18页。

87
密斯·凡·德·罗，引自：彼得·卡特，《密斯·凡·德·罗》，载于《建筑与居住》，1961年16期，39页。

88
密斯·凡·德·罗，芝加哥演讲稿，无日期，同上，2页。

89
《密斯在柏林》，有声唱片，《建筑世界》档案1，1966年。

90
密斯·凡·德·罗，引自：彼得·卡特，《密斯·凡·德·罗》，载于《建筑与居住》，1961年16期，231页："如果我们要谈论结构，我们就要考虑哲学的意义。结构是一个整体，从上至下直到最后的细部——所有的都出自同一理念。"

91
密斯·凡·德·罗，《我从未画过一张图画》，载于《建筑世界》，1962年，53期，884页，"语言在日常使用中被称为散文。如果使用得非常熟练，就可以形成一篇精彩的散文。如果真正掌握了它，这个人就能成为诗人。尽管还是一样的话语，但其中蕴含着本质并隐藏着所有的可能性。物理学家薛定谔说过：'一般原则的创造力，存在于其普遍性中。'对于建筑结构的而言，这正是我想表达的。结构不是一个特殊的解决方案，而是一个普通的想法。"

92
密斯·凡·德·罗，芝加哥演讲稿，无日期，同上，7页。

93
齐美尔，《哲学文化论文选》，波茨坦，同上，204页附注。

94
密斯·凡·德·罗，《札记：演讲笔记》，无日期，引自：LoC手稿档案。另见："我们毕竟拥有无限丰富的技术可能性。但也许恰恰是这份财富，阻碍我们正确地行事。建筑也许受到一种简单方式的制约。"

95
密斯·凡·德·罗，《札记》，同上，又及密斯·凡·德·罗，芝加哥演讲稿，无日期，同上，14页。

96
弗里德里希·尼采，《不合时宜的考察：历史的用途及滥用》，引自：《作品全集》，同上，第1卷，250页。

式完全控制。在短短几十年的时间里，贪婪和权力欲的泛滥竟两次置世界于战火之中，就再次证明了这个发展趋势的正确。

齐美尔关于客体性文化的理论，被密斯精简成了一句话："为了赢得自由，就要恪守规则。"以命令式的口吻所说出的"以服务取代操控"[92]，是一种理想化的禁欲限制。齐美尔从他的角度提出问题，现代人类为大量的文化因素所围绕，"对人们来说它们并非没有意义，但在最深层的基础上也并非完全有意义；它们没有使个体在内心产生同化，人们也不能简单地加以拒绝，因为说起来这属于文化发展的范畴。"为了描绘这种情形，齐美尔彻底地回归第一位方济会修士的座右铭："我们拥有了虚无，就掌控了幻想国度"（Nihil habentes, omnia possidentes）。——但因为人类过于丰富和过度的文化，上文变成了"我们拥有了幻想国度，就掌控了虚无"（omnia habentes, nihil possidentes）。[93]

在密斯看来，大量的不幸正是时代的病症："然而，我们毕竟拥有无限丰富的技术可能性。但也许恰恰是这份财富，阻碍我们正确地行事……获得了自由并为拜物的浪潮敞开了大门；也许这正是所期待的，但它们本身无法体现建筑价值。……人们来回摆弄这些物件，并将其移植到设备上，并把这个机能组织与建筑混为一谈。"[94]

"所有的自由以及崇高的深刻"——这是马克西姆（Maxime）对密斯"少就是多"的简洁赞语，这种简化指向的是"真正的形式"，同样"深邃而崇高"。[95]新时代的建造家——如尼采的"真正的历史学家"一样——具有那种创造性的力量，"彻底改变那些众所周知和闻所未闻的，如此简洁和深入地说到一种普遍情形，就是人们对那种简洁的深刻和深刻的简洁的忽视。"[96]这个始于1922年的戏剧性简化过程，在1938年后密斯的作品里得到完善。在芝加哥——这座属于建筑业的城市，钢骨架哲学及其消解客体结构的概念收获了最终的成熟果实。在1889年巴黎世博会的机器大厅里，呈现了一个在体量和跨度上几乎无法超越的形式上的创造，无柱空间作为工程师的成就，以近乎理想的方式满足了密斯结构概念的需要。

把建筑体量简化为构造和空间构成的要素，如屋顶、柱子和墙体，空间被腾空使得建筑转换成空间的外壳，这个想法从艾伯令在1922年的观点就能体会得到。玻璃高层的平面消隐了内部空间真实的柱子构造，证实了密斯在1928年解释亚当商业建筑设计时所清晰描述的那种空间。"通过每层都取消隔断的大空间"，来保障空间具有高度灵活性。"因此"，密斯解释道，"我把建筑的柱子靠外墙来设置。"[97]

巴塞罗那世博会电力工业展览馆也是由密斯设计的，它长期隐匿于巴塞罗那展览馆阴影之下不为人所知，在那里他实现了一个向着所有方向开敞的无柱的梦幻空间。被屋面所覆盖的立方体空间没有窗户，上面投影了大幅的照片。它们形成了一种具有三维作用的全景画面，使空间在想象中的地平线上延伸，从而使人忘记了墙的存在。

技术在这个空间表达中成为主题，代表着一种世界的新节奏，一种在新的宽度上对时空的把控，但也拥有一种新的生活力度。[98]"技术最伟大和美妙之处"在于获得了"空间上的自由移动"，对此鲁道夫·施瓦兹于1927年指出，这应当被严肃地视作"一起精神事件"。[99]密斯设计的空间通过新的构造联系，保障了这种移动的自由。通过他1942年的一幅照片拼贴可以说明，空间自由的可能性到底有多大，从根本上它可以同1922年密斯高层设计的表达概念相比较。[100]密斯大胆地转换了飞机制造公司装配大厅的开敞空间，并由此重新表达了符合他构造艺术的观念。现在，建筑相对于空间完全退于次要位置，简化为一个中性的、框架式的、裸露的工程构造，那里可以更换填充内容。尽管在建议作为音乐厅来使用它时，它暴露出了其自身的功能问题，但密斯以空间美学上的突破性想法，对他关于文化中技术成长的看法做出了图像上的表达，用一句话来概括就是："技术得以真正发挥的地方，往往是在建筑领域。"[101]

密斯对于空间品质的理解，与从构造和概念上对"把建筑作为

97
密斯·凡·德·罗，《给亚当商业中心的信函草稿》，1928年，引自：MoMA，晚期的德国项目。

98
引自：德绍尔，《技术哲学》，同上，169页。

100
鲁道夫·施瓦兹，《贫穷的消亡》，载于《盾牌之友》，1927/28年，第7期，284页。

99
关于音乐厅项目，参见：弗朗兹·舒尔策，《密斯·凡·德·罗》，同上，231页。

101
密斯·凡·德·罗，《技术与建造艺术》，同上，146页。

国际电力工业及输电设备展，巴塞罗那国际博览会，1929年

以马丁飞机制造车间（由阿尔伯特·康设计）的照片做的拼贴

照片拼贴，音乐厅，1942年方案

化学馆转角，伊利诺伊工学院，芝加哥，1945—1946年

克朗大厅，伊利诺伊工学院，芝加哥，1950—1956年

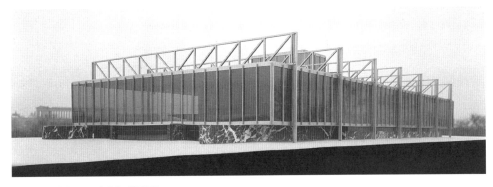

国家剧院，曼海姆，1952年方案，模型照片

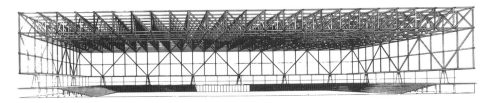

会议中心，芝加哥，1953年方案

框架"进行确认联系在一起。他七年后发表的一段关于新项目的简短文字，论证了上述想法。在"小城市博物馆"的设计中，建筑自身"被构思为一个大的空间"并具有最大的灵活性。一个仅有"三个基本元素……地台、柱子和屋面"的构造概念，成了自由性的先决条件。[102]在密斯式空间建筑作品里所演绎的生活，具有实验的特征和象征的意义。

这些被密斯从雕塑中特别地挑选出来，作为他空间的固定居住者，并以完全自由的人体形象，描绘了作为"具有个性的自身的生活空间或场所"[103]，并赋予这个空间那种瓜尔蒂尼所提及的、由内而外的开阔形式。因为在这个既不应该也不能再作为"存放地"的场所中，介于内在的艺术作品和生活世界间的"界限"[104]得到了升华，所以空间上的自由性变成了一种美学上的体验。在这里，"人的精神因素"终于发现了"与其开阔程度相符的家园"。[105]

对技术和建筑关系的表达开始于1950年左右，与范斯沃斯住宅建造（1946—1951年）同步展开，也是一个对于空间的削减过程。为了在空间的稳定性和功能化方面，为自由地移动提供最低的必要保障，内墙被削减至最终仅保留象征的意义。类似的还体现在从空间内部向外出挑的受力结构，使得空间通透没有柱子、玻璃外墙四面开敞，从而延展了空间的感觉。通过诸如小型的50 / 50住宅、凯恩（Caine）住宅和克朗大厅（Crown Hall）等整个一系列的设计，密斯发展了这种概念，并最终在1953年宏大的会议中心（Convention Hall）项目上，证明了其在构造上的极端性。

与施瓦兹和瓜尔蒂尼在精神上的紧密联系是一把钥匙，使我们有可能来理解密斯1950年左右的工作。空阔、漂浮的空间意象显示出，瓜尔蒂尼的著作和施瓦兹的教堂建筑所表达的神学观点。瓜尔蒂尼把"对于空阔的空间和寂静的恐惧……与惧怕与上帝独处，也不敢独自站在他前面"做类比，因为人们总是试图逃避："他希望总是有东西、图画、语言和声音来围绕自己。"

把崇高、纯粹、几乎全空的空间思考当作自己理念的鲁道夫·施瓦兹[106]，在他的教堂建筑中创造了密斯极其欣赏的[107]禁欲空

102

密斯·凡·德·罗，《一座小城市的博物馆》，载于《建筑论坛》，1943年78，第5期，84页附注。

103

瓜尔蒂尼，《活跃个性的危害》（*Die Gefährdung der lebendigen Persönlichkeit*），同上，43页。

104

密斯·凡·德·罗，《一座小城市的博物馆》，同上，84页。

105

施瓦兹，《贫穷的消亡》，同上，289页。

106

鲁道夫·施瓦兹在1928年1月15日致罗马尔诺·瓜尔蒂尼的信中，引用了汉娜-芭芭拉·盖尔，同上，222页："我不好意思地再次注意到，最终让城堡成为巨大、纯粹和空无的空间的想法，完全是我那时极其个人的念头所导致的结果，而建筑师其实并不清楚（他们很多至今还蒙在鼓里），还将城堡的舒适性当作一张王牌。因为，为了礼拜堂的空旷效果，我居然必须要出手打人了。"

107

乌利希·康拉德20世纪60年代在德国旅行时，曾与密斯在科隆见过面。他对我说，曾按照密斯的期待，花了一整天的时间开车陪他去参观了鲁道夫·施瓦兹的教堂。

百加得公司办公楼，墨西哥城，
1957—1961年，一楼大厅

108
瓜尔蒂尼，《虚空》（Das Leere），载
于《盾牌之友》，16. 1936/37年，第
2/3期，130页。

109
施瓦兹，《贫穷的消亡》，同上，
289页。

110
鲁道夫·施瓦兹，《技术的导引》，波
茨坦，1929年，引自：施瓦兹/康拉
德，同上，45页。

间，也让瓜尔蒂尼从中找到了建筑设计的前提："我们必须重新在上帝的房子中发现虚空，在人们必要的侍奉中体会寂静。"[108]

鲁道夫提到，在"宏伟空间的寂静中"弥漫着的，"并非是丧失了的欲望，而是找寻到了的希望"。[109]"技术上的引导"让他"重新回归构造"，来到芝加哥的那种形而上的维度。鲁道夫的著作汇集成一点，在那里密斯式的整体空间摆脱了所有的特殊目的，似乎提前呈现出来。在密斯的结束语中，发现"他的道路"是以一种类型的不断重复，恰好形成系列的工作方式，来系统延续他的建造思想的：

"整体上人们可以有勇气来接受新时代的形式'系列'，并欣赏这种紧密的关系。当然，在形式给出必须遵守规则的地方，人们会停下来：保持距离，学会用世界眼光来思考，远离孤独的空间，来跨越形式上的危险……从某种必须深入挖掘的孤独感中，能真正获得超越的能力，也许最终真正的深刻是在修行的路途中获得，或者——为了不至于产生误解，我们说——在真正的宗教中获得。"[110]

类似范斯沃斯住宅所塑造的那种简洁而又经得起推敲的结构，在这层意义上被施瓦兹描述为真正的"作品"，因为它无关功

〈294

281

对面页：湖滨大道860/880号公寓大楼，芝加哥，1948—1951年

多伦多主权大厦（Dominio Center），1963—1969年

卡尔·弗里德里希·辛克尔，波茨坦罗马浴场，1826年

能，因为它与时代彼岸距离遥远。在施瓦兹眼中，这种"脱离潮流、沉静的形式"表达了在"沉醉和伺服中保持平衡"的一种"古典主义"。[111]在这样的想法中，最终能够发现对于范斯沃斯住宅的基本认识，对此密斯自己说过它"从未被真正理解过"。[112]

瓦尔特·根兹麦（Walther Genzmer）称赞巴塞罗那展览馆是一个"引发思考的流连之地"[113]，范斯沃斯住宅的观景厅可以被理解为一个认识和静修的场所。这里，人们能够与自然的客体秩序进行一场寂静的对话，并在伟大法则的创造中得以升华，对此密斯是这样描绘的："自然也应该拥有自己的生命。我们应当避免用我们房屋的色彩和内部设备来影响它。其实我们应当努力把自然、房屋和人们更好融合起来。当您透过范斯沃斯的落地窗观察自然，比站在户外看到的自然意义更为深刻。这里更多地涉及了自然的本质——因为它是更大的整体的一部分。"[114]

齐美尔把文化看作"巨大的精神生产"，它"为了通过创造，

111
鲁道夫·施瓦兹，《新建筑?》，载于《盾牌之友》，1929年9月，207页，引自：施瓦兹/康拉德，同上，128页。

112
密斯·凡·德·罗，《我从未画过一张图画》，载于《建筑世界》，1962年，第53期，884页附注。

113
瓦尔特·根兹麦（Walther Genzmer），《巴塞罗那国际展览会上的德意志帝国展览馆》（Der Deutsche Reichspavillon auf der Internationalen Ausstellung Barcelona），载于《建筑行会》（Die Baugilde），11.1929，第20期，1655页："……最终，它让临时的参观者们，自己来考虑停留时间的长短……"

114
密斯·凡·德·罗，引自：克里斯蒂安·诺伯-舒尔茨（Christian Norberg-Schulz），《对话密斯·凡·德·罗》，载于《建造艺术和工艺形式》，1958年11月，第11期，615页附注。

295〉

柏林20世纪美术馆（国家美术馆），1962—1967年

115
齐美尔，《哲学文化》，密斯·凡·德·罗，引自：克里斯蒂安·诺伯-舒尔茨（Christian Norberg-Schulz），《对话密斯·凡·德·罗》，载于《建造艺术和工艺形式》，1958年11月，第11期，615页附注。，207页。

完美地自我回归，而自身要成为客体"[115]，这成为密斯建筑发展的逻辑。密斯最后的作品是位于柏林的"20世纪的美术馆"，后来改名为国家美术馆新馆，成为范斯沃斯住宅的一个大都市化的版本。

被城市的喧嚣所围绕，玻璃的展厅静立在纪念性的基座上，它悬挑的钢质箱型屋面被T型钢所合成的柱列，抬升到了我们世纪的一个高度。这种在城市环境中，既包容而又脱离的气质，持久地激发出那种弥漫在密斯空间的内在开阔感。

虽然告别了城市的喧嚣，但仍与其保持着视线的联系，自恋的人们在这里与第二自然即文化相遇。它们的相遇体现在艺术作品和 <296 建造秩序的精神中，也体现在联系城市周边环境的视线中。密斯的镜框式建筑恰好从属于这个目标，它——如技术一样——应当在"教育式的行进"中找寻其自身的意义。

"当我们在大厅和花园漫步的时候，我们想把我们转化
为石头和植物，我们想进入我们自己。"尼采在他的时代这

样描述了"认识中的建筑",并预言了密斯式的美术馆空间:"大概不久,首先在我们的大城市会有这样的认识:有着高大的空间、长长的走廊、宽阔和开敞的场所……没有汽车和叫卖声的打扰……建筑和场地融为一体,表达了思考和隐逸(Beiseitegehen)的崇高。"[116]

为了寻找自我和属于他自己的时代,密斯借助技术时代的钢铁神庙,赋予现代世界的人们一个可供隐逸的开阔场所。正如瓜尔蒂尼将尼采的愿景现实化了一样,他并没有"否认惯常的存在和行为",而是使一种"风格有可能在其中得以形成"。密斯在《科莫湖来信》的书页空白处写下两个巨大的感叹号,想证明的是瓜尔蒂尼给他指明的道路:"我们关注集体存在的可能性,以及如今天一样日常生活中的丰富内涵。我相信,我们将会认识到,为了完成技术、经济和政治的使命,它们自身需要一种风格和热情。为了从那里开始包裹整个世界,世界需要艺术的存在,并从自身以及比自身更深的层面上去理解。"[117]

在这个层面上,密斯进而说道:"这个或其他的世界,不会垂爱我们。身处其中的我们必须坚持自己。"[118] ✚

116
弗里德里希·尼采,《快乐的知识》,引自:《作品全集》,同上,第2卷,164页。

117
瓜尔蒂尼,《科莫湖来信》,同上,110页。

118
密斯·凡·德·罗,《札记》,同上。

附录

密斯·凡·德·罗
宣言、文章和演讲稿

密斯，约1923年

一、1922—1927年

1 （高层建筑）（1922年）

2 办公楼（1923年）

3 （办公楼）（1923年）

4 建造（1923年）

5 完成任务：对我们建筑行业的要求（1923年）

6 建造艺术与时代意志！（1924年）

7 工业化建筑（1924年）

8 演讲稿（1924年）

9 书评：关于特洛普的《房租的发展与完善》（1924年）

10 致《形式》杂志的信（1926年）

11 演讲稿（1926年）

12 致《形式》杂志的新年寄语/关于建筑中的形式（1927年）

13 斯图加特制造联盟展览《住宅》的展览前言（1927年）

14 《建筑与住宅》前言（德意志制造联盟编撰，斯图加特，1927年）/关于我的地块

15 制造联盟展览《住宅》的首发专辑前言（1927年）

16 杜塞尔多夫依姆曼协会①的演讲（1927年）

17 信札草稿（约1927年）

---

① 依姆曼（Karl Leberecht Immermann，1796–1840年）德国剧作家、小说家和诗人。他以历史悲剧出名，其小说作品是德国浪漫派和现代派的分水岭。——译者注

1

（高层建筑）

原文无标题发表于《晨曦》，
1922年1月，第4期，122-124页。

只有建造中的摩天楼呈现出独特的结构性思维，其高耸入云的钢骨架动人心魄。立面上的砌筑墙体会完全破坏这种印象，毁掉作为艺术化造型必然基础的结构性思维，并常常导致一种空洞和平庸的混乱形式。目前，充其量只有其实际的尺度使人赞叹，要是这些建筑能有超越我们技术水平的表现，那当然就更好了。我们还要放弃尝试以过度的形式来完成的新任务，而要更多地从新任务的本质出发，来探索形式的塑造。

只有当人们用玻璃来替代不再承重的外墙时，这种新型的建筑结构原则才会清晰呈现。玻璃的应用必然会带来一种新的思路。我为柏林弗里德里希火车站所设计的高层建筑，位于一块三角形的基地上，对我而言，与三角形相适应的棱柱造型是最合理的解决方案。为了弱化大面积使用玻璃时产生的生硬效果，我让立面上的各个部位彼此形成角度。玻璃制作的模型启发了我，不久我就发现，在使用玻璃时不要过于关注光线和阴影的作用，而要形成一定的光的反射效果。我在另一个发表的设计方案中，对此做了更多尝试。即便粗粗地一看，也会感受到平面的轮廓，这其实就是玻璃模型实验的结果。建筑内部的照明、建筑体量对街道景观的影<272响，以及最终对光反射效果的追求，都影响着弧面造型。为了光影效果而设想的弧线平面轮廓，通过玻璃模型的验证却并不合适。在平面上，唯一固定的部分是楼梯间和电梯井。

其他所有的平面划分，都应满足了具体需要，并参考玻璃特性来加以实施。

2

办公楼

载于《造型》杂志，第1期，1923年7月，3页。

一切美学上的投机
一切教条主义   ｝ 我们都加以拒绝。
和一切形式主义

建造艺术是空间所承载的时代意志。
充满活力，不断变幻，日新月异。

既非昨日，亦非明日，唯有今天是可塑的。
唯有这样的建筑能被塑造。

从任务的本质出发，以我们时代的方式来塑造形式。

这就是我们的工作。

办公楼是一座有关工作、组织、清晰性和经济性的房子。明亮开阔的工作空间、视线良好、空间连续，并且只在企业管理上有需求时才加以分割。使用最省的方式获得最好的效果。

材料是混凝土、钢铁和玻璃。

钢筋混凝土体现了骨架式建筑的本质。

既不要面团，也不要炮塔。在承重的屋架结构里，墙体是非承重的。皮与骨式建筑就是这样。

出于实际用途来划分办公工位，这决定了空间的进深；进深为16米。两跨框架柱间距为8米，两端最大的悬挑长度为4米，传达出最为经济的结构理念。联系梁的开间为5米，这个联系梁系统承载着天花顶板，其悬挑的末端垂直上翻，既形成房子的表皮又成为书架的背景，使空间内部到外墙都具有开阔的视野。在2米高的书架上部，通长的水平窗直达天花。

柏林，1923年5月

3

〈办公楼〉

写于1923年8月2日的手稿。这篇文章是应《德意志汇报》（*Deutsche Allgemeine Zeitung*）的约稿，对《G》杂志创刊号上发表的宣言《办公楼》的回顾，但由于密斯的拖延而未能发表。

引自：MoMA，手稿文档3。

今天日报上探讨重要的建造艺术问题，这绝非偶然。曾经作为艺术生活焦点的艺术专业杂志，因其纯粹的审美态度而没有注意到（作者原注："从中"被删除）现代建造艺术从美学到有机、从形式到结构的发展过程。现代建造艺术一直力图避免，仅在我们的生活中扮演一个配角。创造性的建造艺术家不想与过去几个世纪的美学传统发生任何联系，我们大度地把这片领域让给了艺术史家。他们的创造应当服务于生活。生活应当成为他们的导师。基于艺术的经验他们拒绝一切束缚；（作者原注："同样包括所有理论、美学上的投机和教条，以及所有的形式主义。"被删除）建造艺术对他们而言，既非理论，亦非美学上的投机和教条，而是空间所承载的时代意志。充满活力，不断变幻，日新月异。我们的时代特征应当从我们的建筑中得到体验。我们想从任务的本质中来塑造我们的建筑形式，但要运用我们时代的手段。

办公楼是一座关于工作、组织、清晰性和经济性的房子。明亮开阔的工作空间、视线良好、空间连续，并只在企业管理上需求时才加以分割。使用最省的方式获得最好的效果。既不要面团，也不要炮塔。在承重的屋架结构里，墙体是非承重的。皮与骨式建筑就是这样。

出于实际用途来划分办公工位，这决定了空间的进深；进深为16米。两跨框架柱间距为8米，两端最大的悬挑长度为4米，传达出最为经济的结构理念。联系梁的开间为5米，这个联系梁系统承载着天花顶板，其悬挑的末端垂直上翻，既形成房子的表皮又成为书架的背景，使空间内部到外墙都具有开阔的视野。在2米高的书架上部，通长的水平窗直达天花。

4
建造

载于《G》，第2期，1923年9月[②]，1页。

我们不理解形式问题，而只知道建造问题。

形式并非目的，而是我们工作的结果。

形式自身并不存在。

形式的真正完善，取决于任务的同步成长，是解决方案的最基本表达。

把形式作为目的是形式主义；我们对此予以拒绝。同样我们很少追求风格。

风格意志也是形式主义。

我们考虑其他问题。

我们正把营建（Bauerei）从美学投机中解放出来，还其建筑（Bauen）的本来面目，

这就是

建造（BAUEN）。

在住宅建设中，并不缺少钢筋混凝土作为建筑材料的尝试。但大多数情况下并不成熟。既没有充分利用材料的优点，也没有避免材料的缺点。当房子的转角和每个空间都变成弧形时，人们就会觉得材料方面作了足够的考虑。但圆角对于混凝土来说是没有意义的，而且又难以制作。把一座砖砌的房子直接转化成混凝土的，自然是行不通的。我认为钢筋混凝土最大的优点就是节省材料。为了在住宅中实现上述想法，需要让建筑的荷载和支撑尽可能集中在较少的点上。钢筋混凝土的缺点是密封性和隔声效果不好。所以，需要考虑特殊的密封层作为保护，来应对外部的气候条件。避免噪声传递这一弊端最简单的方式，就是排除一切产生噪声的源头；我考虑使用橡胶地板、推拉门窗和类似的防范措施；同时，平面布置上考虑开敞的空间。钢筋混凝土的施工还要求整体设备的精准定位，在这一点上建筑师要向船舶工程师全盘学习。当屋顶竣工以后不巧还要在上面安装暖气和设备，这对于砖砌的房子来说是完全可能的，短时间内不会将一座即将完工的房屋变成废墟。然而，类似的做法对于钢筋混凝土来说，无论如何是需要避免的。因此，只有严格控制，才能实现工作目标。

上述方法尝试在住宅中解决钢筋混凝土问题。主要的起居部分由四个柱子的框架系统来支撑。这个结构系统由薄的混凝土表皮来围

② 第一章注释第52条，日期为"1923年7月"，推测为作者纰漏。——译者注

合，这层表皮同时也构成了隔墙和天花。屋面由外墙向中间微微倾斜，通过两片倾斜的屋面形成的天沟，简便地解决了屋顶的排水问题，从而省去了大量水暖修理工作。墙面上需要观景和采光的地方，我都做了开口。

上述文字被拿掉了第一段后，于1923年10月1日寄给了奥拉宁堡（Oranienburg）的柯斯洛夫斯基（F. Koslowsky）印刷厂，以《混凝土住宅》为题发表在《G》杂志上。在手稿（出自LoC）的背面有下列文字：

这更多地取决于，将营建从美学投机中解放出来。

恢复建筑的本来面目。

建造。

野蛮人绝少对事物的纯粹性进行思考。

柜子，看着好似摩天楼的模型。

5

完成任务：对我们建筑行业的要求

载于《建筑世界》，1923年14，第52期，719页。

演讲发表于1923年12月12日，在阿尔布莱希特王子（Prinzi-Albrecht）大街8号工艺美术博物馆大讲堂举办的勃兰登堡（柏林）州德国建筑师联盟大会上。大会的主题为："我们如何应对住宅危机？需要继续来建造！"

在乡下显然存在着一种习惯，耕种杂草丛生的荒地时，会忽略一些正在茁壮生长的植株。

除了寻求一种全新的建造精神之外，我们别无选择。

尽管您已经非常熟悉我们的建筑现状，我还是希望大家回忆一下裤裆大街和达勒姆，关注一下那种全部由石头构筑的疯狂。

我竭尽全力去认识这些建筑的意义，它们既不舒适和经济，功能性也不强，居然要成为我们这个时代的家园。

如果，一定要让人们相信这样的盒子能满足生活的需要，那他们对我们评价就不会太高。

人们没有去尝试，从根本上理解和满足完全不同的需求。

内在的必然性被忽视，相信能与一种巧妙的历史手法和谐共处。

这些建筑表现出的是虚伪、愚蠢和危害性。

在这里，我们对时代建筑的要求恰恰相反：

务必要有真实性，要抛弃一切形式的欺骗。

我们继续恳请：

在进行住宅设计的时候，最终从居住功能的组织出发。

力求理性和经济化的设计，把运用新的技术手段视作必然的前提。

如果满足了这些要求，那么我们时代的

住宅就能设计出来了。

因为出租住宅只是大量单独住宅的集合，所以在类型和数量上它们形成了一种房屋的有机性。从而确定住宅街区的造型。

303> 我无法向您展示，符合上述要求的新建筑的图片。

因为，超越常规的新的探索还未出现。

为了把目光从欧洲的历史美学垃圾堆上移开，而去关注那些基本的、功能化的居住建筑，我整理了一些希腊——罗马文化圈之外的建筑图片。

我有意识这么去做，因为和雅典的精雕细刻相比，我更欣赏希尔德斯海姆（Hildesheim）的粗犷豪放。

我现在就为您展示一些居住建筑，它们在功能和材料上的处理非常清晰。

幻灯片1（一顶印第安人的帐篷）

这是典型的野蛮人的住宅，轻巧而又便于运输。

幻灯片2（树屋）

您已看到在满足实用和材料处理方面的完美性了吗？这难道不是原始森林树荫的优化方案吗？

幻灯片3（一座爱斯基摩人的房子）

现在，我带您进入冰雪之夜。苔藓和海豹皮成了建筑材料，鲸鱼肋骨变成了房子的结构。

幻灯片4（雪屋）

我们继续向北走。

一座位于中部的爱斯基摩人的房子。

这里只有冰和雪。

人们如此建造。

幻灯片5（爱斯基摩人的夏季帐篷）

这个小伙子也有夏季别墅。

建筑材料是皮子和骨头。

从北方的宁静和寂寥中，我带您走进中世纪战火中的法兰德斯（Flandern）。

幻灯片6（根特/Gent的法兰德斯伯爵的宫殿）

在这里，住宅变成了要塞。

幻灯片7（农舍）

在低地德国的最深处，一座德国农夫的房子。

住宅、马厩和谷仓这些房屋，体现了他的生活状况。

我在这些图片中所展示的是，各个部分都满足居住者的需求。

我们的要求不多。

只要有符合时代的手段。

在相关的领域，我无法为您指出一座建筑，它既满足今天人们的需求，又有新时代的敏感性，并且体现了我在住宅方面的期待和努力。

幻灯片8（皇帝号邮轮）

这里您看到的是，来自我们时代需求和方式所设计的悬浮集合住宅。

我再次提出问题：

您是否已经看到了，完美地满足实用和材料处理方面的例子？

如果，以同样的方式来建造符合我们陆地条件的建筑物，我们将会非常乐意。

只有当我们这样彻底地感受到了时代的需求和手段，我们才会获得建筑上的成就。

唤醒对这些事物的感知，就是我此次简短演讲的目的。

6

建造艺术与时代意志！

载于《横断面》（*Der Querschnitt*），1924年4月，第1期，31-32页。

对我们而言，有意义的并非是早期建筑的艺术成就，而是古典神庙、罗马式教堂（Basilika）和中世纪天主教堂所体现的，那种并非个性化的而是整个时代的创造性。有谁会去询问与这些建筑有关的人名，那些建造者的个人意愿究竟有何意义？这些建筑所体现的，完全是非个体性的方式。它们是时代意志的纯粹载体，其中蕴藏着最深层的意义。唯有如此，它们才能成为那个时代的代表。

建造艺术是空间所承载的时代意志，除此别无其他。在这个简单事实被澄清之前，无法保证新建造艺术基础方面的努力会有清晰的目标和显著的效果；而且，一直会处在彼此矛盾的混乱之中。因此，对建造艺术实质的追问具有决定性的意义。必须理解的是，一切建造艺术都与其所处的时代密切相关，只有借助鲜活的任务和符合时代的手段来加以呈现。没有任何时代能出其右。

因此，让过去建筑的形式和内容古为今用，这是一种毫无希望的努力，哪怕最高明的天才也无济于事。我们总能感觉到卓越大师们的无能为力，因为他们的工作已无法满足时代的需求。尽管他们再有天分终究还是外行，因为在错误方向上的热情是毫无意义的。追根溯源，人不可能往后看却向前走，也不可能活在过去却成为时代精神的代言人。那些远古观察家们的陈旧谬论，往往对时代的悲剧负有责任。

我们时代的进步建立在世俗之上，神秘主义者的努力终会是过眼烟云。即便参透了生命的意义，我们也不会再去建造教堂。罗马人的精神对我们来说也毫无意义，因为只能感受到形式后面的空洞。我们的时代是冷静的，我们不需要热情，而要靠理性和真实。

去满足时代对客观和实用性的要求。只有产生了伟大的意识，我们今天的建筑才能承载时代的伟大，而只有傻瓜才会否定它的伟大。

有关自然的普遍问题成了关注的焦点。单独的个体常常是毫无意义的；它们的命运并不会引起我们的关心。所有领域最具决定性的成果都具备一种客观属性，而且其始作俑者常常不为人所知。而在这里，我们时代那些伟大的匿名者就在眼前。工程建筑就是一个典型的例子。巨型水坝、大规模工业设施和重要的桥梁充满自信地矗立在那里，而它们的创造者却鲜为人知。这些建筑显示了服务于我们未来的技术手段。

305> 如果，把猛犸象一般的罗马输水道与新时代起重机的蛛丝一般的力学体系相比，把硕大的穹隆结构与新型钢筋混凝土的轻盈流线相比，就会发现我们的建筑形式和特征与先前的区别是多么巨大。在这里，工业化的生产方式无法不产生影响。在这里，任何反对功能化建筑的做法都是毫无意义的。

放弃所有浪漫主义的思维方式，才会从古典石砌建筑、罗马的砖砌混凝土结构以及中世纪的天主教堂中，发现前所未闻的大胆技术成就。可以肯定的是，在罗马样式的环境中，第一座哥特式建筑会被看作陌生的外来者。

我们的功能性建筑只有满足了实际用途并成为时代意志的载体，才会在建造艺术方面有所成就。

下面的文字出自1924年2月7日的手稿（芝加哥德克·罗汉档案）的打印版：

一座建筑物的根本意义就在于实际用途。每个时代的建筑都服务于实际用途，而且非常具体。根据种类和特征，当然实际用途也各不相同。对于建筑而言，实用性总是决定性的。（删除"并且赋予其特征"——作者原注）建筑由此而获得神圣或世俗的造型。

我们的历史教育模糊了看待事物的方式，因此总是起到混淆本源的作用。由此相信房屋是建筑自身的意志。神庙和哥特教堂的庄严语言是实用目的的结果。事实就是这样，而非相反的情况。

实用目的每次都会改变语言，这同样适用于手段、材料和技术。

对本质缺乏感受的人（作者原注：删除"其职业就是摆弄旧货"），总是尝试把过时的旧货树为我们时代的榜样，并推荐旧的工作方法作为艺术的创造手段。这两者皆为谬误；于我们毫无益处。我们无需任何样板。在这个时代，谁为我们推荐手工式的工作方法，就证明他对这个时代状况缺乏了解。手工只是一种工作方法，也是一类经济形式，仅此而已。

（作者原注：删除"那些推荐陈旧形式的

历史学家，再次犯下了同样的错误。他们在这里也具有体现本质的形式"。）人们很容易认为手工艺对自己更合适，而赋予它一种非常特殊的、只适用于自身的道德价值。从来就不是生产方式，而是生产本身就已经拥有价值。

因为我出身于一个传统的石匠家庭，所以我不仅能欣赏，而且对手工技艺也非常熟悉。对手工制品美的欣赏，不会影响我对手工业作为一种衰败经济形式的判断。在德国，仍生存着很少的手工艺人，生产只能为富豪所负担得起的贵重物品。但决定因素完全不同了，因为手工方式再也无法满足我们时代需求所达到的规模。所以，手工业终结了；尽管我们能通过改善生产方式，来达到与中世纪手工产品相同的品质，但我们仍然无法拯救它们。那些有勇气宣称，我们可以在没有工业的前提下生存的人，需要给出证明。也只有对机器的依赖，才终结了手工业这种经济形式。

我们还要明白的是，关于手工艺的所有理论不是由实践者，而是由唯美主义者在打开电灯时想到的。机制的纸张、机器印刷和机器装订，就是一个最好的说明。要是人们用所有精力的1%来改善书籍糟糕的装订的话，（作者原注：此处删除"那么这样就足以证明人类从事过伟大的事业了。"）人们就会有机会认识到，工业生产的方式提供了多么巨大的可能性。我们的任务就是唤醒它们。

所以，在我们开始发展工业的时候，就不要把它的不足和弱点，去同高度发展的手工文化相比较。

永远盯着过去是我们的不幸，它会阻碍我们去从事必要的工作，即从中发展一种有生命的建造艺术。陈旧的内容和形式，陈旧的思维和工作方法，于我们而言仅有历史价值。每天的生活都在提出新的问题；它比所有的历史积淀都重要。它要求那种眼光超前、无所畏惧的有创造性的人，没有成见地从根本上解决问题，并且从不故步自封。而结果自会在过程中产生。每个问题都会提出新的条件，并导致新的结果。我们不解决形式问题，而是建造问题，形式不是目的，而是我们工作的结果。这是我们追求的核心；在这个问题的看法上，我们今天的分歧很大，而且还涉及很多当代的建造家。但它将我们与现代生活的所有学科，都联系了起来。

诚如建造的概念与我们旧的功能和形式无关，它也同样很少与固定的材料相关。我们非常清楚石材和砖的魅力，但这并不能妨碍我们，将玻璃和混凝土、玻璃和钢铁视为成熟的建筑材料。在很多情况下，这些材料完美地满足了今天的实际用途。

（作者原注：此处删去"钢材在当今的高层建筑中用作结构骨架，而钢筋混凝土在很多情况下被证明是优秀的建筑材料。如果已经造了一座钢结构的房子，就无须大面积外挂石材的包裹，使其具有塔楼的样子。出于消防的原因，这样的做法也是不合理的。同样毫无意义的是，将一座钢筋混凝土结构的建筑包裹起来。这两种情况下，更多的是想法而非材料，形成了最终结果。"）

我们任务的目标常常是简单明晰的。只有对其加以认识并开始设计，才能带来卓越的建造方案。尽管摩天楼、办公和商业用房需要直接清晰的设计方案，但这往往会被曲解，因为人们总试图以建筑的实际用途来适应旧的观念和形式。

这同样适用于住宅。某些对建筑和空间的认知，也会导致意外的结果。人们应简单地从实际用途，即居住的组织出发，来看待一座住宅的开发，而不应将其视作一个考察其主人美学眼光的参照物。

住宅终究是服务于居住的，建筑基地、日照、空间安排和建筑材料是住宅设计的本质性要素。基于这些条件来形成建造的有机主义。然后，尽管那些熟悉的场景消失了，但可用的住宅建筑在所有区域拔地而起。当邮政马车被汽车取代的时候，这个世界并没有因此而变得更糟。

密斯·凡·德·罗

7

工业化建筑

载于《G》，1924年6月，第3期，第8-13页。

本文最先发表于1924年4月《新建筑》（Der Neubau），1924年6月，第7期，77页，标题为《居住建筑的工业化——材料问题》（Industrialisierung des Wohnungsbaues-eine Materialfrage）。开头有下述文字的前言："第5期中的文章《居住建造的工业化》触及了新建筑在社会的、经济的、技术的和艺术的方面所有含混不清的问题。"

不久以前，建筑工业化的必要性还在几乎所有的圈子里引发争论，我认为这个问题尽管很难真正地使人信服，但在更大的范围内被认真地加以探讨是一种进步。如果不是特殊因素的阻碍，在所有领域正逐步推进的工业化，就会抛开旧的观念和体验而触及建筑行业。在建筑的工业化中，我发现了我们时代建筑的核心问题。如果成功地解决了工业化的问题，那么社会、经济、技术以及艺术问题都会迎刃而解。问题是，如何实现工业化，要回答这个问题我们先要尝试澄清前进的障碍。把过时的施工工艺当作症结所在，这并不合理。它并非根源，而是一种情形的结果，它与老的建筑经济特征并不矛盾。对新的施工工艺的探索已重新开始，并 <308 触及建筑业中可以被工业化的部分。毫无疑问，当今建筑的装配特征也被夸大了。对于整体结构和大部分的内部安装工程，很久以

来都以相同的方式实施，并具有纯粹的手工特征。此种特征既无须从经济方式，也无须从工作方式上加以改变，由此恰好保护了小型企业的活力。当然，可以像新的施工工艺一样，通过采用更大尺寸的石料来节省人力支出，这丝毫也不会改变建筑的手工特征；还需注意的是，相对新的施工方式，砖砌墙体无可争议地证明了它的优越性。建筑业的根本转变，不完全取决于对迄今的施工工艺加以优化。

只要我们还在采用同样的材料，建筑的特征就不会改变，正如前面所说的，这个特征最终决定了施工工艺。建筑工业化是关乎材料的。因此，寻找新型材料是一个先决条件。我们的技术要成功地发明一种新型材料，不但可以满足工业生产和技术加工的需要，而且坚固、耐候（Wetterbestaendig），更加隔声和保温。它必须轻便并适宜加工。只有在加工的过程中，所有部件的生产才会变得真正合理。工地上的工作最终将只有安装的性质，并能够限定在超乎想象的较短时间内完成。重要的是，这将导致造价的降低。此外，新的建造艺术也将发现真正的努力方向。我知道这样一来，建筑业迄今已有的形式将会消失，但是谁要是遗憾未来的房屋不再由建筑工匠来建造，可能就会想起汽车不再是由马车修理工来制造的了。

8
1924年演讲稿

未出版的写于1924年6月19日的手稿，引自：芝加哥德克·罗汉档案。
演讲的地点、日期和起因不明。

文字的大部分出自：1924年2月7日的手稿《建造艺术与时代意志！》；演讲的后三分之一带有幻灯片的部分，几乎很少有密斯新实施的项目，而只是重复了对弗里德里希大街高层建筑和办公楼的简短介绍。第一次也是唯一的一次，他对乡村砖宅做了简单介绍。

女士们、先生们！

建筑还从来没有过像今天这样被如此频繁地讨论，而且人们也从来没有认清建筑的本质，这就是建造艺术的本质问题在今天显得如此重要的原因。

因为，只有当其本质被认清时，为实现新建造艺术的斗争才会目标明确，有效推进。在此之前，它一定会处在纷繁芜杂的混沌之中。必须理解的是，建造艺术唯有通过空间形式与时代产生精神上的联系，并借助鲜活的任务、以时代的手段来进行表达。

它在任何时候都从未有过不同。

因此，试图在我们的时代利用过去的内容和形式的努力是毫无希望的……（作者原注：继续引用《建造艺术与时代意志！》第3段）……人不可能往后看却向前走，也不可能活在过去却成为时代精神的代言人。

当今时代的构成完全有别于先前任何一

309▷

个时代，不但在精神层面，而且还在物质层面。这决定了我们的工作。

我们时代的进步建立在世俗之上，神秘主义者的努力终会是过眼烟云……（作者原注：继续引用《建造艺术与时代意志！》第4-6段）……工程建筑就是一个典型的例子。巨型水坝、大规模工业设施和重要的桥梁，充满自信地矗立在那里，而它们的创造者却不为人所知。这些建筑显示了服务于我们未来的技术手段。

反对实用性建筑是没有意义的。一座建筑物的实际用途就是其存在的根本意义……（作者原注：继续摘选1924年2月7日的手稿打印版的文字）……当邮政马车被汽车取代的时候，这个世界并没有因此而变得贫瘠。

现在我想通过一些实例，来为您说明我们对基元化造型的理解。

陶特：

这是马格德堡城市发展规划，由饱受争议的布鲁诺·陶特所设计。在这个规划中，没有出现不着边际的幻想和随意性。它的设计源自景观和交通现状，以及对生活在那里的人的关注。正是因为这个规划并不关注形式，反而获得了富有意义和个性化的形式。

韩林：

这是一个仓储建筑的设计。它是一个集中管理的种子仓库，现代农业经营者在其中

采用了科学方法和最新技术。这种流程设计对工厂的运行具有决定性的影响。这个设计出自柏林的雨果·韩林建筑事务所。

我本想为您演示其他建筑师更多的基元化设计的例子，但一是因为这样的建筑师实在不多，二是由于准备的时间太短。所以很抱歉，我想为您演示一下材料和技术对我自己建筑作品的影响。

弗里德里希大街：

建筑基地是三角形的；我尝试尽可能去利用它。广场的深度迫使我打开正面，以使内部的筒体能够得到采光。因为我觉得用石材来包裹一座钢结构建筑是没有意义的，所以就赋予建筑以玻璃表皮。

由此断言玻璃幕墙没有考虑外部温度的 <310 影响，这样的担心是多余的。即使在今天，也已经有了大面积玻璃幕墙的建筑物，所以我不知道玻璃面的尺寸是否能成为缺陷。另外，现在还有鲁德玻璃（Rudeglas）③，这种材料通过真空层来形成保温。

这是另外一个高层建筑设计方案。

人们会指责它没有经过设计，而是陷入了程式化的处理。这种指责很有代表性。它虽然出自不同的精神氛围，但还是要予以肯定，虽然新颖的建筑观念……（作者原注：

---

③ Rudeglas，丹麦语，应该是一种中空绝缘玻璃。——译者注

手稿中的语句残缺）忽略任务中程式化的一面，而在设计中找到表达方式。这是刚刚展示过建筑的平面。在这里我试图由外至内地来发展建筑，由此形成深深的凹陷。由于认识到连续大玻璃可能给建筑带来的风险，我尝试在平面上采用多边形的弧线加以解决，以实现光线的充分反射。

这是一座钢筋混凝土办公楼的设计。钢筋混凝土建筑实质上也是骨架式结构。承重的是联系框架，而填充墙不承重。这就是皮与骨式建筑。出于实际用途来划分办公工位，这决定了空间的进深；进深为16米。两跨框架柱间距为8米，两端最大的悬挑距离为4米，传达出最为经济的结构理念。联系梁的开间为5米，这个联系梁系统承载着天花顶板，其悬挑的末端垂直上翻，既形成房子的表皮又成为书架的背景，使空间内部到外墙都具有开阔的视野。在2米高的书架上部，通长的水平窗直达天花。

这张图片显示了解决钢筋混凝土住宅问题的尝试。主要的起居部分由四个柱子的框架系统来支撑，这个结构系统由薄的混凝土表皮来围合，这层表皮同时也构成了隔墙和天花。屋面由外墙向中间微微倾斜，通过两片倾斜的屋面形成的天沟，简洁地解决了屋顶排水问题，从而省去了大量水暖修理工作。墙面上需要观景和采光的地方，我都做了开口。

这座用砖造的房子，与前面的图片（指的是混凝土住宅）相反，显示了材料对造型的影响。房子的平面上，我放弃了所有通常空间联系的原则，寻求以空间效果来替代一系列的独立房间。墙体（Wand）在这里不再具有封闭的作用，而成了房屋有机性的组成部分。

结语：

上述为您演示的项目对我而言，其真正的价值并非在于成果所达到的水平，而是设计概念的特殊性。没有任何事件，能够比得上福特著作在德国所产生的巨大影响，它照亮了我们生存的世界。福特的理想是简洁和合理，他的企业在机械化方面体现了令人炫目的高度。我们推崇福特所追求的方向，但拒绝停留在他所达到的水平。机械化从来就不会成为目标，而只是手段，实现精神目标的手段。

尽管我们的双脚坚实地踩在大地上，但我们的头颅却要伸向云端。

311

9

书评：关于特洛普的《房租的发展与完善》

载于《建筑行会》，1924年6月，第5期，56页。

保罗·特洛普以《房租的发展与完善》为标题，极其详尽和明确地阐述了对住宅经济深入研究的成果。这里，我们的住宅经济首次由专家做出了清晰的表述。特洛普指明了其现状和可能性。他研究了迄今为止的住宅税收经济、收入与租金、资本运行、经营与维修费用、成本与基本租金等问题，并作为专业人士得出了客观结论。值得祝贺的是，这部付出了艰辛努力的著作得以问世之际，为建筑经济的重新启动打下了一个良性的基础。因为特洛普工作的贡献价值非凡，所以我想为所有感兴趣的朋友推荐这部著作。

密斯·凡·德·罗

10

致《形式》杂志的信

载于《形式》，1926年1月，第7期，179页。

《形式》杂志第5期上刊登了一篇由路易斯·芒福德（Lewis Mumford）所写的关于《美国建造艺术》的文章。与不久前在艺术学院（Akademie der Kuenste）举办的《美国新建筑》（Neue amerikanische Architektur）展览相比，编辑前言所提到的这篇文章，更好地介绍了美国当下有代表性的建筑观念。通读芒福德的文章后我意识到，《美国新建筑》的展览恰好成为他所表达观点的有力解释。还是说回到展览，柏林的媒体特别批评指出，展览没有明确的策划，而且也不能代表美国建造艺术的最高成就。我要描述这个展览的优点就是，正是没有采取明确和紧凑的策展方式，而是让参观者有机会来形成自身对美国建造艺术的判断。

所以有趣的是，就像门德尔松、保尔森（Paulsen）或者拉丁美洲的人那样，可以看看您自己如何来判断。对我来说，其重要性和可取之处就在于，每个人都能对当前美国建造艺术的状况形成自己的理解，这恐怕就是柏林的展览在我眼中具有的意义和价值。

密斯·凡·德·罗

11

312

演讲稿

演讲的地点、日期和起因不明。未出版的第一稿写于1926年3月17日，还有另外两稿；引自芝加哥德克·罗汉档案。

女士们、先生们！

建筑还从来没有过像今天这样被如此频繁地讨论，而且人们也从来没有认清过建筑的本质，这就是建造艺术的本质问题在今天显得如此重要的原因。因为，只有当其本质被认清时，实现新建造艺术的斗争才会目标明确，有效推进。在此之前，它一定会处在纷繁芜杂的混沌之中。必须理解的是，建造艺术始终是精神决定在空间上的体现，并借助鲜活的任务、以时代的手段来进行表达。

因此，让早期建筑的形式和内容古为今用，这是一种毫无希望的努力，哪怕最高明的天才也无济于事。我们总能感觉到卓越的大师们已无能为力，因为他们的工作已无法满足时代的需求。尽管他们再有天分终究还是外行，因为错误方向上的努力是毫无意义的。

追根溯源，人们如果生活在过去，是不可能往后看却向前走，并成为时代意志的代言人。那些远古观察家们的陈词滥调，往往对时代的悲剧负有责任。

（作者原注：手写补充）探究艺术的精神脉动并检视形式问题，都是非常有趣的事情。一个时代的精神力量能够产生影响。建造艺术并非只是解决一定的形式问题，而更关乎其中所包含的事物。

不但在精神层面，而且在物质层面，我们这个时代的构成与以往任何时代都有着根本不同。但这却成就了我们的创造。令人吃惊的是，简单的事实如何遭到了误解。人们接纳了现代生活中的众多事物，并利用所有的技术成果。对新的发现欢欣鼓舞，而且一旦涉及经济利益，就毫不回避使用最大胆的创新。但是，却拒绝从生活的变迁中，得到建造艺术的结论。原因是多方面的。对建造艺术到底是什么，人们有着一定的理解，并

相信绵延至今的永恒价值。我们无须表示惊奇，因为这也是我们教育的失误。

但令人惊讶的，是在对于历史事物的热爱中，却完全缺少与之相关联的历史意义。人们会曲解无论是与新事物，还是与旧事物之间的真正联系。所有的一切都是与生活的发生紧密相连的，而且事物的变迁总是源自生活的变化。当精神受到周围生活形式的各种影响时，柏拉图认识到了国家和社会形式的变迁，并发现了形成国家和社会的公民思想变迁的根源。

所有文化都取决于自然环境及其经济条 ‹313 件。只有从这些关联出发，才能根本理解文化。只有了解下尼罗河必须灌溉的范围及其对社会结构形成的影响，才会完全领会埃及文化的本质。因此，对希腊经济基础和社会结构的无知，是对古典主义产生误解的根源。同样，北欧文化是一定经济条件的产物，如果不是这样，那它要么不存在，要么就会向其他方向发展。内在文化的变迁也基于经济结构的变迁。就像以往那样，它也会受到政治的影响。它相应地改变了民众的生活需求，并带来了表达方式的变化。

当然，假设一个社会经济的发展会完全机械地跟随意识形态的变化，必然是错误的。上层建筑意识形态转型的产生，往往要比社会基础的转型来得既晚又慢。尽管其核

心早已被侵蚀，但事物形式的外壳，即生命过程的结晶仍将长期存在并继续发挥其影响力。当形式的意义已不再能被感知到的时候，人们还在使用它，却不断地贬低它们的价值，先前的认可也不断地丧失。如果，不提前找寻（作者原注：此处删除"新鲜血液"）新的能量和尺度，赋予生活变迁以新的表达形式，曾经最高级的生命表达就会逐渐在极度平庸中消亡。

我们本身就是那些悲剧的证人。今天仍在这些方面犯下的罪过，超出了一切可以想象的范围。如果每个人都无法理解真正的关系并错误地加以处理，那这就太令人遗憾了。但是如果因为职权而束缚了新的设计，更有甚者，会因根植于思想上的懈怠和对已发生事物的错误判断，那我们就有义务为扫除障碍而做最大努力。那些声称有权干涉和操控个体、社会生活的人，有责任充分了解事物及其相关联系。只有具备卓越能力和真正控制力的人，才有资格领导他人。

无论是多愁善感，还是野蛮的意志，都于事无补。总有一天，生命的力量会推翻那些司空见惯的荒谬，以更快的速度自我塑造。没有什么比我们的意志能根据这样或那样的方向来改变自身的生活，更加愚蠢的想法了。无论是大众还是个体，都无法实现其意志目标。只有沿着目标方向的生活，才能得以实现。

在展开有关现代运动及其原则和基础理论之前，我想为您展示一些实例，来说明在各种理论之外，建筑的本来面目是什么，以 ◁314 及什么样的条件影响了它？这将有助于我们理解新生事物的本质是什么。当我们考察建筑历史时，有两大建筑领域展现在我们面前。其中一个领域包含了服务于生活自身的建筑，另一个与感受整体文化的思想氛围密切关联。

第一种类型的建筑完全从地面生长出来，因而是土生土长的。它们脱胎于环境中的原生材料。人们并未发明它们，它们真真切切源自居住者的需求，并体现了它们所处环境的脉动和特征。这是所有农舍的典型特征，无论在地球上的哪个地方都能找到。这些设施的差异来自于不同的种族特性。然而，总的来说，住宅、马厩和草料棚，符合居民的生活习惯。其实，图片能胜过所有的语言，清晰地展现人类建造房屋时所具备那种目的性。

（图片1）在莱茵河下游到荷兰——法兰德斯海湾与威悉河（Weser）相通的地区，都能发现这种独栋农庄组成的居住区。我无法确定的是，这是日耳曼居住区的原形，还是受到了萨尔—法兰克（saarlich-fränkisch）的影响。

（图片2）它们没有方向和秩序，建造于

临近水源或树林的开阔地带，四周环绕壁垒和沟壕，中间是耕作的地块，并远离所有的道路。

（图片3）农民作为自由民，生活在这片开阔的土地上，独立生存、自给自足。唯独田间道路连接了各个农庄。

（图片4）为了弥补被削弱的防御功能，并在一个小时之内能得到紧急救援，尽管家族在分裂而且缺乏生产资料，但还是形成了这样分散的居住点。即使现在，人人都能以自己喜欢的传统的独立方式，在能满足生活需求的土地上进行建造。

（图片5）大量的日耳曼式村落的形成，也不是根据规划，而更多地基于对自然景观结构的理解。尽管建筑密度在提高，但房屋周边还是没有规划。

（图片6）没有必要有任何形式的交通。正如早期的独栋农庄一样，现在的每个村落也自给自足。唯有田间道路把村落彼此相连。

（图片7）这个村落源自日耳曼和斯拉夫之间的边境地带，其结构的目的无非是为了更好的防卫。农庄之间的空地，在遭遇攻击的时候可以轻松地封闭起来。

（图片8）这个小区的形式源自于日耳曼

村落，从中可见传统特色的、以通道连通的模式。

（图片9）这个村庄毫无疑问是开荒垦殖的结果。这座广场是乡村生活的中心，既是停车场和法庭，也是庆典和聚会场所。对于村落的塑造，广场起到了相当的作用。房屋都以自然的方式与广场形成关联。后来渐渐产生了手工业和商业。随着这两者变得愈发重要，农业的经济方式便逐步衰退。交通得以发展，道路变得愈发重要并最终成为村庄的骨架。过去建造罗马式教堂的时候，人们为了逃避十年时间侍奉上帝和服务于教堂，整个地区的人口曾一度减少，而现在很多人在遭到战争威胁的时候，会回到坚固的教堂和城堡寻求庇护。对于承诺保护的回报，人们必须参与防卫并承担其他服务任务。尽管农民也尝试在这样一个安全的地方附近定居，但手工业者和商人仍然占大多数。

（图片10）随着聚集效应的增加，用城墙把城堡或教堂周边的居住地围护起来，符合共同利益的需要。

（图片11）因此逐步形成了城市，在那里，商业和手工业能不受干扰地得以发展。那些早期城市的封闭性和有限的规模，迫使居民集中到狭窄的空间里，也迫使他们谋划并保障自己的生产和消费。每个作坊都得到委托，由此而形成了行会。显然，这种处在

<315

保护性城墙的背后、并与经济密切相关的生活，必然会形成一种前所未有的共同体意识。由此，也增进了宗教感情。精湛的手工艺和德国城市的繁荣，恰逢欧洲教会世俗权力的无限扩张，所以在中世纪城市凌驾一切的大教堂上，二者均有所体现。

（图片12）教堂的造型也在发生变化。早期它们位于开阔的田野上，长期被围栏所包围，直到被坚固的城墙保护起来之后，才完全体现出造型上的自由。经过很长一段时间，行会才实现了对生产和消费的控制。但教会越来越频繁地面临扩张商业资本的威胁。为了平息这场斗争并使贸易得以全面发展，它不断地失去土地。由此，城市开始了真正的繁荣，城市的实力也在同步增长。在与神职人员的冲突中，城市建起了学校和大学。随着印刷术的发明，手工业与最高级的精神活动产生了直接关联，由此对宗教改革带来了必要的促进。城市赢得了各种权利、自己的行政和军事法规。富丽堂皇的行会和市政厅，体现出了膨胀的权力意识。随着世俗化程度的提高，教堂最终与伟大的德国资产阶级运动走到了一起。

316〉　（图片13）火药的发明削弱了城墙防御的作用。人们开始放弃借助要塞来保护土地的做法。

（图片14）政治上的发展导致了公国（Fürstentum）的产生。这种变化在德国城市的建设发展中也可见一斑。

（图片15）现在公爵的居住地，对建筑发展起到了决定性的作用。宫廷生活得以发展。新建的国都也体现出国家生活的各个层面。

（图片16）曾经自豪的市民已成为了主体。他们的住处围合了连通宫殿的道路，并充斥着忙碌的仆从。新教的一项特殊成就，就是使科学得到了技术和经济的支持。科学实验开始了，事实上它源于从中世纪就开始的理性主义观念和新兴的资本主义。在当时的新兴国家，它获得了发展工业化生产方式的土壤。先前的交通受到陆地和水路的制约，在蒸汽机发明以后得到飞速的发展。至此工业和贸易间的藩篱被打破了。生活的变化日新月异。人口迅速增长，关税的解除使得国内经济得以自由发展。改善生活的技术成果不断涌现。统一的德意志帝国获得了世界强国的地位。从现在开始，世界交通和经济改变着生活。世界性城市在大规模出现，发展的速度使人无暇思考。

（图片17）人们无休止地建设道路。工业史无前例地高速发展。新技术带来了无法估量的可能性。大胆的、新颖的结构形式被发明出来（作者原注：这里删除了"无法认识它的局限性"）。

（图片18）交通设施占据了巨大的空间，并以粗暴的方式侵入我们城市有机体中。

（图片19）庞大的工业设施，一座完整的工业城市。

（图片20）机器早已成为生产的控制者。这大致是战前的状况。尽管战争的爆发使发展的速度得以减缓，但其方向仍未改变。相反，情况正在恶化。如果早先人们有上千条理由着手经营，那么现在也有同样的理由做最为深入的思考。甚至我们在战后才彻底明白，所有人的生活在战前已同经济息息相关。而现在有的还只是经济。它操控一切，包括政治和生活。

女士们，先生们！当然，我无意向您展现经济或建设发展的详尽情况，前面展示的目的是要告诉您，所有的建筑如何与生活相关，以及生活的变化如何影响了我们的建筑表达。

317 然而，我们所处的境况与先前的时代无法相提并论。这种境况是全新的，同样会带来新的建筑设计表达。我早些时候曾指出，社会的经济变革绝不是机械式的，同时也会伴随意识形态的变化，而后者发展的速度通常要慢得多。因此，我们无须对这个事实感到惊讶，那就是尽管存在着根本的结构变化，我们生活的外在形式却未能创造出新的

表达形式。这种转变只会循序渐进、逐步地产生。当明确的生活需求越来越多地得以表达，就会推翻陈旧和腐朽的生活形式。

（图片21）众所周知，某些技术设备会有新的强大表现形式。但还是不应陷入一种误解，认为这就是精神化的表达。这是一种技术性的美，同样，它是一种符合技术意志而非精神意志的技术化造型。这些图片展现了，新技术如何影响了建筑的施工。

（图片22）把一座建筑用沉重的石头围合、形成一座塔楼的意象，这是没有意义的，无须多说。

（图片23）某些结构也只有基于新的技术才是可能的。

（图片24）这座木结构大厅说明了，技术的新思维如何导致了新的结构。

（图片25）钢筋混凝土造就了大跨度和悬挑结构。

（图片26）连续梁系统的采用带来了全新的建筑设计，并形成了新的外观。

（图片27）这里可以看到建筑规范对退台式造型的影响。还从未有过，借助规范来形成设计的可能性。但处在一个行政管理时

代，这个缺陷也是可以理解的。实际上，只有创造力才能真正地塑造它们。

许多现代建造家都在尝试，对变革的生活进行新的表达，但无论如何，都不应是任性和随意的结果。勒·柯布西耶已经在考虑大城市的设计问题了。

（图片28）他的观点是，未来城市离不开高层建筑的建设，但在他看来，应对交通快速发展的手段更为重要。他将高层建筑集中起来，在中间设置停机坪，然后再用地铁将其联系起来。由于他放弃利用建筑物的底层，这样道路就能不受影响地穿越建筑，并轻松转弯。

（图片29）住宅也突破了迄今为止所能达到的高度，被花园和停车场所环绕。

（图片30）勒·柯布西耶继承了豪斯曼的工作，建议推倒中世纪的老旧城区并进行新建。

（图片31）对此，他也提出了高层方案的户型。

（图片32）柯布西耶的设计只有站在巴黎的角度，才能完全理解。

（图片33）巴黎是历史发展的成果，是一座有代表性的城市。

德国城市的发展过程是完全不同的。因为无法忘怀那些城市的魅力，学院派理论忙于应对中世纪城市的问题。然而，与此同时，无论个人自身有何期待，生活都要继续并提出相当苛刻的要求。交通是个问题。工作区和居住区无意义的交叉，恰恰导致了大城市里难以承受的高昂生活成本。为了给工业的发展预留更多灵活空间，整个工业区里的居住区都被取消了。先前的行政区划带来进一步的问题。每个区域的运作都与整体无关。当然，这种计划性的缺乏对所有经济和产业发展的抑制效果逐渐变得明显，因而必须加以禁止。对国民经济的认识影响了城市规划。人们认识到了位置理论对城市建设的意义。工业应该布置在生活成本最低的地方。这就可以解释，为何恰恰是在最发达的经济中心莱茵—威斯特法伦工业区，解决这些问题的呼声最为强烈。随着鲁尔居住同盟（Ruhr-Siedelungsverband）的诞生，325个城市政府统一表达出城市化的意愿。因此，就有可能越过单个行政区，为整个经济区制定一个统一的产业规划。这个产业规划无非是对工作、居住、道路、农业和休闲用地的进行划分。在此划分的基础之上，首先要确定的是交通设施。这些交通设施并不是前提，而是一定规划布局的结果，或者换句话说，运输是整个经济发展的结果。

因此，在至关重要的地方，经济的主导力量开始对城市规划施加影响。只有实现了类似想法，才能为我们城市的有机发展创造条件。

只有在此基础上，工业区和居住区、贸易和行政中心才能以与其本质相符的方式自由发展。只有在这里，我们变化了的生活文化才能找到相应的表达方式。（作者原注：此处删去"只有在这里建筑才会出现，我再说一遍，它始终是精神决定在空间上的体现。"）

> 12

致《形式》杂志的新年寄语

密斯写给德意志制造联盟出版的《形式》杂志主编瓦尔特·里茨勒两封著名的信件，以此反对杂志的命名。里茨勒和密斯关于形式概念的简短讨论，也在《形式》杂志上得以发表。

亲爱的里茨勒博士！

在您当下接手德意志制造联盟杂志编辑工作的时候，我可以提个建议吗？给杂志换个名字吧，任何一个中性的，和联盟有关的名字。

您会问，我为什么反对现在这个名字？

在《形式》这个标题中，不是有个过高的要求吗？

不是一个肩负很大责任的要求吗？难道这还不危险。

它难道对错误的方向不负有责任吗？

我们不应关注最重要的事物吗？

形式真的是目的吗？

它难道不是设计过程的结果吗？

过程难道不是最重要的吗？

一个微小的条件变化，不就会导致其他结果吗？

导致其他的形式吗？

因此，我真的期待我们能坦诚交流。请您考虑一下我的建议。

您的密斯·凡·德·罗

关于建筑中的形式

载于《形式》，1927年2月，第2期，59页。

我并非反对形式，而只是反对把形式当作目的。我这样做，是源自一系列经验和由此获得的洞察力。

形式作为目标必然导致形式主义。

因为这种努力不是源自内在，而是关注外表。

但只有活跃的内在，才会导致生动的外表。

只有生命的力度才会带来形式的力度。

所有如何的问题都出自何为的问题。

没有形式不会比形式过度更糟。

一个什么都不是，而另一个是表象。

真正的形式的前提，是真实的生活。

没有存在，就没有思想。

这就是标准。

我们不重视设计的结果，而是设计过程
的开端。

这恰恰说明了，形式是源自生活还是关
乎自身。

因此于我而言，设计过程是重要的。

生活对我们是决定因素。

在它的整体，在它的精神和真正的关联。

照亮并厘清我们精神和实际的状况，理
顺条理并付诸实施，这难道不是制造联盟最
重要的任务之一吗？

是不是把一切都留给创造力？

320▷ *给里茨勒的信的手稿《关于建筑的形式》（原
注：出自MoMA，手稿文档6）直到"真正的形式的
前提是真实的生活。但没有存在，就没有思想。这
就是标准。"与打印稿是一致的，后面的文字是这
样的：*

（作者原注：此处删除"因此，对区分古
典主义和哥特的讨论，与区分结构主义和功
能主义的讨论一样，都是不严肃的。我们既
不在古代、也不在中世纪，生命既不静止、
也不流动，而是两者兼而有之。"）

只有一个正确的、完整的设计过程会带
来（作者原注：此处删除"目的"）结果。
您认为结果重要，而我认为开端重要。

结果在某种程度上，只是设计过程的体
现，正确的开端和实施就会导致一个结果。这
难道不是最为重要，而且唯一的任务吗？因
此，对我们而言重要的是，照亮并厘清我们所
处的精神和实际的状况，理顺条理并付诸实施。

背面添补道：

我们想开启和把握生命。在精神的全部
内容和真实联系中，生命对我们而言是决定
性的。

我们讨论的不是结果，而是造型过程的
开端。这正好揭示了，形式是来自生命还是
关乎自身。因为它显示了，形式是否与生活
或者自身的意志相关联。因此于我而言，设
计过程是重要的。生活对我们是决定因素。
在它的整体，在它的精神和真正的关联。

照亮并厘清我们精神和实际所处的状
况，理顺条理并付诸实施，这难道不是制造
联盟最重要的任务之一吗？是不是把一切都
留给创造力？

13

前言

斯图加特制造联盟展览《住宅》（07.23-10.09）的展览前
言，斯图加特1927年。

新住宅的问题根植于我们时代物质、社
会和精神结构的变化；只有从这儿开始，才

能理解那些问题。

结构变化的程度决定了问题的性质和程度。它们被抽离了随意性。口号无济于事，口号也不能有助于讨论。

合理性和标准化只是问题的一部分。合理性和标准化只是手段，永远不应成为目标。新住宅问题从根本上讲是一个思想问题，新住宅只是为新生活方式而奋斗的一个环节。

14
前言
《建筑与住宅》（*Bau und Wohnung*），德意志制造联盟编撰，斯图加特1927年。

今天强调新住宅的问题是一个建造艺术问题，并非毫无意义，尽管它有着技术性和经济性的因素。这是一个复杂的问题，因此只能通过创造力，而不是计算和组织化的手段来加以解决。基于上述信念，尽管今天有诸如"合理性"和"标准化"这样适合的口号，但我认为有必要，将在斯图加特所给出的任务从片面和教条的氛围里区分出来。我力图全面地阐述这个问题，并邀请现代运动中的典型代表，针对住宅问题来表达立场。

为了使每个人拥有最大的自由来实现他的想法，我没有制定规则和提出设计要求。此外，在进行总体规划的时候，对我而言重要的是避免所有的程式化，并清除一切不利于自由创作的障碍。

关于我的地块④
引自：《建筑与住宅》，德意志制造联盟编撰，斯图加特1927年，77页。

今天在建造出租住宅的时候，出于经济原因提出了合理性和标准化的要求。另一方面，居住需求差异化的扩大，要求最大限度地满足使用方式的自由。未来要考虑让这两个方面相互协调。骨架式结构是最合适的结构体系。它加工方便，并带来内部空间划分上的自由。如果只把卫生间和厨房设施限定为固定房间来安装，然后决定用灵活隔断分割其余的住宅面积，那么我确信，这样将会满足所有合理的居住要求。

结构体系是钢骨架建筑形式，构架间填充墙的强度有石砌墙的一半。为防止室温的上下波动，外墙用4厘米厚的泥炭板（Torfplatte）覆盖，并以抹灰面层包裹。

为了减少噪声，住宅间的分户墙加装了2厘米厚的泥炭板。

对于实心的天花板，做了下面的施工构造设计：依据常规尺寸的钢混楼板、其上2厘米厚的石灰砂浆成为亚麻油地毡的基层。

---

④ 此文第一、二版篇幅不同，这里根据第二版较长篇幅译出。——译者注

构造板固定在钢梁间的木格栅上，成为抹灰的基层。

露台采用了比恩式（Biehn）的防水作法。

屋顶是两层油毡覆盖的实心屋面。

整个地块采用了集中供暖和供水系统，所有的管道暴露在墙的前面，而照明线路都埋在了粉刷层下面。

建筑的外表面以水泥砂浆抹面。

窗户被设计成中悬窗（Rekordfenster），这样窗扇打开的时候，彼此上下重叠。

前言⑤

制造联盟展览《住宅》的首发专辑，斯图加特1927年。载于《形式》杂志，1927年2月，第9期，257页。

1925年夏季，在不来梅的德意志制造联盟大会上，符腾堡行业协会（D.W.B.）提出在斯图加特办一个展览来探讨住宅问题，这个提议被采纳并委托我来实施。

1926年7月29日，斯图加特市议会通过了这项提案，并审批了总体规划。1926年11月中旬，"制造联盟住宅展览协会（Verein Werkbund-Ausstellung die Wohnung)" 成立，并于1927年3月1日在魏森豪夫的地块上举行了开工奠基仪式。

受委托之初我就清楚，我们的操作必须一反常规思路，因为任何一个认真研究住宅建设问题的人，都要对其复杂特征一目了然。

有关"合理化和标准化"领域的呼声和对于住宅产业经济化的期盼，只能解决部分问题。这些问题尽管很重要，但只有放在正确的尺度中才真正有意义。除此之外，空间问题的方面还好一些，因为只有通过创造力，而不是通过计算和组织化的手段来加以解决。我放弃设定任何规则，而仅限于选择那些合作者，其工作有望为新住宅的问题贡献灵感。展览从一开始就是实验，其价值完全与所获成果无关。

每位参展的建筑师都对市场上新材料的应用进行了研究，并据其可靠程度加以选用。无论如何，建筑技术的水平限制了我们在这方面的尝试。

没有建筑行业的合作，组织的问题就无法得以解决。我们完全止步于斯图加特，因为我们无法对分工组织产生影响。只是在空间问题，实际上也就是建造艺术方面，我们才真正拥有自由。

---

⑤ 此文第一、二版篇幅不同，这里根据第二版较长篇幅译出。——译者注

16

杜塞尔多夫依姆曼协会的演讲

未出版的手稿，1927年3月14日，出自：芝加哥德克·罗汉档案。

建造艺术运动也有路线之争。这就是关于平屋顶的讨论。其中反对者被指责为反动，而支持者则被斥之为异国情调。这场争执之所以显得很重要，似乎是触及了建造艺术的生死问题。尽管这场争执只涉及外观，还牵连出许多有影响的名字，但它与奠定新建造艺术的斗争没有丝毫关系。

这场斗争发生在一个完全不同的层面，只是为了新生活方式而角逐的一个环节，而不是像学院派所说的那样，是一个小集团的心血来潮。这是一次借助新技术新材料来变革生活和工作方式的努力。一个变化的世界需要属于自身的设计。不是常规性的应对，而是把握真正的责任，是所有这些努力的核心。

文明人的无知和社会的陈腐历史噱头，对我们都没有意义。虽然，金融和商业领袖们要求他们的工作场所符合中世纪自由领主（Handelsfuersten）的生活方式，但这无法掩盖，他们的工作对我们生活所产生的巨大影响。对于今天的剧场和电影院里还悬挂着蓬巴杜[6]（Pompadour）时代的道具，现在人们选择住宅时偏好拙劣模仿的后宫（Lustschloss）风格，我们并不感到惊讶。使自己合法化的愿望无处不在。这是重大社会变革早期的典型行为。只是在考虑想要制服（Rempeleien），或者苏格兰格子（Schottenhafelei），而没有人考虑大众的需要。

就像服装设计师眼中的大众一样，他们并不是那样毫无特征。特别是大众表现出清晰、强烈的生命脉动和对客观性的追求，以及对生命毫不掩饰的赞美。他们内心的力量将产生作用并显示效果。

因为只有承载生活全部内容的建造艺术才是有生命力的，所以现代运动的领导者试图了解精神和物质的力量，从事研究而不带任何偏见并从中得到必然的结果。因为，只有建造艺术获得时代物质力量的支撑，才能在空间中贯彻其精神上的决定。这才是真正的意义，任何一个时代都无出其右。

17

信札草稿（约1927年）

引自MoMA，笔记文档2。

（图片1）

过去还没有产生今天这样的建造艺术。（作者原注：删去"只有"）贝尔拉赫是一位

---

[6] 蓬巴杜：这里指法国路易十五时期的蓬巴杜侯爵夫人（1721—1764年），她和画家布歇等开创了宫廷的洛可可风格，并影响到当时整个欧洲的文化和艺术。——译者注

孤独的巨人，他那时刚从崇尚赖特的美国归来。是贝尔拉赫（作者原注：删去"是我的导师"）而不是现代荷兰的成就影响了我。我与荷兰的关系，要比通常理解的（作者原注：删去"只有"）要久一些。

大家或许并不知道，我是少数几个从1913年起就没去过荷兰，而且也没有参与其建造艺术成就的德国建筑师之一。我正在给您写信，是因为我看到您不仅是一位敏感的讽喻家（作者原注：删去"而且"），有兴趣专事嘲讽，但招来的却是误解。这首先有趣，其次也很健康。

在您对古典主义的偏爱中，是否忽略了，平屋顶在满足自由平面的需求方面，超越了所有其他的屋顶形式？

（图片2）

情况表明，一场围绕平屋顶的战斗打响了。这就好像做圆的、还是厚的奶油小煎饼一样：精打细算的自然向理性主义宣战。加班工作。那远离战场的真正的运动，是像科学一样努力寻求新的知识以及……（作者原注：原文无法辨认）终有一天出现新的结果并决定胜负。

这场发生在建造艺术内部的战斗，不仅仅在专业范围内发生和终结，而且是所有领域争议的一部分。

传统：

把当今一代推向当代生活并承担真实和积极的责任，而不是维护一种糟糕的（作者原注：此处删除"被遗忘和隐匿"）传统；真正的任务是成为精神发展的传承者。

大众并非如服装设计师所宣称的那样，毫无个性而言，而是让我们感受到了最强的生命脉动。今天的社会自身有责任，终结一个陈腐和被嘲弄的传统，同时（作者原注：删除"那个"）我们当然明白，不要让个体从这个框架中脱离。

建造艺术是精神在空间里的决定过程。

（图片3）

我们也知道……（作者原注：原文无法辨认）对大众的指导是不够的，所以（作者原注：此处删除"在这里"）不像服装设计师所宣称的那样，严肃地认为大众并不（是）那样毫无特征而言。我们能从中感受到最强的生命脉动和对客观性的强烈追求。

这难道不正是，从大众那里感受到的标准吗？

平庸：

是否每一代人的责任就是建立积极的生活方式，摆脱落后的思想？这不就是时代最有活力的表达（作者原注：删除"一个对生活的认可"）吗？

在某种程度上浪费重要的机会，这不是一种耻辱吗？（生活不就是我们所开创的吗？）

把真正的任务托付给服装设计师，并对其陈旧的解决方案表示满意，这难道不是生

324>

意人的想法吗?

我们知道,只要时尚还统帅一切,就无法清楚呈现时代的开阔视野。

对于所有其他精神领域……(作者原注:难以辨认)领导者,这些不同的行为不就是绊脚石吗?

人们难道忘了,建造艺术不是精神在空间里的决定过程吗?

(图片4)

为何您相信荷兰人对我有影响?我对那些建造艺术的判断根本不是这样。

二、笔记本（1927—1928年）

编辑前言

1 演讲笔记

2 摘录

密斯的笔记（87页，14.9厘米×11.5厘米大小）手稿（铅笔）散页，保存在纽约当代艺术博物馆密斯·凡·德·罗档案里，由于字迹辨识困难，到今天仍未得到评估和出版。

除了手稿笔迹识别的问题之外，因为无法确定散页的原始顺序，也使笔记本的利用受到了影响。此外，由于笔记的电报体风格，几乎无法重构上下文的关系。密斯绝大多数的笔记显然来自书籍中摘抄，所以前后所做的笔记顺序就用数字来表示。但只有少数的地方，直接标明了书的原作者和书名。密斯式极少和减法原则，也同样体现在只写出了要点内容。所以，例如常常出现的意大利城市"科莫"（Como）一词，在这里实际指的是罗马尔诺·瓜尔蒂尼《科莫湖来信》。而另一本书，即马科斯·德绍尔的《技术哲学》，密斯显然对其非常熟悉，他在摘录时都没有列出作者和书名，而仅附上了页码。

328〉　由于上述多方面的因素，对密斯笔记的理解和辨认受到了限制。原则上没有逐字逐句地研究阅读笔记，而是在密斯加入自创和陌生词汇的地方，来考察文字内容对他的重要性。如果，人们不怕辛苦地对文字出处加以比较，就能充分揭示密斯关注事物本质的特点。

此外要说明的是，密斯自己的思考和联想扩展了他的摘录，并成为阅读的补充。比如在下面罗马尔诺·瓜尔蒂尼《礼拜仪式的形成》第42页上，再次出现了与工业时代泰勒制有关的话："实用性开启了有关的控制、规范和方法。"后面紧接着"有人还想在自然中运营一家福特式的企业。"另外的例子是通过类比的方式，来说明对阅读文本的处理：在著作《关于圣符》（*Von heiligen Zeichen*）（第11、12页）中，瓜尔蒂尼引用了教皇庇护九世（Pius IX）的话：

"重新赋予词句以意义"——密斯转引了这个警句，并通过添加"形式的处理"而与艺术产生了关联。瓜尔蒂尼呼吁对生命的信仰，"我们想重新赋予事物以意义"，得到了密斯这样的回应："今天谁还能感觉到墙壁，上面的一个开口？"

根据辨别度来对这些遗作加以编排，是很有必要的。假如不想把演讲笔记搞混的话，就要把它与摘抄内容区分开。如果无法避免内容上的交错，那就顺其自然。为了更有利于阅读，对笔记中缺省的部分做了添补。添加的内容用括号［ ］加以标注。

为了在阅读密斯笔记时方便地检索文字的出处，在页面的空白处注明了原书相应的页码。同样，空白处也给出了密斯在阅读原文时所添加的注释。5张罗列了建筑师名字的笔记卡片，最终没有收录进本书。

笔记本上密斯标注的日期："17.03.28日记"（第33页），只有部分比较可靠。最早的出自1927年最后一个月。在这可以得到关于魏 <329 森豪夫住宅区经历的评论（参见第8页），此外，还可以与1927年10月同一时期出版的法国《工程天才》（*Le Genie Civil*）杂志第18期相互对照阅读（参见第31页）。另一方面，1928年2月所做的《建造艺术创造的前提》演讲清楚地说明，密斯显然是利用了他的阅读笔记。阅读时他注明的著作出版年份，也标明了笔记的时间框架。

罗马尔诺·瓜尔蒂尼的《科莫湖来信》——版权页上标注的日期是1927年9月3日——出版于1927年最后几个月。弗里德里希·德绍尔的《技术哲学》和列奥波德·齐格勒的《人与经济之间》（*Zwischen Mensch und Wirtschaft*）同样在1927年出版。对《科莫湖来信》的阅读，估计唤起了密斯对瓜尔蒂尼早期作品，即小册子《礼拜仪式的形成》（*Liturgische Bildung*/1923年）和《关于圣符》（1922年）的兴趣。然而，这类摘录偶尔会与1927年的摘录混在一起，因此可以排除早于1927年的日期。

尽管还没有百分之百的肯定，大部分的笔记不大可能早于1928年。今天留下的卡片可能只是大量长期积累的笔记的一部分，或者也许是更多类似的笔记的集成，这一切都不是没有根据的。"卡

"卡塞尔。无理取闹而没有要求，可惜也是基于这样的阐释。福克斯。"*下面继续"不该全是标准的。只有那些意义的。为什么要自愿束缚双手。"（第8页）这些笔记应是与奥托·海斯勒（Otto Häsler）1929年夏天在卡塞尔仿效达默斯托克（Dammerstock）的住宅样板①所设计的单调乏味的行列式住宅区有关。1930—1931年，第一期工程在卡塞尔罗森博格（Kassel-Rotheburg）得以实施。

*密斯这里影射的是爱德华·福克斯（Eduard Fuchs）1912年出版的多卷本著作《风俗历史图解》（Illustrierte Sittengeschichte）。密斯也拥有这部当时的工具参考书。福克斯所居住的波尔斯住宅（Haus Perls），由密斯于1926年完成了加建。受福克斯的邀请，密斯为卢森堡和李卜克内西设计过一座纪念碑。引自：弗兰兹·舒尔兹，《密斯·凡·德·罗：一部批判性的传记》，1985年，124页。

缩略语：

科莫 = 罗马尔诺·瓜尔蒂尼，《科莫湖来信》（*Briefe vom Comer See*），美茵茨1927年；

礼仪 = 罗马尔诺·瓜尔蒂尼，《礼拜仪式的形成》（*Liturgische Bildung*），罗斯菲尔斯（Rothenfels）1923年；

圣符 = 罗马尔诺·瓜尔蒂尼，《关于圣符》（*Von heiligen Zeichen*），维尔茨堡（Würzburg）1922年；

德绍尔 = 马科斯·德绍尔，《技术哲学》（*Philosophie der Technik*），波恩1927年；

齐格勒 = 列奥波德·齐格勒，《人与经济之间》（*Zwischen Mensch und Wirtschaft*），达姆施塔特1927年。

---

① 达默斯托克（Dammerstock）住宅区，由格罗皮乌斯于1927-1928年设计完成的、位于德国卡尔斯鲁厄的行列式布局的住宅小区。——译者注

演讲笔记

（第1页）

演讲

多么荒谬的经济，

如果以钢结构房屋来体现

钢铁工业协会的努力，

那就只是经济。

以真正富有灵性的经济

来加以取代；那就不会显得太少，

而是变得更加重要。

（第2页）

演讲

所有的时代

都要构建生活；

我们的生活拥有什么？

——

人类和技术。

创造的洪流（大众。）。

在洪流之中

满足大众的差异性或者

反抗铁腕。

大量地需要内心生活。

技术要有精神内涵。

新技术手段，

新技术材料。

（第3页）

演讲

柯布西耶错了，

他的立场是

与纯古典主义思想建立联系。[1]

——

中世纪[2]

67. 76. 90.霍夫曼的技术和空间艺术，

建造艺术同样适用。

92.98.

关于人类的永恒

［马克斯］舍勒，［莱比锡1919年］

（第4页）

与新事物的斗争

肯定无须

牵连旧的，

我们愿意相信

最深层的原因就是

要对抗理性。

一个人想要超越理性。

要问，这种方式

是否可行。

科莫38。

1
瓜尔蒂尼著作中的文字，也可以看作是对柯布西耶的评价。在瓜尔蒂尼的《礼拜仪式的形成》一书的74页，密斯有如下的圈注，可以当作他对柯布西耶的看法："这就是海夫勒在他的著作《形式法则》（Gesetz der Form）中所竭力表达的观点。但他要强调的是：他表达的并非是'天主教的（立场）'，因为天主教也包含了主观能动性，而不是最有价值的、绝对正确的。无论如何，与带有浪漫主义古典观念的天主教立场相混淆，这本身就是一种谬误。"

2
推测与保罗·朗兹伯格的《中世纪的世界与我们》（波恩1922年）有关。

（第5页）

演讲

达勒姆①的达达主义

——

技术无处不在，也存在于

思想中。科莫。

（第6页）　　　　　　　　　　　　　　　　　　　　　　　　　<332

演讲

人们谈论新建造艺术的胜利。

我必须指出的是，

这里根本无须谈论。

我们几乎还未开始。

只在很少的地方出现了

新大陆。获胜的

也许是一种新的形式主义。

只有（作者原注：此处删去"斗争"）新的生活方式形成了，

才能来谈论新的建造艺术。

——

最下面的人

——

［恩斯特］马赫（Ernst Mach），知识+谬误，

莱比锡1905年

---
① 达勒姆（Dahlem）是位于柏林城市西部的一个传统贵族和富裕阶层的居住区。——译者注

（第7页）

演讲

艺术爱好者和受过教育的人

与真正的生活保持距离，

以便从其立场中得出结论。

——

瓜尔蒂尼。信仰是超自然的

现实意识。

倾听就是看不见的

现实中的生活。[3]

——

333＞（第8页）

演讲

突破边界。

斯图加特。测试极限。

由社会经济状况所设定的

边界

是无法逾越的！

——

卡塞尔。无理取闹

而没有要求，可惜

也是基于这样的阐释。

福克斯。

——

不该全是规范统一的。

只有那些存在意义的。

——

为什么要自愿束缚双手。

3

罗马尔诺·瓜尔蒂尼，《关于圣符》，维尔茨堡1925年，13页，密斯的圈注："信仰是对现实的超自然意识。信仰就是看不见的现实中的生活。我们有这样的信仰吗？"

这里可以参考密斯1923年12月12日的
演讲《完成任务》所体现的立场："尽
管您已经非常熟悉我们的建筑现状，
我还是希望您回忆一下裤裆大街和达
勒姆，关注一下那种全部由石头构筑
的疯狂。"

（第9页）

演讲。服务。B.T.①

目标明确，并不意味着

有意识地确立目标（作者原注：此处删除"实用性的"）

———

老房子信用问题。

与其他的行为相反，

仅仅取决于合理化的处理。

———

形式的破坏/通过结构的改变

并按照经济性的需求。

（第10页）   ‹334

演讲

呼唤强者。

中士（Feldwebel）

———

经济性、社会性、思想性。

———

社会经济形势

———

我们近郊别墅区的混乱，

仅仅只是无政府主义状态？难道不是

背后的根本差异？[4]

———

① B.T.：此处缩略语推测为Bruno Taut的缩写。——译者注

5
这里指的是密斯在《建筑行会》，1924年6月，第5期，56页上发表的书评，讨论了保罗·特洛普的文章《房租的发展与完善》。

（第11页）

演讲

一切都在为成果服务。

人们自身［在］收获的过程中

培养对艺术事物的兴趣。

——

旧的艺术似乎对我们遥不可及，

它向来如此。

艺术只产生于

我们经济结构的土壤里。

——

没有风格归因于

文化上的欠缺。

对此无须解释。

没有风格实际上

就是无政府主义。经济领域的无政府主义

与艺术领域是一致的……

因为［这］也是差异化的表达。

继续。

335 ＞ （第12页）

继续。

呼唤风格，于文化之后，

是疯狂而且

是一个混沌而没有灵魂时代的最终遗产。

特洛普（Tropp）。[5]

演讲

所有以计算的方式

在建造艺术方面的尝试

6
推测节选自：鲁道夫·施瓦兹的著作《技术的引导》（波兹坦1929年）："乡土保护运动……从最宽泛的意义上来讲，就是保留现有的并恢复已经消失的……它适用于整个无法被创造性解决的问题领域……此外，在时代现实中也守护灵魂，这类似于保护公园。在那里，枯萎的植被和垂老的人们都能找寻到他们的休养之地……保护者的姿态意味着抵抗、妥协和退却。"引自：鲁道夫·施瓦兹，《技术的引导及其关于新建筑的著作（1926—1931年）》，玛利亚·施瓦兹（Maria Schwarz）和乌利希·康拉德编辑，布伦瑞克/威斯巴登1979年，41页。

都会失败。

——

付费系统［？］环［？］96页

为了服务，

反对技术的统治。

技术是

通往自由的大道。

——

（第14页）

演讲

没落的不只是西方，而是

整个世界。

——

（作者原注：此处删除"没有一个"）

因而产生保守主义者和

乡土保护者。明天的

文化保护公园。[6]

（第15页）

演讲

居住需求的普遍化

要从经济平等的角度来理解。

大众的社会平等

不会扩大思想上的差异。

因此居住需求

不仅是从经济方面产生的。

37。

﹥（第16页）

演讲

对于新事物的立场

也不尽相同。这里

人的内在立场也是有区别的。

（第17页）

看不见的工作。现在已经

从8小时减为6小时。　　　　　　　　　（参考齐格勒，50页）

要思考一下。

——

生产设备+方法集约化的同时，

要有精神方面的需求。

更好的表现来自每个

部分，更好的表现来自所有的途径。

（第18页）

野蛮时代在装饰方面

付出过很多精力。精神上的

沙文主义（sullivanisch）。

一个有思想的人

想要的不会超过他的需求。[7]

借助技术来平衡付出的精力。

最起作用就是去除装饰。

智利式的房子代表了野蛮时代的技术。

数量取代了质量。

——

7
参见：西格弗里德·艾伯令，《膜的空间》，德绍1926年，16页："一种濒死文化的症状就是，人们生产的比需求的更多，继续发展想法而不是健康，并预测自身尚未产生的需求。"

过去和现在工作的女性。

美的产生，

直接。

——

灯光里的商业广告。

（第19页） 〈337

弗利兹·克拉特（Fritz Klatt），《创造性的瞬间》（*Schöpferische Pause*），耶拿，［19］21年

——

最近的二十年

带来了科学思想上的巨大变革，（作者原注：删除"为其"）

其意义对于未来

无法预测。

（第20页）

新的要求：

与现实生活的关联。

新人类。塑造

与环境的关系。

不拒绝，而是

加以（作者原注：此处删除"肯定和"）克服。

（第21页）

大众。

我们在此。

通过规划未来来完成。

差异性和新的态度。

（作者原注：此处删除"新任务"）

尝试完成：

机械化、积极性、

（作者原注：此处删除"意识形态的"）精神化的

新建造艺术。

不同方向。

（第22页）

住宅是一种实用品。能够问

是为了什么吗？

（作者原注：此处删除"显然"）可以问，

它与什么相关吗？

显然只与身体的存在相关。（作者原注：此处删除"那个"）

338▷ 那么一切就顺利了。

人毕竟也有精神上的需求，因而

从不满足于忧郁地待在墙后面。

（第23页）

即使最强大的组织能力

也无法超越秩序。

人们只能

对现状加以安排。

（第24页）

所有领域的

混乱，

经济的、

社会的、

精神的。

8

密斯在德绍尔著作的圈注，137页："技术的本质在其完善中得到明确。一只钟表，即便拥有了所有零件也没有意义，本质上还不是钟表，因为它还不完善。这只表最终还缺少的品质，也许就是那种圆满的秩序，即便是旁人都准备好了，但它还并非是钟表，而只是一堆蠢笨的未完成的形体。当其理念的最终条件完全接近完善的时候，其本质就跃然而出。"

9

密斯在德绍尔著作的圈注，141、142页："有一点是肯定的。普遍来说，在进行技术设备发明的时候，不会去考虑美学因素。其原因既不在于所描述问题的概念，也不在于自然法则的范畴。但同样可以肯定的是，完善的技术设备能提供美的体验……技术远离装饰。它的美感来自于自身……能带来美感的工程技术设备，看上去都源自相同的独立价值。其根本原因在实用目的观念中，形式具备了精神上的内涵。当所有形式的意义慢慢流淌并熠熠闪光，当物质被所吸收的思想照亮并变得透明，当运动部分的精神律动成了体量、色彩和造型，那么将最终形成统一的多样性，使技术设备拥有美学体验的客观基础。从根本上来讲，住宅的空间分配和色彩的确定，也都出于这个原因。因此，建筑的技术目的不在于房子，而是居住，正如机械制造的目的不在于车辆，而是为了行驶一样。"

（第25页）

创造性的美

是真理之光。

是内在对于外部的回应。

建立人与技术之间的关系。

获得新的立场。

（作者原注：字迹无法辨认）

经济。

修行。

理念优先于道德。

静默。静默。

城市设计。

（第26页）

与里茨勒之争，技术性的。

我们首先要求立场，

我们想要真相。

里茨勒式的美。

——

技术的本质

在其实践中得以确定。[8]　　　　　（参考德绍尔，137、139页）

——

技术远离装饰。[9]　　　　　　　　（参考德绍尔，141页）

技术作为教育者。

把工厂当作神庙来建造的人，

就是欺骗，就是在破坏景观。

<339

（第27页）

认识秩序法则，

而非创建。[10]　　　　　　　　　　　（参考德绍尔，141页）

功能主义理论

——

强度和广度

——

技术 12。　　　　　　　　　　　　　　（参考德绍尔，12页）

必须有一些要素

出现，创造性的。

——

瓜尔蒂尼，对待事物的立场

——

至上主义。

——

建筑工匠行会（Bauhütte）①。

僧侣的拉丁文。

——

没有受过教育的建筑

没有的贸易"

（第28页）

缺少学校，

从建筑思想上加以训练。

今天重新负起责任。

工程师式的建筑。

——

---

① 建筑工匠行会（Bauhütte）：Bauhütte在德语中本意为"建筑工棚"，后来特指中世纪为建造哥特教堂而形成的建筑工匠行会，因歌德在研究莱茵河流域的艺术和文物时的引用，这一用法得到广泛传播。1920年代，在欧洲的德语区曾产生过一个"建筑工匠行会运动（Bauhüttenbewegung）"，出现了一大批住宅建设领域的组织团体。——译者注

工程师的信念

就是，实现更加安全的围墙［？］

——

今天。

技术的成熟，

＂经济的。

技术、经济［有着］

与财务风险方面的联系。

（第29页）

新的形式

通过新的秩序，

来界定。

——

对符合建筑的［？］

自然、经济和技术

进行策划研究和深入工作，

然后就产生了事物的新秩序；

从中诞生新的建造艺术。

——

从存在中挖掘必然，

在技能中发现使命。

——

对今天的作用无处不在。

（第30页）

有意识的技术。

反对哥特式。

技术。意识。

——

中世纪/81

——

帆船的技术性。 （参考科莫，18页）

——

产生意识

——

音乐厅

——

我们要沉下心来，

去做必须做的事情。

341▷（第31页）

《工程天才》（*Le Genie Civil*）/第18期，29、10、[19] 27年。[11]

（第32页）

上面第2页

有色金属

——

中世纪的人们不知道体育场。

——

实用目的对秩序的影响，

变化了。

11

这里指的是《工程天才》（*Le Génie Civil*），法国对外工业周刊，巴黎，1927年18期，421-427页刊载了一个音乐厅设计（即巴黎新音乐厅/La Nouvelle Salle De Concert Pleyel à Paris），介绍了钢筋混凝土结构中的特殊声学吊顶。密斯在1928年2月的演讲《建造艺术创造的前提》里，用幻灯片介绍了"巴黎的一座3000人的音乐厅"："努力认识声学的科学规律，由此开始对大厅的设计产生影响。"

12
在这里密斯标注出他认为重要的主题，引自德绍尔的著作《人与技术》，第2章的目录，7页。

（第33页）

展览

哈瓦湖①区域的设施。

花园式饭店，

商业街。

酒店式公寓，

森林学校。

17. III. 28.日记

——

Wutenow 2

（第34页）

演讲

主题。

通过建造艺术

拥有技术世界。

技术世界

对我们生活的渗透

变化的条件

在空间上的体现。

技术。7。[12]   （参见德绍尔著作，7页）

技术对灵魂的影响。

完全放弃

作品的个人目的、情绪和卖弄。

面对一个

内心的计划。

融入作品创造

8   （参见德绍尔著作，第8页）

---

① 哈瓦（Havel）柏林近郊的一个湖，是柏林市民休闲度假胜地。——译者注

342 （第35页）

演讲

不仅是自我启迪，

还有服务。

误解存在于

业主和创作者之间，

存在于唯物主义者和唯心主义者之间。

片面的处理和整体的处理。

从中会产生什么？

52 追求艺术

10

我们被斯芬克斯追问，　　　　　　　　　（科莫，10页）

生死取决于，

我们是否找到了答案。（作者原注：108被划掉）

——

（第36页）

演讲

每种文化也都感受到了

其自身衰落的力量。

——

礼拜仪式的形成

52。

每个时代都有其使命及其　　　　　　　　（参见礼仪，52页）

价值观

而且总是以不足为由

从另一方换来成果。

——

（第37页）

混沌。

旧世界的沦陷。

意识，

技术世界。

人、技术、

创造性的、

社会的。

经济的。

组织的。

343 > 2

摘录

摘自：

《科莫湖来信》，

罗马尔诺·瓜尔蒂尼，1927年3月。

（第38页）

寻找答案，　　　　　　　　　　　（科莫，9页）

不只是思想的，

还有生命的活力。[13]

——

问题非常多。　　　　　　　　　（科莫，9、10页）

它想从中知道，

发生了什么事情。

答案告诉我们

一个决定，我

不知道什么更强大些：

现象和不可避免的强迫

抑或认识和跨越式的创造。

（背面）

如歌般线条流畅的风景中，

一座工厂　　　　　　　　　　　（科莫，13页）

毁灭了这一切。

比例和节奏。

[13]
"我们谈论过很多事情：自己的生活，以及发生在整体之中并交织在一起的事情。我也尝试去抓住一个随处可见的问题。（作者原注：此处开始密斯的圈注）很久以来，我感觉到它变得愈发强烈，而且我知道，无论我们是否能找到答案，那生命的而不只是思想的活力，更多地影响了我们的生活。"

参见:《科莫湖来信》,11页:"还要我如何对你说?……我看见,机器入侵了文化源远流长的土地,我看见,在无尽的美中行将就木的人,我感到:这不仅仅是一场浩劫……当我从米兰经过布里安扎(Brianza)到科莫湖,一路上植被茂密、整齐划一、群山环绕,眼前的一切清晰开阔,令人难以置信。每一片土地上都有人居住,峡谷和山坡遍布村落和城镇。整一个人造的自然……处处鸟语花香……自然与文化之间没有过渡……我难以描绘,自然有多么人性化,就像人所感受到的,一种非常清晰和深刻意义上的人的存在。

但是,现在我在一小块风景的优美线条中,发现了工厂的粗糙盒子!看哪,就像……一个烟囱突兀地出现在高耸钟楼的旁边,毁掉了一切。这是可怕的,您必须花一点精力来理解!往北走我们都习惯了……但这里完全不一样!这里还存在着贴近人类的形式。这里还有人性化的、宜居的自然。但现在我发现了入侵和破坏……自然人性的世界、适宜人居的自然消失了!这是多么令人伤感,难于言表。……我终于理解了荷尔德林!我清晰地感到一个世界的到来,'人类'——在某种特殊意义上——再也无法生存。某种不人道的世界。"

(第39页)

机器入侵了

文化源远流长的 （科莫，11页）

土地。

我看见

在无尽的美中

行将就木的人。 （科莫，11页）

自然人性的世界，

那个适宜人居的自然

正在毁灭。 （科莫，13页）

一个世界正在降临，

在那里某种特殊意义上的"人类" （科莫，14页）

再也无法生存。[14]

(第40页)

存在一个完全无法触及的 （科莫，15、16页）

自然，对它的渴望

成为文化的成就。

当它开始遍布人类的时候，

自然才与我们真正相关；

当文化从中产生的时候，

自然被一片一片地加以改造。

人类不仅仅在自然的推动下，

而且在实用目的下、服务于精神实质的过程中

创造了属于自己的世界。

（第41页）

旧的世界——有机文化。　　　　　　　　（科莫，16页）

原始的自然

被一片一片地改造。

按照既定目的服务于精神实质，

人们在其中创造

属于自己的世界。

还要符合实用目的，

服务于精神实质；

与可见世界的一切产生关联。[15]

345 ▷（第42页）

人类世界必然会远离自然，　　　　　　　（科莫，16页）

而进入"文化的范畴"。

人类生活在文化的世界里。

动物生活在纯自然的环境里。

人的存在受制于精神。

精神最为饱满的文化，　　　　　　　　　（科莫，17页）

必然贴近自然，

内部充盈着自然的力量。

（第43页）

帆船，早在罗马时代

已开始建造。　　　　　　　　　　　　　（科莫，17页）

悠久的形式遗产。

均衡的状态。

人与自然力量间的合理关系。[16]

——

15

参见：《科莫湖来信》，16页："自然被一片片地改造。人们在其中根据想法，创造属于自己的世界，不仅有天生本能的驱动，还要符合实用目的、服务于精神实质；成为一个与自身相关的世界。"

16

参见：《科莫湖来信》，17页，密斯的圈阅："所有精神上的创造，似乎都要先经历一番苦行；一种自然式的启发、探寻和发展。然后，才能创造出他的作品。""这样看来，所有的文化一开始都与自然无关；都是有些非现实的、人为的。它自我提升，达到某种境界：一种思想高度成熟的文化。它远离自然……但还总是与其靠近，并存在那样柔性的联系，其文化保持着'自然性'，内部还流淌着自然的汁液。

我想举一个例子，来避免空谈。比方说帆船……我不知道历史学家意见如何，但我是基本相信的，因为有人告诉我，帆船从罗马时代就已存在了。一种历史悠久的形式。当人们借助水和风，成为弯曲并拼缝的木头与紧绷的幕布的主人，你能从中感受到哪些精彩的文化意象？……完全成熟的思想，几乎完美的运动，体现了人类驾驭自然的能力！某种程度上，人已经为远离自然付出了代价。因为不再像鱼和鸟一样，生活在水和风的世界里。狄奥尼索斯式的奉献，已成为过往。我曾经读到，南海的渔民为了游戏寻开心，如何在一块运动的光板上，弯曲着身体滑进汹涌波涛之中！必须有这样的人，才能使沉醉于自然的感觉延绵不绝！在那里，他好像化作了水，或者变成了海浪！对其而言，已经无需完善的帆船了！人类已远离了自然。他消失了；……他'令人吃惊'。……唯有如此，文化和思想作品才能被创造。"

17
参见:《科莫湖来信》，25页："我觉得，这里的世界（指的是意大利北部的文化景观）到处都有熟悉的感觉——从那些德国中世纪的，或者后来直到技术的渗透，好像都在说同样的事情——那里有生动的形象；我生活其间，并与它们和谐相处。设施、房屋、街道和城市都有个性。家庭习惯、风俗、节日……每个都有属于自身的形式。"在书的这一页，密斯用大写字母斜着写下："文化的定义"（KULTUR-BEGRIFF）。

文化，精神产品。 （密斯注释科莫，18、19页）

只能通过超越，

在超越自然中来创造。

但仍要亲近自然，

与她和谐共处。（作者原注：此处划去"过度"）

（第44页） <346

摩托艇，海轮。 （科莫，19页）

技术的杰作，

不再畏惧风雨和天气。

自然不再凌驾一切。

与自然的亲密接触。 （科莫，20页）

消失了。

人类文化的原始外观

消失了。

自然被超越， （科莫，21页）

被封锁。

火	原始	
蜡烛	电灯	（科莫，22页）
犁	电犁	

（第45页）

铁匠	工厂	（科莫，23页）
车和野兽	汽车	

从德国中世纪的［世界］ （科莫，25页）

直到技术的飞跃，可以说

全都如此。[17]

——

报纸和书籍的语言， （科莫，25页）

城市的建造方式。

房子、人的家务。

所以，我看到了形式的出现，

个性的消失。

一切都变得没有人情味。

347▷（第46页）

所有文化都是通过

牺牲鲜活的真实性换来的。 （科莫，26页）

所有的文化都致力于，

通过短暂的个体来获得其特征。

从不重复的个体，

到全面的、普遍的。

人们希望从受制于时间的

恒新的个体性中，

形成一种整体关系，

一种对许多人，

可能对所有人来说都适合的立场。

（第47页）

为了能够掌控 （科莫，27页）

围绕他的整个现实。

通向事物本质的

两条道路。

关于偶然的特殊性和持久的普遍性。

我们无法只选择一条路， （科莫，28页）

而放弃另外一条。

只有像通常情况一样保持开放，

我们才能在个体中

发现本质。

然而，我们也只能
在特殊的、永不重复的个别现象里
发现它。

（第48页）   <348
从一开始介入个体   （科莫，28页）
并不等于消失在现状之中。

当人类的存在变得富有意义，   （科莫，28页）
文化就会得到实质性的传播。
唯有通过悬挂于两极间的大幕
这一切才能显现，
——虽然在给定的情况中，人们
能把握方向并赋予其以独特的形式。

（第49页）
所有文化从一开始   （科莫，31页）
就具有一种抽象的特征。
现代意义下的数学思想一出现，
现代技术就逐渐获得了
更具决定性的特征。
它决定了
我们与世界的关系，
我们的立场以及我们的存在。

（第50页）   <349
意识属于文化，   （科莫，32页）
或许是它的首要前提；
是它得以起飞的平台。

文化要与当下现实   （科莫，32页）

保持距离。

有了这个意识，

才能完全自由地

把握世界、变革和创造。

在中世纪、在后续的几个世纪   （科莫，33页）

除了真正的科学以外，

还为人类自身提供了

一种深刻而精密的知识。

（第51页）

犀利的目光穿透了

存在的本质，睿智的话语

言说并揭示了

深刻的关系。然而

我还是把过去文化的整体情况

与我们的观念进行了对比，

而后一个惊人的意识

扑面而来。

历史知识。

我们的过去被分段地

保留下来。

借助不断强大的方法。

350 >（第52页）

探明过去的印迹。   （科莫，33页）

建立相互的关联。

人类种族的历史   （科莫，34页）

充满了细节和关联，

逐渐完整地融入我们的意识。

在这样的关联中， 　　　　　　　　　　　　　　（科莫，34页）

我们提供了越来越多的知识。

我们处在我们的时代里，

而我们的时代

处在整个时间轴里。

（第53页）

空间。

所有土地都被研究过。

亚洲的历史背景

进入了我们的意识。

珠穆朗玛峰，众神的宝座；

我们的地球

被纳入宇宙秩序。

民族性格将

（作者原注：此处删除"被认识"）变得清晰。

他们与整个欧洲相比，

显得更为庞大。

（第54页） 　　　　　　　　　　　　　　　　　　　◁351

世界意识， 　　　　　　　　　　　　　　　　　（科莫，35页）

一种自身的人性意识

已首次显露出轮廓。

统计是提高认识的手段。

步骤。调查。各种研究揭示了内在联系

并从一种现象追溯到另外一种现象。

以及我们自身。

心理学的、解剖学的

和形态学方面的研究

来理解身体的活动。

（第55页）

通过富有节奏感的文化 　　　　　　　　（科莫，35页）

来认识身体。

精神分析把我们带入了 　　　　　　　　（科莫，36页）

一个新的思想活跃的领域，

并揭示了其深层次的关系。

灵魂是如何认识到的。

认识的技巧， 　　　　　　　　　　　　（科莫，37页）

报纸。

不会再有无法观察到的现象。

这种情况我们习以为常。

352 ▷（第56页）

演讲

有意识。

明确所有的关系。

通过分解、探讨个体 　　　　　　　　（科莫，35、36页）

来产生认识（作者原注：此处删除"获得认识"）

一个图像般的认识进入了整个生命。

（作者原注：此处删除"这就是为什么每个人都是平等的"）

这里的一切都拥有意识。

我们有观念和氛围的意识。 　　　　　　（科莫，38页）

42/43/49/50/63 中世纪 78

18
参见:《科莫湖来信》,41页:"最后,我要一写对我们时代的认识。我不在乎今天到底有多少人了解它。对我而言最重要的是,要认识我们文化生活的态度和基本特征。
事实上,我现在更倾向于另外的一个观点:我们关注自身以及我们身处的世界。
我们整体的政治局势中,出现了一些针对新事物的决定性事件:地球变得很容易被忽视……现在,我感受到一个事实,就是我们生活在一个不再扩张的空间。也许,已经进入了这种意识的初步阶段。古典主义晚期称之为'居住地(Oikumene)'、即'人类居住的地球的整个空间',似乎符合这个方向……现在居住地终于出现了:意识上是不再扩大的居住、生活和有效的领域。地球空间被忽略了。不再有可能躲避和改变。
这造成了全新的政治问题……因为不再可能躲避周围的环境,所以现在我们的外部生存处于周边的压力之下……目前相互'关系'的问题变得非常紧迫……为了解决它,需要提出新的问题,需要拥有新的态度和艺术……稚嫩欧洲主义的时代已经结束了。"

（第57页）

作为氛围的意识。　　　　　　　　　　　　　　（科莫,38页）

要看到,要认识到无意识。

所有的生命都必须　　　　　　　　　　　　　　（科莫,40页）

在无意识中建立起来。

但生命也能被意识到

并保持活力吗?

意识成为态度。

我们文化生活的基本特征。　　　　　　　　　　（科莫,41页）

我们关注自身,

以及我们所处的世界。[18]

（第58页）

全新的问题被提了出来,　　　　　　　　　　　（科莫,43页）

为了应对,

需要新的观念和艺术。

（第59页）　　　　　　　　　　　　　　　　　　　　　　　　⟨353

演讲

感知和认识差异。

伟大的、柔弱的等等。

104 今天的艺术　　　　　　　　　　　　　（科莫,104、108页）

108。"　　　　　　"

是的,也许神圣是极端的现实主义。　　（以下为密斯附加的注释）

不仅仅因为它是天然的。

身体的造型表达了,

如何在环境中坚守灵魂

以及如何战胜它们。

节选自：

罗马尔诺·瓜尔蒂尼，

《礼拜仪式的形成》，罗斯菲尔斯1923年，

以及《关于圣符》，维尔茨堡1922年。

（第60页）

礼拜仪式的形成42

———

实用目的开启了 （礼仪，42页）

相关的控制、规范和方法。

有人还想在自然中 （以下为密斯附加的注释）

运营一家福特式的企业。43、44[19]

（第61页）

V。

重新赋予词句以意义。 （圣符，12、13页）

形式的处理。

354>（第62页）

我们想重新赋予事物以意义。 （密斯关于圣符的注释，12页）

谁（作者原注：此处删去"今天仍"）

今天谁还能感觉到墙上有个开口。

瓜尔蒂尼41页+。[20] （圣符，41页）

我们希望重新赋予事物以意义。（密斯关于圣符的注释，12、13页）

它们从僵化的形式——形式主义中解放出来，

同时提防片面化。

19

参见：密斯在《礼拜仪式的形成》43、44页的圈注："我们期待真实，但这意味着人性化。真实的人性应当与生活中的联络和行动，也就是交往、工作和快乐的方式密切相关。首先，应当是一个'灵魂（anima）'，具有'物理形态（forma corporis）'……但同样的情况也会再次发生。公式和概念阻碍了我们对于现实的看法。我们不再在直观的认识中，而是在符号与抽离特征的组合中思考，这意味着，事物就像一张纸币一样，代表着并不存在的价值……现在，希望重新发现事物，而不是概念……对于现实世界所独有的丰富和能量，进行全面、艰辛和富有成果的研究，将再次成为我们的任务。把敬畏事物自身的意义当作任务……同时还有任务去发明真正创造性的符号：不对事物施加暴力，而是敞开自己，向它们呈现最深层的存在。正如艺术的本质一样，人在无目的、纯粹的造型中，表达自身灵魂最深层的本质，但这恰好就是对象的内在启示——与正确的符号有着相同的情况：即谈话人的本质与事物的本质，相互表达。"

20

密斯在《关于圣符》12、13页的圈注："'重新赋予词句以意义！'今天对我们灵魂的警告，是多么的深刻。是的，赋予词语以新的意义，对于生命的方式和行为也是同样。这就是年轻人必须做的事情"40、41页上密斯的圈注，"词语就是名称。言说是一种围绕事物名称的高级艺术；事物的本质和自身的灵魂，都与上帝的意愿保持一致……因此，关于名称的语言不再与事物的本质亲密交流，事物不再与灵魂相遇。甚至渴望的不再是失落的天堂，而是上下翻飞的词语硬币，就如同管理硬币的计数器一样，对它们却一无所知。"

21

瓜尔蒂尼在《关于圣符》的《台阶》一章，34页中描述，空间感知是与向上攀登有关的。在本章中，非常明显的是对尼采的查拉图斯特拉的回应：低的意味着差的、弱小的，而高的则象征着高贵和强大（"攀登和升高就是一种超越"；同样参见：彼得·贝伦斯，"我们想变得高尚，而不是被欺骗。"出自《伟大形式和风格意志》的第3章）。密斯的评论说，与象征性空间体验相关的"语言的意义"丢失了。瓜尔蒂尼写道："恰好是不言而喻的日常行为为隐藏得最深。至简中隐藏着奥义。

比如说台阶，你已经无数次地攀登过。但你是否意识到，在你身上发生了什么？当我们向上攀登的时候，一些事情在我们身上发生了……一个深藏的秘密在那里显露出来。其中的过程基于我们人的基础、令人费解，人们无法消除这种知觉，但每个人都理解它……当我们迈上台阶，抬升的不只是双脚，还有我们的整个存在。我们的精神也在提升。如果我们有意识地去做，就会注意到我们攀上了那种伟大和完美的高度：这就是天堂，上帝居住的地方……现在下方的对我们而言，本质上意味着贫乏和拙劣；而上方则意味着高贵和美好，正确的提升对我们而言，就是把我们的存在变得'至高无上'，即上帝。"

22

德绍尔，14页："技术工作的目标并不总是为了一个实物。也可以是一种方式，一个'过程'，就像从煤炭获得液态的可燃物一样。福特建造他的汽车工厂时有大量的单项发明，但他最伟大的贡献就是生产方式本身。发明产品和创新过程，对于技术而言并没有本质区别，但会涉及目标因素的转变。"

23

德绍尔，17页："在技术培训的教学方面，隐藏着巨大的宝藏。在公共生活中，这些珍宝并未得到重视。人类的后备力量已经准备备像其他人一样学习，这样就不会导致狭隘和自私。"

（第63页）

演讲

以组织取代有机的组成。

———

台阶、空间。 （圣符，34、35页）

这种语言的含义已经丧失，

（关于圣符）

人们对此毫无感觉。[21]

———

创造性的。

外部事物的本质 （圣符，39页）

存在于人内心的回答之中：

他同时诉说着二者的名字。

摘录：

马科斯·德绍尔，

《技术哲学》，波恩1927年。

（第64页）

产品的发明 （德绍尔，14页）

以及过程（方法）。[22]

———

确定爱好者的数量。 （密斯对德绍尔的注释，17页？）

人人都是技术人员。[23]

让家务得到简化是一个技术性问题， （密斯的注释）

不是家庭妇女，而是技术人员会解决这个问题。

———

技术+经济改变了我们的存在 （密斯的注释）

巴伐利亚人（作者原注：字迹难以辨认）

‹355

（第65页）

技术 78。 　　　　　　　　　　　　　　　　（德绍尔，78页）

将理念具体化为产品，

大众产品。

从建造艺术到建筑经济的过渡。 　　　　　　（密斯的注释）

是组织者的实际工作范畴。

——

77/79 　　　　　　　　　　　　　　　　（德绍尔，77、79页）

苏格拉底的"能力基于知识"。[24]

可行性在材料、技术水平和需求方面 　　　　（密斯的注释）

所受的限制。

对技术的误用 　　　　　　　　　　　　　（德绍尔，86页）

指的并不是反技术。[25]

——

90。技术与建筑。[26] 　　　　　　　　　　（德绍尔，90页）

（第66页）

总是需求创造了一切吗? 　　　　　　　　　（密斯的注释）

但除此之外，想象力常常提前

创造了新事物，

它无法满足眼下的需求，

还充满矛盾。

——

98 文化和技术 　　　　　　　　　　　　　（德绍尔，98页）

——

356> 用服务联盟来取代自我保护。 　　　　　（德绍尔，99页）

对一切产生影响。

住房。

24
密斯在德绍尔著作75、79页的圈注："刚刚和纳托尔普（Natorp）谈到，苏格拉底关于技术的原则，就是能力基于知识。"

25
德绍尔，14页："有哪些驱动力不是来自技术呢? 但这很少涉及技术的本质。另外一个问题就是，在伟大的技术现象中，那些设施在道德方面隐藏了什么? 还有，人们能会用它做什么? 难道人们没有滥用宗教、正义等其他一切吗? 权力欲望利用一切手段；即使在技术的大门口，人的行为自由也不会被禁止。"

26
德绍尔，90页："并非某些使荷载移动的发明，为建筑提供了可能，不是的，建筑本身就受到技术本质的影响。希腊神庙、罗马和哥特建筑风格的线条是技术化的线条，它们生动地再现了力学上的压力和张力。"

27

德绍尔，98页，谈及了培根的《新大西洲》(*Nova Atlantis*)，其中描绘了一座岛屿，岛上的居民因为技术的成就和自由的生活，感到非常幸福。在密斯1928年的演讲《建造艺术创造的前提》中，体现了从德绍尔到培根的思考路径。在德绍尔著作的101页上，记录了培根的乌托邦学说："技术解决方案和技术方法本身并不会带来快乐与和谐，但它们是提升幸福、创造文化的本质因素。"（密斯圈注）

28

德绍尔，101-103页，密斯的圈注文字："人在生活中所解决的问题、所感兴趣问题的层次，意味着他文化水平的高低。从低等的、天生混乱提升到神圣化、秩序化和自由，就是'文化'这个词的意义。文化就是'完美的保护'……所以：文化最终意味着致力于统一，它寻求的是体验、意识和存在的结合；——远离野蛮的'个人、自私、自利'的存在方式，形成一个神秘的同盟……——当然，手段本身不会使人感到愉悦。但是否有可能，通过人的精神来帮助引导技术的超验本质，在内与外、精神力量和手段之间达到和谐？为什么会忽视这个问题？当人们思考文化和谈论技术的时候，为什么总是只提及下水道、显微镜和蒸汽船呢？"

结果便是参与一切。

99。

——

培根？中世纪[27]　　　　　　　　　　　　（德绍尔，100页）

外部和内部条件之间的关系。

以前太少，现在常常太多。

——

101 文化 102/103[28]　　　　　　　　　　（德绍尔，101-103页）

（第67页）

混乱

旧世界——有机文化

如何产生？

前提。

经济的、

社会的、

（作者原注：此处删除"文化的"）精神的=秩序，文化

中世纪

展现秩序。

和谐。

经济。文艺复兴

个性化。

实验。

艺术+科学。

培根。

对经济产生影响。

利润的异化。市民。

（第68页）

104。文化、社会。 （德绍尔，104页）

106、107。

——

社会阶层转化的思想根源 107

——

357> 112。实现大众文化， （德绍尔，112页）

而非个别阶层的文化。

——

114。人的混杂。

外来观念的影响。[29]

土地所有权分离的广泛程度 （密斯的注释）

（作者原注：字迹难以辨认）

——

不是为个人， （德绍尔，115页）

而是为芸芸众生而劳作，

因此个体的方向，是没有意义的。 （密斯注释）

（第69页）

121。 （德绍尔，121页）

反对不产生销售的经济模式。

与本质相矛盾的产品。

被制造出来。

——

计划经济和房屋建设 （密斯对德绍尔的注释，125页）

失败了。[30]

房屋与技术水平

和生活节奏不一致。

——

哲学上的理解首先揭示了 （德绍尔，125页）

29

德绍尔，114页，密斯在空白处划了三条线："技术的这种根本性变化意味着人类的相互联系，以及从自我和环境的狭隘领域到他人、再到大众的环节。"同上，115页："变化意味着个人作用范围的扩大。他不再为一个或五个人，而是为成百上千、甚至是上百万的人工作（密斯圈注）。他不再为熟人，而是为陌生人、匿名者而工作，这将不再是个人化的了。"

30

德绍尔，125页："特别是在德国的尝试失败以后，无计划的个体经济就以'计划经济'的名义，开始对包括退休金在内的资源实施按需分配。工程师沃尔瑟·拉特瑙，特别是维查德·冯·默伦多夫（Wichard von Moellendorf）和机械制造领域涌现的劳工领袖鲁道夫·维塞尔（Rudolf Wissel），是其始作俑者（密斯圈阅）。技术是上述思想的源泉。这次失败并没有说明它是完全错误的，而是因为想法还不成熟，时机尚未到来。计划经济是从技术角度进行服务的思考成果。实际上，根据人的需求公正地分配外部资源，是技术化物质服务的结果。但是，在经济利己主义思想中成长的一代人，他们不会通过法律和组织来获取利益。我们需要利己主义经济思想的推动。计划经济可以在未来的生产得到发展以后，再来公平地分配物资。"

31

德绍尔的建议，建立一个"技术部门"来推广高质量产品，为此密斯在制造联盟和其他地方也努力地尝试。同上，130页："然后……技术部门就会提出无数的细节要求：我们如何在德国，获得满足这种要求的最佳产品？所以最完美的解决方案，就是争取所有的多样性……"

32

德绍尔，132页，密斯圈阅："自由主义经济理论的合法化，以及功利意识对生活的渗透，一定会导致独立的人生理念。技术服务的理念，带来了命运共同体的梦想。"

我们劳作的合理秩序

以及我们存在的价值和尊严。 （德绍尔，127页）

如果一个人有意识地履行人的使命，

就不应放弃经济利益，

而是要拥有尊严。

（第70页） ⟨358

问题：

人有哪些需求，

或者说我最能获得什么？

决定的因素在于，

哪个问题更有优先权。

——

130 技术部 （密斯对德绍尔的注释，130页）

　　　　　　" 　　建造艺术[31]

——

132 阅读

科技使新的公司得以形成。 （密斯对德绍尔的批注，132页）

——将所有人联系在一起，

基于服务而不是盈利，

来创造新的秩序。

——

赚钱的想法 （密斯对德绍尔的批注，132页）

必然导致孤立。

服务的理念带来联盟。[32]

132

——

摘录：

列奥波德·齐格勒，

《人与经济之间》，达姆斯塔特1927年。

（第71页）

瓜尔蒂尼

关于天赋的价值

——

齐格勒 157、159、160、161

需要和要求

——

359 ▷ 52-53

自然所遵循的道路　　　　　　　　　　（齐格勒，52页）

是从互不可分的整体

到高度区分的整体，

从整体到整体所呈现出不同形式，

其中的差异，

只有在更高层面才能完全加以区分。

（第72页）

所有资本主义经济都是有组织的经济，

就是说，一种生产的过程，

通过有计划的分解与联系、分割与组合的

工作过程，比没有这种组织的情况

达到更高的效率。

45、46 重要齐格勒

——

拉特瑙：

创造有组织的经济，

是我们所需要的。

33

密斯的这段文字中涉及了，德绍尔站在马克思主义经济学原理的角度，对"有机经济形式"所进行的研究。密斯在"64上"的位置写着"马克思的说法，非常好"："就像野兽必须争夺自然一样，为了满足需求，为了赢得和延续生命，文明人必须在所有的社会形式中，以各种可能的生产方式去竞争……只有社会化的人和有合作精神的生产者，在集体的控制而非盲目权力的统治之下，理性地与自然界进行物质交换，才能有着那种自由……但总是存在着一个必然王国。此外，始于彼岸的……真正的自由王国，只能在必然王国的基础上蓬勃发展。"对于自由的必要性的认识，在密斯对建造艺术的理解中也有过类似的表达，就是建造艺术必须掌控技术，这样"我们期待着完美的实现，使我们所创造的世界由内而外地绽放。我们别无他求，更多的我们也无能为力。"（《就职演讲》，芝加哥，1938年）

34

齐格勒，81页："被领导的第四阶层的解放、时代的变迁以及通过阻止世上的反对力量，不是使普罗大众加入了组织化的企业，就是导致了混乱的社会革命。不会有第三种可能性。要么是阿贝和他获胜亲友拉特瑙和福特，要么就是马克思和列宁!"——112-115页的内容研究了各种纷繁的现象，"在那里，市民蜕变为资本家，或者用马克思的话来说，他成了社会劳动的剥削者，成了真正的利润榨取者和剩余价值的剥削者"。（见113页）

35

齐格勒，23页："……有意识地反抗一种经济，这种经济出于自身的原因，忘了赖以居住和谋生的土地是由人类暂时托管的，而非商业投机的场所。就像乔治·达马什克（Damaschke）和奥本海默的土地改革一样，将不可转让的土地置于商品的范畴之外，而同样的，在马克思的历史决定论中，社会主义也反对这种陋习，即将人的劳动力等同于货品一样出售。"——29页："当为了'伟大的今天，更伟大的明天'，亨利·福特郑重宣告：'劳动并非商品'的时候，其实这种解决方案，这种实现社会主义的想法就终结了。"

齐格勒 51

53 上

53 下

在转念之间索取和给予。　　　　　　　　　（齐格勒，53页下）

（第73页）

区分和整合，　　　　　　　　　　　　（齐格勒，53页下）

分离而没有关联。

对于建造艺术来讲，　　　　　　　　　（密斯的注释）

以跨度取代达勒姆。以柯布西耶

取代舒尔策-瑙姆伯格。

与大众相关的建筑

只能从大尺度上发挥作用并进行体验。

齐格勒64页上　　　　　　　　　　　（齐格勒，64页）

马克思的说法，非常好[33]，

67 非常好，81、112-115[34]

◁360

（第74页）

演讲。

齐格勒 23

没有实用性的工作对社会是有害的。

——

人与经济。23。

如果不想自我毁灭，　　　　　　　　　（齐格勒，23页）

那么历史冲动必然会又一次

激发起历史的反向脉动。

——

最终，我们必须对抗

经济与技术，那（作者原注：删除）

23下

29下死亡。[35]

（第75页）

里尔的墓碑

齐格勒 149

反对商品

150 是非常（作者原注：此处删除"重要"）正确的。

（齐格勒，150页）

理想的产品。[36]

功能主义者一如既往地为他们的工作辩护，　　　（密斯的补充）

只要我们能对他们的成就说好，

那么我们就应是平等的。

[36]
齐格勒，149页："什么能激发想象的空间，并诱发期盼的兴奋，那就是商品。重要的是它的特征，最好是其质量在各方面都优于其他同类商品。不是出于自身的需求，也不是实用性和舒适性方面的因素最为重要。简而言之，我们这里遇到了一种神话般的狂热，处在一个由最高级、最昂贵的商品所构成的强大宗教系统之中……至于优质商品在神话传说中所发挥的作用，这里我无需多说。我们都清晰地记得，我们喜欢飞鞋、七英里靴子、魔法帽和幸运女神的聚宝盆……它们不但体现出物品的最佳性能，而且提升了那些幸运的拥有者们的超自然能力。"

三、1928—1938年

1   建造艺术创造的前提（1928年）

2   我们处在时代的转折点上（1928年）

3   有关展览的问题（1928年）

4   给亚当商业中心的信函草稿（1928年）

5   美观和实用的建造！（1930年）

6   批评的意义和任务（1930年）

7   新时代（1930年）

8   柏林建筑博览会的计划（1930年）

9   广播讲话（1931年）

10   在德意志制造联盟庆典上的致辞（1932年）

11   存在建造艺术性问题的高速公路（1932年）

12   要是混凝土和钢没有了镜面玻璃会怎样？（1933年）

13   马格德堡的H住宅（1935年）

14   在芝加哥阿莫工学院的就职演讲（1938年）

建造艺术创造的前提

1928年2月底在柏林的国家艺术图书馆发表演讲，1928年3月5日应妇女梦想工作团体、博物馆协会和什切青（Stettin）工艺学校的邀请，在什切青玛丽教会中学的礼堂发表演讲，3月7日应法兰克福商业、工业和科学学会的邀请发表演讲。

（见：LoC. 未发表的手稿）

女士们、先生们！

建造艺术对我来说不是充满玄想的对象。我没有理论和固定的体系，只不过是一种涉及外观的审美态度。建造艺术只是发自思想内心的表白，实际上只能被理解为生命的过程。

建造艺术是人与所处环境空间的交流，表达了他的自我主张和对环境把控。因此，建造艺术不仅是一个技术问题，还是组织和经济的问题。事实上，建造艺术始终是精神决定在空间上的表达。它与时代息息相关，只能通过真实的任务并以时代的手段表现出来。认识时代，及其使命和手段，是建造艺术创造的必要前提。

导致今天建造艺术混乱和缺陷的原因，我认为并非是缺乏天才，而是对整体关系的认识不清。既然不是所有结果都会清晰地摆在眼前，说话也会词不达意，所以我想用下列图片来说明我们的处境，并由此开始我们的研究。当然，我只会展示值得认真研究的作品。这些图片的汇集并无特殊用意，而仅仅是为了更清晰地进行表达。此外，我也不会对图片本身进行任何评论，因为我相信，我们建造艺术的混乱特征已暴露无遗。

（图片）

这就是今天的建造艺术。我们完全可以从这个结果推断出相应的原因。

混乱一直是无政府状态的标志。无政府状态就是一种没有秩序、没有主导方向的运动，一旦出现就会带来混乱。古典主义晚期，古典秩序就遭到了破坏。但在这种混乱中，形成了一个新秩序，即中世纪的秩序。奥古斯汀以柏拉图主义为基础，构建了中世纪世界观的基本理念。中世纪的秩序观念尽管有着全新的面貌，仍然保持某种由柏拉图表述和建立起来的大众精神。这是古典时期最宝贵的遗产。

秩序的观念虽然统治着中世纪人们的精神生活，并在社会中得以实现，但在当时的社会观念中却无迹可寻。通过中世纪的等级体系，形成了社会的稳定性。等级制度不仅 <364 体现在经济上，而且首先体现在生命和精神领域。忠诚和义务、权利和团结，所有社会因素都是不可分割的。它们的秩序同精神生活和效用价值的秩序相符合。这种自然的等级秩序是那时维持社会健康运转的保障。中世纪人们的生活，建立在全面理解生命意义的基础之上。

（图片：斯特拉斯堡）

一切都集中在精神目标上。认知先于行为。信仰和知识还未分离。这种秩序的理念，是我们想要讨论的变革的起点。

精神结构的解体先于中世纪生活方式的解体。这个解体的过程始于邓·司各特[①]，他试图捍卫有关自己专业和权利的知识。

在奥卡姆的威廉夸大万能概念的同时，秩序理念被瓦解了。秩序的缺席导致空洞的名（Nomina）的回归。在现实自我表达之前的很长时间，现实主义就在唯名论的胜利中，表现出了精神胜利。这种精神是反中世纪的，由此开始了文艺复兴。虽然这可以追溯到中世纪的古典主义源头，但它已变得更加生动和自由，而且自身已带有衰败的内在趋势。因为，中世纪人们的内心和外表是一致的，而个体在其地位的提升和力量的增长中，看到了自身的权利，由此产生了一个大范围的个性独立。

这已经发展成为精神自由的基础，是对自身的思考和自我意识的追寻。结果是形成了有教养和缺乏教养之间的对立。这种对立赋予欧洲社会一个新的状态，并对那些至今仍摆在我们面前的问题产生着影响。

教育的缺失是导致个性张扬、诱发权力意志和放任随性的源泉。意志逐渐成了精神生活的支点。个体的行为变得越发重要。人们研究自然、把握自然成了时代的渴望。

人类认识到了本身的巨大可能性。英国哲学家培根，反对纯研究性的科学（betrachtende Wissenschaft），反对把科学自身作为目的，强调应用价值的重要，并希望科学服务于生活。他提出让知识服务于文化，将实验方法引入科学。我们正处在一个新的开端。

在同一世纪，开启了钢铁与煤炭的命运联姻。科学服务于技术和经济，获得了一定程度对自然的认识，并由此打破了其封闭的体系。蒸汽、电力和化学能源从这个自然体系中释放出来。理性的法则得以认识，其有效性也得到展现。

人们建立起一种相应的立场、意志以及 ◁365 理性的机械加工能力。独立的自然能量，由意志所承载并产生着影响。意志完全自由地设定其目标和服务于应用，而它的实施则受制于自然的力量。没有什么是不可能的，由此开始了技术的统治，一切视其作用而定。

[①] 邓·司各特（John Duns Scotus，约1265—1308年），苏格兰神学家、经院哲学家，中世纪后期唯名论代表之一。他的生卒时间不详。早年就读于牛津大学，后在该校任教，研究神学与哲学。主要著作有《巴黎论著》和《牛津论著》。他力求使哲学独立于神学，宣称上帝并不是形而上学的主题，并坚持唯名论的观点。——译者注

技术瓦解了人们的相互联系，使他们获得自由，并成为他们最好的助手，打破自然的封锁也缩短了彼此的距离。世界越来越收缩在一起，变得一览无余，以致每个角落都被研究过。

人们更加了解自身，其社会和经济结构得以被发现。世界意识以及人类的自身意识正在形成，人类也变得更有意识。

心理上的知识和心理学知识成为常识，并改变了生活方式。

技术对于意识的产生提供了无穷的方式。没有什么是可以被忽略的。我们审视自身以及所生存的世界，我们的态度来自于意识。

与此同时，发展带来了人口的高速增长。

（图片：柏林的体育场）

大众的产生，提出了经济和社会性方面全新的问题。

（图片：克虏伯）

技术是解决问题的手段。

（图片：莱比锡）

交通得以发展。

（图片：纽约）

交通服务于经济。经济是主导因素，它渗透到所有领域并驱使人们参与服务。

（图片：纽约街道）

经济开始其统治。一切都服务于实用，盈利成为法则。技术导致了经济化的立场，物质被转化为动力。质量让位于产量，有意识地最大限度地应用动力。

先生们、女士们：

在我看来，有必要走上跨越式的发展道路，因为只有认识到这些，才能理解今天所发生的一切。我们揭示时代的构成，发现意识、经济、技术以及大众是其新的构成要素。我想通过一些实例，来说明这种结构变化所产生的影响：

（图片：巴黎的声学）

努力认识声学的科学规律，由此开始对大厅的设计产生影响。这张图片展现了巴黎的一座3000人的音乐厅。

[图片：汉内斯·梅耶（Hannes Meyer） <366 的大众团结宫（Voelkerbundspalast）设计]

这张图片来自于大众团结宫的设计，说明了大会议厅的剖面。

（图片：灯具，辐射）

这张图片从另一方面说明了科学研究的影响，这是来自于保尔森（Paulsen）灯具的光辐射研究。

（图片：灯具）

纯粹的科技工作带来了这些成果。这些灯具不是设计的结果，而是一种结构。

所有的力量都表现出独立的趋势，它们似乎都发展到了一定的阶段。但它们却面临着过度的危险，无法阻止其向前奔涌。人类被拖进一个漩涡，每个人都试图坚持以自身来终止强权。我们处在时代的转折点上。这种体验的深度和强度决定了每个人的立场。因此，表象的混乱来自思潮的多元。

您现在就会理解，为什么建造艺术领域就像为您展现的那样扑朔迷离。但即使在这样的混乱中，不同思潮也清晰可见。您看到了一个群体拥有信仰，能够以旧时代的方式和方法，在变化的世界中来完成我们时代的任务。他们工作的创造性似乎体现在对丧失的宝贵价值的关注，并相信艺术和精神的价值在冷酷而条理的技术意识氛围中是无法实现的。即使我们自己相信，他们所热爱和植根的世界正在沉沦，我们也没有权利低估其成就。我们有责任肯定他们的努力，因为他们传承了我们不应丧失的价值和知识。他们仍然相信旧秩序的生命力。

其中的一部分，仍然与旧事物有联系，同时也向新事物保持开放。

对于另一群体来说，熟悉的旧秩序已丧失了意义和活力，并令人难以忍受。他们赞美新的世界，并以自己的方式来抗争。他们先探索新造型的可能性。他们着手实验。在工作中，他们享有自由，不再受到陈规陋习的约束。

演讲开始的时候我曾指出，建造艺术与时代息息相关，只能通过真实的任务并以时代的手段加以实现。我努力勾勒出时代的变迁，并揭示施加影响的力量。时代并非处于我们表面所运行的轨道上。我们被赋予应当完成的任务。我们发现了它的强大力量和责任意识，以及最大的决心。

即使它的能量似乎仍对我们构成威胁，我们还是要肯定它。我们必须掌控释放的能量，以此来建立一个新秩序，并赢得我们自由的生活空间。这是一个与人息息相关的秩序。〈367

这一切不能由技术因素，而应由人类来决定。知识如此浩繁，经济如此发达，技术如此强势，但它们只是衡量生活标准的基本要素。

我们非但不能减少而且还要扩大对技术的需求。从技术中我们看到了自我解放的可能。我们非但不能减少而且还要增加对精神科学和成熟经济力量的需求。只有当人类在客观自然里发挥作用并与自身建立联系时，这一切才变得可能。

必须要增强意识，并从纯理性的角度来解决问题。必须要放弃幻想，清晰地看到我们的存在，并获得一种新的无限性，一种来自思想的无限性。

必须要完成驾驭自然的任务，同时创造新的自由。

必须要看到这样的事实，即少数贵族的消失、大众得到满足，以及大众中的每个人都拥有生活和财富的权利。大众不应成为我们的模板。他们应当被区分开来，因为只有这样，才能将其作用发挥到整体上。

大道通常始于荒野阡陌。只有当我们重获创造力的信仰时，只有当我们相信生命力量的时候，这一切才会得以实现。

附录：

媒体对演讲《建造艺术创造的前提》的报道：

《德意志日报》，1928年2月29日：
密斯·凡·德·罗的演讲《建造艺术创造的前提》
　　建造艺术只能被理解为一个生命的过程，只有透过精神的核心才能理解它。正如密斯·凡·德·罗在国家艺术图书馆演讲中所阐述的，建造艺术表达了人对自己所处环境的主张以及如何对环境进行把控。演讲者承认，今天我们所看到的周围建筑的混乱都始于世纪之交。历史的早期阶段，也曾同样出现过世界观断裂乃至混乱的状况，在古典主义末期和中世纪禁锢消解的时候也不少见，然而，它被那个时代的人们接受了。但是，和文艺复兴相比，我们的个性在这个时代得到了更大的

解放，是钢铁与煤炭的结合才导致了这种决定性的转折。技术和经济由此开始占据主导地位，它们精确地计算，并使自然的能量为其所用。为了完成我们今天的使命，密斯·凡·德·罗用幻灯片展示了大量变幻多端的建筑，通过这些知名艺术家值得我们认真研究的作品，我们了解了他们的不同态度。弗利兹·霍格、汉斯·珀尔齐格、奥特、格罗皮乌斯、门德尔松，还有提奥多·费舍尔、保罗·施米特亨纳、亨利希·特斯诺和舒尔策-瑙姆伯格，这只是部分提到的名字。演讲者并未从自身的立场，对每栋建筑加以评论。然而，值得注意的是，图片放映结束时他的总结性表述。

　　他指出了当今建造艺术的三个不同方向。一种人坚信以旧时代的方式能够胜任我们时代的任务；这是一种担心财富损失并无法挽回的心理。密斯·凡·德·罗强调，即便是相信生存的世界正在衰退，也没有人拥有贬低其价值的权利，因为其中有些价值我们不应丢弃。第二组人处于中间，仍与旧的事物存在联系，但经常期待全新的事物。对于第三种人来说，旧的秩序已失去了意义和活力，要为新世界的认识和表达方式而奋斗；他们尝试并探索新造型的可能性。无论如何，德意志制造联盟的第二任主席密斯·凡·德·罗举例阐述了，其领先的、客观的和超越个人的理念。

　　例如，演讲者认为并非要依赖于技术解放，而要更多地从服务于建造艺术的成熟科技中寻求发展之道。唯有如此，大众的需求才能得以满足。但是，整个创作必须不受样板的限制，并要寻求彻底的不同。演讲者积极、乐观并毫不怀疑地指出，时代的任务就是相信创造力，就是应当摆脱表象，并根据真实本质来塑造事物。

《柏林股市快报》，1928年3月1日：
新建筑
　　一年前，建筑师密斯·凡·德·罗有一个想法：他在纸上为弗里德里希车站设计了一座宏伟的高层建筑。建筑师的这个设计，虽然只是一个立体的建筑模型，但估计是柏林第一座真正意义上完全由混凝土和玻璃构成的高层建筑。模型照片发表在世界很多杂志上，体现了一个虚构的柏林城市意象。密斯的想法虽好但不可能实现，这是一个纸上的设计，永远只是一个剧本。尽管密斯在非洲大街建造的住宅小区，没有取得像他的高层建筑模型一样的成功，但柏林的艺术界对这位建筑师的未来，却寄托着很高的期待。密斯作为国家艺术图书馆的演讲嘉宾，他的演讲标题是《建造艺术创造的前提》。但他的演讲只是关于这个主题的设想。人们听到的是关于建筑的格言，一些常识，甚至展示的图片也了无新意。

《柏林日报》，1928年3月2日：
新建筑

在国家艺术图书馆举办的系列讲座"新建筑"上，柏林的建造家密斯·凡·德·罗谈到了艺术创造的前提。他以简短的警句、生动的比喻、富有启发性的关于现代建筑风格的图片，引发了公众对于自古典时期以来非个人化的建造艺术创造过程的关注。他显然倾向于对整体性和客观性的解释。他在不影响视野的前提下，寻求精神的差异性，在不减少数量的同时，寻求品质。他提出了引人注目的观点，就是在不减少销量的同时仍然保持纯粹性。这种对设计的更高要求，成了新建筑风格和艺术形式的基础。然而，往往在不应表述的地方，凡·德·罗却大肆评论：尽管认识到了历史的运动规律，他对未来的"幻象"仍然满怀憧憬，因为那是他愿望的体现。

《柏林证券报》，1928年3月2日：
建造艺术创造的前提

密斯·凡·德·罗是我们时代最前卫的建筑师之一，也是一位强有力的鼓动家。他不久前在国家艺术图书馆的举办的《新建筑》系列讲座上，谈及了"艺术创造的前提"。事实证明，创作艺术家凡·德·罗比演讲的凡·德·罗更有想法。这对当代建造艺术来说是可喜的，可演讲的听众却不太满意。凡·德·罗的演讲一直以思路清晰和循循善诱而取胜。（他解释了我们当前和过去的时代推动力与建造艺术之间的关系。）人们希望他能对细节做出令人信服的说明。他立足于描绘当今建造艺术的思想状况，并以实例展示了三类进行艺术创作的建筑师，顺便也提及了他们的名字。他的三个分类是：寻求与历史的关联并重新予以创造（如舒尔策-瑙姆伯格、施米特亨纳和波纳兹），另一种是否认与历史的关联，对新的事物完全开放（如特斯诺和法伦坎普），第三种则是寻求全新的法则（如陶特、门德尔松和恩斯特·梅）。凡·德·罗相信，只有他们完全理解了时代的特征。建筑师的思想状况是由意识、技术和品质来决定的。只有在这样诚实、有力和坚强的时代精神中，才能产生真正的建造艺术。但是，这条路对我们而言，似乎显得过于艰难和缺少建设性。我们期待，它是一条通向纯粹而优雅形式的必然道路。

［其他评论：《建造的新秩序》，载于：《福斯日报》（Vossische Zeitung），1928年3月1日；以及《来自建造艺术的创造》，载于：《什切青和波美拉尼亚省总览》（General-Anzeiger für Stettin und die Provinz Pommern），1928年3月6日，第66期］

2

我们处在时代的转折点上。建造艺术是对精神决定的表达

载于《室内装饰》，1928年39，第6期，262页

建造艺术不是投机取巧的对象，它实质上只能被理解为生命过程，它表达了人们对于环境的理解和把握。对于时代、其使命和手段的认识，是建造艺术创造的前提，建造艺术始终都是精神决定在空间上的表达。

交通的发展非常迅猛。世界越发汇集在一起，每个角落都得到发掘和研究。族群的特征也变得更为清晰。

经济开始其统治。一切都服务于实用，盈利成为法则。技术导致了经济化的立场，物质被转化为动力，质量让位于产量。技术优先于自然法则，并使用其能源。有意识地最大限度地应用动力。我们处在时代的转折点上。

3

有关展览的问题
载于《形式》，1928年3月，第4期，121页。

展览是服务于经济和文化事业的手段。它必须被有意识地加以策划。

一个展览的形式和效果，都取决于它所解决的问题。那些历史上的伟大展览清晰地表明，只有指明当下问题，展示方式也符合其努力的目标时，展览才能取得成功。

那个以盈利为目的的做展览的特殊阶段已经过去了。对于我们的时代而言，展览的成效和产生的价值只有在文化的影响方面来得到验证。

经济、技术和文化的前提条件已发生了根本变化。技术和经济问题首当其冲。正确地加以认识并找到真正的解决方法至关重要；不仅是为了商业和技术，也是为了我们的社会和文化生活。

如果德国乃至欧洲的经济想要坚持其立场，就必须承认并执行其具体任务。这是一条从数量到质量，从分散到集中的必由之路。

在这条道路上，经济和技术成为决定精神和文化生活的力量。

我们正处在转折点上，这是一个改变世界的转折点。

展示并挑战这个转折点，就是未来展览的任务。只有成功地展示这种变化，才能产生成效。只有把我们时代的核心问题——凝聚生命——当作展览内容，才能找到其意义

和合理性。

它们必须是领导力的示范，并带来革命性的思想。

4

亚当商业中心
给亚当商业中心的信函草稿，1928年。
引自MoMA，后期的德国项目，文件夹1。设计方案载于《艺术报》，1930年14，第3期，111-113页。

柏林，1928年7月2日
S-亚当公司，西柏林，莱比锡大街27号。

我经过深化的设计方案，昨天已送至您位于莱比锡大街121号的工地办公室。现在，我想简短地对设计中的关键想法加以说明：您在使用方式上所追求的高度灵活性，可以通过每层取消隔断的大空间最大限度地得到保证；因此我把建筑的柱子靠外墙来设置。

您要求能把房间更多地在竖向而不是在水平方向上加以组织，以满足加工流程的需要，这样导致形成了三个楼梯间。我为加工区设置的附属楼梯间，使得人们从弗里德里希大街和莱比锡大街方向的各个区域都能使用。两部货运电梯左右设置，这样每部都适用于建筑的特定区域。那里，从楼梯间的休息平台可以进入员工卫生间。从莱比锡大街和弗里德里希大街，都可以方便地进入这两个楼梯间中的任何一个。楼梯间有电梯服务

于内部的使用功能，经理和顾客的洗手间也设置在楼梯间里。

您在任务书中写道，垂直方向的功能划分要基本符合亚当公司的品位。我想以最为坦诚的方式说明的是，建筑与品位无关，而是实用目的要求的逻辑化结果。只有基于这样的事实，才能来谈实质性的建筑设计。您需要彼此重叠的楼层和一目了然的空间。您还需要明亮的空间，您需要广告，更多的广告。

我们处在一个新发展阶段的开端。您的房子不应在二至三年后就落伍了；它在您手中必须是重要的、安全的和经济性的设施。这一切要求不仅是建筑师，还包括业主，都要敢于尝试。因此我建议您，用玻璃和不锈钢来建造外立面，而且底层用透明玻璃，其他各层用磨砂玻璃。磨砂玻璃幕墙会赋予空间一种既柔和、明亮而均匀的光线。晚上，它又成为一个巨大的发光体，而且也不影响您安装广告牌。您可以随心所欲，在上面写上"夏季旅行""冬季运动"或者"四天优惠"。在均匀亮度的背景上，霓虹灯总是能产生童话般的效果。

371 > 另外，就像我用模型所展示的那样，对于橱窗的背面，我想为您推荐鼠灰色的彩色镜面玻璃。您的建筑必须能体现您的事业的特征，适合于帆船和汽车，或者表达您所塑造的时代和人类。

最崇高的敬意

5

美观和实用的建造！最后是冷峻的合理性。

代表性的建筑师对当下的主题发表看法。——现代建筑风格会更具有装饰性吗？
载于《杜伊斯堡总览》（*Duisburger General Anzeigers*）的问卷，1930年1月26日，49期，星期日，2页。雨果·韩林、布鲁诺·陶特和罗尔夫·斯科拉里克（Rolf Sklarek）也对此表达了立场。

密斯·凡·德·罗：

毫无疑问，当今建筑中的艺术性来得太晚了。我相信未来我们无法回避的一个关键议题就是，建筑的世界是否应当只是实用或者美观的。如何产生这个结论，我们不得而知。

我似乎非常清楚，我们将通过需求的变化和新的技术手段来达到一种新的美学。但是我无法相信，我们会再次陶醉于"自我审美"。但中世纪的格言究竟说了什么？"美就是真实的光芒！"是的，美终将与真实性相关，它并非飘浮在空中，而是与事物及其真实形式紧密相连。因此，只有对现实开放的创造者，才能得到新的美。

从前的建筑不像今天的建筑，有那么强的实用性。尽管如此，除了"美观"之外，它们还将基础条件、时代存在及其表面形式结合起来，在这个意义上，它们是与现实相关的。

人们一旦认识到需要合理地解决问题，那么一个基本错误就是假设现代建造艺术的问题已经得到澄清。因为——今天来说显而易见——洞察力只是一个先决条件。如果想制造好的物品并建造漂亮的房子，当然首先必须要有能力——经济性要最高；也就是从其实用的方面——来建造。不言而喻，它今天作为终极目的是如此普通，但是它并非艺术或建造的目的，而是说明了一个必然的方式，抑或一个基础。

人的天性不会只看到实用性方面，而且也会去探寻和崇尚美的事物。由于技术的巨大进步，如今我们这种意识似乎都受到了压制。通常，我们的时代似乎仅满足于技术方面的完善，但却不会一直这样下去。我们的时代拥有大量造型设计的手段。为了在常规设计中运用这些手段，对它们的认识就不能只停留在把握阶段——也许是因为掌握这些手段、技术上的困难，往往已消耗掉很多能量，导致通常的设计中缺乏可供使用的手段。

372>

今天，我们认为不切实际的、不再会去建造的，就是空洞的形式。但是，我们今天所谓的现实问题，并不总是与任何时代实际的——有意义的——问题相矛盾。我们只想要抛弃那些空洞的东西，但不应盲目地误解并"拒绝当今时代"的美的概念。

究竟什么是美？这当然是无法计算，也无法度量的。但世间万物，总有一些东西是不可预知的。

然而，我们这个时代的建筑之美，同其他任何时代完全一样，都是有需求、有目的的。建造时，只有当看到的不仅仅是实用性的时候，它才能得以实现。

6

批评的意义和任务

1930年4月，在艺术评论家协会（Verband der Kunstkritiker）举办的艺术评论专题研讨会上的发言。《艺术报》以《艺术家眼中的艺术评论》（Künstler über Kunstkritik）为标题，发表了所有的报告内容。

您不必害怕，我对一出精彩演出所发表的一系列偏见和攻击。错误的判断难道不是在所难免的吗？批评就这么简单吗？真正的批评不是像艺术一样稀少吗？我希望您把注意力集中到有关批评的前提上来，因为我相信，如果没有足够的清晰性，真正的批评是无法实现的。

批评是对一个作品意义和价值的评判。为了评判作品的意义和价值，必须对评判对象持有一个立场，以便了解它。除此之外别无其他。艺术品有其自身的生命，它们并非总是一目了然。如果要有所回应，就要像它们所希望的那样，必须面对并接近它。这就是批评的责任。

批评的另一个责任就是确立价值的层级。这里涉及批评的标准。真正的批评只服务于价值。

关于艺术评论演讲的8页未出版的手稿，参见：MoMA，书稿文档4：

（第1页）

伦理应当体现出所有手段存在的目的，是那种终极目的而不能被理解为某种手段。

应用性在普遍化的实践中，体现了方法和目标间的关系。因此，把效用转化成功利主义是没有意义的。手段变成了目的，而目的与原则相关，这对于生命内涵毫无意义。

必须唤醒每项价值内容其自身的价值感。

373> 这些都是个人情况，只发生一次而不会反复出现。

（第2页）

第一个基本问题，我们应该怎样？

其次，"什么是生命中或者世界中最有价值的？

只有当我发现什么是生命中最有价值的事物的时候，我才能判断应当做什么。

而且，只有当我感到把这种发现当作有价值的行为、当作一项任务并作为内在需求的时候，我才能发现生命中最有价值的事物。

（第3页）

亲爱的女士们和先生们，您不必害怕，我对一出精彩演出所发表的一系列偏见和攻击。（作者原注：此处删除"期望"）我希望您把注意力集中到（作者原注：此处删除"集中在基本事务上，因为我相信我们有足够的清晰性"）有关批评的前提上来，因为我相信，如果没有足够的清晰性，真正的批评是无法实现的。

（作者原注：下面画线）批评（作者原注：此处删除"人们理解"）是对一个作品意义和价值的评判。

（作者原注：此处删除"但是对作品的意义和价值进行评判的前提，是理解评判的对象以及相应的立场。"）

（第4页）

但是对作品意义和价值进行评判的前提，是把握评判的对象并了解它的状况。

别无其他，而是要与一定的前提条件相关联。（作者原注：此处删除"事物与其本质不同。"）

尽管善意和思维的清晰性是非常宝贵的品质，但仍显不够。（作者原注：此处删除"因为事物的不同性质，源于它们不同类别和程度的品格。"）

事物有其自身的生命，以及与其本质相符的品格。

（第5页）

事物是彼此不同的，这种差异不只存在于本质上，而且还存在于种类和等级上。存在着对象的等级秩序，而只有要求和采取的立场与其相符的时候，它们才敞开自己。

对象等级的高低与认识水平的高低相吻合。必须在这个认识水平上形成并建立对于对象的认知。因此，每个对象都包含了一种高级的认知态度。（作者原注：此处删除"与其处于相同等级。"）

（第6页）

它们并非一样。这种差异不只存在于本质上，而且还存在于其尊严和程度上。（作者原注：此处删除"它们并不回应每个人，而只针对那个符合要求、并采取与它们同样立场的

374▷ 人。"）事物也存在着等级次序。因此，按照每个对象所处的等级，分配相一致的认识立场。

正如对象存在等级次序一样，也存在认识立场的等级次序。

（第7页）

这是不可动摇的事实。（作者原注：此处删除"并且对任何批评具有约束力"）另外还涉及价值观本身的次序。

（作者原注：此处删除"对于现在常常出现的精神性作品，是无法以实用领域的标准来衡量的。"）

这里，存在着批评的标准（作者原注：此处删除"真正的批评是服务于价值的"），而且真正的批评是服务于价值的。

（第8页）

人们过去对于批评的理解大概和今天一样，都是对所提供的意义和价值的成就的评判。在缺乏价值的（作品）中去筛选富有价值的。

7

新时代

1930年6月22-26日，在维也纳举行的德意志制造联盟大会上的闭幕发言。
载于《形式》，1930年5月，第15期，406页，《形式》再版，1932年7月，第10期，306页。

新时代已成为一个事实；它的存在与否，与我们对其说"是"或者"不是"都无关。但它与其他任何时代相比，既不更好也不更糟。这是一个不争的事实，与本身的价

值无关。因此，我不会花太多时间，来尝试厘清新的时代，展现其关联并暴露其支撑体系。我们也不想对机械化、类型化和标准化的问题，做出过高的评价。

我们要接受经济和社会关系变化的事实。

所有这些都走在通向宿命和价值盲区的道路上。

唯一的决定因素，就是我们如何在这样的境况中发挥作用。

这样，才开始产生精神层面的问题。

这并不取决于"为何"，而唯独取决于"如何"。

我们制造产品以及以何种方式生产，并不意味着任何精神上的东西。

无论我们建造的是高层建筑，还是多层建筑，用的是钢，还是玻璃，都无关建筑的价值。

无论我们在城市设计中采用集中布局，还是分散布局，都是一个关乎实用、而非价值观的问题。

但对于价值的提问，恰恰是至关重要的。

我们必须建立新的价值，指出终极目标并制定标准。

因此，对包括新时代在内的所有时代，其意义和合理性仅仅取决于，能否为精神提供存在的前提和条件。

讲话手稿，摘自芝加哥的德克·罗汉档案

女士们、先生们！

我想从一个实际问题，也就是展览的组织结构问题，来开始今天的演讲。在一个国际性的展览上，这个问题对我很重要，因为正确地选择组织的形式，能从根本上保障我们工作的开展。〈375

迄今为止，国际展览总是关注国家层面的主题。这意味着要展示每个国家的独特内容，而这个原则总是会导致重复和混乱；但由于国家的资助和责任下放，这使得展览的实施变得更加轻松和方便。

另一种方案的步子迈得更大一些。它可以尝试对思想性问题做一个跨国界的探索，但保留各个国家在经济上的支持。但这将导致展览的分裂，因为它意味着展览的一部分基于理念，而另一部分出于商业角度。这种形式在我看来不适合科隆，因为它从我们手中拿走了对于工业部分的必要指导。

需要对所有问题，包括经济问题做一个超国界式的思考；需要国际委员会进行准备和实施。唯有如此才能确保理念的实现，而唯有如此才能确定跨国界的经济目标。这一切都意味着在实施上更为困难，因为责任变得更大，还需要财务的整体核算。实现这个想法并非易事。但我们完全信任杰克（Jäckh）教授先生，他将为我们创造一个新的展览形式打下基础。

今天我还无法向您描述，我正在指导的三个小组具体的工作进展。这就是事情的真实状况。只有确定了展览的开幕时间，才能明确真正的任务，因为每种情况都有其特殊性，需要专门的意见。

但是，对于所提出的问题，我的立场简单来讲就是：

新时代已成为一个事实；它的存在与否，与我们对其说"是"或者"不是"无关……（作者原注："手稿的后续部分与上述打印的文字一致。"）

8
柏林建筑博览会的计划（1930年）

引自：密斯·凡·德·罗1930年柏林建筑博览会的计划。载于《形式》杂志，1931年6月，第7期，241页。

属于我们时代的住宅还未出现。然而，变化的生活方式呼唤它们的出现。

实现这一目标的前提就是，明确实际居住生活所需。

这就是展览的主要任务。

另外一个任务就是，展示满足这些新居住需求的相应方式。

只有这样，才能消除当前实际居住需求和错误生活标准之间、必然需求和供应不足之间所存在的矛盾。

消除这些矛盾既是迫切的经济需求，也是文化建设的前提。

9
广播讲话（1931年）

1931年8月17日手稿，引自：芝加哥德克·罗汉档案。

在最为严重的经济危机期间来谈论艺术化的建造，似乎显得有些奇怪。然而，我还是想占用几分钟的时间来谈一下。

对新建筑的经济和实用性的召唤，并非现行世界经济危机的结果。

它的出现比经济危机早得多，而且完全出于其他原因。但此次经济危机会在很大程度上，提高建筑的经济和实用性。

只要经济和实用性成为新建筑的前提条件，我们当下的情况就会对建筑的发展产生重要影响。

但是，这种发展也存在着风险。

可能会产生这样一个后果，即认为新建筑仅仅是一个实用和经济方面的问题，这种普遍看法的蔓延，从而对建造艺术带来严重损害。

因为这种看法是错误的。

尽管经济和实用性成了新建造的前提条件，但最终还是会涉及艺术性问题。尽管实用和经济性决定了我们的建筑，但它们对艺术价值的贡献却很少。

但它们（经济和实用性）也无法阻止它（艺术价值）。

艺术性被添加到建造的具体和实用结构中，或者更确切地说，它生发在建筑之中。但不是出于附加的意义上，而是在设计的意义上。

艺术通过物的比例，通常甚至物之间的比例来进行表达。本质上它是无形的，是精神上的东西。迄今为止，它超然于时代物质状况之外。

这是一种财富，即使是物质贫困时代也无法放弃，实在离不开它。

我们不想在物质的损失上，再增加一种文化的损失。

如果我们尽可能多地去捕捉美，那么简洁的想法就不会意味着文化性的缺失。

10
在德意志制造联盟庆典上的致辞
1932年10月，柏林，引自：芝加哥德克·罗汉档案。

现在人们常常在谈论一个新的德国。也有人质疑重新整合德国空间的必要性。

新的整合也顺应我们的工作，我们期待发现一种新的秩序，其实际的容量大到足够涵盖现实生活；但生活——肯定会充满活力——会为精神的演进留出空间。

然后，我们期待着，德国的土地将再次展现人性化的容颜。在今天的危机中，我们仍然认为，我们存在的唯一意义和价值，就在于使精神得到全面的发展。

1932年10月在德意志制造联盟庆典致辞的原始手稿，未出版的手写和打印稿，出自：手稿文档5，卡片D.1.2-D.1.11。

（第1页）
亲爱的女士们、先生们，已经向大家汇报了制造联盟至今的工作。此外，制造联盟的未来也被给予了期望。我想简短地补充一下，对于我们工作的思考。
（作者原注：此处删除"制造联盟在我们生活方式的巨大转变中""在我们生活方式的巨大转变中制造联盟""我们存在方式转型的过程中我们"）

（第2页）

人们现在谈论的是一个新的德国。（作者原注：此处删除"我们期待它不只是一个新的"）我们也深信重新整合德国空间的必要性。我们的期待是发展新的秩序。（作者原注：此处删除"是我们的期待"）

（第3页）

造型设计工作服务于一切进步思想和最优秀的人；在年轻的德国要保持敬业精神和乌托邦式的勇气。

（第4页）

强调变革经济生活的问题，我觉得似乎是不对的。很明显，您不必对此表达立场。这个问题之所以特别有争议，也许是因为人们不再把它看得很重要。（作者原注：此处划去"清楚的是"）时代的趋势很清晰，那就是抑制经济的活跃，并施加更严厉的管控。

住宅的概念非常含混。事实上，住宅需要定义一下。关于房屋基本形式的问题（作者原注：此处划去"实践"），房子面积大小是一方面，肯定还有中间形式。

（第5页）

此外，我们将研究大城市，因为我们不相信，它自身能辩证地产生正确的形式。我们认为倾听是必要的。

（第6页）

（作者原注：此处划去"我们期待大的"）我们想研究，德国的空间和景观里还潜藏着什么样的可能性。我们想把对普通手工和工业生产的设计问题探讨扩展到对商品生产的领域，所以，这里牵涉到的不仅是如何，而且还有是何的问题。

（作者原注：此处划去"进一步的学校政策"）进一步（作者原注：此处划去"问题"）我们对学校教育政策也感兴趣，到目前为止这涉及作品、形式和艺术问题。

第二条路。

人们必须清楚，世界已被设计和塑造，而且受制于设计的造型。

（第7页）

我们只想在我们非常熟悉的领域，严谨而踏实地工作。

这项工作应当以更深入的方式来进行，其潜在的问题应当得到最为专业的解决。

我们将研究整个居住片区。

村庄和大城市。

（第8页）

在这种基本态度之下，单个领域的工作由不同的工作组来进行。由此，住宅区的问题会得到解决，教育问题、商品问题不是片面地，而是多方面地被研究。先批评，再阐释，最后建设。

（作者原注：此处手写体）
贫穷并非是不幸。

（第9页）

与其他情况一样，联盟为当前形势的不确定性和不安全感所困扰，所有的人都感觉被卷入了漩涡和动荡之中。人们在黑暗中摸索，担心过早下结论，期待澄清事物并变得成熟起来。人不应该屈从于诱惑，出于恐惧而无所作为，甚至犯错误、显得不成熟和业余。现在需要忠实于自己、保持稳定和坚持不懈。对真正本质性的东西要予以坚持。

我们拒绝仅仅从外部来处理事物和问题，这只能带来组织、常规和快速的解决方案。我们需要深入工作，并触及问题的真正核心。

联盟不能只顾眼前。

（作者原注：此处手写"附言"）
联盟应当始终保持对事物内涵，即"如何"问题的关注。

（第10页）
敬畏物和材料。忘我地服务。

存在建造艺术性问题的高速公路

载于《高速公路》（Die Autobahn）杂志，法兰克福的汉法巴高速公路（HAFRABA[②]）协会刊物，1932年5月，第10期，1页；后转载于：《巴黎日报》（Pariser Zeitung），欧洲合作组织刊物，1932年7月，44期，1页。

高速公路是否存在艺术性问题？——对一个如此重要的经济基础设施来说，这个并非毫无意义。

我们要牢记的是，作为未来最为重要的交通设施，高速公路不仅分割了景观，以站房、十字路口、立交和坡地高架桥主动介入景观的塑造，而且它们还被嵌入景观，使我们能重新利用和开发自然景观。这里经常——尽管更多是被动方式的结果——出现设计造型问题。——设计问题虽显特殊，但同样重要。

不言而喻，经济和技术原因首先确定了高速公路的线形和走向。但是，后续工作需要更多地保护自然景观的原始特征。当然，人们可以说，新交通线路的开辟不仅有义务维护农业经济的价值，而且在某些情况下，也有提升景观品质的责任。

当然要谨慎地处理这类问题，而且一定

---

② HAFRABA：这个词是1929年罗伯特·奥尘（Robert Otzen）为其发起的贯穿德国南北直达瑞士的高速公路项目所起的名字。它得名于三个城市，其中HA代表Hamburg，即坐落于德国西北部的汉堡，FRA代表Frankfurt am Main，即德国中部位于美茵河畔的法兰克福，而BA代表Basel，巴塞尔是瑞士北部与德国接壤的城市，而二次世界大战的爆发中断了该项目。——译者注

要与州和当地政府部门合作解决。无论如何，我们的时代不能重蹈上几个世纪的覆辙，在建造基础设施的时候忽视了农业空间。

在1930年出版的《汉法巴高速公路通讯》杂志上，州建设局的贝克尔先生对高速公路的绿化提出了建议。这些建议显然的意图是使带状交通有机地融入自然景观。这种努力的意图是非常明显的，而且还涉及了交通标识。但是，这些建议手段是否能实现目标，仍然是个疑问。

例如，方尖碑式的行道树会让道路显得突兀，而非融于自然。高速公路两旁整齐的行道树，会让完整的自然景观变得支离破碎。川流不息的车流、生硬的切割，让景观变得做作和凌乱。我也知道，因为前提是要让靠近道路的区域保持开敞，独立的树或树丛会让弧线和转弯的信号标志作用无法有效实现。所以，必须找到其他的解决方案。

如果，我们要讨论保护上述的自然景观，并顺便结合一下地方特色的话，那么显然在任何情况下，都不应植入今天随处可见的广告牌。然而，由于经济方面的因素，未来道路旁的广告牌无法被阻止，或许根本也离不开它。所以，要找到一个办法，既能产生合理的经济利益，又要避免利用广告来做"庸俗的宣传"。可以想象，在所有的危险地段都通过设置广告加以提醒；然后，广告的介入会给周边空间带来约束，而且所有的广告牌需要统一管理。这个地方的广告一定不能固定，而要经常更换并获得收益，否则就会导致迂腐僵化和官僚主义。它会毁掉所有的广告，并影响广告艺术性和价值的传播。在这里，比规则更重要的是立场，比限制措施更重要的是艺术创造力。总而言之，在设计方面一定要减少干预。

12

要是混凝土和钢没有了镜面玻璃会怎样？（1933年）

德国镜面玻璃工业协会（Verein Deutscher Spiegelglas-Fabriken）的宣传册，1933年3月13日，未发表。
引自：LoC档案手稿。

二者划分空间的力量将受到制约，并被消解；并保持纯粹的承诺。

玻璃表皮、玻璃幕墙使框架首次具有了清晰的结构造型，确保了它在建筑上的可能性。它们不只出现在大型的实用建筑上。的确，在实用性和必然性的基础上，这里的发展无须任何理由，但真正的应用不在这里，而是在住宅建设的领域。

这里，在没有更多实用性限制的自由领域，技术手段的建造艺术价值才能完全呈现。

这是新建造艺术的真正建筑元素和载体。它使空间设计得到一定程度的自由，我们将无法离开这种自由。现在，我们才能够自由地划分空间、打开空间并使之与风景相连。现在，它再次清楚地呈现了，什么是墙体和洞口，什么是地板和天花。

结构的简洁、建构方式的清晰和材料的纯粹性，都闪耀着原始美的光辉。

Loc档案的第一次手稿，文字有变化：

它们是发展新建造艺术的真正建筑元素。它使空间设计得到一定程度的自由，我们将无法离开这种自由。现在，我们才能够自由地划分空间、打开空间并使之与风景相连。现在，它再次清楚地呈现了，什么是墙体和洞口，什么是地板和天花。结构的简洁、建构方式的清晰和材料的纯粹性，都闪耀着新美学的光辉。

13

马格德堡的H住宅

载于《盾牌战友》，1935年6月，第14期，514-515页。1935年8月7日手稿，引自：LoC档案。

这座房子将建在马格德堡的易北河岛上，它掩映在美丽的老树之中，面朝易北河的开阔景色。

这是一块异常美丽的建筑基地。只是日照方面有些缺陷。最佳视线朝东，向南则缺乏特色、几乎全被遮挡了。有必要在建设中来弥补这个不足。

因此，我把房子的起居部分向南延伸到一座被墙围合的内院里，使得视线得以控制，而阳光也能没有遮挡地进入室内。房子朝向易北河的方向完全打开，直达开阔的花园。

我不仅参照地形，而且还在静谧的封闭和开阔的延展之间，实现了美妙的转换。

空间构成也满足了女业主既独自居住，又要进行社交和待客的起居需求。内在秩序也与之协调。这里，所有开放空间形式的自由性中也考虑了必要的独立性。

14

就职演讲

1938年11月20日，出席芝加哥棕榈厅的晚宴，并发表担任芝加哥阿莫工学院（AIT）院长的就职演讲。
LoC手稿再版于：菲利普·约翰逊，《密斯·凡·德·罗》，纽约1947年，196-200页；维尔纳·布莱泽，《教与学》，斯图加特/巴塞尔1977年，28-30页。

所有的教育都必须关注生活的实用领域。但要谈论真正的教育，必须离开个性化的领域而面对人类的需求。

首先，要让人在现实中得以生存。这要求他具备必要的知识和能力。第二个目标是个性的塑造，他应当能正确地运用所获得的知识和能力。

那么，教育的真正目的不仅仅在于实用性，还包括价值观。通过实用目的，我们就会受到时代的特殊影响。同时，价值观也建立在人类的精神命运之上。我们的目标决定了文明的特征，我们的价值观决定了文化的高度。

尽管，实用性和价值观的本质有所差异、并出自不同层面，但它们彼此之间有着关联。

如果，我们的价值观不与实用性，而究竟应当和什么产生联系呢？如果不通过价值观，实用性的意义又从何而来？

382▷ 两个范畴构成了人的存在。一个保障了人的生命的存在；另一个使精神的存在成为可能。

如果这些话适用于所有人类行为，即对价值差异的精微的表达，它们又在多大程度约束了建造艺术？

造型简洁的建造艺术，完全根植于实用性。但它超越所有的价值层面，直至精神存在的领域、有意义的领域和纯艺术的范畴。

如果要实现这个目标，所有的建造学都要考虑这个事实。

它必须去适应这种结构组成。

实际上，除了积极地展开所有这些相关联的因素之外，没有其他的可能性。

它应当逐步澄清，什么是可能的、必要的和有意义的。

教育的根本意义，就在于培育和义务。

它应当是从不受约束的想法，上升至对责任的认识。

从偶然和随性的范畴，达到一种精神秩序的明确规则。

这就是为什么我们引导学生，走上一条从材料到设计实用目的的学习之路。

我们希望引导他们进入原始建筑的健康世界，那里的每次的斧劈都有意义，每次刀砍都有说法。

一座房子或建筑在结构的什么部位，与过去的木构建筑物有着同样的清晰性？

哪里更能体现材料、结构和形式的统一性？

这里蕴涵着整个时代的智慧。

材料有何意义，以及这座建筑有何表现力？

它们散发出何种温暖，它们究竟有多美。它们听上去像一首老歌，就像我们在石头建筑中所发现的那样。它传出何种自然的感受？如何清晰地理解材料，如何安全地使用，有何意义，人们到底能用石头做什么。我们能在哪种结构中发现财富。我们能在哪里发现比这里更健康的力量和自然美。是什么样清晰的逻辑，使梁板式天花安放在古老的石墙上，人们又是在什么样的感觉中，在墙上开出了一个门洞。

不在充满清新空气的健康世界里，青年建筑师还能去哪里成长？除了追随这些无名的大师，他们又能在哪里学到简洁和睿智。

砖是另一位授业的老师。它小巧、手工气质、大小适合所有的用途，它多么富有灵性。

它的连接构成展现了什么样的逻辑。它们的接缝体现了什么样的活力。至简的墙面还蕴含着什么样的财富。什么样的种类需要这样的材料。

每种材料都有自己的特性，必须了解它才能使用它。

这也适用于钢和混凝土。我们期待的不是材料本身，而是材料的使用方式。

我们也无法保证会使用新的材料。所有物质的价值取决于，我们用它来制作什么。

我们如何了解材料，以及实用目的的本质。

我们想清楚地分析它。我们想知道它的内涵。是什么让一栋住宅与其他建筑有所不同。

我们想知道，它可能是什么，它必须是什么，以及不该是什么。

所以我们想要了解它的本性。

因此，我们将研究所有可能的实用目的，明确其特征，并由此形成我们的设计基础。

就像我们努力所得到的，关于材料的知识一样——我们想认清实用目的的本质——我们也想认识自身所处的精神场所。

这是正确对待文化项目的前提。同样，我们必须知道，什么与我们的时代休戚相关。因此我们必须了解，什么是我们时代的关键和推动力。我们首先必须分析其结构；并涉及材料、功能和精神性的方面。

我们想澄清，我们的时代与早先的时代有何相同，又有何不同。

在这里，技术问题会进入学生们的视野。

而我们会尝试提出真正的问题。

关于技术的价值和意义的问题。

我们想说明的是，技术不仅承诺了力量和伟大，而且还潜藏着危险。

善与恶同时适用于它。人们需要对此做出正确的决定。

每个决定都会导致一定的秩序。

因此，我们也想尽可能地去阐明秩序，解释其原理。

我们想说明的是，对材料和功能趋势的过分强调，就是机械主义秩序原则。

服务于功能的手段，以及等级和价值方面的利益，都不符合我们的目的。

然而，理性主义的秩序原则过分强调理念和形式，既对我们的真理和简洁不感兴趣，也对我们的实用性缺乏认识。

我们将明确秩序的有机原则，就是各个部分的意义和标准，以及它们与整体的关系。

我们将对此做出决定。

始于材料、经由实用目的而抵达造型的漫长道路，只有一个目的：

在我们今天无望的混乱中创造秩序。

我们想创造一种秩序，它使所有的事物

各就其位。我们想赋予每个事物符合其本质的东西。

我们期待着完美的实现，使我们所创造的世界由内而外地绽放。

我们别无他求，更多的我们也无能为力。

没有什么能像圣·奥古斯汀的深刻话语一样，揭示出我们工作的目的和意义："美就是真理之光!"

四、1939—1969年

1 向弗兰克·劳埃德·赖特致敬（1940年）

2 一座小城市的博物馆（1943年）

3 路德维希·希伯赛默《新城市》的前言（1944年）

4 技术和建筑（1950年）

5 演讲稿，芝加哥（无日期）

6 札记：演讲笔记（大约1950年前后）

7 一座礼拜堂（1953年）

8 瓦尔特·格罗皮乌斯（1953年）

9 鲁道夫·施瓦兹《教堂的化身》的前言（1958年）

10 英国皇家建筑师协会金奖颁奖典礼演讲手稿（1959年）

11 我们现在去向何方？（1960年）

12 75岁生日在"美国之音"电台的答谢词（1961年）

13 鲁道夫·施瓦兹（1963年）

14 悼念勒·柯布西耶（1965年）

15 彼得汉斯①的视觉训练课（1965年）

16 我们时代的建造艺术（1965年）

17 建造艺术教育的指导思想（1965年）

18 瓦尔特·格罗皮乌斯（1883—1969年）（1969年）

---

① 瓦尔特·彼得汉斯（Walter Peterhans/1897—1960年）：德国摄影师，曾任教于包豪斯，并开办了第一个现代意义上的摄影实验室，进行摄影专业方面的探索和教学。——译者注

向弗兰克·劳埃德·赖特致敬

文章出自1940年纽约现代艺术博物馆（*MoMA*）为弗兰克·劳埃德·赖特举办展览时制作的未经正式出版的画册，1946年6月发表于：《学院艺术报道》（*The College Art Journal*），第1期，41-42页；本文由英文译出。

正如威廉·莫里斯所提到的那样，伟大的欧洲艺术革新运动在20世纪初就已失去了说服力。过分精致是其衰落的明显标志。建筑师们在形式基础之上所进行的创新尝试，注定要遭到失败。很显然是缺乏适度的控制，即便艺术方面的大量努力也无济于事，因为需要加强的是对主观意志的控制。然而，建筑是产生在客观基础之上的，只有在认识到客观条件的限制、并从主观方面加以表达的地方，才能发现那个时代唯一使人信服的解决方案。这就是工业化建筑领域的情况。为此只需要回顾一下，彼得·贝伦斯在电力工业方面的重要作品就足够了。但是在其他建筑创作领域，建筑师都面临着屈从于历史魔咒的危险。对某些人而言，古典形式的复兴似乎不仅合理，而且还适用于纪念性建筑的范畴。

当然，不是所有二十世纪早期的建筑师都赞成这个观点，尤其是凡·德·威尔德和贝尔拉赫。他们忠于自己的理想。凡·德·威尔德知识分子式的完美，不允许任何认知方面的偏差。贝尔拉赫则在他的理念和坚定性格中，表现出对宗教信仰的执着。出于上述原因，他们都应获得最高的敬意和赞美，以及我们特别的珍视和爱戴。

另一方面，是我们青年建筑师内心正在经受的迷茫。我们热衷于绝对价值，我们准备着为真正的理念而献身。然而，那时的建筑理念已经丧失了令人信服的生命力。这就是1910年前后的状况。

在那个关键时刻，弗兰克·劳埃德·赖特的作品在柏林展出。丰富的展览和建成作品的出版，使我们折服于这位建筑师及其成就的魅力。这次相遇应该对欧洲建筑的发展产生了持久的影响。

这位大师的作品引领我们进入一个充满未知力量的建筑世界，一个包含清晰语汇和丰富形式的世界。这里，最终诞生了一位建筑大师，他来自建筑的真正源头，他的作品指明了真正的原创性。这里，有机建筑终于真正地蓬勃发展。我们越是深入研究那些作品，就越是服膺于他无与伦比的才华、执着的理念和独立的思想行为。这些作品所散发出来的光芒，启迪了整整一代人。即使没有立即呈现出来，他的影响也是空前绝后的。在首次相遇之后，我们怀着澄净之心追随这 <386 位圣人踏上前行之路。我们惊奇地注视着，一位旷世天才为我们所奉献的丰硕成果。年复一年，生生不息，他像一株参天大树，成为开阔风景中的高贵王冠。

2

一座小城市的博物馆

载于《建筑论坛》，1943年78，第5期，84-85页；本文由英文译出。

一座小城市的博物馆不应去和大城市的对手竞争。这样一个博物馆的自身价值，取决于其艺术品的质量，以及艺术品的呈现方式。

首要的任务是将博物馆理解为真正享受艺术的场所，而不是艺术品仓库。在这个设计里，艺术品与生活世界之间的屏障被一个雕塑花园取代了。内部展出的雕塑享有同样空间上的自由，因为开放空间的设计，使得雕塑更适于在山地景观的背景下得到观赏。这样的设计造就了一种既能庇护又不封闭的空间。在传统的博物馆里，类似毕加索《格尔尼卡》式的艺术品，总是很难为其找到展出位置。而在这里，它可以充分发挥作用，成为一个空间元素并在不断变换的背景中脱颖而出。建筑被构思为一个独立的大空间，蕴含着最大的灵活性。只有钢结构框架的采用，才能实现这个想法。这个结构概念使得这座建筑只有三个基本构成元素，即地台、柱子和屋顶。地板和平台应当用石头铺砌。行政办公与展览区域分开，也置于同一屋顶之下。相关的储藏和卫生间设置在办公下方的地下室里。

小幅的画应当挂在独立的墙面上。实际的展出空间是为较大的展品预留的，这样博物馆的使用就不会像其他地方那样，而是有尽可能大的展出余地。由此，城市的文化生活就拥有了一个与之相称的空间。

屋面上的两处开洞（3和7）使得光线能够进入内院（7）和建筑尽端的走廊（3）。外墙（4）和对应内院的墙面均采用玻璃。自由石墙将外部空间划分为院落空间（1）和平台（10）。办公室（2）和衣帽间也同样独立于空间中。在一处略微下沉的区域（5），可以容纳小型的会议。同样，一座可以举办演讲、音乐会和研讨会的报告厅（8）也由自由墙面加以界定。墙面和讲台上方吊顶的造型，由声学设计来最终确定。报告厅的地面以座位的高度形成台阶式的下沉，每级台阶都成为连续的座位。这里（6）是印刷出版部，它前面还有一个特展区域和一个水池（9）。 ⟨387

3

前言

路德维希·希伯赛默，《新城市》(The New City)，芝加哥1944年。本文由英文译出。

"理性是所有人类行为的最高准则。"无论是自觉还是不自觉——路德维希·希伯赛默都在遵循着这个准则，并视其为城市设计各个领域工作的出发点。他始终坚持以客观原则来研究城市，探索城市的方方面面，并在整体中赋予各个部分以相应的地位。由此，他将城市的所有元素放置在一个清晰而合乎逻辑的秩序中，并且避免因随意和个人偏好而导致的失效。

他深谙城市必须服务于生活，其价值和适用性取决于城市生活，而且还须为生活做好规划。他理解城市形态是对现有生活方式的表达，它们彼此无法分割，他知道形态随生活方式的转变而变化。他认识到，物质和精神条件某种程度中是先决的，人们对这些因素无法施加影响，因为它们根植于过去，而未来亦为客观的发展所左右。

他同样知晓，形形色色的事实预示着一种秩序。这种秩序赋予其意义，并为其提供成长和发育的土壤。因此，城市规划于规划者而言，即意味着事物间的秩序及其相互关系。绝不能将原则和手段相互混淆。城市规划本质上讲是一项建立秩序的工作；依照圣·奥古斯汀的说法，秩序即"根据其本质，对相同和不同的事物加以安排。"

4

技术和建筑（1950年）

载于《艺术和建筑》，1950年67，第10期，30页；译自：乌尔里希·康拉德（编撰），《20世纪的建筑纲要和宣言》，柏林1964年，146页。

技术植根于过去。

它统治当下，并面向未来。这是一个真正的历史性运动——创造和代表其时代的最伟大的运动之一。与其相提并论的，只有希腊对人性的发现、罗马的权力意志和中世纪的宗教运动。

技术远非一种方法；它是一个独立的世界。

作为方法，它几乎在所有方面都体现出优越性。但只有在它为自己预留的地方，诸如庞大的工程建筑中，技术才显示其真正的本性。

在那里，它显然不仅是一种有效的手段，而且自给自足、充满意义并具备强大的形式——强大到无法形容。

这究竟是技术，抑或建筑？

这大概就是，为什么会有人坚信，建筑 <388 会被技术超越和取代的原因吧。这种念头并非出自清醒的思考。相反的情况就是，无论技术在何处得以真正实现，它都终将进入建筑领域。确实，建筑受制于一些因素，但其真正有用的是在表现力方面。我希望您能理解，建筑与形式的发明无关。建筑不是大大小小的儿童游乐场。

建筑是思想的真正战场。

建筑书写时代的历史，并为其正名。

建筑与时代相关。它是时代内部结构的结晶，是其形式逐渐发展的成果。

这就是技术和建筑如此密切相关的原因。

我们衷心希望，它们能共同成长，直到有一天它们能相互表达。只有这样，我们才能拥有真正代表时代的建筑。

5

演讲稿

芝加哥，原因、地点和日期不明。

19页未出版的演讲手稿，Loc档案。封面注明："这里是密斯用德语写的一个重要手稿"[②]

（第1页）

亲爱的女士们、先生们，

试图从形式上革新建造艺术的尝试失败了。长达一个世纪的工作是浪费时间，最后一无所获。世纪之交，那些顶尖天才们的英雄般行为，都贴着时髦的标签。显然，发明形式并非建造艺术的任务。建造艺术意味着其他更多东西。这个高贵的词语清楚地表明，建造关乎本质内涵，而艺术意味着完美。

（第2页）

伟大的建筑几乎总是由结构来支撑，而结构几乎总是空间形式的载体。罗马和哥特建筑就体现着这种清晰性。无论在哪里，结构都是意义的载体，也是最终精神内涵的载体。如果是这样的话，那么建造艺术的革新也只能凭借结构方面来实现，而不是通过随意产生的动机。

（第3页）

然而，结构作为时代精神忠实的守护者，否定了一切随意性，并为新的发展创造了一个客观基础。这就是它发生的原因。我们时代少数真正的建筑，将结构视作建筑的组成部分。建筑和意义合二为一。建造方式具有决定和标志性的意义。

（第4页）

结构不仅决定了其形式，而且它就是形式自身。当真正的结构与真实的内涵相结合，真正的作品也就产生了；作品、真实和本质化，它们是必不可少的。它们本身就很重要，也构成了真正的秩序。人们只能安排，那些已经秩序化了的东西。秩序比组织含义更多。组织是为了实用目的。

（第5页） <389

秩序反对释义。如果，我们想根据其本质赋予事物以相应的东西，那么事物就拥有了适合它的秩序，而这才成为它应当拥有的本质。只有这样，它们才能真正得以完善。我们生活的混乱将让位于秩序，世界将再次变得美好和充满意义。

（第6页）

但前提是克服自我意志，要做必要的事情。表达和实现时代的愿望，而不要去阻碍

---

② 这句话由英语译出。——译者注

意志和必然的事物。

（第7页）

换句话说：以服务取代操控。只有那些已经明白如何正确地去做简单事情的人，才知道这项任务的重要与否。这意味着要保持谦逊，放弃投机，必须做到真诚和正直。

（第8页）

昨天人们还在谈论永恒的艺术形式，今天他们就开始灵活地应变。这两者皆是错误的。建造艺术关心的既非当下，也非永恒，而是与一个时代相关联。只有历史性的运动才能赋予其存在的空间，才能使之真正实现。建造艺术赋予历史表象以意义，它是其内部运动的真实体现。

（第9页）

对本质进行探索和表达。这大概就是19世纪最终失败的原因所在。在那个时代无知而迷茫的探索中，暗藏着一股发展的浪潮，它被已经变化的世界的力量所驱动，为原始森林带来了新的形式。它离经叛道并充满野性的力量。一个充满技术形式的世界；伟大而强悍。

（第10页）

属于真实世界的真正形式。而所发生的其他一切，必然会退却并处于边缘。技术承诺赋予我们力量和强大的同时，也预言了对人类的威胁，它既不是专为这个人，也不是为了其他人而生的。让人感到沮丧的，不但是要真正地负起责任，而且还要信守那些有关欲望和技术的承诺。

（第11页）

这世上的一切，人类是否都有权享有？

更进一步：人类配得上这个世界，还是没有资格？

它是否为人类实现最奢侈的愿望，也提供了可能？

它是否可以成为值得我们生活的地方？

（第12页）

最后：这个世界是否可以那样无私，负责为人类建设一个崇高而伟大的秩序？

这是最为沉重的问题了。人们既可以很快接受它，也可以很快否定它，并且已经开始这样做了。

（第13页）

但细细想来，在所有的偏见和误解之外，技术的世界看上去就是如此而非那般，就像其他所有的建造艺术一样，它密切地与时代的世界观相联系，并排除了大量的可能性。

（第14页）

没有任何理由高估这种形式的作用。它就像所有真正的形式一样，深邃而崇高。一边召唤，一边尝试。一个真正的世界——如果是这样，那么技术必须转化为建造艺术，

390

382

才能得以实现。这将会是一种传承哥特的建造艺术，它是我们最大的希望。

（第15页）

但这一切并非来自自身。历史不是自主发生的。（作者原注：原始手稿添加："历史将会终结"。）

而且历史的维度比很多人所理解的都要短。

雅典卫城的建筑和我们只隔了六十代人。在中世纪存续的时光里，连大教堂也未建成。（作者原注：原始手稿添加："我们完全有理由来保持警觉，不会让我们的时代沉睡不起。"）

（第16页）

而且，技术时代并不像看上去那样年轻。早在十七世纪就已经预示了怀特海的出现。可能就是这样。今天所发生事情的最终原因，大概可以在寂静的罗马礼拜堂墙后，孤独僧侣们的讨论中发现。

（第17页）

在无限缓慢的进程中，出现了承载历史意义的伟大形式。（作者原注：此处删除"但是历史上的调和性使伟大的事物在其伟大中消亡，并躲过了衰老"。）

（第18页）

看得见的部分只是历史形式的最终阶

段。它呈现出来。

它真正地呈现出来。然后便戛然而止。

一个新的世界诞生。

（第19页）

我所叙述的，就是我身处的立场；就是我所相信的，以及我的行为的理由。信仰是必要的，但在工作范畴里仅仅意味着条件。

最终，还取决于成果如何。（作者原注：此处删除"歌德说的'造型艺术家，要保持沉默'，就表达了这个意思"。）

6
札记：演讲笔记（大约1950年前后）

涉及技术和建造艺术专题的笔记，推测是为上面两个就职演讲而准备的；
选自：130页未出版的手稿和草图，没有日期；引自：LoC档案，《草稿和演讲》。

恢复事物的意义。

从人类中重新获取事物。

从本源来思考其服务工作。

这是关键。因此，起决定作用的并非是实用性方面的，而是任务和价值的范畴。在寻找相应事物过程中，重建一个包含对大小 <391
的定义、新的价值层级。

以有效的形式来替代诱人的形式。

形式的生长：

从源头开始逐渐上升至产生造型的终极阶段。体会那种具有意义的形式；体现价值，而变得更有意义。

技术

制作的传统

历史形式主义

现代形式主义

新内涵的出现

强制地推行新的解决方案

新材料

新技术

相互（双重）影响

拥有一切自由以及如此伟大的深刻，但今天我们似乎比以前更加沉重。

然而，我们毕竟拥有无限丰富的技术可能性。

但也许恰恰是这份财富，阻碍我们正确地行事。

建造也许受到一种简单方式的制约。例如，简单的工艺过程和清晰的建筑结构。

我们还是相信事实如此。在许多古老的和今天为数不多的建筑中，发现了这种信念。

谁想拥有建造艺术，就必须做出选择。

他必须服从伟大的时代客观需求，寻找并赋予它们以建造形式。（不多也不少）

建造向来就与简单的行为相关联，但这个行为必然会触及事物的核心。

只有在这个意义上，才意味着贝尔拉赫的话语**"建造即服务"**。

（关于维奥莱-勒-迪克）

一个多世纪以来，人们试图通过思索和行为来接近建造艺术的本质。回顾过去，清楚地表明任何试图通过形式来更新建造艺术的尝试都失败了。无论在哪里，重要的都是结构性的，而非表面形式。这大概就是相信结构是建造艺术基础的原因。这些想法本身并不新颖，它们与新建筑运动本身一样古老。维奥莱-勒-迪克认为建造艺术衰落的根源，在于很少有人能透彻地理解建造艺术的真正基础，他六十多岁时出版的《建筑学讲义》（*Entretiens Sur L'Architecure*）对此做了表述。建造艺术对他而言，是实用目的、材料和时代结构方式的真实体现。他那时已经发现了建造艺术创造中的双重性：基于一切实用目的，并调用所有手段来加以实现。他要求对于两者，都要有同样的真诚态度。

当时，形式对他已然是真实过程的产物，并非他的时代同僚那样，是一个独立的、新艺术的问题。

"任何没有结构秩序的形式，都应被予以拒绝（TOUTE FORME, QUI NEST PAS ORDONNÉE PAR LA STRUCTURE, DOIT ETRE REPOUSÉE）**。"**

在一个长期运动开始而非终结的时候，这句话就已经出现了。

这些想法具有无比的清晰性。

这是在过去处理大型建筑时所获得的，与建造艺术密切相关的知识。

（关于手工艺和工业）

威廉·莫里斯倡导的运动的伟大之处，在于保留了"手工艺术"本质，我们至今仍处在他的影响之下。其真正的目的在于居住方式，其成就在于使居住获得空前的解放。

但是，并非像通常所想象的那样，手工艺在运动的过程中被升华为建造艺术。在那里（实际上）建筑更多地被解释为工艺美术。但是，真正的建筑产生于工业和交通建筑中，在那里，实用目的才是真正的设计师，而技术提供了建造手段。

在这里，而不是玛蒂尔德高地，一种新的语言诞生了。

人们当然也可以用不同的方式来进行理解。

但谁想要拥有建造艺术，就必须做出决定。

他必须服从时代的伟大客观要求，并从建造上予以体现。

只有在这个意义上，才意味着贝尔拉赫的话语"建造即服务"。

（关于现代建筑的现状）

让我们不要被欺骗。许多现代建筑将不会被时代所保留。因此，除了满足建筑的基本要求之外，我们的建造艺术还要与时代的普遍要求相符；而终极要求则是战胜自身的命运。

对所获得的自由进行评估的最大障碍之一，就是建造行为失去了明确性。这些建造行为将更多地被一种操作所取代。

获得了自由并为物欲的浪潮敞开了大门；也许这正是所期待的，但它们本身无法体现建造价值。尽管，这些事物的产生都基于现有的条件和使用方式。人们来回摆弄这些物件，并将其移植到设备上，并把这个机能组织与建筑混为一谈。

（关于卡尔·弗里德里希·辛克尔）

卡尔·弗里德里希·辛克尔，古典主义最伟大的建造家，代表着一个旧时代的终结和一个新时代的发端。他在一个衰退的时代建造了旧博物馆。他无聊的哥特教堂作品使他成为一个无法形容的媚俗世纪的先驱，但随着建筑学院的建成，他迎来了一个崭新的时代。

他的学生显然都不理解这个作品。（作者原注：此处删除"或许它难于理解"。）他们忙于继承古典遗产，从而忽视了时代的变迁。

（关于建造艺术）

建造艺术的意义在于持久性。建造艺术不是很多人所理解的那样，会在瞬间产生变化，也不是从永恒到永恒的长期过程，而只关乎一个时代。

今天建筑对我们而言，更像一个装置而

非纪念碑。

建造是现实的造型。

为了赢得自由，就要恪守规则。这样，就会为个体价值创造空间，为独特的事物创造空间。

393 › 建造艺术的主题，其实不是追求有趣和出众，而是清晰和有效。我们不会问，这个或那个大师有过什么奇谈怪论，而是会问他对历史的进步有何贡献。

去做被寄予期望的事；运用正确的方式，以及去认识期待被发现的事物。

秩序比组织意味着更多。组织是设立实用目的。而秩序是赋予意义，他与建造艺术是相通的。

两者（秩序和建造艺术——译者注）都远远超越了实用性和目的，最终归因于价值。

这个或其他的世界，不会垂爱我们。
身处其中的我们必须坚持自己。
我们完全有理由相信，当技术转变为建造艺术时，伟大的事物就诞生了。

---

③ 本文由英文译出。——译者注

7
伊利诺工学院的一座礼拜堂③

载于《艺术和建筑》，1953年70，第1期，18-19页。

我选择用一种密集而非松散的表达方式，简洁而真诚地来说明我所理解的神圣建筑应该是什么样的。我的意思是一座教堂或礼拜堂应当个性明显，而非依赖哥特式样的传统符号在建筑中产生精神上的联想。但两种情况中，都同样存在着对崇敬和高贵主题的表达。

我知道会有人对这座礼拜堂提出异议，但它是为学校里的学生和教职员工设计的。他们会理解这一切。

建筑应当关注时代，而不是当下。礼拜堂将不会变老……它拥有高贵的气质，由优良的材料所建造，并具备优美的比例……它按照今天的标准来完成，采用了我们的技术手段。那些建造哥特教堂的人运用他们的手段，获得了最佳的成果。

我们常常以投机的方式来思考建筑。这座礼拜堂不存在任何投机的可能性；它本来就很简单；事实上，它也是简简单单。但它的简单并非简陋，而是高贵的，于细微之处彰显伟大——事实上，是纪念性的。即使我有一百万美元的话，也不会去建一座不一样的礼拜堂。

8

瓦尔特·格罗皮乌斯（1953年）

1953年5月18日，密斯·凡·德·罗在芝加哥黑石宾馆（*Balckstone Hotel*）瓦尔特·格罗皮乌斯70岁生日宴会上的发言，引自：《人与作品》（*Mensch und Werk*），西格弗里德·吉迪翁，瓦尔特·格罗皮乌斯，斯图加特1954年，20-22页。

我不知道格罗皮乌斯是否还记得，我们——就是德国大建筑师彼得·贝伦斯的事务所的同仁——在距今43年前柏林郊区的一家廉价餐厅的里屋，为他所举办的生日派对。我当然很清楚地记得那个派对。那个晚上，我们度过了很多开心的瞬间。再也没有见到格罗皮乌斯那样高兴过，我相信，那次生日派对是他所经历的最美好的生命时光之一。那时他从未怀疑过，有一天他会为盛名所累。

格罗皮乌斯比我们中的大多数人要年长几岁，他离开贝伦斯事务所后独立执业。他用钢材、玻璃和砖建造了一座工厂，至今它还在正常运转。这个建筑作品如此出众，使格罗皮乌斯一跃而成为引领欧洲的建筑师。几年后，他以更极端的方式为科隆博览会建造了一座包含办公楼和机械展厅的建筑综合体。他以这个项目证明了，第一个作品的成功绝非偶然。

在那之后，第一次世界大战的四年期间，所有的工作都停顿下来。战后格罗皮乌斯接掌了战前由比利时大建筑师凡·德·威尔德所领导的魏玛学院。成为一位伟人的继承人总是一件困难的事情；但格罗皮乌斯还是接受了这个任务。他重组了魏玛学院并将其命名为包豪斯。

包豪斯的理念是成为一个没有明确大纲的机构，格罗皮乌斯自己对这个理念做了精确的描述。

他说："艺术和技术——一种新的结合！"他希望包豪斯涵盖绘画、雕塑、戏剧，甚至芭蕾、纺织、摄影和家具——简而言之涉及从咖啡杯到城市规划的所有一切。艺术方面他请到了俄国的康定斯基、德国的克利和美国人费宁格作为教师——他们是那个时代非常激进的艺术家。今天我们知道，他们是跻身于我们时代的大师。1923年，格罗皮乌斯希望在更大的范围里，展现他的工作和理念，即包豪斯。一个包豪斯展览周得以在魏玛举办，在那段时间里，为了了解他的工作并向他致敬，访客来自欧洲的四面八方。

就像我所提到的：包豪斯是一个理念，倘若真去寻找它对世界产生空前影响的根源，我相信就是那个理念。类似那样的反响是无法通过组织，或是宣传来达到的。唯有理念具备那种力量，使其声名远扬。

1926年，在他把包豪斯搬到德绍并建造了自己的教学楼之后，格罗皮乌斯对工业化产生了兴趣。他认识到标准化和工业化预制的必要性。我很高兴，那时在斯图加特有机会支持他，可以宣传有关工业化、标准化和工厂预制的想法。那时他建造了博览会上最有趣的两栋房子。

后来，当他离开包豪斯时，格罗皮乌斯开始对住宅的社会意义产生兴趣。他成为德国国家住宅研究所最重要的一员，并在德国的不同地区建造了大规模的住宅区。他——与勒·柯布西耶一道——成为国际建协（CIAM）的重要成员，而国际建协几乎在每个国家都设有成员组织。

纳粹来了以后，格罗皮乌斯去了英国。他在那里与朋友一起工作了好几年，然后便应邀来到哈佛。我相信，你们中的大多数对他从那之后的作品都耳熟能详。格罗皮乌斯培养和教育出了一大批优秀的学生。毋庸置疑，格罗皮乌斯是我们这个时代最伟大的建筑师之一。同时，他是我们这个领域最伟大的教育家——这您一定也知道。但是，我还想告诉您并不知晓的，他始终是一位从未放弃过追求新理念的勇敢斗士。

9
前言
关于鲁道夫·施瓦兹的《教堂的化身》（*The Church Incarnate*），芝加哥1958年［《关于教堂建筑》（*Vom Bau der Kirche*），维尔茨堡1938年，由罗马尔诺·瓜尔蒂尼作序］

这本书写于德国的至暗时刻，但却为教堂建筑问题提供了新的视角，也澄清了建筑的真正问题。

鲁道夫·施瓦兹，伟大的德国教堂建造家，是我们这个时代最深刻的思想家之一。

他的著作尽管条理清晰却很难读懂——但谁要是潜心细读过，就会真正理解所探讨的问题。我曾经反复阅读它，认识到它对是非的廓清作用。我相信，不应只有对教堂建筑感兴趣的人，而且还应该有真正关心建筑的人来阅读它。它不仅是一本重要的建筑著作，而且还是真正有意义的——凝聚改变思想的力量——著作之一。

长久以来我都认为这本书应当被译成英文。我们感谢辛西娅·哈里斯（Cynthia Harris），现在，她让英语世界的人们也有机会认识了它。

10
笔记
1959年5月，英国皇家建筑师协会（Royal Institute of British Architects）金奖颁奖典礼的答谢演讲草稿。出自：卡片笔记LoC档案。根据这些"原型"，下列的答谢词得以完成：
1959年4月2日在芝加哥艺术俱乐部，获得由联邦德国大使路佩男爵（Baron von Lupich）颁发的联邦服务十字勋章（Bundesverdienstkreuz）时的答谢词；
1960年4月，在旧金山接受美国建筑师协会颁发的金质奖章时的答谢词；
1963年5月22日，在纽约接受美国艺术和文学院、国家艺术和文学研究所颁发的金质奖章时的答谢词。原文发表于《美国艺术文学院简报》（*Proceeding of the American Academy of Arts and Letters*），纽约1964年，331页。这篇标准的密斯式的演讲《我们现在去向何方？》（*Wohin gehen wir nun?*）的译稿刊载于：《建造与居住》（*Bauen und Wohnen*），1960年15，11期，391页，并成为维尔纳·布莱泽的著作《密斯·凡·德·罗：结构的艺术》（*Mies van der Rohe. Die Kunst der Struktur*）的前言《我们时代的建造艺术》（*Baukunst unserer Zeit*），苏黎世/斯图加特1965，5页。
（下列文字原文为英文。——译者注）

（A）

我非常感谢发言人慷慨善意的评价。

（B）

我希望感谢尊贵的女王，感谢她授予我崇高的荣誉。

同时，我诚挚地感谢英国皇家建筑师协会，提名我接受她授予的荣誉。

（1）

寻求知识

梅塞尔

贝伦斯

奥布里希（Joseph Maria Obrist）

贝尔拉赫

凡·德·威尔德

（作者原注：上面从梅塞尔到范·德·威尔德，密斯在一旁写道"不同方向"）

路特根斯（Luitgens）

沃尔森（Voison）

伊迪丝·埃尔默·伍德（Edith Elme Wood）

司科特

（2）

从古老的房屋中学到很多

（3）

建筑必须属于它的时代。

——但我们的时代是怎样的。

——什么是其结构及其本质？

——什么是其支撑力和驱动力？

（4）

——什么是文明？

——什么是文化？

——二者之间是什么关系？

（5）

在这罕见的一年——1926年

——施瓦兹

——马克斯·舍勒

——怀特海

（6）

存在着真理关系。

但何为真理？

——托马斯：知与物相一致

——奥古斯汀：美是真理之光

（7）

缓慢

建筑是一个历史纪元缓慢进程的表达

一个历史纪元是一个缓慢的过程。

（8）

结束：乌利希·冯·哈腾（Ulrich von Hutten）

（没有编号）

谈论——3000本书

——寄300本到芝加哥

——我可以还270本

11

我们现在去向何方？

载于《建造与居住》，1960年15，11期，391页。

教学和我的工作都证明了，在做和想这两方面，清晰性有多么重要。

没有清晰，就无法理解。

理解不了就没有清楚的方向——而是迷茫。

有时伟人也会陷入迷茫——就像1900前后那样。而赖特、贝尔拉赫、奥布里希、路斯和凡·德·威尔德的作品，走的是另外一条路。

我经常被学生、建筑师和有兴趣的门外汉们提问："我们现在去向何方？"

当然，每天早晨都发明一个新建筑，既无必要，也不可能。

我们不是处在一个历史新纪元的结束，而是开始。这个新纪元由一种新的精神所确立，并为新的技术、社会和经济力量所推动，并将拥有新的工具和材料。在此基础上，我们将会拥有新的建筑。

但未来不会说来就来，我们只有正确地工作，才能为未来奠定一个良好的基础。这些年来，我越来越认识到建筑并非形式的游戏。我认识到建筑和文明之间的紧密关系，并理解建筑的发展必须借助来自文明的支撑和推动力，而其中最好的作品能表达时代最深层的构成。

文明的形成并不简单，因为它涵盖过去、当下和未来。它很难被定义和理解。属于过去的已无法改变。对于当下需要肯定和加以把握。但未来是开放的——对于创造思维和创造性行为保持开放态度。

建筑就是在此背景下发展起来的。因此，建筑应该只与最重要的文明因素发生关系。那种只有触及时代内在本质的关系，才是真实的，我称这种关系为一种真理关系。借用托马斯·阿奎纳的话来理解真理，就是：物与知的一致（adequatio rei et intellectus）。或者正如当今的哲学家所表述的：真理意味着事实。

只有这样一种关系有可能涵盖文明的多样性。只有这样，建筑才能被纳入文明的进程。只有这样，建筑才能在形式的缓慢发展中得到表达。

这已经而且必将是建筑的任务。当然是一项艰巨的任务。但斯宾诺莎告诉我们，伟大的事物从来就不简单。正是因为它们的艰巨，所以才如此罕见。

12
答谢词（1961年）

密斯·凡·德·罗75岁生日之际在"美国之音"播出。
引自：芝加哥德克·罗汉档案。

我想通过"美国之音"所提供的机会，向来庆祝我75岁生日的德国朋友们致以衷心的感谢。这一天我不仅要感谢朋友们，而且还要感谢我的故乡亚琛，在那里我度过了我的青年时代。还有城市柏林，在那里能够生活和工作四分之一个世纪。这是拥有施吕特（Schlueter）、克诺贝斯多夫（Knobelsdorff）和辛克尔那样伟大建筑师的城市，也是我找到老师布鲁诺·保罗和贝伦斯的地方。另外，还有与德意志制造联盟同志们的共同合作。

我也要感谢二十年代的那个丰盈和伟大时代，它为我们西方的文化做出了如此巨大的贡献，并在围绕包豪斯的斗争中画上了句号。

这一切都对我和日后在美国的工作，产生了巨大的意义。我始终对这一切怀有感恩之心。

对我那些讲英语的朋友，我想说，我们不是处在一个历史新纪元的末尾，而是开端。这里，我想借用乌利希·冯·哈腾（Ulrich von Hutten）的话：新的一天开始了，生活是令人欣喜的。④

---

④ 最后这段话为英文。——译者注

13
鲁道夫·施瓦兹

为科隆建筑师协会举办的鲁道夫·施瓦兹纪念展览所出专辑而写的文章，柏林艺术院（*Akademie der Künste Berlin*）赞助，展览专辑，海德堡1963年，5页。

芝加哥，1963年4月14日

鲁道夫·施瓦兹是真正意义上的一位建造大师。

他的整个存在——不仅是他的实践，而且还有他无法企及的思想深度——对清晰性、意义和秩序，有着持之以恒的关注。

鲁道夫·施瓦兹是一位思索的建造家，建造艺术对他而言，是经过设计、充满意义的秩序。

无论在哪里生活，他都会为工艺学校或学院提出合理建议，对村落和整体景观进行重新规划，或者为重建遭毁坏的科隆提出宏伟蓝图。特别值得一提的，还有他众多优美的教堂作品，他总是能深入思考他的任务，并有条不紊地着手工作。

他的思想是实践的基石，留在了——通过细致的呈现——他精彩的著作之中。

我们已故的朋友，以其思想和建造见证了卓越和超凡。

14

悼念勒·柯布西耶（1965年）

（勒·柯布西耶于1965年8月27日去世）

一页打字机打印的文稿，引自：LoC。（下文为英文——译者注）

    每个人都认为勒·柯布西耶是一位伟大的建筑师和艺术家，一位真正的创新者。早在1910年我们初次相识的时候，他就使我想起了文艺复兴时期同时从事建筑、绘画和雕塑的艺术家。于我而言，他的特别之处是他为建筑和城市规划领域所带来的解放。只有未来才能启发那些被解放了的人们，如何勇敢和充满想象地运用获得的自由。所有的解放都会导致新的混乱，带来一种新的巴洛克，我们期盼，或许在勒·柯布西耶的追随者中能发现——对我们文明的本质化表达。[1]

密斯·凡·德·罗

15

彼得汉斯为伊利诺工学院建筑系开设的视觉训练课

引自：维尔纳·布拉泽的著作《密斯·凡·德·罗：教与学》，巴塞尔/斯图加特1977年，34页。

1965年2月5日，芝加哥

    瓦尔特·彼得汉斯的朋友和学生决定，从视觉训练课选出一些图纸来出版，因为课程开始的时候我曾负责过一段时间，所以被请来为本书作序。当我1930年接手包豪斯的时候，瓦尔特·彼得汉斯就是摄影专业的负责人。那时我接触过他学生的一些作业，他的授课和要求都非常严格。他不仅是一位一流的摄影师，而且在数学、历史和哲学等诸多领域都体现出很深的造诣。

    当我后来作为伊利诺工学院建筑系的负责人来到芝加哥后，我请城市设计方面的顶尖理论家路德维希·希伯赛默和瓦尔特·彼得汉斯一起加盟。我们紧密合作，制定出一个针对青年学生的培养计划。

    学校需要面对的问题是，从一年级到毕业班的学生处于不同的教育水平，显然唯一可能的起点，就是从一年级的学习水平起步。随着初学者受教育程度的逐步提高，我们理想的教学大纲才能逐步完善起来。

    我相信每位初学者经过适当的培训和引导，一年以后都能成为一位出色的绘图员。我请彼得汉斯为达到我们要求的高年级学生开设一个课程。由此，他取得了很大成功。他的课程业已成为干净、清晰和准确工作的基础——也是后续培训的基础。

    后来，我诧异地发现，学生们似乎都能

---

[1] 这段纪念文字为英文。——译者注

399

理解我所讲的关于比例的重要性，但在他们的练习中却没有丝毫体现。我于是明白了，是他们的眼睛无法感知比例。我和彼得汉斯就此进行了讨论，我们决定开一门新的课程，其具体目标就是训练视觉，并完善其对于比例的感觉。这应该是基础课程的延续，但只能从第二学年开始。为实现这个目标，彼得汉斯开设了一个名为视觉训练的练习课。这次培训的成果是，彻底改变了学生的行为习惯。所有的琐碎和混乱都从他们的工作中消失了；他们学会了删除每一条没有意义的线条，并真正建立起对比例的认识。尽管个别有天赋的学生所完成的图纸，都达到了博物馆收藏的标准，但这门课程的目标从来就不是艺术创作，而是为了训练眼睛。

16

我们时代的建造艺术

（我的职业道路）

维尔纳·布莱泽的著作《密斯·凡·德·罗：结构的艺术》的前言《我们时代的建造艺术》，苏黎世/斯图加特1965年，1972年再版，5-6页。

我意识到自己的职业生涯的开始大概是在1910年。那时青年派和"新艺术"运动已经过去。标志性的建筑或多或少都受到帕拉第奥和辛克尔的影响。但是，那个时代的重要成就可以在工业建筑和纯技术工程建筑中找到。其实，那是一个迷茫的时代，没有人有能力并且愿意追问建造艺术本质的问题。

也许那个时代还不足以回答这个问题。毕竟，我抛出了这个问题，并决心找到答案。

只是战后的二十年代，技术的发展对我们生活所产生的各种影响变得愈来愈清晰。我们认为技术是一种无法忽视的文明力量。⟨400

在建造领域，技术自身的发展带来新的材料和实用工艺，时常与传统的建造艺术观念发生对立。尽管如此，我仍相信可以凭借新的手段发展一种建造艺术。我觉得一定有可能把我们文明中的新旧力量和谐地统一起来。我的每座建筑都印证了这个想法，也是自我探寻清晰性过程中新的一步。

我越来越相信，新的科学和技术的发展是影响我们时代建造艺术的真正前提。我从未放弃过这个信念。今天，就像很久以来一样，我相信建造艺术既不与发明有趣的形式，也不会与个人品位有任何关联。

真正的建造艺术总是客观的，是所处那个时代内在结构的表达。

17

建造艺术教育的指导思想

维尔纳·布拉泽的著作《密斯·凡·德·罗：结构的艺术》的前言《我们时代的建造艺术》，苏黎世/斯图加特1965年，1972年再版，50-51页。

建筑行业的建造学，希望通过必要的知识和能力的传授来培养建筑师；但要通过教育来塑造人格，使他能够正确地运用所获得的知识和能力。因此，培训旨在达到目的，而教育则关注价值。教育的意义在于培育和责任。其目的是以责任意识来替代思想混乱，从偶然和随意性的范畴引导向精神秩序的明晰。建造艺术的简洁造型还根植于实用性，但超越了所有价值层级，进入精神存在的最高境界以及纯粹艺术的领域。

所有的建筑培训都要源自这个观点。应当逐步明确，什么是可能的、必然的以及什么是有意义的。因此，每门课程要相互联系，以便每个级别都产生有机联系，使学生总能在整体背景下，了解和接触到整个建筑领域。

除了科学学科的学习之外，学生应该首先学会绘图，掌握专业的表达手段，并训练眼镜和双手。练习旨在把握比例、结构、形式和材料的感觉，并阐明它们之间的联系和自身表达的可能性。然后，学生们应当认识简单的木构、石头和砖砌建筑的材料和结构；最后是钢和钢筋混凝土结构的可能性。与此 **401▷** 同时，他们应当认识这些建造元素之间的合理关系，以及它们的常规表达。

每种材料无论是天然的还是人造的，都有其特性，为了利用它必须对其加以认识。新材料和新结构并不能保证任何优势。是否能正确地加以处理是关键因素。每种材料的价值只取决于人们如何去使用它。

有关材料和结构的知识与实用目的密切相关，应对此加以分析并确认其内容。要明白一项建筑设计区别于另一任务的不同之处；

亦即其本质所在。

对城市设计问题的指导应从基础开始，并明确所有建筑单体之间的关系，以及单体与城市有机整体间的关系。

最后，作为整个学科的综合，要介绍建筑的艺术性基础，即艺术的本质、手段的种类和应用，以及它在建筑上的应用。

然而，在研究方面要弄清楚我们身处的这个时代的精神状况。需要研究我们这个时代，在物质和精神方面与以前的时代有何不同。为此要研究过去的建筑，因为它们传达了某种鲜活的生活观念。不仅要从建筑规模上把握它们的重要性和意义，而且还要认识到它们与不可重现的历史情境的关系，由此担负起创造性工作的使命。

18

瓦尔特·格罗皮乌斯（1883—1969年）

瓦尔特·格罗皮乌斯的悼词，发表于：《德国建筑报》（ *Deutsche Bauzeitung* ），1969年103，第12期，597页，1969年8月1日。同年8月17日，密斯·凡·德·罗在芝加哥去世，享年83岁。

当包豪斯——由瓦尔特·格罗皮乌斯一手创立，并锻造成我们这个时代最有活力的教育理念——50周年纪念展览开幕之际，他在临近生命终点仍得以现身斯图加特，这是命运所赐。

如果回溯这60年的时光，我认为他是我们这个时代最杰出的建筑师之一，并且是他所在领域最伟大的教育家，我被他精神境界的伟大深深感染。

这个世纪里分裂的力量无比强大：无序、竞争、专业化和唯物主义。这一事实从未阻止过格罗皮乌斯去寻求多样性的统一；他从未放弃过他的信念，即合作比竞争更有成效；他从未动摇过，大胆地追求目标，努力地协调和整合；他拥有罕见的天分，把人们团结在一起。

多年前我就曾说过，他是一位从未放弃过追求新理念的勇敢斗士。他投身于这场战斗，直至漫长而富有创造性生命的最后一息。

在我看来，这就是格罗皮乌斯留给我们所有人最宝贵的遗产。

访谈

404> 克里斯蒂安·诺伯-舒尔茨（Christian Norberg-Schulz）：

对话密斯·凡·德·罗

载于《建造艺术和工艺形式》(*Baukunst und Werkform*)，1958年11月，第6期，615-618页。

密斯·凡·德·罗被认为是一个不善言辞的人。他从未像勒·柯布西耶、赖特或格罗皮乌斯那样，用演讲和写作去捍卫自己的观点；战争结束后，他的名字才开始广为传播。但时至今日，人们对于这个名字背后的人，仍和过去一样感到陌生。某种意义上，人们在试着替他编撰一些传奇故事。反对他建筑的人，认为他必定冷酷无情，是一位严格地以几何形态处理建筑的形式主义者和逻辑学家。而他的追随者把他视作一位飘然物外的神。在建筑杂志中，他以精炼的格言，向他的信众们传达基本的真理。这些警句包括一些带有神秘主义色彩的诗歌，使我们想起了埃克哈特大师（Eckhart）那样的中世纪神秘主义者。

他在芝加哥的办公室里摆满了尺寸各异、非常漂亮的所有作品的模型，以及局部和节点的模型，他所在的理工学院的绘图室也是如此。学生们像专业的金属加工工人一样，制作大尺度建造骨架的细部工作模型。一切似乎都更多地从建造角度，而非从纸上来研究建筑。模型是重要的载体，而图纸只是施工现场的参考。"理工学院"在不断扩建，而密斯是总规划师。因此，学生在学习期间就有了定期实践的机会。

"正如您所看到的，我们主要对清晰的结构感兴趣，"密斯说。

"但是您学校的设计要素之一，不是灵活的平面吗？"我有点惊讶，因为大多数对于密斯的叙述，都强调灵活的平面布局。

"灵活的平面和清晰的结构是不可分割的。清晰的结构是自由平面的基础。如果没有明确的结构，我们就会失去所有的方向。我们首先问自己我们要建造什么：开放式大厅还是传统类型的建筑——然后，在解决平面的细节问题之前，我们的工作是从（结构）选型开始直到最小的细部。如果，您首先解决了平面或空间布局问题，（后续的）一切都会受到影响，而且还不可能得到清晰的结构。"

"'清晰的结构'意味着什么？"

"我们说得很明白：就是，因为我们想拥有满足当前标准化要求的合理化结构。"

"也就是说，这样的合理化结构，等于从形式上把建筑整合在一起吗？"

405 > "是的，结构是整体的骨架，使灵活平面变得可能。没有它的保障，平面就无法保持自由，而会变得混乱无序。"然后，密斯开始解释他最重要的两个项目，即"克朗大厅"和曼海姆剧院。两个都是大跨度空间，屋顶和墙面都悬挂在巨大的钢结构之下。"克朗大厅"有两层，其中一层在地上。它包含了"设计研究所"的工作坊，而密斯自己的建筑系则位于上层大厅。批评者声称，密斯之所以做出这样的布置，是因为他不理解"设计研究所"的教育方法，并且——从表面上看——希望能压制它。

"我们不喜欢'设计'这个词。它意味着一切，也什么都不是。许多人相信他们可以做任何事情：设计一把梳子或规划一座火车站——结果：没有什么是能做好的。我们只关心建造。我们说的是'建造'，而不是'建筑'；最优秀的成果被称之为'建造艺术'。许多学校在社会学和设计上迷失了自己，结果就是把建造丢掉了。建造始于对两块砖头

的精准连接。

我们的教学目的在于对眼和手进行培训。第一年，我们教会学生精确和严谨地制图，第二年是技术，第三年掌握建造单元，如厨房、浴室、卧室和壁橱等。"

克朗大厅和曼海姆剧院是对称的；我问密斯为什么他的许多建筑都是对称的，是否对称对他而言特别重要。

"为什么建筑物不应该对称？在这个校园的大多数建筑物中，楼梯位于两侧、礼堂或入口大厅位于正中是很自然的。如果它是自然的，那么建筑物就会是对称的。但除此之外，我们并没有过分强调对称性。"

两者另外的相似之处，就是它们的外部结构。

"为什么您总是反复提及相同的结构原则，而不尝试新的可能性？"

"如果每天都想发明一些东西，我们就

永远不会成功。发明有趣的形式是毫无意义的，因为要花费很多时间，还得持续工作才行。我经常在教学中列举维奥莱-勒-迪克的例子。他证明了，哥特式大教堂三百年发展的成就，就是对相同的结构类型不断优化的结果。我们仅限于目前有可行性的结构形式，并试图在所有细节上把握它们。通过这种方式，我们希望为未来的发展奠定基础。"

曼海姆剧院显然是密斯的最爱：他描述了它所有的细节。他强调复杂的平面符合竞赛任务书的要求。剧场要求有两个舞台——具有同样的技术设备——但应该彼此独立工作。虽然密斯会为其他项目工作几个月甚至几年的时间，但这栋楼的设计则是在短短几周高强度的工作中完成的。五十二、三个学生在冬天曾帮过忙，他们说，他"像在婚礼上一样"穿着深色西装，可以几个小时地端坐在大厅里的模型前，手中一直夹着的是雪茄。

"正如您所看到的，整栋建筑就是一个大房间。我们相信这是当今最为经济实用的建筑。房屋的实用功能在不断变化，而我们不能每次都去拆除它。因此，我们改进了沙利文'形式追随功能'的口号，构建了一个满足功能的实用经济的空间。在曼海姆的方案里，舞台和礼堂独立于钢结构。大观众厅从一个混凝土基座上悬挑出来，有点像手腕上的一只手。"

我还有很多问题要问；密斯建议去他家，边吃边聊。他住在一个旧的公寓里。大客厅有两面白色的墙壁，简单的家具，黑色而有体量感。墙上挂着大幅的保罗·克利的画。女佣把餐具摆放在低矮的中式餐桌上，好像在安排一个密斯式的平面。

"对您收集保罗·克利的画，人们常常表示惊讶；他们说，那些画不适合您的建筑。"

"我试图让我的建筑物成为中性的框架，人和艺术品可以在那里生活。要做到这一点，必须对他们采取尊重的态度。"

"如果您将建筑视作中性的框架，那么自然与建筑的关系是什么？"

"自然也应该拥有自己的生命。我们要注意，不要干扰我们房子和室内陈设的颜色。其实我们应该努力把自然、房子和人们更好地融合起来。当您透过范斯沃斯住宅的落地窗看到的自然比站在户外看到的，意义更为深刻。这里，更多地涉及自然的本质——因为它是更大的整体的一部分。"

"我注意到，在您的建筑中几乎没有常规的转角，而是让一面墙体成为转角，并与另一面墙体脱离。"

"这是因为常规的转角给人以体量结实的

印象，这很难与灵活平面相协调。自由平面是一个新概念，它有自己的'语法'——就像一门新语言一样。许多人认为灵活平面，意味着完全的自由。这是一个误解。它向建筑师提出了，与传统平面同样多的限制和要求；例如，它始终要求那些必需的封闭构件与外墙脱离——就像范斯沃斯住宅一样。这是获得自由空间的唯一途径。"

407>

"很多人都批评您，总是保持直角。然而，在三十年代的一个项目中，您还是——在自由平面中——使用过弧线墙面的。"

"如果能做得很好，我不介意非直角的转角或弧线（墙面）。到目前为止，我还没有发现真正掌握它们的人。巴洛克建筑师掌握了这些东西——但他们处在一个长期发展的最后阶段。"

我们一直谈到晚上很久才结束。

密斯·凡·德·罗并不是传说中那样的人。他是一个热情友好的人，曾经只要求过某位同事：对其所拥有的东西，保持同样谦虚的态度。

回眸秩序：密斯在雅典卫城，1959年

"我没有受过传统的建筑教育。曾为几位优秀的建筑师工作过；我读过几本好书——如此而已。"（密斯1965年）

参考文献

专著

Philip Johnson, *Mies van der Rohe*,
    New York 1947（3.überarb. Auflage
    New York 1978）

Max Bill, *Ludwig Mies van der Rohe*,
    Mailand 1955

Ludwig Hilberseimer, *Mies van der
    Rohe*, Chicago 1956

Arthur Drexler, *Ludwig Mies van der
    Rohe*, New York 1960

Peter Blake, *Mies van der Rohe
    and the Mastery of Structure*, in:
    The Master Builders, New York
    1960; deutsche Ausgabe: Drei
    Meisterarchitekten, München 1962

Werner Blaser, *Mies van der Rohe. Die
    Kunst der Struktur*, Zürich/Stuttgart
    1965（neu bearbeitete Ausgabe,
    Mies van der Rohe, Zürich 1973）

James Speyer, *Mies van der Rohe*,
    Chicago 1968（Katalog der
    Ausstellung des Art Institute of
    Chicago）; deutsche Ausgabe:
    Ludwig Mies van der Rohe,
    Katalog der Ausstellung anlässlich
    der Berliner Bauwochen 1968,
    veranstaltet von der Akademie der
    Künste und dem Senator für Bau-
    und Wohnungswesen, Berlin 1968

Ludwig Glaeser, *Mies van der Rohe.
    Drawings in the Collection of the
    Museum of Modern Art*, New York 1969

Martin Pawley, *Mies van der Rohe*,
    New York 1970

Peter Carter, *Mies van der Rohe at
    work*, New York 1974

Lorenzo Papi, *Ludwig Mies van
    der Rohe*, Florenz 1974; deutsche
    Ausgabe: *Ludwig Mies van der
    Rohe. Gestalter unserer Zeit*, Luzern/
    Stuttgart/Wien 1974

Ludwig Glaeser, *Furniture and
    Furniture Drawings from the Design
    Collection and the Mies van der
    Rohe Archive*, New York 1979

David A. Spaeth, *Ludwig Mies van der
    Rohe. An Annotated Bibliography
    and Chronology*, New York/London
    1979

Wolf Tegethoff, *Mies van der Rohe.
    Die Villen und Landhausprojekte*,
    Krefeld/Essen 1981

Janos Bonta, *Mies van der Rohe*,
    Budapest 1983; deutsche Ausgabe
    Berlin（DDR）1983

David Spaeth, *Mies van der Rohe*,
    New York 1985

Franz Schulze, *Mies van der Rohe. A
    Critical Biography*, Chicago/London
    1985

密斯访谈

»*Only the Patient Counts*«. *Some
    Radical Ideas on Hospital Design by
    Mies van der Rohe*, in: The Modern
    Hospital, 64.1945, Nr. 3, S. 65–67

6 *Students talk with Mies*, in: Master
    Builder. Student Publication of the
    School of Design, North Carolina
    State College, 2.1952, S. 21–28

Christian Norberg-Schulz, *Ein
    Gespräch mit Mies van der Rohe*, in:
    Baukunst und Werkform, II.1958, H.

II, S. 615–618

H. T. Cadbury-Brown, *Ludwig Mies
    van der Rohe*, in: The Architectural
    Association Journal, 75.1959, Nr.
    834, S. 27–28

Mies van der Rohe: No Dogma, in:
    Interbuild, 6.1959, Nr. 6, S. 9–11

Graeme Shankland, *Architect of the
    Clear and Reasonable‹. Mies van
    der Rohe considered and interviewed*
    in: The Listener, 15. Oktober 1959, S.
    620–623

Peter Carter, *Mies van der Rohe*, in:
    Bauen und Wohnen, 15.1961, H. 7, S.
    229–248（mit Auszügen aus einem
    Interview）

*Mies van der Rohe: Ich mache niemals
    ein Bild*, in: Die Bauwelt, 53.1962, H.
    32, S. 884–885

Mies in Berlin, Schallplatte, Bauwelt
    Archiv 1, Berlin 1966（Aufnahme
    eines Interviews des RIAS Berlin
    vom Oktober 1964）

Katherine Kuh, *Mies van der Rohe.
    Modern Classicist*, in: Saturday
    Review, 48.1965, Nr. 4, S. 22–23
    und 61

（Auszüge aus einem Interview des
    Bayrischen Rundfunks anlässlich des
    80. Geburtstages von Mies van der
    Rohe）in: Der Architekt, 15.1966, H.
    10, S. 324

Franz Schulze,»*I really always wanted
    to know about truth*«, in: Chicago
    Daily News vom 27. April 1968,
    Panorama-Beilage

人名索引对照

（以下页码均为本书德文版页码，请见页缘处页码标注）

C. A. 维尔纳 Werner, C. A. 62

E·福斯特 Förster, E. 189

F·科斯洛夫斯基 Koslowsky, F. 302

阿道夫·贝纳 Behne, Adolf 35, 157, 180, 194, 217–221, 232

阿道夫·达马什克 Damaschke, Adolf 359

阿道夫·戈尔德施密特 Goldschmidt, Adolf 252

阿道夫·雷丁 Rading, Adolf 204, 311

阿道夫·路斯 Loos, Adolf 21, 24, 60 f., 65, 96, 161, 274, 396

阿道夫·梅耶 Meyer, Adolf 96 f., 123

阿道夫·施耐克 Schneck, Adolf G. 50, 204

阿尔贝特·施耐德 Schneider, Albert 61

阿尔伯特·埃里希·布林克曼 Brinckmann, Albert Erich 234

阿尔伯特·康 Kahn, Albert 287

阿尔伯特·郎恩 Langen, Albert 51

阿尔伯特·施倍尔 Speer, Albert 114

阿尔多·罗西 Rossi, Aldo 24

阿尔弗雷德·弗勒希特海姆 Flechtheim, Alfred 49

阿尔弗雷德·利希特瓦克 Lichtwark, Alfred 63

阿尔弗雷德·罗森伯格 Rosenberg, Alfred 278

阿尔弗雷德·梅塞尔 Messel, Alfred 45, 111, 396

阿尔弗雷德·诺依迈耶 Neumeyer, Alfred 252 f.

阿尔弗雷德·诺斯·怀特海 Whitehead, Alfred North 212, 390, 396

阿尔弗雷多·古佐尼 Guzzoni, Alfredo 91

阿勒斯-海斯特曼·弗里德里希 Ahlers-Hestermann, Friedrich 86

阿罗西·里尔 Riehl, Alois 63, 66–71, 89, 91–94, 126, 132, 139, 142, 145, 172 f., 184, 222, 252, 279, 360

阿罗西·里格尔 Riegl, Alois 60, 82 f., 86, 208, 234

埃达 Adam, S. 70

埃德加·达凯 Dacque, Edgar 173

埃德蒙特·胡塞尔 Hussel, Edmund 69

埃德蒙特·许勒 Schüler, Edmund 113

埃德温·勒琴斯 Lutyens, Edwin 396

埃尔·里西斯基 Lissitzky, El 46, 178, 190, 211

埃尔加·维德波尔 Wedepohl, Edgar 204, 210, 219

埃尔温·罗德 Rhode, Erwin 143

埃尔温·薛定谔 Schrödinger, Erwin 145

埃里希·门德尔松 Mendelsohn, Erich 50, 149, 172, 200 f., 228, 257, 311, 367 f.

埃里希·沃尔夫 Wolf, Erich 69

埃米尔·奥利克 Orlik, Emil 67 f.

埃米尔·法伦坎普 Fahrenkamp, Emil 278, 368

埃米尔·拉特瑙 Rathenau, Emil 262

埃默里克·蔡德保尔 Zederbauer, Emerich 144

艾达·布隆恩 Bruhn, Ada[1] 68, 70, 92, 143

艾达·密斯·凡·德·罗 Mies van der Rohe, Ada siehe Bruhn, Ada（参见艾达·布隆恩）

艾尔弗雷德·巴尔 Barr jr., Alfred 35

爱德华·冯·贝尔莱普士 Berlepsch, Eduard von 194

爱德华·富克斯 Fuchs, Eduard 329, 333

爱德华·斯普朗格 Spranger, Eduard 68 f., 89, 91 f., 145, 184, 281

安德里亚斯·施吕特 Schlüter, Andreas 397

安德烈亚·帕拉迪奥 Palladio, Andrea 96, 111, 399

安迪·沃霍 Warhol, Andy 30

安东·乔曼 Jaumann, Anton 28, 69 f., 81

安东尼·德·伯尼斯 Bonis, Antonio de 24

安东尼·佩夫斯纳 Pevsner, Antoine 46, 154, 181

安哥多门尼科·皮卡 Pica, Angoldomenico 112

安玛丽·耶基 Jaeggi, Annemarie 210

安娜·恩代尔 Endell, Anna 238

奥古斯特·蒂尔施 Thiersch, August 81

奥古斯特·恩代尔 Endell, August 62 f., 90, 181, 235, 238–240

奥古斯特·施马索 Schmarsow, August 59, 82, 234

奥古斯特·舒瓦西 Choisy, Auguste 15

奥古斯特·斯特林堡 Strindberg, August 63

奥勒留斯·奥古斯汀 Augustinus, Aurelius, hl. 26, 53, 102, 258–260, 281, 363, 383, 387, 396

奥斯卡·施莱默尔 Schlemmer, Oskar 90, 176 f.

奥斯瓦尔德·斯宾格勒 Spengler, Oswald 145 f., 266

奥托·巴特宁 Bartning, Otto 273

奥托·海斯勒 Haesler, Otto 273, 329

奥托·瓦格纳 Wagner, Otto 59, 116, 185, 210

奥托·维纳 Werner, Otto 143

巴勃罗·毕加索 Picasso, Pablo 173, 386

巴鲁赫·德·斯宾诺莎 Spinoza, Baruch de 26, 48, 55, 63, 397

柏拉图 Plato 54, 66, 69, 101, 134, 253, 255 f., 258, 266 f.,

---

[1] 密斯与艾达·布隆恩1913年结婚，而她先前曾与艺术史家沃尔夫林订过婚。——译者注

271, 312, 363

保罗·波尔托盖西 Portoghesi, Paolo 24
保罗·波纳兹 Bonatz, Paul 204, 368
保罗·蒂尔施 Thiersch, Paul 81, 83
保罗·费希特 Fechter, Paul 86, 157, 250, 252 f.
保罗·高更 Gauguin, Paul 173
保罗·克兰哈尔兹 Krannhals, Paul 141
保罗·克利 Klee, Paul 394, 406
保罗·雷纳 Renner, Paul 210
保罗·路德维希·朗兹伯格 Landsberg, Paul Ludwig 137–
    139, 158, 258–260, 331
保罗·梅贝斯 Mebes, Paul 69 f.
保罗·施米特亨纳 Schmitthenner, Paul 257, 367 f.
保罗·舒尔策-瑙姆伯格 Schultze-Naumburg, Paul 127, 257,
    278, 359, 367 f.
保罗·特洛普 Tropp, Paul 298, 311, 335
保罗·维斯特海姆 Westheim, Paul 111 f., 114, 172, 179,
    221, 232 f.
贝克（州建设局长）Becker（Landesoberbaurat）379
贝特朗·高德博格 Goldberg, Bertrand 18
彼得·贝伦斯 Behrens, Peter31, 35, 63, 74, 76, 78, 81–91,
    94–100, 105–107, 110–115, 119 f., 122–128, 150, 175, 186,
    188, 192, 199–202, 204 f., 207, 209, 216 f., 219, 221 f., 232,
    353, 385, 393 f., 396 f.

彼得·格罗斯曼 Grossmann, Peter 96
彼得·哈恩 Hahn, Peter 127, 142, 274, 278
彼得·卡特 Carter, Peter 16, 18, 26, 60, 64, 96, 98, 138, 284
彼得·斯任 Serenyi, Peter 26
彼得·约瑟夫·雷纳 Lenné, Peter Joseph 彼得·约瑟
    夫·雷纳 87
庇护五世 Pius IX. 328
伯拉孟特 Bramante 162
布尔乔亚·维克特 Bourgeois, Victor 204
布莱士·帕斯卡 Pascal, Blaise 255 f.
布鲁诺·保罗 Paul, Bruno 67 f., 76, 78, 81, 83, 397
布鲁诺·赛维 Zevi, Bruno 20–23, 234
布鲁诺·陶特 Taut, Bruno 28, 30, 90, 100, 133, 146, 183,
    197 f., 204, 210 f., 309, 368, 371

查理·波德莱尔 Baudelaire, Charles 246
查理斯·詹克斯 Jencks, Charles 23
达戈贝尔特·弗雷 Frey, Dagobert 139, 235

大卫·吉利 Gilly, David 142
大卫·斯佩特 Spaeth, David 16, 24
德格鲁诺·格特鲁 Grunow, Gertrud 223
德克·罗汉 Lohan, Dirk 9, 64, 68 f., 81, 111, 92, 305, 308,
    312, 322, 374, 376 f., 397
德特莱夫·罗斯格 Rösiger, Detlev 138
迪特里希·亨利希·凯尔勒 Kerler, Dietrich Heinrich 144,
    206–208
丢娄 Dülow 139
多里斯·施密特 Schmidt, Doris 61, 63

恩斯特·阿比 Abbe, Ernst 359
恩斯特·埃利亚特 Eliat, Ernst 69
恩斯特·巴拉赫 Barlach, Ernst 278
恩斯特·马赫 Mach, Ernst 332
恩斯特·梅 May, Ernst 210 f., 368
恩斯特·莫塞尔 Mössel, Ernst 144
恩斯特·朔内 Schöne, Ernst 46
恩斯特·瓦斯穆特 Wasmuth, Ernst 83, 168
恩斯特·雅克 Jäckh, Ernst 375

菲利普·托马索·马里内蒂 Marinetti, Filippo Tommaso 90
菲利普·约翰逊 Johnson, Philip 15–17, 19 f., 25, 29 f., 63,
    111 f., 115, 219, 381
冯·迪门 Diemen, von 46
弗拉基米尔·伊里奇·列宁 Lenin, Wladimir Iljitsch 359
弗兰克·劳埃德·赖特 Wright, Frank Lloyd 13, 17, 25, 219,
    221, 323, 384 f.
弗朗西斯·培根 Baco von Verulam 259 f., 355 f., 364
弗朗西斯卡·坎普纳 Kempner, Franziska 253
弗朗兹·奥本海默 Oppenheimer, Franz 359
弗朗兹·曼海姆 Mannheimer, Franz 113
弗朗兹·舒尔策 Schulze, Franz 9, 28, 61, 70, 106, 139, 275,
    286, 329
弗雷德里克·泰勒 Taylor, Frederick 187
弗雷德里克·雅克布斯·约翰内斯·拜敦代
    克 Buytendijk, Frederik Jacobus Johannes 141, 143 f.
弗里德里希·保尔森 Paulsen, Friedrich 29, 38, 49, 311
弗里德里希·德绍尔 Dessauer, Friedrich 90, 138, 260, 282
    f., 286, 327, 329, 339–341, 354–358, 360
弗里德里希·荷尔德林 Hölderlin, Friedrich 250, 256, 267,
    275, 278, 344
弗里德里希·吉利 Gilly, Friedrich 275

弗里德里希·穆克尔 Muckle, Friedrich 142 f.
弗里德里希·尼采 Nietzsche, Friedrich 21, 62 f., 66, 69, 77, 82, 85–95, 99, 101, 111, 114, 124, 126, 128 f., 132, 135, 139, 142 f., 149, 151, 172, 175 f., 183–185, 189, 207 f., 222 f., 225 f., 229, 231, 250, 253, 255 f., 265–267, 280, 284 f., 296
弗利兹·德罗尔曼 Dreuermann, Fritz 144
弗利兹·霍伯 Hoeber, Fritz 82–87, 91, 115
弗利兹·霍格 Höger, Fritz 257, 367
弗利兹·克拉特 Klatt, Fritz 337
弗利兹·图根哈特 Tugendhat, Fritz 246 f., 274
弗利兹·雪尔 Schöll, Fritz 143

盖特·索特迈斯特 Sautermeister, Gert 94
戈特·佩什肯 Peschken, Goerd 88
戈特弗里德·森佩尔 Semper, Gottfried 15, 65, 99, 101, 106, 110, 119, 122, 156, 173, 188, 193 f.
格拉尔杜斯·博兰 Bolland, Gerardus 48
格雷姆·尚克兰 Shankland, Graeme 111
格雷特·图根哈特 Tugendhat, Grete 246–248
格瑞特·托马斯·里特维德 Rietfeld, Gerrit Thomas 46, 48, 233
古斯塔夫·弗里德里希·哈特劳普 Hartlaub, Gustav Friedrich 35

海格·克里曼 Kliemann, Helga 46, 48
海伦娜·克勒勒-米勒 Kröller-Müller, Helene 98, 221
汉娜-芭芭拉·盖尔 Gerl, Hanna-Barbara 49, 138, 214, 253 f., 256, 291
汉内斯·梅耶 Meyer, Hannes 366
汉斯·M·温格勒 Wingler, Hans M. 55
汉斯·阿道夫·爱德华·德里施 Driesch, Hans Adolf Eduard 145
汉斯·阿普 Arp, Hans 46
汉斯·安德烈 André, Hans 141
汉斯·海塞 Heyse, Hans 52
汉斯·里希特 Richter, Hans 42, 45 f., 63, 178, 185, 190
汉斯·穆赫 Much, Hans 138
汉斯·珀尔齐格 Poelzig, Hans 211 f., 257
汉斯·普林茨霍恩 Prinzhorn, Hans 42, 49, 52, 144
汉斯·塞都迈尔 Sedlmayr, Hans 174
汉斯·夏隆 Scharoun, Hans 30, 32, 38, 204
汉斯尤尔根·布尔科夫斯基 Bulkowski, Hansjürgen 46
赫伯特·格里克 Gericke, Herbert 69, 273 f.
赫尔曼·奥布里斯特 Obrist, Hermann 150
赫尔曼·冯·维德科普 Wedderkop, Hermann von 48–50, 168
赫尔曼·海夫勒 Hefele, Herman 331
赫尔曼·克兰尼菲尔德 Kranichfeld, Hermann 141
赫尔曼·穆台休斯 Muthesius, Hermann 28, 150
赫尔曼·索格尔 Sörgel, Herman 128, 155, 175 f., 222, 234 f., 240

赫尔穆特·普勒斯那 Plessner, Helmuth 142, 144
赫拉克利特·冯·艾菲索斯 Heraklit von Ephesus 63, 185
亨德里克·彼得鲁斯·贝尔拉赫 Berlage, Hendrik Petrus 15, 27, 49, 59, 95–104, 106, 110–112, 116, 119, 122–128, 137, 139, 189, 200 f., 208, 219, 221, 224, 234 f., 323, 385, 391 f., 396
亨利-路易斯·柏格森 Bergson, Henri-Louis 144, 208, 253, 278
亨利·凡·德·威尔德 Velde, Henry van de 62 f., 90, 96, 150 f., 189, 385, 394, 396
亨利·福特 Ford, Henry 177, 187 f., 190, 311, 354, 359
亨利·罗素·希区柯克 Hitchcock, Henry Russell 112
亨利·马蒂斯 Matisse, Henri 90
亨利·乔治 George, Henry 359
亨利希·德·弗里斯 Fries, Heinrich de 186, 219, 221, 231
亨利希·弗里林 Frieling, Heinrich 141
亨利希·克洛兹 Klotz, Heinrich 17, 30, 63
亨利希·劳特巴赫 Lauterbach, Heinrich 47
亨利希·曼 Mann, Heinrich 63
亨利希·施维策 Schweitzer, Heinrich 81
亨利希·特斯诺 Tessenow, Heinrich 257, 367 f.
亨利希·沃尔夫林 Wölfflin, Heinrich 60, 68, 70, 82, 86 f., 126 f., 172 f., 196, 252
亨利希·西蒙 Simon, Heinrich 45
亨宁·罗格 Rogge, Henning 61, 113, 122, 186, 188
胡安·巴勃罗·邦塔 Bonta, Juan Pablo 234

加布里埃尔·沃尔辛 Voisin, Gabriel 188
加斯冬·巴什拉 Bachelard, Gaston 234, 246
加斯特斯·比尔 Bier, Justus 18, 274
君特·斯塔姆 Stamm, Günther 221, 279

卡尔·爱因斯坦 Einstein, Carl 163 f., 172 f., 221
卡尔·伯蒂歇尔 Boetticher, Carl 64 f.
卡尔·恩斯特·奥斯特豪斯 Osthaus, Karl Ernst 119
卡尔·弗里德里希·冯·魏茨泽克 Weizsäcker, Carl Friedrich von 145
卡尔·弗里德里希·辛克尔 Schinkel, Karl Friedrich 20, 22, 34, 78, 87 f., 96, 108 f., 111–113, 115, 173–175, 198 f., 232, 235, 270, 275, 294, 392, 397, 399
卡尔·古斯塔夫·荣格 Jung, Carl Gustav 145
卡尔·海因茨·波尔赫 Bohrer, Karl Heinz 92
卡尔·凯斯勒 Keßler, Karl 141 f.
卡尔·克劳斯 Kraus, Karl 65
卡尔·李卜克内希 Liebknecht, Karl 204, 278, 329
卡尔·马克思 Marx, Karl 42, 262, 358–360
卡尔·舍夫勒 Scheffler, Karl 63, 88, 113, 137, 150, 156 f., 161, 239
卡尔·舒哈特 Schuchardt, Carl 173
卡尔·雅斯贝尔斯 Jaspers, Karl 145
卡雷尔·迈斯 Maes, Karel 178
卡林·威廉 Wilhelm, Karin 64, 157 f.

卡洛·罗德里 Lodoli, Carlo 15

卡米罗·西特 Sitte, Camillo 234

卡西米尔·马列维奇 Malewitsch, Kasimir 16, 46, 49, 172, 193, 195

康奈利·范·伊斯特伦 Eesteren, Cornelis van 46, 48, 190, 195

康斯坦提诺斯·罗马诺斯 Romanòs, Konstantinos P. 208

科林·罗尔 Rowe, Colin 24

科内利斯·凡·德·文 Ven, Cornelis van de 234

克里斯蒂安·普拉思 Plath, Christian 203 f.

克里斯坦·沃尔斯多夫 Wolsdorff, Christian 25, 179, 274, 278

克鲁普 Krupp 365

肯尼斯·弗兰姆敦 Frampton, Kenneth 35, 192

库尔特·布莱西希 Breysig, Kurt 62 f., 238

库尔特·福斯特 Forster, Kurt 61

库尔特·格莱文坎普 Gravenkamp, Curt 155, 196 f.

库尔特·格莱泽 Glaser, Curt 253

库尔特·施维特斯 Schwitters, Kurt 46

拉斐尔 Raffael 162

拉斯洛·莫霍利-纳吉 Moholy-Nagy, László 178

莱昂·巴蒂斯塔·阿尔伯蒂 Alberti, Leon Battista 16, 59 f., 83, 128, 202

莱昂内尔·费宁格 Feininger, Lyonel 90, 394

劳尔·豪斯曼 Hausmann, Raoul 46

劳尔·亨利希·弗朗斯 Francé, Raoul Heinrich 140–144, 222 f., 228 f., 231

劳沃瑞克 Lauwericks, J. L. M. 123

勒·柯布西耶 Le Corbusier 13, 15–17, 20, 25, 35, 90 f., 96, 100, 127 f., 155, 159, 162–164, 166, 172, 174, 178, 188 f., 194–196, 204, 208, 211, 217–219, 221, 225 f., 228, 264, 281, 317 f., 331, 359, 384, 394, 398, 404

雷金纳德·R·艾塞克 Isaacs, Reginald R. 186

雷金纳德·奥拓·卡普 Kapp, Reginald O. 145

雷姆·库哈斯 Koolhaas, Rem 30

雷纳·班汉姆 Banham, Reyner 18 f., 162, 211

雷纳特·彼得拉斯 Petras, Renate 34, 81

里尔夫人 Riehl（Frau）66–69

理查德·埃德蒙特·本兹 Benz, Richard Edmund 143

理查德·巴克明斯特·富勒 Fuller, Richard Buckminster 228

理查德·波默 Pommer, Richard 9, 210

理查德·德梅尔 Dehmel, Richard 63

理查德·多克 Döcker, Richard 204

理查德·里门施密特 Riemerschmid, Richard 68

理查德·帕多文 Padovan, Richard 19–21, 24

理查德·乌登 Uhden, Richard 173

丽莉·莱希 Reich, Lilly 247, 273, 279

利奥波德·鲍柯 Bauke, Leopold 141

利奥波德·冯·兰克 Ranke, Leopold von 138

利奥波德·齐格勒 Ziegler, Leopold 90, 226, 329, 336, 358–360

利泽洛特·翁格尔斯 Ungers, Liselotte 210

列奥·阿德勒 Adler, Leo 235

列奥·弗罗贝尼乌斯 Frobenius, Leo 159, 173

鲁道夫·法纳 Fahrner, Rudolf 81, 83

鲁道夫·莱能 Leinen, Rudolf 145

鲁道夫·施瓦兹 Schwarz, Rudolf 48 f., 66, 89 f., 210–212, 214–219, 282, 286, 290 f., 294, 335, 384, 395 f., 398

鲁道夫·维塞尔 Wissell, Rudolf 357

鲁道夫·维特科夫 Wittkower, Rudolf 24

路德维希·格莱泽 Glaeser, Ludwig 16

路德维希·维特根斯坦 Wittgenstein, Ludwig 25

路德维希·希伯赛默 Hilberseimer, Ludwig 16, 20, 35, 46, 55, 111, 155, 162, 166, 176, 196, 204, 207, 248, 273, 387, 399

路佩西（男爵）Lupich（Baron von）395

路易斯·亨利·沙利文 Sullivan, Louis Henry 181, 406

路易斯·芒福德 Mumford, Lewis 19, 311

罗伯特·布劳耶 Breuer, Robert 113

罗伯特·马莱-史蒂文斯 Mallet-Stevens, Robert 217

罗伯特·文丘里 Venturi, Robert 17 f.

罗尔夫·斯科拉里克 Sklarek, Rolf 371

罗杰·金斯伯格 Ginsburger, Roger 164

罗马尔诺·瓜尔蒂尼 Guardini, Romano 49 f., 68, 90, 92, 138, 212, 214–217, 250–260, 262–272, 278, 281–283, 290 f., 296, 327–329, 331 f., 339, 343, 353 f., 358, 395

罗莎·卢森堡 Luxemburg, Rosa 204, 278, 329

洛伦佐·帕皮 Papi, Lorenzo 16, 25

马蒂亚斯·施赖伯 Schreiber, Mathias 256

马丁·波利 Pawley, Martin 16

马丁·菲利普森 Philipson, Martin 142

马丁·路德 Luther, Martin 260

马科斯·贝克曼 Beckmann, Max 90, 114

马科斯·比尔 Bill, Max 16

马科斯·布尔查兹 Burchartz, Max 38, 178

马科斯·德索瓦 Dessoir, Max 28, 155

马科斯·克洛伊兹 Creutz, Max 84

马科斯·利伯曼 Liebermann, Max 97

马克-安东尼·洛吉耶 Laugier, Marc-Antoine 15, 123 f., 170 f., 174

马克斯·舍勒 Scheler, Max 90, 137, 144 f., 208, 212, 253, 278, 331, 396

马克斯·施密特 Schmidt, Max 28

马克斯·陶特 Taut, Max 204

马克西米利安·哈登 Harden, Maximilian 61

马库斯·维特鲁威·波利奥 Vitruvius Pollio, Marcus 27, 64, 197

马里奥·基亚托尼 Chiattone, Mario 194

马特·斯塔姆 Stam, Mart 48, 204

玛格达莱那·德罗斯特 Droste, Magdalena 223

麦凯·休米·巴利·司科特 Baillie Scott, Machie Hugh 395

曼·雷 Ray, Man 46

曼弗雷德·博克 Bock, Manfred 99, 235
莫里兹·霍纳斯 Hoernes, Moritz 173
莫瑞斯·梅特林克 Maeterlinck, Maurice 142
瑙姆·加博 Gabo, Naum 46, 154, 181

尼尔斯·波尔 Bohr, Niels 145
尼古拉·哈特曼 Hartmann, Nicolai 50, 144, 253
尼古拉斯·卢比奥·图都里 Tuduri, Nicolaus M. Rubio 235
尼古拉斯·普桑 Poussin, Nicolaus 238
诺伯特·休斯 Huse, Norbert 150, 156, 204, 210
诺瓦利斯 Novalis 138
欧仁·尼伦·马雷 Marais, Eugène Nielen 142

皮特·布拉克 Blake, Peter 13, 16, 25, 111, 253
皮特·蒙德里安 Mondrian, Piet 38, 46, 53–55, 124, 169, 172, 196, 240 f.
皮特·辛格仑伯格 Singelenberg, Pieter 99, 101, 123

乔尔丹诺·布鲁诺 Bruno, Giordano 66
乔凡尼·克劳斯·科尼希 Koenig, Giovanni Klaus 18
乔治·布兰德斯 Brandes, Georg 63, 91
乔治·德·契里柯 Chirico, Giorgio de 90
乔治·弗里德里希·威廉·黑格尔 Hegel, Georg Friedrich Wilhelm 26, 48, 95, 101, 103, 113, 124 f., 139, 185
乔治·格罗兹 Grosz, George 46
乔治·科尔贝 Kolbe, Georg 278
乔治·尼尔森 Nelson, George 278
乔治·斯坦梅兹 Steinmetz, Georg 168
乔治·温采斯劳斯·克诺贝斯多夫 Knobelsdorff, Georg Wenzeslaus von 397
乔治·西蒙 Simmel, Georg 63, 132, 142, 239, 249, 253, 278, 283–285, 295
乔治娅·密斯·凡·德·罗 Mies van der Rohe, Georgia 64
让·克雷默 Krämer, Jean 96
让·雅克·卢梭 Rousseau, Jean-Jacques 281

萨弗兰斯基 Safranski 50
萨兰德 Salander 52
瑟吉厄斯·吕根伯格 Ruegenberg, Sergius 9, 26, 45, 110, 113 f., 173 f., 220 f.
朔尔兹夫人 Scholz（Frau）250
斯坦利·泰格曼 Tigerman, Stanley 18 f.
斯坦尼斯劳·冯·莫斯 Moos, Stanislaus von 188
斯特芬·茨威格 Zweig, Stefan 63
斯托斯·雷米吉乌斯·施托尔策 Stölzle, Remigius 142
苏格拉底 Sokrates 91, 142, 257 f., 355
索伦·基尔克果 Kierkegaard, Søren 253
索尼亚·君特 Günther, Sonja 78

特奥多·利普斯 Lipps, Theodor 235
特里斯坦·查拉 Tzara, Tristan 46
提奥·凡·杜斯伯格 Doesburg, Theo van 38, 40, 45 f., 48,
55, 82, 88 f., 133, 154 f., 177 f., 190, 192, 194–196, 210, 216–218, 240, 252, 252 f.
提奥多·费舍尔 Fischer, Theodor 257, 367
提奥多·豪斯 Heuss, Theodor 114 f.
提尔曼·布登希克 Buddensieg, Tilmann 9, 18, 61, 83, 86, 91, 100, 113, 122, 186, 188, 238
托马斯·阿奎那 Thomas von Aquin, hl. 26, 102, 181, 260, 396 f.
托马斯·曼 Mann, Thomas 86
托尼·加尼尔 Garnier, Tony 217

瓦尔特·本雅明 Benjamin, Walter 228
瓦尔特·彼得汉斯 Peterhans, Walter 384, 398 f.
瓦尔特·德克塞尔 Dexel, Walter 69
瓦尔特·德克斯 Dirks, Walter 256
瓦尔特·格罗皮乌斯 Gropius, Walter 16–18, 31, 46, 49 f., 52, 64, 96 f., 123, 135, 137, 147, 157 f., 165, 178, 186, 204, 210 f., 220, 257, 367, 393–395, 401, 404
瓦尔特·根兹麦 Genzmer, Walther 294
瓦尔特·库尔特·贝伦特 Behrendt, Walter Curt 157, 166, 179 f., 234
瓦尔特·里茨勒 Riezler, Walter 164, 172, 231, 240 f., 246, 248, 250–254, 265, 319 f., 338
瓦尔特·塞德尔 Seidel, Walter 256
瓦西里·康定斯基 Kandinsky, Wassily 90, 223, 394
威廉·狄尔泰 Dilthey, Wilhelm 208
威廉·冯·奥卡姆 Wilhelm von Ockham（William of Occam）259, 364
威廉·富特万格勒 Furtwängler, Wilhelm 278
威廉·拉布 Raabe, Wilhelm 257
威廉·洛兹 Lotz, Wilhelm 273
威廉·莫里斯 Morris, William 385, 392
威廉·尼迈耶 Niemeyer, Wilhelm 84
威廉·特罗尔 Troll, Wilhelm 143
威廉·瓦根菲尔德 Wagenfeld, Wilhelm 279
威廉·沃林格 Worringer, Wilhelm 60, 83, 137 f.
威廉·约迪 Jordy, William H. 175
维多利欧·马格纳哥·兰普尼亚尼 Lampugnani, Vittorio Magnago 174
维尔莫什·胡萨尔 Huszár, Vilmos 48
维尔纳·贝克 Becker, Werner 49, 214
维尔纳·海森堡 Heisenberg, Werner 145
维尔纳·林德纳 Lindner, Werner 50, 164, 167–169, 172, 194
维尔纳·朔尔茨 Scholz, Werner 250
维尔纳·雅克斯坦 Jakstein, Werner 147 f., 154
维尔纳·耶格 Jaeger, Werner 68 f., 258, 266 f.
维京·艾格令 Eggeling, Viking 46
维克多·瓦伦斯坦 Wallerstein, Victor 172 f.
维利·包迈斯特 Baumeister, Willi 47
维利·弗莱明 Flemming, Willi 59
维利·沃尔夫拉特 Wolfradt, Willi 46
维纳·布拉泽 Blaser, Werner 16 f., 26, 34, 53, 58, 64 f., 96,

273, 381, 395, 398–400

维纳·格雷夫 Graeff, Werner 45–47, 167, 232 f.

维纳·斯皮斯 Spies, Werner 172, 238

维纳·索姆巴特 Sombart, Werner 63, 239

维夏德·冯·默伦多夫 Moellendorf, Wichard von 357

沃尔夫·格拉夫·冯·鲍迪辛 Baudissin, Wolf Graf von 69

沃尔夫·泰格尔豪夫 Tegethoff, Wolf 9, 17, 25, 29, 46, 55, 69, 78, 80, 116, 132, 174, 179, 234, 241, 246, 257, 268, 270 f., 274

沃尔夫冈·布隆恩 Bruhn, Wolfgang 143

沃尔夫拉姆·霍普夫纳 Hoepfner, Wolfram 78, 112, 123

沃尔瑟·拉特瑙 Rathenau, Walther 68, 83, 357, 359

乌利希·康拉德 Conrads, Ulrich 28, 100, 212, 215, 217, 283, 291, 294, 335, 387

西比尔·莫霍利-纳吉 oholy-Nagy, Sibyl 17

西格弗里德·艾伯令 Ebeling, Siegfried 222–231, 233, 241, 256, 271, 286, 336

西格弗里德·吉迪翁 Giedion, Sigfried 23, 187, 228, 393

辛西娅·哈里斯 Harris, Cynthia 395

雅克·保罗 Paul, Jacques 112

雅克·马里顿 Maritain, Jacques 145

雅克布·约翰·冯·乌克斯库尔 Uexküll, Jakob Johann von 142, 145

雅克布斯·约翰内斯·皮特·奥特 Oud, Jacobus Johannes Pieter 20, 35, 46, 48, 59, 87 f., 115 f., 172, 183, 192, 197 f., 202, 204, 207 f., 218 f., 221, 257, 279, 367

亚里士多德 Aristoteles 260

亚历山德拉·伊凡诺维奇·奥帕林 Oparin, Aleksandr Ivanovich 145

亚瑟·德莱克斯勒 Drexler, Arthur 16, 20

亚瑟·默勒·凡·德·布鲁克 Moeller van den Bruck, Arthur 123

亚瑟·叔本华 Schopenhauer, Arthur 48, 91, 101, 124, 128, 139, 207, 253

亚瑟·斯坦利·埃丁顿 Eddington, Arthur Stanley 144

伊迪丝·埃尔默·伍德 Wood, Edith Elmer 396

伊莱那·本恩 Behn, Irene 59

伊丽莎白·福斯特-尼采 Förster-Nietzsche, Elisabeth 63, 69, 143

伊曼努埃·康德 Kant, Immanuel 48, 66, 91, 123, 222, 229

伊姆加德·维斯 Wirth, Irmgard 210

伊娃·博世-苏潘 Börsch-Supan, Eva 88

英格堡·克利默 Klimmer, Ingeborg kel 256

尤根·哈贝马斯 Habermas, Jürgen 92, 265, 284

尤根·克劳泽 Krause, Jürgen 62, 86, 91, 176

尤根·约迪克 Joedicke, Jürgen 112, 146 f., 203 f.

尤金-以马内利·维奥莱-勒-迪克 Viollet-le-Duc, Eugenè-Emmanuel 15, 100–102, 219, 391, 405

尤利乌斯·波泽纳 Posener, Julius 18, 112, 211

尤利乌斯·迈耶-格拉斐 Meier-Graefe, Julius 63, 113–116, 119, 123

雨果·冯·霍夫曼斯塔尔 Hofmannsthal, Hugo von 86, 258

雨果·韩林 Häring, Hugo 112, 146 f., 173, 223, 309, 371

约翰·W·库克 Cook, John W. 30, 63

约翰·戈特利布·费希特 Fichte, Johann Gottlieb 48

约翰·哈特菲尔德 Heartfield, John 46

约翰·沃尔夫冈·冯·歌德 Goethe, Johann Wolfgang von 54, 142 f., 267, 390

约翰·雅克布·巴霍芬 Bachofen, Johann Jakob 146

约翰·约阿希姆·温克尔曼 Winckelmann, Johann Joachim 267

约翰内斯·邓·司科特 Duns Scotus, Johannes 259 f., 364

约翰内斯·卡尔文 Calvin, Johannes 260

约翰内斯·伊藤 Itten, Johannes 178, 223

约瑟夫·奥古斯特·卢克斯 Lux, Josef August 59, 149–151, 156, 166, 174, 176, 182, 184, 194

约瑟夫·巴里 Barry, Joseph A. 18

约瑟夫·波普 Popp, Josef 67–69

约瑟夫·弗兰克 Frank, Josef 204

约瑟夫·戈培尔 Goebbels, Joseph 278

约瑟夫·里克沃特 Rykwert, Joseph 18, 164, 223

约瑟夫·玛利亚·奥布里希 Olbrich, Joseph Maria 96, 396

詹姆斯·马斯顿·费驰 Fitch, James Marston 19, 25

詹姆斯·斯派尔 Speyer, James 16

詹宁斯·伍德 Wood, Jennings 28

朱利安·加代 Guadet, Julien 15, 103, 116

朱利奥·卡罗·阿尔甘 Argan, Giulio Carlo 25

图片来源

（以下页码均为本书德文版页码，请见页缘处页码标注）

1969年之前出版物：

Behne, Adolf: Der moderne Zweckbau, München 1926: 207 m

De Fries, Heinrich: Moderne Villen und Landhäuser, Berlin 1924: 115 or

Deutscher Werkbund（Hg.）: Bau und Wohnung, Stuttgart 1927: 204, 207 u, 242 u

Festschrift der Firma Hermann Schäler, Berlin 1930: 116

Festschrift für Alois Riehl, Halle 1914: 68

Frobenius, Leo: Das unbekannte Afrika, München 1923: 159 o

Gropius, Walter（Hg.）: Bauhausbücher, Bd. 1, Internationale Architektur, München 1925: 194 l

Hoeber, Fritz: Peter Behrens, München 1913: 74 o, 76 o, 84, 97 ol, 105 o, 105 m, 105 u

Laugier, Marc-Antoine: Essai sur l'architecture, 2. Aufl., Paris 1755: 170

Le Corbusier: OEuvre complète, 8 Bände, Zürich 1930 ff.: 195 o

Le Corbusier: Städtebau, Stuttgart 1926: 159 u

Le Corbusier: Vers une architecture, Paris 1923: 162, 163

Lindner, Werner: Die Ingenieurbauten in ihrer guten Gestaltung, Berlin 1923: 164, 165, 167, 169

Nelson, George: Industrial Architecture of Albert Kahn Inc., New York 1939: 287 m

Oud, J. J. P.: Holländische Architektur, München 1926: 104, 207 o

Popp, Josef: Bruno Paul, München 1916: 76 ol

Riehl, Alois: Einführung in die Philosophie der Gegenwart, Leipzig 1908: 93 u

Schinkel, Karl Friedrich: Sammlung architektonischer Entwürfe, Berlin 1858: 108, 199 or, 294

Sigrist, Albert: Das Buch vom Bauen, Berlin 1930: 47 u

Van Doesburg, Theo: Grundbegriffe der neuen gestaltenden Kunst, München 1925: 195 m

Werbeblatt zur ersten Bauhaus-Ausstellung Weimar 1923: 177

1969年后的出版物：

Blaser, Werner: Mies van der Rohe, Zürich 1973: 272, 276 o, 276 ml, 276 ul, 276 ur

Buddensieg, Tilmann/Rogge, Henning: Industriekultur, Berlin 1979: 97 u

Gerl, Hanna-Barbara: Romano Guardini 1885–1968, Mainz 1985: 251

Pehnt, Wolfgang: Neue deutsche Architektur, Stuttgart 1970: 175

Schulze, Franz: Mies van der Rohe. A Critical Biography, Chicago/London 1985: 69, 109 ul

Shadowa, Larissa A.: Suche und Experiment, Dresden 1978: 195 u

Singelenberg, Pieter: H. P. Berlage, Utrecht 1972: 97 or, 99

杂志刊物：

Architectural Review 151.1972: 282/283

Deutsche Kunst und Dekoration 32.1913: 77 ur

Die Form 6.1931: 273

Frühlicht 1.1921/22: 201

Innen-Dekoration 21.1910: 71 u, 72 u

Kunstblatt 11.1927: 242 ol

Moderne Bauformen 9.1910: 71 o, 72 o, 73 o

Qualität 4.1925: 41 m, 41 u

Stadtbaukunst alter und neuer Zeit 2. Sonderheft, Berlin 1922: 236 u

Wasmuths Monatshefte für Baukunst 11.1927: 115 ol

展览画册：

Katalog der Großen Berliner Kunstausstellung, Berlin 1924: 41 o

Rudolf Schwarz. Gedächtnisausstellung des BDA Köln, Ausst. Kat., Heidelberg 1963: 215 u

Mies van der Rohe. Architect as educator, 6. Juni–12 Juli 1986, Ausst. Kat., Chicago 1986: 287 u

档案资料：

Akademie der Künste, Berlin/Baukunstarchiv: 32

Archiv Rudolf Schwarz: 215 o

Archiv Stanley Tigerman: 19

Balthazar Korab, Troy（Michigan）: 293

Bauaufsichtsamt Wilmersdorf, Berlin: 117

Berliner Bild-Bericht, Berlin: 240, 247 o

Bildarchiv Foto Marburg: 74 u, 107 o, 245

bpk/Kunstbibliothek, SMB/Dietmar Katz: 39

bpk/Kunstbibliothek, SMB, Photothek Willy Römer/Walter Stiehr: 213

bpk/Kunstbibliothek, SMB, Photothek Willy Römer/Willy Römer: Cover, 297

bpk: 121

Chicago History Museum: 152（Hedrich-Blessing, HB-13809-M4）, 289 o（WilliamS. Engdahl for Hedrich-Blessing, HB-18506-Q4）, 289 m（Hedrich-Blessing, HB-15921-C）, 292（Hedrich-Blessing, HB-

作者简介

弗里茨·诺伊迈耶（Fritz Neumeyer），1946年出生，获工学博士学位。1989—1992年任多特蒙德大学建筑历史教授，1992年于普林斯顿大学担任让·拉巴图特（Jean Labatut）讲席教授，1993—2012年在柏林工业大学担任建筑理论教授。出版有大量建筑历史和理论方面的专著，其中包括《密斯·凡·德·罗的缺少艺术性的文字》（*Mies van der Rohe. Das kunstlose Wort. Gedanken zur Baukunst*）（柏林，1986年）、《弗里德里希·吉利1772—1800：建筑随笔》（*Friedrich Gilly 1772—1800. Essays on Architecture*）（圣莫尼卡，1994年；柏林，1992年）、《石头的声音：尼采式建筑》（*Der Klang der Steine. Nietzsches Architekturen*）（柏林，2001年）、《建筑理论汇编》（*Quellentexte zur Architekturtheorie*）（慕尼黑，2002年）和《汉斯·科尔霍夫：建筑争鸣》（*Hans Kollhof. Das architektonische Argument*）（苏黎世，2010年）等。

译者简介

陈旭东，建筑师、城市文化学者。曾就读于同济大学和柏林工业大学，获工学硕士学位。在欧洲工作多年，2004年成立德默营造建筑事务所，从事建筑、城市和数字领域的研究和设计。至今完成的一系列城市更新和建造单体作品，并数次参加国内外专业学术交流和展览。2008年曾出版关于城市更新实践的研究专著《二手摩登》。

译后记

一

作为现代建筑大师，密斯·凡·德·罗（1886—1969年）对现代建筑发展的重要性毋庸置疑。他的职业生涯可以分为前后两个阶段，从1907年至1938年柏林的第一阶段和1938至1969年美国的第二阶段。作为现代建筑先锋的密斯，其核心思想的形成和建筑观念的发展，在他52岁离开德国赴美之前就已成形。在柏林，他一方面从辛克尔开创的普鲁士建筑传统中汲取古典主义营养，同时又与20世纪20年代的先锋建筑师、艺术家和思想家们，保持了密切和频繁的思想交流。

密斯去世30年后的千禧年之际，欧洲乃至西方建筑界掀起了一个重新研究和认识密斯的浪潮。在专业理论领域很有影响的德国的《ARCH+》杂志，出版了关于密斯的纪念专辑"误解密斯"（Miesverstaendnis），试图客观呈现和分析现代建筑运动以来，有关密斯的各种褒贬不一的评价，以及带给建筑界的各种影响。2001年冬季，纽约现代艺术博物馆和柏林的国家旧博物馆，联合举办了名为《密斯在柏林(1907—1938年)》的展览，这是有史以来第一次围绕密斯在柏林的生活阶段，完整和系统地展示了他的作品和理论，而展览也正好是在辛克尔设计的旧博物馆里举办。

曾在20世纪末领导过柏林工业大学建筑理论研究所的弗里茨·诺伊迈耶教授，于1986年出版的《缺少艺术性的文字：密斯·凡·德·罗建造艺术论》，至今已成为建筑理论的经典。本书被翻译成包括英语、西班牙语、法语、韩语和汉语在内的六种语言，在众多密斯研究专著中，成为解读密斯建造哲学及其作品的权威著作，也是深刻理解现代建筑大师精神世界的钥匙。本书通过对原始素材的深入分析和对其作品的集中解读，勾勒出作为现代建筑杰出代表的密斯，在他建造艺术发展历程中所受影响的渊源、所经历的各种思想矛盾，以及其建造艺术和哲学之间的紧密联系。同时，本书的附录首次汇集了密斯在现代建筑时期的所有出版、言论和手稿笔记，成为大师进行建造艺术创作、实践和教育的思想历程的证明，具有不可磨灭的学术价值。

二

本书引用资料翔实浩繁，语言风格华丽流畅，为了便于读者阅读，译者尝试对本书内容加以概括和提炼：第一部分为导言，第二部分为作者对密斯研究的正文，第三部分罗列了密斯所有已经出版、发表和演讲的文字，以及作者花费大量精力、发掘和整理的密斯从未出版过的手稿、阅读笔记等。

导言主要概括论述了密斯建筑作品的特征和重要贡献，涉及20世纪80年代前后密斯研究的整体状况以及历史上对他的各种评价：密斯建筑作品的特征，可以被概括理解为"极端的明晰和统一，超凡的简洁和大气"。理论界的这种定论，把密斯的作品逐步演绎为体现建筑永恒本质的柏拉图式的物体。同时，那些经严格艺术造型标准约束过的物体，从空间和体量方面都表现出一种独特的气质，不但适合驻足静观，而且也引人漫步其中。特别是在密斯命运多舛的1933年，他的"院宅"的空间结构折射出一种"我们无需隐藏的""被解放"的现代个性的标准。

密斯对于现代建筑最大的贡献，莫过于把建造提升到足以表达精神决定的高度，也就是将建造艺术等同于理念。理念要求先于形式考虑必然存在的真实和逻辑，从理性主义立场来客观理解建造艺术，密斯的建筑表现出人类对自我组织和改造世界的启蒙诉求。他认为，体现精神关系的建筑能使建造艺术具有某种独立性，无论是来自外部技术的附加要求，还是主观意愿的片面表达，相比之下都应居于次要地位。另外，这种基于建筑自身的建构观点，与18世纪以来的人文建筑理论传统密切相关，这种传统由洛吉耶和卡洛·罗德里的奠基，经过森佩尔、维奥莱-勒-迪克、朱利安·加代、奥古斯特·舒瓦西和贝尔拉赫的发展，一直延续到了20世纪。

对密斯的研究和评价曾经历几个不同的阶段：首先是早期的肯定阶段，以菲利普·约翰逊为代表，他肯定了密斯在20世纪20年代的客观性立场，并与其他现代建筑的前卫派保持距离，同时喜欢他比柯布西耶或奥德"更少一些工业化、多一些古典主义的"气质。密斯的同事兼好友希伯赛默，也尝试从精美、极简和至上主义的角度，理论化地探讨密斯的建筑；第二阶段是从第二次世界大战后开始，对密斯的评价急转直下，一直到20世纪70年代末跌落至低谷，其中以文丘里"少即是乏味"的反讽语录和泰格曼的《泰坦尼克》拼贴画为代表，他们反对在20世纪60年代占据统治地位的密斯式风格，批评其单调冷漠和一成不变。有别于上述截然不同的两个阶段，赛维辩证地指出，复古和反传统的矛盾曾在密斯的作品中交替出现过。他把密斯人生抛物线上升的那一段描述成从新古典主义中的逐步解放，而把下落的一段解释为巴塞罗那展览馆之后缓慢回归新古典主义的过程。阿尔多·罗西曾经把路斯和密斯统称作现代建筑的典范，认为他们"成功的作品代表了一个时代"，尤其是密斯为了表达纪念性和纯粹诗意，对功能要求所做的简化处理，使其作品拥有一种积极的独特气质，并肯定了他重新把"建筑"称为"建造艺术"的做法。

本书正文的主要内容以时代进程为线索，呈现了密斯建筑理念形成和发展的过程，以及重要的转变时刻：

第一章"双线作战"全景式地展现了密斯在1921—1925年期间，如何初涉自己并不擅长的写作领域，参与了包括《G》《晨曦》和《风格》等一系列重要专业杂志的撰稿、编辑和出版工作，同时，频繁进行演讲并参加专业社团活动。通过新颖而大胆的方案、有限但精辟的言论，以及与同道间的频繁交流和密切合作，密斯初步奠定了一个先锋建筑师的形象。

第二章"哲学化身为业主",从家庭、师承和处女作等方面,回溯了密斯的早期建筑学习生涯。他自幼深受家庭宗教手工传统影响,与建筑师路斯一样,从儿时起就深谙石匠们的主要生活收入来自为教堂制作建筑构件。通过接触并认识建造工艺中实用性的一面,他敏锐地感受到建筑的象征作用:墓碑和纪念碑代表了一种超出常规的、抽象和理想化的建筑,传达肃穆沉静和令人敬畏的意念。由此,密斯形成了对建筑的初步认识:形而上是现实性的核心,象征性是其自身的目的,可见的、物理的实在性通向令人向往的未知世界。

尼采的超人哲学在世纪之交影响巨大,艺术理论家沃尔夫林将其纳入艺术理论,推崇以"高贵"和"静谧"为代表的新美学概念,同时贝伦斯也由此发展出一种查拉图斯特拉式的伟大风格。从老师贝伦斯的纪念性建筑和哲学家里尔的尼采研究中,密斯汲取了丰富的营养,并认为艺术应该是"自我意志的反映"[1]和"时代意志的载体"。[2]

密斯的处女作里尔住宅围绕着他早期作品所关注的建筑主题——景观亭,揭示了实体和亭子之间、对称的概念和非对称的布局之间的矛盾性,成为他早期别墅和乡村住宅系列项目的主导性造型主题。密斯的逐渐成长,也伴随着与老师的观念渐行渐远,贝伦斯的空间节奏化概念,根植于抽象化的立体思维;而密斯所推崇的自然造型法则,是由无形之手写下的、没有提前预设并通过设计进行解释和视觉再现。

第三章"概念的模糊性"是本书的核心内容,作者从认识论的角度辩证分析了两种不同的建造艺术认知模式:第一种模式是以贝伦斯为代表的,把古典主义的形式内容和工业技术的加工方式进行嫁接,这种在美学上的模拟生成观念是艺术家式的,是一种"对形式的发明",希望通过艺术,并沿着美学的线索,从上至下对生活

---

[1] 参见:尼采,《悲剧的诞生》。
[2] 参见:密斯·凡·德·罗,《建造艺术和时代意志!(1924年)》。

进行变革。贝伦斯并不关注真理而是寻求阐释，他受到尼采所代表的现代存在主义哲学的影响，认为真理并不能够自我赋予，艺术不能被理解成对自然真实性的模仿，而是作为超越自然时的精神支撑。贝伦斯试图通过意义层面来把握事物，即通过现象来理解事物存在的意志，建立一条通向真理、符合其造型方法的道路。他在认可方圆的永恒法则的同时，还提出设计应具有人文主义象征性，作品应将现实转化成人为的真实，而最终使人感知到意志的形象；第二种模式的代表是作为建造家的赖特和贝尔拉赫，他们主张"对形式进行探究"，致力于为那些本质条件的客观联系，寻找其存在的意义和表达。贝尔拉赫尤其专注于几何学基础和教堂尺度规范的数字神秘学说，试图寻找构成真实世界的真理和逻辑。他持有形而上本质论哲学立场，认同黑格尔和叔本华的学说。他发展了新柏拉图主义并深刻地影响了风格派，努力寻找那种以宇宙数学的抽象表达方式所构成的客观真实图像，期待"美学这个词从建筑世界安静地走开"。

密斯继承了贝尔拉赫的观点，反对表象艺术、推崇哥特大教堂、回归建造和环境决定论（森佩尔），把简化的、有序的结构作为工作目标，把真实构造的绝对性奉为至上。密斯式的极少主义把虚空中具有基本节奏秩序的几何网格，放入梁柱构成的受力框架中。从贝尔拉赫那里，密斯还继承了他的信条"建造即服务"。[①]密斯与柯布西耶之间的分野，同样延续了贝尔拉赫与贝伦斯之间的差异：前者是寻找构造化的形式，而后者是解释性地创造形式，其中构造与形式的矛盾集中地体现为建筑应当做什么，而不是建筑应当是什么。

第四章"基元化造型：突破建筑的边界"系统呈现了1921—1925年间的密斯如何通过玻璃高层、办公楼、混凝土住宅和砖宅等一系列新建造的实践，展现出原创概念的前卫性和精致诗意的想象

---

① 参见：贝尔拉赫，《建筑发展的基础》。

力，并成为引领时代建造发展的标杆。密斯在宣言中，提出新建造应反对"形式主义"，声称"我们关心，把建筑从美学投机中解放出来，还建筑应有的面目，即建造。"①

密斯新建造的发展道路所认同的两大原则，即自然和信仰，也是贝尔拉赫希望引导建筑师回归中世纪建造艺术时的方向：首先是朗兹伯格的著作《中世纪的世界和我们》，成为密斯在20世纪20年代经常研习的最为重要的著作，书中描绘的中世纪的集体主义化的行会，创造出一种个性消失、匿名化的团体模式，同时也象征着一种纯洁自然的有机秩序。其次，自然哲学家弗朗斯、理论家施布朗尔和斯宾格勒等人的著作，启发密斯在精确的科学成果中，把握"旧的和不断更新的形而上学"，并使他终其一生保持着对自然科学和哲学的兴趣。

受到维纳·林德纳的著作《工程建筑的优美造型》的深刻影响，密斯的基元式新造型推崇体现结构本质、原始美感和普适法则的毛坯式钢构骨架。密斯认为建筑结构体现了时代精神，代表了延绵不绝的建筑永恒，是所有建筑形式发展的物质基础。"建造"对于密斯而言，就意味着"从任务的本质出发"②、以客观实际的手段来完成的造型。"我们解决建造问题，而非形式问题。"③密斯关注当下，敏锐地发现时代的核心问题，就是在建筑工业化的过程中科学合理地预制房屋。

第五章"从材料经实用到理念：通向建造艺术的漫长道路"论述了密斯在整个20世纪20年代，一直处在讨论和批判的漩涡之中，他得到了许多同行与朋友的启发和评价：比如建筑师施瓦兹使他意识到精神重于物质的思路，其著作《技术的导引》成为密斯自身发展的参考。另外，杜斯伯格也曾批评密斯，认为他混淆了形式和风格，强调新建造拒绝的不应是形式而是预设的样式。阿道夫·贝纳

---

① 参见：密斯·凡·德·罗，《建造（1923年）》。
② 参见：密斯·凡·德·罗，《办公楼（1923年）》。
③ 参见：密斯·凡·德·罗，《建造（1923年）》。

在《现代的实用性建筑》一书中批评他，惧怕形式感，崇尚唯物主义的机械美学，并趋向于将建造艺术等同于技术。奥德认为密斯无条件地赞美机械论是危险和堕落的，应当捍卫的是一种体现时代意志的合成形式。

这些评价和启示都为他的思想进程带来了新的变化：1924年密斯还在强调时代的建造核心问题要简化为材料问题，三年过后，他便脱离了唯物主义立场而开启了唯心主义阶段。1926年对密斯而言，是其实践和思想成熟的重要历史性时期，他对先前建造艺术是材料处理和满足实用目的的理论产生了怀疑。1927他更新了对建造艺术的定义，指出建造艺术不再是1924年以前的"由空间所容纳的时代意志"，而是"精神在空间"[1]上的决定……没有任何时代可以例外。1928年的演讲《建造艺术创造的前提》强调，"只有从精神的中心来开启建造艺术，并通过生命过程对其加以理解。"

对集合住宅的疏远、对量化手段的拒绝和对设计品质的坚持，最终决定了他对建筑的兴趣落在了空间结构方面。为了实现"一个新秩序，并赢得我们自由的生活空间"[2]，建造家的工作必须从设计价值秩序开始。如密斯所言，没有这个"真正的秩序"，就不会有"现实生活"。1931年的巴塞罗那展览馆、图根哈特住宅和柏林建筑博览会示范住宅，使密斯的创作达到了柏林时期的顶点。这个时期，密斯的皮与骨式建筑可以被看作一种艾伯令的著作《膜的空间》提到的"消极建筑"，它去除了所有传统的象征性和历史风格特征，是"包裹空间组织的外衣"，"即是庇护、又不围合的空间"的全新现代造型。1930年，密斯在演讲中直白地批评了强势的功能主义："因此，对包括新时代在内的所有时代，其意义和合理性仅仅取决于，能否为精神提供存在的前提和条件。"[3]

第六章"认识中的建筑"描述密斯从20世纪20年代结识瓜尔蒂

---

① 参见：密斯·凡·德·罗，信札草稿（约1927年）。
② 参见：密斯·凡·德·罗，《建造艺术创造的前提（1928年）》。
③ 参见：密斯·凡·德·罗，《在德意志制造联盟庆典上的致辞（1932年）》。

尼开始，就受到神学家瓜尔蒂尼的矛盾对立学说的影响。其理论的目的在于既不通过理性，也不依靠直觉来把握整体，并试图将两个哲学世界联系起来：即柏拉图唯心论所代表的传统世界和存在主义哲学所代表的现代世界。对密斯而言，建造艺术的真实性处在一种悬而未决的状态，既不片面地依靠数字计算，也不借助艺术手段，而是建立在丰盈的整个生命之上。当把对立性看作是一个符合生命原始现象的基本模型时，瓜尔蒂尼与密斯便具有一定的相似性：密斯在建造和结构中所发现的，是从根本上塑造的生命特质，并体现出真实的基本建造原则。

瓜尔蒂尼的著作《科莫湖来信》集中思考了文化与自然的根本对立，揭示了个体的膨胀和世界观的多样性所滋生的危险和混乱，也是当时社会危机和建筑症状的表现。一种"内在的宽广"，就是瓜尔蒂尼称之为"怀疑中的信仰本能"——那种密斯提到的"来自精神深处的无限性"，应当走出"主体的促狭和任性"，面对更为开阔的"客观秩序"的视野："在广阔的范围里重新找寻自我"，成了瓜尔蒂尼宗教哲学和密斯建造艺术的共同精神目标。密斯在20世纪30年代提出的院宅主题，恰恰回应了上述的精神诉求：回归一种自由和深刻的内部空间的生活状态，在那里宁静的围合与敞开的宽阔完美交融。从范斯沃斯到柏林的国家美术馆新馆，建筑自身"被构思为一个大的空间"，它具备最大的灵活性。一个仅有"三个元素……基座、柱子和屋面"[①]的构造概念，成为自由性的先决条件。

1938年密斯在芝加哥阿莫工学院发表的就职演讲，可以看作是十年前的《建造艺术创造的前提》的演讲内容的进一步发展。他主张将两种基本的生存范畴，即生命的存在和精神的存在进行普适性的统一，要建造一座连接主观和客体的桥梁，并在上面建立统一的文化理念。这标志着密斯建造艺术观念已基本完善，此后他唯一关注的主题就是建造艺术和技术间的相互关系。

---

① 参见：密斯·凡·德·罗，《一座小城市的博物馆（1943年）》。

三

弗里茨·诺伊迈耶教授是我在柏林求学期间教授建筑理论的老师，从1997年冬季学期在柏林工业大学读书开始，大约三年半的时间，每周三晚上听他的建筑理论课，几乎是我雷打不动的日程安排。由此我大致廓清了西方近现代建筑理论发展流变的脉络，自觉受益匪浅。当时我的专业兴趣全在于城市设计，理论课考试的选题自然也是以近现代城市设计理论为核心。后来，当得知诺伊迈耶教授是密斯研究名作《缺少艺术性的文字：密斯·凡·德·罗建造艺术论》的作者时，我毅然买下了这本售价不菲的著作，作为在柏林千禧之际的纪念。同时，我也有幸参观了上述的密斯展览，实地考察了他在柏林建成的一系列住宅项目，由此建立起对他作品的完整认识。

归国后忙碌的建筑实践的间隙，我一直断断续续地阅读其中的部分章节。密斯建造艺术的深刻思想和杰出作品，一度成为我实践的专业标准和理论基础。经济全球化下迅猛发展的经济社会与密斯经历的柏林时期有一定的相似之处，而他的新建造实验所面临的诸多挑战和问题，相信对当代中国建筑师而言也并不陌生。总而言之，密斯建筑思想历久弥新的价值，对于当下中国具有非同寻常的参考意义。2014年春季，我遂萌生了重读并翻译这本书的愿望，而翻译的决定一旦做出，不啻一个艰辛却美丽的过程。连续三年，利用了几乎所有闲暇和差旅时间伏案工作，到2017年夏季翻译初稿得以完成。而后又经一年半的校对和润色，一直到2018年底才正式提交译稿。

本书的翻译和出版，没有弗里茨·诺伊迈耶教授的慷慨许可和悉心指导，是不可能得以顺利完成的。他的渊博学识和治学精神常常激励着我，我在此表示深深的敬意。

中国建筑工业出版社的徐纺主任对本书的选题和翻译工作产生了重要影响，责任编辑孙书妍女士在版权接洽和编辑出版的过程中完成了大量周密细致的工作，对于她们的长期支持和耐心帮助，我表示衷心的感谢。同时，感谢德国DOM出版社的主编菲利普·莫伊泽先生，慷慨地应允我使用本书的文字和版面。

感谢南京大学建筑与城市规划学院王骏阳教授的大力推荐和支持。感谢好友台南国立艺术大学建筑研究所汪文琦教授在专业上多年的交流和指点，他多篇研究论文启发了我对于密斯建筑思想的关注。翻译过程中我及时得到了中国建筑研究专家奎格尔·爱德华多（Eduard Koegel）博士的鼓励和帮助，在此表示感谢。

还有许多人也参与了本书的工作，同济大学建筑系的学弟陈晔先生对翻译初稿不遗余力地校阅并提出宝贵建议，平面设计师郑邦谦先生为这本学术译作精心构思了封面装帧，在此也表示诚挚的谢意。

最后，感谢我的家人的常年陪伴，本书也是对我们柏林共同生活的一个美好纪念。

由于本人的水平有限，译文中的错误在所难免，恳请广大读者提出宝贵意见，以便及时予以更正完善。

陈旭东

2019年10月

著作权合同登记图字：01–2020–2089

图书在版编目（CIP）数据

缺少艺术性的文字：密斯·凡·德·罗建造艺术论 /（德）弗
里茨·诺伊迈耶著；陈旭东译. —北京：中国建筑工业出版社，
2020.1（2022.1重印）

　ISBN 978-7-112-24350-1

　Ⅰ.①缺… Ⅱ.①弗… ②陈… Ⅲ.①建筑理论 Ⅳ.①TU-0

　中国版本图书馆CIP数据核字（2019）第224195号

MIES VAN DER ROHE DAS KUNSTLOSE WORT
Gedanken zur Baukunst
Second Edition
Fritz Neumeyer
ISBN 978-3-86922-264-6
© 2016 by DOM publishers, Berlin (2. Auflage)
Chinese Translation Copyright © China Architecture Publishing & Media Co., Ltd. 2020
China Architecture & Building Press is authorized to publish and distribute exclusively the Chinese
edition. This edition is authorized for sale throughout the world. No part of the publication may
be reproduced or distributed by any means, or stored in a database or retrieval system, without the
prior written permission of the publisher.
本书中文翻译版由德国DOM出版社授权中国建筑工业出版社独家出版，并在全世界销售。

责任编辑：徐　纺　孙书妍
封面设计：郑邦谦
责任校对：王　烨

缺少艺术性的文字

密斯·凡·德·罗建造艺术论
[德] 弗里茨·诺伊迈耶　著
陈旭东　译

　　＊
中国建筑工业出版社出版、发行（北京海淀三里河路9号）
各地新华书店、建筑书店经销
北京锋尚制版有限公司制版
北京中科印刷有限公司印刷
　　＊
开本：787×960毫米　1/16　印张：26½　字数：482千字
2020年7月第一版　2022年1月第二次印刷
定价：138.00元
ISBN 978 – 7 – 112 – 24350 – 1
　　（34797）